云南民族大学社会学学术文库

中国环境社会学

（2018—2019）

Environmental Sociology in China

2018-2019

包智明　蔡榆芳　主编

天津出版传媒集团

天津人民出版社

图书在版编目(CIP)数据

中国环境社会学. 2018－2019 / 包智明, 蔡榆芳主
编. -- 天津 : 天津人民出版社, 2024.1
(云南民族大学社会学学术文库)
ISBN 978-7-201-18351-0

Ⅰ.①中… Ⅱ.①包… ②蔡… Ⅲ.①环境社会学—
中国—文集 Ⅳ.①X2-53

中国版本图书馆CIP数据核字(2022)第063972号

中国环境社会学（**2018—2019**）
ZHONGGUO HUANJING SHEHUIXUE

出　　版　天津人民出版社
出 版 人　刘　庆
地　　址　天津市和平区西康路35号康岳大厦
邮政编码　300051
邮购电话　(022)23332469
电子信箱　reader@tjrmcbs.com

策划编辑　王　康　吴　丹
责任编辑　李佩俊
封面设计　汤　磊

印　　刷　河北鹏润印刷有限公司
经　　销　新华书店
开　　本　710毫米×1000毫米　1/16
插　　页　5
印　　张　33
字　　数　460千字
版次印次　2024年1月第1版　　2024年1月第1次印刷
定　　价　258.00元

主 编 单 位　中国社会学会环境社会学专业委员会

编委会委员　（按姓氏拼音排序）

　　　　　　包智明(贵州民族大学)

　　　　　　陈阿江(河海大学)

　　　　　　洪大用(中国人民大学)

　　　　　　林　兵(吉林大学)

　　　　　　张玉林(南京大学)

"云南民族大学社会学学术文库"
总序

　　植根边疆,砥砺学术;深入田野,耘获真知。"云南民族大学社会学学术文库"即将在天津人民出版社付梓发行,内心充满欣慰与期待。

　　云南民族大学社会学院成立于2019年,其社会学专业办学的历史可以追溯至20世纪90年代,近30年风雨兼程,创造了云南省乃至我国西部地区的诸多第一。1998年,云南省首家社会学硕士学位授权点在云南民族大学生根发芽,至2013年结出硕果,云南民族大学社会学成为我国西部地区第一个社会学一级学科博士学位授权点。2017年,云南民族大学社会学获准设立省级博士后科研流动站;2019年,获批设立国家级博士后科研流动站;2020年1月,社会学专业入选教育部"双万计划"首批国家级一流本科专业建设点。云南民族大学社会学学科形成了由本科至硕士研究生、博士研究生及博士后的完整的教学科研培养体系,云南民族大学也成为全国首家实现民族学、人类学、社会学"三科并立"的高校。在教育部第四轮学科评估中,云南民族大学社会学一级学科进入B-,为我国西部地区排名第一。在2022年的云南省高校本科专业综合评价中,云南民族大学社会学院的社会学、社会工作、人类学三个专业均排名全省第一。

　　为进一步加强社会学学科建设,我们不仅整合校内相关学科资源,设立社会学系、社会工作系、人类学系,还特别重视学术研究,积极申请建设省部级研究平台,推出一系列有深度、有特色、有价值的研究成果。云南民族大学社会学院的专任教师中,有中组部"万人计划"哲学社会科学领军人才、中宣部国家文化名家暨"四个一批"人才、人事部等七部委"新世纪百千万人才工程"国家级人选、首批云岭学者、享受国务院特殊津贴专家、教育部"新世纪优秀人才支持计划"入选者、云南省万人计划青年拔尖人才、中国宗教学会副会长、中国社会学会常务理事、教育部高等学校社会学类专业教学指导委员会委员、国家社科基金项目会议评审专家和通讯评审专家等。

云南民族大学社会学院教师在主持国家社科基金项目、发表学术论文、出版专著、获取省部级各类奖励等方面,当之无愧地位列云南民族大学各教学部门中的第一梯队。近5年,社会学院教师共主持和完成各类科研课题50余项,其中国家级项目20余项,包括国家社科基金重大项目2项、重点项目5项、省部级项目20余项;在《中国社会科学》《社会学研究》《民族研究》《世界宗教研究》等刊物公开发表论文300余篇,多篇被《新华文摘》列为封面要目并全文转载,荣获省部级各类奖励30余项。在边疆、民族、宗教相关的社会问题研究领域成绩斐然,在咨政研究方面取得优异成绩。

社会学院建成了总面积达600平方米的6个社会学类专业实验室。其中,社会学类专业定量分析室1个、社会工作综合实验室1个、社会工作VR虚拟仿真实验室1个、社会心理学实验室1个,建有1个省级联合培养基地、15个教学科研实习研究基地,形成了教学、研究、服务三位一体的教育培养模式,在本科和研究生教学中彰显了学校"立足边疆、服务边疆、服务民族团结繁荣发展"的办学方针。特别是社会学一级学科博士授权点设置了应用社会学、人类学、社会管理与社会政策等3个专业方向。其中,应用社会学专业下设的宗教社会学、民族社会学、环境社会学3个研究方向,经过长期凝练,具有鲜明的学术特色;人类学专业下设的西南边疆地区社会文化研究方向,社会管理与社会政策专业下设的边疆民族地区社会管理与社会政策研究方向,也突出了边疆性与民族性。

"云南民族大学社会学学术文库"计划出版17部专业学术著作,荟集我校社会学、社会工作、人类学专业教师的最新学术成果,充分体现学校与学院的办学特色、研究风格。文库的出版,对于我校社会学科发展和专业建设具有重要的支撑作用,也必将进一步推动我校社会学院教学、科研和人才培养等各项事业迈上新的台阶。当然,文库还存在不足之处,恳望专家学者和广大读者提出宝贵意见，为云南民族大学社会学学科的发展出谋划策！特别感谢为文库出版付出辛勤工作的出版社同仁！期望云南民族大学社会学院师生推出更多更好的学术成果！

张桥贵

云南民族大学校长、教授、博士生导师

2022年7月

序　言

　　20世纪70年代,环境社会学发端于美国和日本,发展至今,备受关注,日臻完善。中国环境社会学起步于20世纪90年代中后期,在诸同人的努力下,在学科建设、西学引介、教材编写和本土经验研究等领域都取得了长足发展,并逐渐形成了制度化的交流平台。1992年,中国社会学会下设"人口与环境社会学专业委员会",2008年专业委员会改组,2009年正式更名为"中国社会学会环境社会学专业委员会"。在专业委员会和会员单位的支持下,首届中国环境社会学学术研讨会于2006年11月由中国人民大学社会学系承办,第二届于2009年4月由河海大学社会学系承办,第三届于2012年6月由中央民族大学社会学系承办,第四届于2014年10月由中国海洋大学法政学院承办,第五届于2016年12月由厦门大学社会学与社会工作系承办,第六届于2018年10月由西安交通大学社会学系和实证社会科学研究所承办,第七届于2020年11月由云南民族大学社会学院承办。

　　2012年6月,在第三届中国环境社会学学术研讨会期间,中国社会学会环境社会学专业委员会召开了会长、副会长联席会议。在研讨会闭幕式上,专业委员会宣布了关于促进中国环境社会学制度化建设的若干决议,其中包括:每两年定期举办"中国环境社会学学术研讨会";定期出版《中国环境社会学》辑刊。专业委员会同时就辑刊做出如下决定:辑刊由中国社会学会环境社会学专业委员会主编,每两年出版一辑;编委会由环境社会学专业委员会指定,具体编选工作由中国环境社会学学术研讨会承办单位负责;收录在国内期刊上公开发表的、对于环境社会学学科建设具有代表性的论文,并将编选期内通过答辩的环境社会学研究议题的博士和硕士学位论文信息作为附录。

《中国环境社会学》第一辑由第三届中国环境社会学学术研讨会承办单位中央民族大学社会学系负责编辑出版,收录了2007—2011年发表的论文。之后,以每两年作为编选期,分别由第四届、第五届、第六届中国环境社会学学术研讨会承办单位负责编辑出版了《中国环境社会学》第二辑、第三辑和第四辑。第五辑由第七届中国环境社会学学术研讨会承办单位云南民族大学社会学院负责编辑出版。根据出版社的要求,并经编委会讨论决定,第五辑以《中国环境社会学(2018—2019)》为书名出版,以体现论文收录的年份。

《中国环境社会学(2018—2019)》共收录25篇论文,共分五个单元,每个单元收录5篇论文。第一单元是理论探讨与学科建设,从理论层面探讨了与环境社会学学科建设相关的重要议题;第二单元是环境意识与环境行为,从不同视角研究了公众环境意识、环境行为及其影响因素;第三单元是环境问题与环境治理,从群体、组织或制度层面分析和探讨了环境问题发生的原因、机制及其治理实践;第四单元是环境抗争与环境风险,探索了环境抗争的动因、方式和环境风险的感知及其应对策略;第五单元是环境与社会,侧重展现了特定社区和文化与其生态环境的互动关系。

根据出版社的格式要求和前四辑《中国环境社会学》形成的惯例,在不改动内容的前提下,我们对所收录的25篇论文进行了格式重排和内容校对。云南民族大学社会学院博士生颜其松,硕士生张兆祺、罗慧艳、黄小庆、张兆林协助进行了格式编排和内容校对,我们在此表示感谢!

《中国环境社会学(2018—2019)》是对2018和2019这两年中国环境社会学研究成果的系统回顾,力求展现中国环境社会学研究的最新议题、理论、方法和途径,从而为年轻学者提供研究导向。《中国环境社会学》前四辑出版后,已成为多所高校环境社会学研究生课程的参考教材。鉴于此,本辑既可作为高校和科研机构环境社会学方向研究生课程的教材,又可供从事环境社会学研究的专业人才和业余爱好者参考。

最后，谨向所有支持和帮助《中国环境社会学(2018—2019)》出版工作的学界同人致以最诚挚的谢意！

编　者

2020年6月6日

目　录

1

第一单元

理论探讨与学科建设

绿色社会的兴起*

洪大用**

摘　要：绿色社会是人类在认识社会与环境相互作用关系的基础上，自觉推进社会变革以谋求社会与环境相协调的一种社会过程和状态。发展与环境的矛盾日益尖锐、人民需求发生重大变化、环境损害（风险）而引发的社会紧张与冲突日渐明显、党和政府工作重心调整与主动作为以及企业自身的行为调整构成了推动中国绿色社会建设的主要的内生动力。目前的绿色社会建设产生了一些显著的环境改善效果，但是仍然具有阶段性特征，进一步需要更深层次、更为根本的着眼于人们日常生活实践的变革和建设。在全球化时代，最终的绿色社会必然是全球性的，需要全球社会的深刻变革。

关键词：新时代　改革开放　社会建设　绿色社会　生态文明

　　自从人类诞生之日起，人与环境的关系就具有对立与统一的两面性。一方面，从环境中获取资源是人类得以生存和发展的基本条件，人类的生产与生活活动总是产生一定的环境影响，体现为环境的消耗、衰退乃至破坏；另一方面，过度的资源攫取和环境破坏最终将影响人类自身的生存与发展。因此，在生产力发展的不同阶段，在不同的社会制度背景下，基于生产生活实践中对于人类与环境关系的认识，人类都会以特定的方式将

---

　　* 原文发表于《社会》2018年第6期。

　　** 洪大用，中国人民大学社会学理论与方法研究中心教授，博士生导师。

环境因素纳入社会建设的诸种行动之中,努力谋求人类社会与环境相协调。在此意义上,社会建设从来就具有环境之维,所不同的只是其历史的阶段性、差异性。这种阶段性、差异性一方面体现为人类社会发展不同阶段对于环境状况及其影响的认知,另一方面则体现为环境因素纳入社会建设行动的广度、深度和强度。本文试图分析我国改革开放以来的社会建设是如何纳入环境因素并逐步迈向一个绿色社会的。这里的绿色社会,指的是人类在认识社会与环境相互作用关系的基础上,自觉推进社会变革以谋求社会与环境相协调的一种社会过程和状态,这是当代中国社会建设的重要方面,甚至是具有弥散性、渗透性影响的重要内涵。

一、社会建设:从开发环境到保护环境

如果说保障和改善民生是社会建设的重点,那么改革开放之初社会建设的首要任务就是消除贫困,提高人民生活水平。1978年,中国人均GDP只有385元,世界排名非常靠后。按照现行贫困标准回溯,当时97.5%的农村人口都是处在贫困状态,缺衣少食。在此情况下,更大规模、更快速度、更有效率地将环境中的资源转化为商品与服务,脱贫致富,自然是当务之急,由此开发利用环境是主要的一种社会行动取向。

1986年出版的《富饶的贫困》一书,在当时很有影响。该书讨论的是西部地区为什么落后于东部地区以及西部地区摆脱贫困的路径,其核心观点就是要提升人的素质,推动社会基础结构变革,重新看待环境资源以及转变资源开发利用方式。作者指出西部地区有着令人震惊的资源富饶,"人们在干什么成什么的资源基础上,干什么不成什么"①,原因就在于"传统的社会—经济结构和商品生产素质低下的人,无法有效地开发和利用各种资源,创造更多的社会财富;而资源开发、利用水平及人的素质的低下,又牢牢拖住了社会基础结构步履蹒跚的腿。这就是幼稚社会系

---

① 王小强、白南风:《富饶的贫困》,四川人民出版社,1986年,第40页。

4

统及其贫困恶性循环"①。作者认为农牧业是西部地区贫困落后的渊薮，"在人类生产与自然资源的关系上，现代生产方式，表现为对自然资源多层次的立体开发和多次利用"②，因此要转变人的观念，革新生产生活方式，按照商品经济规律开发利用环境资源以摆脱贫困。此书虽然是讨论西部地区的，但在很大程度上也可以看作是讨论中国发展的。其在人与环境资源关系上的看法，在改革开放初期具有一定的代表性。

的确，市场化、工业化、城镇化等大大改变了人们对资源的开发利用，促进了经济发展，提升了人民生活水平。中国改革开放以来反贫困和经济增长的成就是全民受益、举世瞩目的。但是我们也观察到，随着改革开放的不断深化，保护和改善环境的声音日益强过对环境资源的简单开发和利用。在提出环境保护是基本国策（1983）和可持续发展战略（1995）的基础上，2005年3月，中共中央在人口资源环境工作座谈会上提出要建设环境友好型社会。当年10月召开的中共十六届五中全会进一步明确了"建设资源节约型、环境友好型社会"的目标。2007年，中共十七大提出"建设生态文明"。2012年，中共十八大提出，人与自然是生命共同体，人类必须尊重自然、顺应自然、保护自然。人类只有遵循自然规律才能有效防止在开发利用自然上走弯路，必须坚持节约优先、保护优先、自然恢复为主的方针，形成节约资源和保护环境的空间格局、产业结构、生产方式、生活方式，还自然以宁静、和谐、美丽。要把生态文明建设放在突出地位，融入经济建设、政治建设、文化建设、社会建设各方面和全过程，努力建设美丽中国，实现中华民族永续发展。2017年的中共十九大则明确将污染防治作为全面建成小康社会期间要坚决打好的三大攻坚战之一。

特别是，习近平总书记一系列关于环境保护的重要论述，非常形象而又深刻地阐述了社会建设进程中的环境保护内涵。例如，"生态环境没有替代品，用之不觉，失之难存"，"生态兴则文明兴，生态衰则文明衰"，"像

---

① 王小强、白南风：《富饶的贫困》，四川人民出版社，1986年，第92页。

② 王小强、白南风：《富饶的贫困》，四川人民出版社，1986年，第217—218页。

保护眼睛一样保护生态环境,像对待生命一样对待生态环境","保护生态环境就是保护生产力,改善生态环境就是发展生产力","绿水青山就是金山银山","良好生态环境是最公平的公共产品,是最普惠的民生福祉",等等。①在以习近平同志为核心的党中央的坚强领导下,十八大以来我国加快推进生态文明顶层设计和制度体系建设,注重用最严格制度、最严密法治保护生态环境,加快制度创新,强化制度执行,开展了一系列根本性、开创性、长远性工作,生态环境治理走上了标本兼治的快速路,正在发生历史性、转折性、全局性变化。由此,环境因素在新的意义上被结合进社会建设进程中,并推动着社会自身的深刻转变。

二、推动社会转变的主要内生动力

如果说我国环境保护事业的起步在一定程度上受到国际环保浪潮的影响,那么我们今天持续深入地推进环境保护,加强生态文明建设,更多的则是回应国内发展需要的自觉努力。尤其是相对于世界上最发达国家在环境保护方面的种种倒退和由此掀起的国际性的环保逆流,我国社会的绿化事业更是凸显了其独立性和自主性,并非是随波逐流,受制于外力。那么推动我国社会绿色转变的内生动力是什么呢?这里有全方位、多层次、多类型的力量。择其要者而言,至少有以下五个方面。

一是发展与环境的矛盾日益尖锐,环境质量面临严重威胁。在数十年的传统型高速增长之后,我们对生态环境的欠账已经太多,成为明显的短板。2012年,我国经济总量约占全球11.5%,却消耗了全球21.3%的能源、45%的钢、43%的铜、54%的水泥,排放的二氧化硫、氮氧化物总量居世界第一。②1985年我国废水排放量341.542亿吨,此后一路攀升,到

---

① 邢宇皓:《生态兴则文明兴——十八大以来以习近平同志为核心的党中央推动生态文明建设述评》,2017年6月19日,求是网:http://www.qstheory.cn/zoology/2017-06/19/c_1121167567.htm。

② 董峻、王立彬、高敬、安蓓:《开创生态文明新局面——党的十八大以来以习近平同志为核心的党中央引领生态文明建设纪实》,《经济日报》2017年8月3日。

2016年达到711.0954亿吨。在二氧化硫排放方面,1985年是1325万吨,后来持续攀升到2006年2588万吨的峰值,之后才逐步下降,到2016年仍有1102.8643万吨(参见图1)。

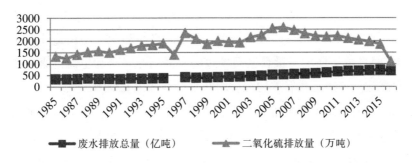

图1　全国废水和废气(二氧化硫)排放趋势图

数据来源:废水数据1985—1989年来源于《中国统计年鉴1986—1990》,1990—1994年来源于《中国环境状况公报1990—1994》,1995年来源于《全国环境统计公报1995》,1996年缺失,1997—1998年来源于《中国环境状况公报1997—1998》,1999—2015年来源于《全国环境统计公报1999—2015》,2016年来源于"国家统计局"网站,http://data.stats.gov.cn/easyquery.htm?cn=C01,其中1990—1995年数据不含乡镇工业。二氧化硫数据1985—1989年来源于《中国统计年鉴1986—1990》,1990—1994年来源于《中国环境状况公报1990—1994》,1995—2015年来源于《全国环境统计公报1995—2015》,2016年来源于"国家统计局"网站,http://data.stats.gov.cn/easyquery.htm?cn=C01,其中1990—1996年不含乡镇工业,1996年为"工业二氧化硫排放量"。

按照生态环境部发布的《2017年中国生态环境状况公报》[①],全国338个地级及以上城市中,只有99个城市环境空气质量达标,占全部城市数的29.3%;另外239个城市环境空气质量超标,占70.7%。在全国112个重要湖泊(水库)中,Ⅰ类水质的湖泊(水库)6个,占5.4%;Ⅱ类27个,占24.1%;Ⅲ类37个,占33.0%;Ⅳ类22个,占19.6%;Ⅴ类8个,占7.1%;劣Ⅴ类12个,占10.7%。在地下水水质监测中,水质为优良级、良好级、较好

---

① 中华人民共和国生态环境部:《2017年中国生态环境状况公报》,2018年5月22日,http://www.zhb.gov.cn/hjzl/zghjzkgb/lnzghjzkgb/。

级、较差级和极差级的监测点分别占8.8%、23.1%、1.5%、51.8%和14.8%。事实上，不仅是空气污染、水污染依然严峻，还有固废、土壤等其他形式的严重污染；不仅是环境污染严重，而且生态破坏也堪忧，在全国2591个县域中，生态环境质量为"优"和"良"的县域面积只占国土面积的42.0%，"一般"的县域占24.5%，"较差"和"差"的县域占33.5%；不仅是环境质量衰退，而且由于环境质量衰退而导致的食品药品安全和生命健康威胁也日益严峻。这些是我们重构社会的基本背景和重要动力。

二是人民需求发生重大变化。改革开放以来社会建设的一个最为突出的成就是实质性地提升了全体人民生活水平，基本满足了人民的物质需求，解决了温饱问题，总体上实现小康。按照现行农村贫困标准，农村贫困人口占比已经从1978年的97.5%下降到2017年的3.1%，而且在全国城乡建立了居民最低生活保障制度，从制度上给予全体人民基本生活需求保障。2017年，全国居民人均可支配收入已经达到25974元。从恩格尔系数看，1978年城镇和农村居民分别是57.5%、67.7%，到2017年整体水平已经降到29.3%，达到联合国划分的富足标准。更重要的是，居民资产积累增多，抵御风险能力增强。比如说，居民住户存款总额由1978年的211亿元增加到2017年的62.6万亿元。在此基础上，人民需求更为广泛多样，需求层次也在不断提高，更加强调安全、舒适和可持续。吃上放心的食物，喝上干净的水，呼吸清洁的空气，享受舒适的环境，过上可持续的生活，成为日渐扩大的基本需求。由此，公众对于环境质量也日益关注，环境议题已经成为公众和媒体非常熟悉的重要议题之一。笔者在1995年曾经参与组织全民环境意识调查，调查数据表明有23.6%的被访者连环境保护的概念都说"不知道"；16.5%的人认为自己的环保知识"非常少"；66.9%的人认为"较少"；16.1%的人认为"较多"；只有0.5%的人认为自己有"很多"的环保知识。与此同时，大部分城乡居民对有关环境保护的政策法规缺乏了解。认为自己"很了解"和"了解一些"的人只占31.8%，其中认为"很了解"的人仅占0.5%；认为自己"只是听说过"的人占到了42%；根本没有听说过有关环保政策法规的人占到26.2%。但是笔者参与设计的

2010年"中国综合社会调查"数据则表明,70%的受访者已经意识到中国面临的环境问题"非常严重"和"比较严重";65.7%的受访者表示对环境问题"非常关心"和"比较关心",表示"完全不关心"的只占3.1%。[①]

三是因环境损害(风险)而引发的社会紧张与冲突日渐明显。缓和社会关系,化解社会冲突,是社会建设的重要内涵。在社会转型期,劳动纠纷、征地拆迁、社会保障等曾经是引发社会矛盾和冲突的主要原因。随着人们生活水平提高和环境权益意识觉醒,实际的环境损害,以及可能发生的环境风险也成为加剧社会矛盾和冲突的重要原因,推动社会的绿色转变成为促进社会和谐的内在需要。从国家公布的数据看,一段时间内,因环境污染上访的人次和批次都呈现增加趋势。1987年,因环境污染上访有77673人次,2000年则已达到139424人次。2001—2010年找不到统计数据,到2015年仍有104323人次(参见图2)。有些上访是人数较多的成批上访,1996年上访是47714批次,2005年达到88237批次。2007—2010年找不到数据,2015年仍有48010批次。这当中,可能有统计口径变化的原因,实际的上访批次也许不止如此。

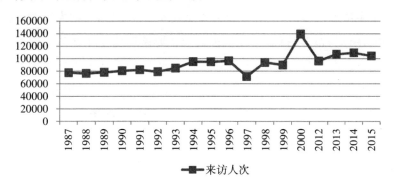

图2 全国因污染来访人次

数据来源:1987—1996年数据来源于《中国统计年鉴1988—1997》。1997—2000年和2012—2015年数据分别来源于《全国环境统计公报1997—2000》《全国环境统计公报2012—2015》。

---

① 洪大用:《公众环境意识的成长与局限》,《绿叶》2014年第4期。

21世纪以来，一些重大环境群体性事件的参与人数动则成千上万，影响广泛，引人注目。比如说，2007年福建厦门PX事件，2009年湖南浏阳镉污染事件、陕西凤翔"血铅"事件、广东番禺垃圾焚烧发电厂建设事件，2011年辽宁大连PX事件，2012年天津PC项目事件、江苏启东日本王子纸业集团事件、四川什邡宏达钼铜有限公司事件，等等。这些项目有些在环评阶段就引发了抗议冲突，如江苏启东事件；有些是在项目建设期间引发了冲突；也有些项目建成运营之后引发了冲突，包括大连PX事件等。有研究表明，从2003年到2012年这十年间，经媒体披露的较大规模的环境群体性事件有230宗，在数量上呈明显逐年上升态势，2011年达到58起。①这种情形也从环保部门领导人的言论中得到证实，并与其他形式冲突的下降形成对照。据报道，环境保护部前部长周生贤曾经指出："在中国信访总量、集体上访量、非正常上访量、群体性事件发生量实现下降的情况下，环境信访和群体事件却以每年30%以上的速度上升。"②

四是党和政府工作重心调整与主动作为。中国特色社会主义制度是我国根本制度，中国特色社会主义最本质的特征是中国共产党领导，党坚持人民主体地位，践行全心全意为人民服务的根本宗旨，把人民对美好生活的向往作为奋斗目标，不断根据社会主要矛盾的变化调整工作方向和工作重点。在改革开放之初，面对生产力水平低下、人民普遍贫困的社会状况，加快解放生产力、发展生产力，加大对资源环境的开发利用，坚持以经济建设为中心，是一种具有必然性的优先选择。即使是在此情况下，党和政府依然关心环境保护，在促进经济发展的同时不断强化环境保护的队伍建设、机构建设和制度建设，增强环境保护力量（参见图3）。

---

① 张萍、杨祖婵：《近十年来我国环境群体性事件的特征简析》，《中国地质大学学报（社会科学版）》2015年第2期。

② 搜狐新闻：《中国崛起需跨"环保门"，环保群体事件代价沉重》，2009年8月28日，http://news.sohu.com/20090828/n266295203.shtml。

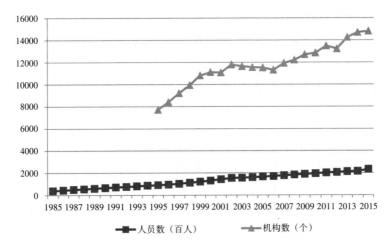

图 3　环保系统人员和机构发展趋势图

数据来源：环保系统人员数 1985—1994 年来源于《中国统计年鉴 1986—1995》，1995—2015 年来源于《全国环境统计公报 1995—2015》。环保系统机构数 1995 年来源于《中国统计年鉴 1996》，1996—2015 年来源于《全国环境统计年鉴 1996—2015》。

21 世纪以来，特别是党的十八大以来，党中央深入分析社会主要矛盾的变化趋势，在党的十九大报告中明确指出："中国特色社会主义进入新时代，我国社会主要矛盾已经转化为人民日益增长的美好生活需要和不平衡不充分的发展之间的矛盾。我国稳定解决了十几亿人的温饱问题，总体上实现小康，不久将全面建成小康社会，人民美好生活需要日益广泛，不仅对物质文化生活提出了更高要求，而且在民主、法治、公平、正义、安全、环境等方面的要求日益增长。同时，我国社会生产力水平总体上显著提高，社会生产能力在很多方面进入世界前列，更加突出的问题是发展不平衡不充分，这已经成为满足人民日益增长的美好生活需要的主要制约因素。"[①]

正是基于对社会经济发展整体形势的判断和对社会主要矛盾变化的

---

① 习近平：《决胜全面建成小康社会，夺取新时代中国特色社会主义伟大胜利——在中国共产党第十九次全国代表大会上的报告》，人民出版社，2017 年，第 11 页。

认识,党和政府从人民整体利益和长远利益出发,更进一步强调了要实现高质量发展,统筹推进"五位一体"总体布局,精心布局环境保护攻坚战。中共十八届三中全会指出,必须建立系统完整的生态文明制度体系,实行最严格的源头保护制度、损害赔偿制度、责任追究制度,完善环境治理和生态修复制度,用制度保护生态环境。2015年以来,中国生态文明制度建设明显地进入了快速的、实质性的推进阶段。继2015年1月正式实施"史上最严"的新环保法之后,《关于加快推进生态文明建设的意见》《环境保护公众参与办法》《环境保护督察方案(试行)》《党政领导干部生态环境损害责任追究办法(试行)》《生态文明体制改革总体方案》《关于省以下环保机构监测监察执法垂直管理制度改革试点工作的指导意见》《大气污染防治行动计划》《水污染防治行动计划》《土壤污染防治行动计划》《生态环境损害赔偿制度改革方案》《关于划定并严守生态保护红线的若干意见》等一系列重要文件相继出台,生态文明建设也纳入了"十三五"规划。特别是,基于《环境保护督察方案(试行)》而建立的环保督察机制已经实现第一轮中央环境保护督察全覆盖。按照生态环境部发布的《2017年中国生态环境状况公报》数据,督察进驻期间共问责党政领导干部1.8万多人,受理群众环境举报13.5万件,直接推动解决群众身边的环境问题8万多个。仅在2017年,环境保护督政工作就约谈30个市(县、区)、部门和单位,全国实施行政处罚案件23.3万件,罚款金额115.8亿元,比新环保法实施前的2014年增长265%。事实上,日趋严格细密的制度设计和制度执行,将环境保护的压力从中央传导到地方,从政府传导到企业,从国家传导到个人,党和政府掀起的督政督企、传导压力的绿色风暴,正在开辟复合型环境治理的中国道路。① 对始终以人民利益为中心的党和政府而言,这种主动调整和作为具有内在的必然性。

五是企业在环境衰退、人民消费偏好变化和政府的管制与治理投入中发现了新的盈利机会,表现出越来越明显的绿色行为倾向,新产业、新

---

① 洪大用:《复合型环境治理的中国道路》,《中共中央党校学报》2016年第3期。

业态、新模式、新产品等加速发展,在满足社会新需要的同时也推动着社会转变。改革开放以来,我国环境保护投入逐渐增加,1999年占GDP的比例首次超过1%,"十二五"期间占到了3.5%,直接推动了环保产业的快速发展。2000年环保产业年产值1080亿元,到2010年已经达到了11000亿元。①

除了环保产业之外,在其他各类企业中,以开发矿产资源为主、为社会提供矿产品以及初级产品的资源型企业具有重要地位,但同时也在生产过程中具有严重的环境影响。2013年我国资源型企业工业固废产生量、工业废水排放总量、工业废气排放量分别占到工业排放总量的97.1%、77.7%和92.4%。但是,近期有研究表明,资源型企业的绿色行为表现也已日益明显,虽然还有一些方面的不足。例如,调查中84.5%的资源型企业将环境保护纳入了企业目标体系,注重企业环保形象的有80.4%,定期开展员工环境意识和环境管理技能培训的有70.3%,员工能积极参加企业环境管理实践活动的有69.4%,在生产设计时考虑了节能降耗和循环利用等问题的有83.5%,选择生产材料时优先考虑可再生易回收材料的有77.6%,在生产过程中建立了物料、废物循环系统的有79.4%,采用环境友好生产工艺有80.8%。②这些迹象表明,企业基于逐利理性的绿化行为也有可能成为推动社会转变的内生动力。

三、绿色社会建设的成效与未来

绿色社会建设的成效是多方面的,环境影响是其中一个主要方面。基于环境保护的角度,生态环境部负责人用了五个"前所未有"来形容党的十八大以来旨在改善环境质量的深刻社会变化:思想认识程度之深前所未有,污染治理力度之大前所未有,制度出台频度之密前所未有,监管

---

① 新浪网:《十三五环保产业年增速或超20%,总投资达17万亿》,2015年11月2日,http://finance.sina.com.cn/china/20151102/222723655477.shtml。

② 谢雄标、吴越、冯忠垒、郝祖涛:《中国资源型企业绿色行为调查研究》,《中国人口·资源与环境》2015年第6期。

执法尺度之严前所未有,环境质量改善速度之快前所未有。[1]

的确,有关资料表明党的十八大之后的五年里,环境保护和生态文明建设确实取得了阶段性的突出成效。例如,我国森林覆盖率持续提高,从2012年的21.38%上升至2016年的22.3%;全国338个地级及以上城市可吸入颗粒物(PM_{10})平均浓度比2013年下降22.7%;京津冀、长三角、珠三角区域细颗粒物($PM_{2.5}$)平均浓度比2013年分别下降39.6%、34.3%、27.7%;"水十条"实施以来,全国地表水Ⅰ~Ⅲ类断面比例从6%提升至67.8%,劣Ⅴ类断面比例从9.7%下降至8.6%。[2]2017年《中国生态环境状况公报》是这样作出总结的:"全国大气和水环境质量进一步改善,土壤环境风险有所遏制,生态系统格局总体稳定,核与辐射安全有效保障,人民群众切实感受到生态环境质量的积极变化。"

从节能减排方面看,2008年之后中国GDP的增速明显快于能源消耗总量的增速。再往前回溯,自改革开放以来,中国万元GDP的能源消耗量持续下降(参见图4)。笔者按照国家统计局发布的数据测算,到2016年已降至0.588吨标准煤。在"十二五"规划实施期间,我国碳强度累计下降了20%,超额完成了"十二五"规划的确定17%的目标任务。[3]前文图1也显示,在二氧化硫排放方面,2006年达到峰值后有着持续、加速下降的趋势。

如果说绿色社会建设产生了一些显著的环境改善效果,那么我们对此应有两个基本态度:一是要充分认识到绿色社会建设方向的正确性,风雨无阻、坚定不移地推动社会的绿色转变,继续致力于实现人与自然的和

---

① 新华网:《中央环保督察威力大:2016年到2017年两年内完成了对全国31省份的全覆盖》,2017年11月7日,http://www.xinhuanet.com/2017-11/07/c_1121916536.htm。

② 新华网:《中央环保督察威力大:2016年到2017年两年内完成了对全国31省份的全覆盖》,2017年11月7日,http://www.xinhuanet.com/2017-11/07/c_1121916536.htm;中华人民共和国生态环境部:《2017年中国生态环境状况公报》,2018年5月22日,http://www.zhb.gov.cn/hjzl/zghjzkgb/lnzghjzkgb/。

③ 中国政府网:《新闻办介绍中国应对气候变化的政策与行动2016年度报告有关情况》,2016年11月1日,http://www.gov.cn/xinwen/2016-11/01/content_5127079.htm。

谐共生,提供更多优质生态产品以满足人民日益增长的优美生态环境需要;二是要保持科学冷静,要有不断的反思精神,充分认识到目前环境改善效果的突击性、阶段性、局部性,充分认识到绿色社会建设的局部性、过程性、阶段性和复杂性。如果没有全面深入持续的绿色社会建设,目前环境改善的效果就是不可持续的,人与自然的和谐共生也是难以企及或者难以有效保持的。

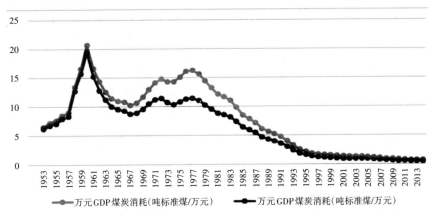

图4　1952年—2014年中国万元GDP能源消耗以及万元GDP煤炭消耗

数据来源:国家统计局官网 http://www.stats.gov.cn/ztjc/ztsj/201502/P020150212308
266514561.pdf

为什么这么说? 建设绿色社会无疑是形势所逼、规律所在、民生所需,但这是一个艰难的长期过程。笔者考虑到至少有以下几个方面的理由。

第一,相对于环境系统自身的演变而言,人类的干预和影响仍然是有限的。一些环境问题很复杂,既有人为原因,也有自然原因,还有人与自然交互作用的原因。比如说,我们努力治理空气污染,但是仍然难以深刻影响气候变化和地球环境系统长周期的复杂的演变规律,而这些往往是加剧空气污染或者抑制空气污染治理效果的重要因素。可以说,我们目前对地球乃至宇宙系统运行演变规律的认识还是很有限的,我们很难陶醉于自己对自然的"胜利",需要更自觉地尊重自然、顺应自然、保护自然,遵循自然规律。

第二，相对于可视性强、具有流动性的和有明确污染致因的空气污染、水污染等而言，一些可视性不强、易固化而又致因复杂的污染往往容易被忽视，由于其不断的累积性、极端的复杂性和滞后的社会影响等，这类污染也更难治理，比如说土壤污染、基因污染、生物多样性损失，等等。事实上，这类污染可能对人的健康和社会持续具有更深层次、更为全面的威胁，而我们目前在这些方面的应对还很薄弱。

第三，在社会转变方面，目前的工作重点是转变行政体系、行政行为和调整空间格局、产业结构、生产方式等，这是非常艰难的工作，尤其是持续转变是需要考虑其所面临的客观挑战的。但是，相对于此，调整生活方式、引导大众行为、凝聚全社会的共识，才是更为艰难、更不易迅速取得成效的事情，我们目前在这方面的努力还有不足，有效措施还很有限。

第四，相对于制度建设而言，制度的执行是更为复杂、更为艰难的，尤其是制度内化为社会成员自觉的行为习惯，是一个长期的、复杂的过程，其中甚至还会有扭曲、冲突与反复，这是我们需要特别关注的，也是可以充分汲取社会学、心理学等社会科学智慧的重要方面。我们需要更多关注人们日常生活实践的绿化，以日常生活实践为中心，以绿化生活为目标，更加细致地再造日常生活基础设施、重构日常生活机会与空间、设置方便有效的日常生活引导，以推动深层次的、本质性的绿色社会建设。否则，社会表面的变革将会因为深层的原因而延滞、失灵甚至颠覆。

第五，我国社会主要矛盾虽然发生变化，但是我们仍处于并将长期处于社会主义初级阶段的基本国情没有变，我国是世界最大发展中国家的国际地位没有变。因此，发展与环境的矛盾仍然具有长期性，我们仍然需要平衡发展与环保，在推动环境保护中实现更高质量的发展。特别是，考虑到我国发展的不平衡性，城乡之间、地区之间、群体之间的发展差距比较大，社会价值多样化，所以绿色社会建设过程中也将面临比较突出的环境公平问题。正视并妥善处理好环境公平问题，将会增加绿色社会建设的内生动力；而忽视和处理不好这个问题，将会损害绿色共识并加大绿色社会建设的内在阻力。

因此，当前中国的绿色社会建设只能说是曙光初现，未来任重道远。真正的绿色社会，不仅需要形成广泛的具有支配性的绿色共识、科学全面系统细密的制度安排，而且要有严谨有效常规化的制度执行实践，开发适宜的技术手段和传播知识信息，有广泛的活跃的绿色社会组织和绿色社会活动，有公众日常生活实践的系统性重构与再造。在一个全球化时代，区域性的绿色社会建设也必将受到外部社会环境的影响，需要与外部社会开展有效互动与协调。在当前的发展态势下，最终的绿色社会必然是全球性的，需要全球社会协调一致的深刻变革，需要全世界人民切实敬畏自然，珍爱我们身处其中的人类命运共同体。

环境污染如何转化为社会问题[*]

陈阿江[**]

摘　要：环境污染的问题化是环境治理的前提条件。科学技术深嵌到环境社会问题的形成过程中。科学地认识环境污染，并且通过技术手段转化为大众可了解的信息，是污染转化为社会问题重要基础。以"外源污染""内生污染"为概念工具，分析早期工业化中污染的问题化：在外源污染即受苦圈与受益圈分离的理想类型中，受总体性社会结构的压制，环境污染难于问题化；在内生污染即受苦圈与受益圈重叠的理想类型中，如在耿车模式中，村民既因废旧塑料加工而受益，又因废旧塑料加工中的污染而加害于自己，但却难于问题化。随着工业化、城市化的推进，社会转型过程中的结构性矛盾更加突出。环境受影响者主体的多元化、不同层级政府的多目标化以及新媒体的普及，使涉环境问题主体间的竞争、冲突与顺应、合作不断演化，加之宏观结构关系的转向，环境污染的问题化渐成常态。环境污染的问题化形成机制一旦进入常态以后，应重视常规的制度建设。

关键词：环境污染　问题化　科学认知　技术呈现　外源污染　内生污染　社会结构

---

[*] 原文发表于《探索与争鸣》2019年第8期。
[**] 陈阿江,河海大学环境与社会研究中心、社会学系教授,博士生导师。

一、导言

科学研究的经验表明,"发现和形成问题常常比解决问题更加困难"。从环境史的角度看,要解决环境问题,环境污染的问题化是一个重要的前提条件。因此认清环境社会问题的形成机制,无论就学理探讨还是对解决实际的环境问题,都具有重要意义。

本文尝试就环境污染如何转化为社会问题进行分析。

美国学者鲁宾顿(Rubington)和魏伯格(Weinberg)对社会问题的理论视角进行了系统的整理。他们将社会问题研究归纳为七种视角。在社会问题研究的不同阶段,大致有一个相对明确的视角。这七种视角及其对应的时期分别是:1905—1918年的社会病理学时期;1918—1935年的社会解组论时期;1935—1954年的价值冲突论时期;1954—1970年的越轨论和标签论时期;1970—1985年的批判论时期和1985年以后的社会建构论主导时期。

在中文的语境中,"问题"一词至少有两方面的含义。一是中性的,相当于事项(issue),社会问题相当于社会现象或社会事务。二是指负面的、社会病态的社会问题(social problem)。笔者认为,社会问题既有客观存在的社会病态基础,也与社会对某类现象的看法、评判有关。因此,早期社会学家用客观、主观两种角度对社会问题进行分类,今天仍有意义。现在流行的建构主义视角,似有超越主客观分类的企图。

在早期的环境问题研究中,揭示环境问题的科学技术特征是其重要的工作。如《寂静的春天》的作者卡逊,花费了大量的时间去揭示农药等合成化学物品在土壤、河流中的残留,及其对人类的影响等。

当然,在社会学家的视野中,人和社会始终是受关注对象。在日本四大公害的早期研究中,环境污染对人的社会影响是社会学家研究的重心。无论是饭岛伸子的"受害结构论",还是舩桥晴俊的"受益圈、受苦圈论",都尝试解释环境污染对人类社会所产生的负面影响。这些负面影响包括对人体健康的损害、污染造成的贫困、社会歧视等问题。

分析环境问题产生的社会原因，是社会学家的另一项重要工作。史奈伯格尝试用"生产跑步机理论(The production of Treadmill)"解释资本主义体制在环境问题产生上的无奈状态。生态马克思主义则继承马克思主义的批判精神，直指资本主义体制是环境问题产生的根本原因。怀特则从文化层面探讨美国生态危机，他认为犹太—基督教(Judeo-Christian)宗教文化传统是美国生态危机的历史根源。

社会问题有其客观的一面，就像是真实存的社会疾病一样，但社会问题并不总是客观、清晰的，也有主观建构的一面。伯格和卢克曼社会建构论的提出，为社会学认识社会问题提供了新的路径。汉尼根以建构主义为基础，另辟蹊径阐述环境问题。建构主义环境社会学的意图是：

> 我们需要更加细致地考查社会的、政治的以及文化的过程，通过这些过程，特定的环境状况被定义为不可接受的、有危险的，并由此参与创造出了所认知的"危机状况"。

环境问题在中国的社会学研究历程中，有两类倾向。一是环境问题被排除在社会问题研究之外。早期的社会学类教材，大都未将环境问题作为社会问题进行分析。如国内比较流行的社会问题类教材，朱力2008年出版的《当代中国社会问题》没有把环境问题作为社会问题加以讨论，2018年版的《社会问题》也没有出现环境问题的章节。郑杭生主编的《社会学概论新编》把"生态环境问题"列为社会问题分析，算是一个特例。另一种倾向是把环境问题等同于社会问题中，即无差别地对待环境问题与其他社会问题。但笔者认为，作为社会问题的环境污染具有社会问题的一般特点，也有其特殊性。

社会问题的形成是一个复杂的过程。朱力总结以往的社会问题研究成果，把社会问题的形成过程划分为六个阶段：①利益受损集团的强烈不满与呼吁；②社会敏感群体及有识之士的呼吁；③社会舆论集团和大众传媒的推动;④公众的普遍认识与接受;⑤权力集团的认可与支持;⑥开始解决社会问题。因此,从纵贯过程看,社会问题的形成是一个从少数群体感知到多数群体了解,从感受、认识与接受逐渐演变到呼吁和行动的过程。但环境污染引致的社会问题,比之"纯"社会问题,较多地涉及对污染的科学认知和技术呈现事项。由环境污染转变为社会问题,它既受制于科技,也受制于社会结构。

笔者以为,环境污染引致的社会问题,大致包含以下三个方面。

首先是环境污染的产生。在环境中增加了有毒有害的新物质,或有毒有害物质的迁移和富集,导致特定的地理空间系统的物质形态或结构改变。这方面通常可以用技术手段加以测量。

其次是环境污染所产生的社会影响。环境污染对相关人群的社会影响通常表现为:健康损害;经济损失,进而可能造成贫困问题;引发社会公正危机及不同群体间的冲突和矛盾;社会解组及社会结构演变;人口迁移;等等。

最后,环境社会问题涉及社会响应状态,或称之为社会反应。社会反应的主体包括民众政府、企业、社会组织、媒体等。社会反应涉及的事项主要有受害者对环境污染及社会影响的感觉、感受、认知,不同群体间话语操演,呼吁、呐喊、抗议活动,以及环保行动、环保政策制订、制度建设等。如果社会没有对环境污染、社会影响产生足够的社会反应,这样的问题只是局部的、个别的问题,不构成社会性的问题。

现实中环境社会问题的形成过程十分复杂。在"常态"情形下,当环境被严重污染时,就会产生社会影响,引发社会反应,环境社会问题因此形成。但环境社会问题并不总是沿着环境污染—社会影响—社会反应—社会问题这样一个逻辑向前演进。与此"顺理成章"的路径不同,还存在多种可能的情形。如因为科学认知、技术呈现不足,或是社会影响隐蔽、社会反应不足,从而无法完成社会问题的常规性建构。对环境污染或环境污染风险的反应过度,则会引发另类社会问题。类型化分析见表1。

表1 环境污染转化为社会问题的类型

类型	环境污染的科学认知与技术呈现	社会影响、社会反应与社会结构	问题形成与否
"常态型"	正常	正常	环境社会问题形成
科学认知不足	科学原理不清、认知滞后或技术呈现不足	虽有污染影响,但民众反应不足,或反应指向不明	无法形成明晰的环境社会问题
社会反应不足或反应过度	——	有社会影响,但可能反应不足;或有社会影响、有社会反应,但受制于社会结构客观的社会影响不大,但在特殊的社会关系结构中可能反应过度	无法形成社会问题 建构型社会问题

　　本文拟从科学认知、技术呈现与环境问题的形成,以及社会影响、社会反应及社会结构与环境问题的形成两个方面展开,尝试从"环境史"的角度去理解环境污染是如何转化为社会问题的。本文尝试在前期大量经验研究的基础上进行一般性提炼。以往的经验研究包括多年来笔者所从事的水环境问题、环境与健康及生活垃圾处置等领域的研究。

二、科学认知、技术呈现与问题化

　　环境社会问题形成的逻辑,既有社会问题形成的一般规律,也有环境方面的特殊情形。这里先尝试分析环境污染的科学认知、技术呈现与社会问题形成的基本关系。

　　大量的环境史料显示,环境污染在早期没有被重视,也得不到解决。就社会学研究视角看,问题得不到解决的一个重要原因,是与这些污染现象难以转化社会问题有关,而科学认知是污染现象能否转化为环境社会问题的重要基础。

(一)科学认知

　　环境事件的科学认知常常成为问题化的关键环节,20世纪50年代日本发生的水俣病就是一个典型的案例。

　　日本氮素株式会社在氯乙烯和醋酸乙烯制造过程中使用含汞催化剂,

生产企业把含汞的废水排入海中。废水的无机汞在环境中转化为甲基汞等有机汞。通过"大鱼吃小鱼,小鱼吃虾米"的方式,有机汞在食物链中逐级富集。当地居民因摄入被污染的海产品,使有机汞进入人体血液及组织。水俣病就是有机汞侵入脑神经细胞后引发慢性汞中毒的一种综合性疾病,轻者口齿不清、步履蹒跚、感觉障碍等,重者精神失常,直至死亡。

在水俣病发病机理被探明之前,因食用受污染的海产品而患病、死亡的人已有不少。金子澄子的家庭成员的悲惨故事,有一定的典型性。

金子澄子家就住在海边。她的先生每天去上班之前总是先到海边捉上螃蟹、牡蛎等供家人食用。家庭成员中最早出现水俣病症状的是长子亲男。1953年4月,已经2岁的长子亲男像得了感冒一样,浑身无力。医生看了孩子的症状,也弄不清病因。一年之后,金子澄子先生也开始发病了。先后去了多家医院,包括熊本大学医院,所有的医生都查不清病因,只是觉得奇怪。1955年5月,她的先生在痉挛的痛苦中去世了。1955年8月,次子雄二出生了,但他一出生就患上了胎儿性水俣病了,脖子一直不会直立。到现在,脖子仍然不能像正常人那样直立,仍然在康复机构中……

在科学家发现污染与疾病的因果关系之前,渔民已经怀疑当地居民的怪病与氮素株式会社的排污有关。如水俣镇当地的老渔民江口说,他怀疑工厂排污是致病的原因,并把污泥带给熊本大学,把牡蛎交给保健所,但是没有人给予回应。在1957年逐步明确污染与水俣病的关系之前,虽然已经产生非常严重的健康损害,居民也有所行动,但因为健康损害与环境污染因果关系的确切证据没有找到,问题化缺乏明确的指向,自然也难以解决问题。

从环境—健康主题的研究史看,类似水俣病这样能够清楚找到特定污染物与疾病关系的,是非常罕见的。因为污染物种类繁多,污染物在环境中的化学成分还会发生变化,因此认清污染物如何影响人体健康的机理就非常困难。就人体健康来看,污染物作为健康的风险因子,并不会在每个具体的个人身上得到体现。有些疾病,比如癌症,往往是多因素作用的结果,如中国地域性食管癌高发之谜则为典型的例子。20世纪70年代,在全国29个省市自治区三年(1973—1975年)死亡人口调查中,发现某些地域食管癌高发,如河南林县、四川盐亭县等出现食管癌地域高发的现象。关于食管癌高发,有"食物霉变说""水污染说""不良生活习惯说"等多种解释,但究竟是哪个因素或哪个因素为主,迄今为止还没有彻底查清。徐致祥提出的"氮循环假说",在医学统计、医学实验及改水实践中部分地得到了验证。从社会学的角度看,"氮循环假说"非常重要的发现是,农村中司空见惯的生产和生活习惯可能是农村食管癌高发的重要原因之一。但由于它只是一个理论假设,没有依此理论假设采取非常积极的改进水源的措施来预防疾病,比如农村某些地区水塘含氮偏高却没有引起足够的重视。

(二)技术呈现

如何把一般的科学原理转化民众可视或可理解的技术呈现,同样非常重要。因为有时候某个"环境污染"问题在科学家那里是清晰的,在公众层面并不见得是清楚的。有些情形下,污染物通过外形、类别等可以有效判断;但有的时候,它需要通过技术测量才能客观地了解污染的真实情况。比如,科学家已于多年前阐明了空气中的细颗粒物($PM_{2.5}$)对人体健康影响,但直到最近通过技术测量,把测量结果公布于众,才使普通大众能像利用天气预报一样利用空气质量指数去了解污染状况。

在现实生活中,民众对环境的感知可能与技术测量的结果相一致,也可能有很大的差异性。民众感知与技术测量结果的差异性,可能导致污染的问题化出现不同的格局。

秦淮河水质即是民众感受与水质测量之间差异的一个有趣案例。由于秦淮河的成功治理与开发,联合国人居署授予南京市人民政府2008年度"联合国人居奖特别荣誉奖"。确实,外秦淮河从治理前的臭河、脏河,变成了一条美丽的河流。如外秦淮河清凉门大桥一带,右岸是南京明城墙,左岸是现代化的住宅群。桥边有一个游船码头,多位重要领导人都曾到这里参观过整治后的秦淮河风光。

　　虽然沿岸风光旖旎,但河水的水质并没有得到有效解决。2013年冬,课题组曾对外秦淮河清凉门大桥附近的水域进行了水质检测,发现氨氮指标之高超乎我们的预料。国家规定的 V 类水氨氮(NH_3-N)含量不超过 2.0mg/L,而实际在 2013 年 12 月 3 日 21 点清凉门大桥下秦淮河所取水样氨氮含量高达 20.058mg/L,是 V 类水高限的 10 倍多。之后,我们分别在 2014 年 1 月 10 日、3 月 10 日、5 月 12 日每天 6 点、14 点和 22 点 3 个时点进行采样测量,数据结果见表 2。从平均值看,COD 和磷略超国家规定的 V 类水标准(40mg/L、0.4mg/L),而氨氮是 15.01 mg/L,为国家 V 类水标准上限(2.0mg/L)的 7.5 倍。沈乐等人利用 2007—2011 年这 5 年完整的数据,对秦淮河的研究也显示,外秦淮河的污染不仅严重,而且污染还有加重的趋势。可资形成对照的是,我们取水采样时,眼、鼻等人体感官没有感觉到水被污染,平时居民在河边散步也没有表现出特殊的反应。

表 2　南京市外秦淮河清凉门大桥附近水质情况

时间	氨氮(mg/L)	总磷(mg/L)	COD(mg/L)
2013 年 12 月 3 日 21:00	20.06	—	—
2014 年 1 月 10 日 6:00	14.37	0.456	51.17
2014 年 1 月 10 日 14:00	13.66	0.501	40.63
2014 年 1 月 10 日 22:00	13.66	0.489	27.09
2014 年 3 月 10 日 6:00	12.27	0.255	27.09
2014 年 3 月 10 日 14:00	13.11	0.257	39.13
2014 年 3 月 10 日 22:00	14.37	0.27	34.61
2014 年 5 月 12 日 6:00	14.37	0.861	58.69
2014 年 5 月 12 日 14:00	13.11	0.409	25.58
2014 年 5 月 12 日 22:00	21.12	0.440	69.23
平均值	15.01	0.44	41.47

　　注:水样地点为南京市鼓楼区清凉门大桥下外秦淮河;由课题组朱启彬采样,朱启彬、严小兵等人采用连华科技 5B-6C(v8)智能一体四参数水质测定仪比色法快速水质检测方法测得。

综上所述,由于环境污染自身的特点,科学认知、技术呈现是污染现象能否成为社会问题的基础性前提。当污染问题的机理难以被科学认识时,或当污染既难于为民众所感受,又未能通过技术手段加以清晰地呈现的时候,往往难以形成一定的社会反应。在一个以事实为依据、尊重科学技术的现代社会中,科技在污染成为社会问题过程中拥有很大的话语权。科学、技术一旦失语,污染就很难转化为社会问题。

三、社会反应、社会结构与问题化

环境污染是否转化为社会问题,既与相关主体对污染的认知水平有关,与污染是否直观的呈现有关,也与污染对相关主体施加的影响以及主体的反应状态有关,而主体的反应状态又与其所处的社会结构相关。

社会结构是一个国家或地区的社会成员的组成方式及其关系格局,包括家庭结构、社会组织结构、城乡结构、区域结构、社会阶层结构、民族结构等。社会结构具有整体性、层次性和动态性等特点。就环境污染的问题化与社会结构关系而言,可以从两个层面去理解。第一个层面是具体的环境污染的问题化与涉污染事件相关人群的关系,换言之,涉污染事件相关主体的关系格局直接影响了环境污染是否能被问题化。当然,也受宏观的社会结构影响。第二个层面是总体性环境污染的问题化与宏观社会结构,即总体性环境污染的问题化,它主要受制于宏观社会结构,而某个具体环境污染事件的主体冲突或协作可能会加速或延迟环境污染的问题化进程。

为了便于理解,笔者借助于"外源污染"和"内生污染"两个理想类型工具对早期的环境污染问题化进行分析,再辅之以宏观社会结构的分析。本文所说的"外源污染"是指社区共同体之外的力量所产生的污染并且对社区产生影响;"内生污染"社区共同体内部力量产生的环境污染并对社区产生伤害影响。"内"与"外"更强调的是社会空间而非地理空间属性。①舩桥晴俊在分析日本新干线噪音等社会影响时,用"受苦圈·受益圈"来分析与新干线相关的受益者人群与受害者人群,如果借用这一概念,"外源污染""内生污染"则可构建"受苦圈与受益圈完全分离""受苦圈与受益圈完全重叠"两个理想类型。

(一)外源污染

在理想类型的"外源污染"情景下,受苦圈与受益圈完全分离,受环境污染影响的一方容易与加害者进行对话、斗争。如果在环境污染科学认知正常的情况下,宏观社会结构往往成为污染是否能正常问题化的关键。

20世纪70年代河北省沙河县磷肥厂的环境污染事件给我们展现了当时污染问题化的艰难状态。因农业发展需要,1973年春,沙河县在褡裢公社赵泗水大队原砖窑场旧址建设了县属大集体企业沙河磷肥厂。建成投产以后,村民发现磷肥厂生产影响了周边的庄稼,出现玉米和谷子枯萎、枯死等现象。笔者2016年访问了当事人,据他回忆,1973年秋,谷子抽穗时节,投产的磷肥厂烟囱里喷出来的烟,一夜之间把厂子北边的庄稼都弄死了,玉米的叶子变黄了。厂子影响到周围800多亩的庄稼。显然,磷肥厂所产生的社会影响是明显的、严重的。根据事后的调查,磷肥厂所产生环境污染,使磷肥厂周边生产队200亩大秋作物无收、300亩农田作物减产七成以上(赵永康,1989:195—196)。1973年12月,磷肥厂实际赔偿赵泗水大队15117.34元。粮食绝收或减产,普通庄户人家的口粮将直接受影响。在1973年这个普遍贫困的年代,吃饱饭是最大的问题。从集体层面看,部分庄稼绝收影响着粮食收成,进而影响生产队交公粮、卖余粮,影响着生产队的发展。

---

① 本文所定义的"外源污染""内生污染"与笔者早期的文章所用的同名概念有所区别,读者可参照《从外源污染到内生污染——太湖流域水环境恶化的社会文化逻辑》,载《学海》2007年第1期。早期的概念强调地理空间特性,外源污染主要是外在于社区的污染,并受制于科学认知、技术呈现不足的问题,很难被问题化;本文的外源污染强调社会空间,如下文的沙河县磷肥厂污染事件,虽然它在地理空间上属于赵泗水大队范围内,但在社会属性上却外在于社区共同体。

根据笔者2016年的实地调查,包括对当事人的询问,以及对两份历史档案检索,均没有找到磷肥厂对庄稼产生影响的污染为何物。虽然如此,磷肥厂所产生的污染与庄稼受损之间的逻辑关系是清楚的。因为磷肥厂孤立于田野之中,通过观察、通过常规的逻辑推理可以推知污染与庄稼枯萎之间的因果关系。①

　　因为磷肥厂威胁到农业生产、威胁到村民来年的口粮,所以社员不断地向干部施加压力。大队干部向磷肥厂、向公社反映情况,但磷肥厂照旧生产;生产队让社员挖断通往磷肥厂的路,以中断磷肥厂与外界的交通联系,迫使它停止生产。但是,等到社员一走,工厂又让工人把路填回去。基层干部也通过向公社报告、并由公社向县革委会汇报,尝试通过上级部门协调调解问题。遗憾的是,还没来得及协调好,就因一个偶然的因素引发了冲突。1973年8月5日晚,受磷肥厂影响严重的3、4队等几个生产队干部、社员责问大队干部:磷肥厂烧坏庄稼,你们大队干部管不管? 你们干部拿了工分不解决问题,干啥吃的? ……由于磷肥厂"烧"坏庄稼越来越多,群众的呼声也越来越强烈,最后大队两委商议,决定把磷肥厂的电闸拉下、停止磷肥厂的供电,迫使磷肥厂停产,消除环境影响。

　　停电事故对工业生产产生了严重影响,这是当初拉闸的农民没有想到的。一个多月以后,拉闸停产事故被定性为"反革命破坏"事件,随后,当事人张运书、刘玉和被逮捕,并分别被判处有期徒刑5年和3年。

　　沙河县磷肥厂污染事件,呈现了与污染事件相关各方主体关系失调的问题。在村民采取停电措施之前,他们曾通过正常渠道反映磷肥厂污染问题,但无论是作为加害方的企业,还是作为主管部门的地方政府,都没有采取相应措施,致使发展到村民采取非常规手段去解决问题。而媒体、社会精英等主体则是缺席。

　　沙河县磷肥厂污染事件虽然发生于20世纪70年代,但发生于20世

----

　　① 强调环境污染问题的科学认知、技术呈现这一特点,主要是因为在很多情境下,环境污染与社会影响之间的因果关系并不容易确认。但在此案例中,污染对庄稼的影响可以通过常识加以推断,逻辑关系清楚,所以科技因素并不显得十分重要了。

纪80、90年代的环境污染事件,总体而言,具有相似的特点。改革开放以后,倡导以经济建设为中心,采取重点突破的战略。在宏观社会结构关系方面,有关城市与农村、工业与农业、生产发展与民生改善方面,总体上依然强调前者。在某些地方的实践中,"经济建设为中心"演变为只要经济、不要环境的片面理解。在特定的制度安排中,由于追赶现代化的需要,国家—市场—社会的关系呈现出政府权力过大,市场力量发育迅速并得到政府的扶持,而社会发育严重不足的局面。

总之,在外源污染的理想类型中,污染产生的社会影响是清晰的,受影响人的社会反应也是正常的,但因受此宏观格局的影响,环境污染中的各相关群体,难以形成均衡的、能使环境污染正常地问题化的机制和条件。目前,这方面的研究呈现得比较多。比如,污染的受害方常常表现为"沉默的大多数";社会精英难以独立;媒体不能有效发声;地方政府偏袒污染企业,环保部门难以作为等。在此格局下,大量的环境污染现象难以转化社会问题,污染问题难以得到解决。

(二)内生污染

在像沙河磷肥厂污染事件中,由于受苦圈与受益圈分离,由于特定时期外部力量的压制,使环境污染难以进入正常的解决路径,这是易于理解的现象。然而在内生污染,即受苦圈与受益圈重叠的理想类型中,环境污染同样难于问题化。耿车模式的艰难转型很好地解释了这一现象。

费孝通在20世纪80年代访问耿车时,通过比较其与苏南、温州发展的道路差异,提出耿车模式。耿车模式的体制特点是"四轮驱动,双轨运行"。耿车模式的出现,是与特殊的地理位置有关,也是与其悠久的经商传统有关,特别是当地有换糖(废旧物资回收利用)的传统有关。①1983

---

① 费孝通1986年考察耿车时,当地的废旧塑料加工业已经非常红火,但他在《淮阴行》中,关于废旧塑料加工只有短短的一句话:"我在耿车看到的再生塑料,也是这种性质。"不清楚是当地政府刻意不让费详细参观,还是费不愿意在废旧塑料加工业上多费笔墨,总之该文中没有关于环境问题的描述。

年开始土地承包以后，当地村民寻找发家致富的路。据耿车镇大众村邱永信先生回忆，当时组织去浙江义乌参观考察，回来以后他就决定做废旧塑料回收加工。废旧塑料回收加工主要是分拣、破碎、造粒、塑制等几个工序，一般的家庭只做其中的一两个或两三个工序。村民发现来钱快，不到一年时间，大众村家家户户都干起了废旧塑料加工的生意。整个村庄，既是一个原料、中间品的堆场，也是废旧塑料回收利用的加工场。作为大众村从事废旧塑料回收加工的"第一人"，邱永信1985年就买了一台汽车。

废旧塑料回收加工生意做得红红火火，但环境也日益恶化。村庄里飞扬着塑料袋，上空弥散着黑烟，一个孩子想象中的天空居然全是黑色的浓烟。用火烤鞋，烤软了把鞋底扯下来作为原料，以至于空气里弥漫着旧鞋的异味和垃圾的臭味，甚至十几里开外的地方都能闻到塑料味。房前屋后堆满了垃圾，污水横流，水塘臭气熏天。外地来的人都不敢在耿车喝水、吃饭。更有甚者，一位来耿车要债的外地人，看到耿车污染如此严重，居然连钱也不要就离开了。到学校上课的孩子、到市里开会的人，一闻就被闻出是"耿车人"。

与外来人的感受和反应不同，耿车人似乎非常习惯于这样的环境。当时，村庄里的农户绝大部分都在从事这一行业，他们既是废旧塑料加工业的受益者也是污染的受害者。收益与污染就像是两个连体孩子，不可能保留一个而抛弃另一个。

2005年，新上任的书记对去镇上开会的党员干部说，村民身上一股"塑料味"，能不能转行搞点别的。后来组织去了山东寿光和江阴华西考察，还去了苏州、杭州等地。邱永信说，觉得外面的环境真好，在外面待久了，都不想回家了。转行的念头更加强烈。随后，了解到附近的沙集有人在做电商，于是他在50多岁的年纪开始学电脑，学做电商生意。经过几年的摸索，到2009年，简易家具生产、网上销售生意红火起来。2009年下半年，邱家就主动地就把废旧塑料的加工停掉了。邱永信又成了大众村电商生意第一人。随后，陆陆续续有一部分村民转向家具生产、淘宝销售的电商模式,至2016年废旧塑料加工行业取消前,差不多有一半的农户已经改行做电商了。同年2月,在政府的强制要求下,大众村彻底取消废旧塑料加工行业。①

在耿车这个理想类型中,村民既是受益者也是受害者,双重角色于一体,受苦圈与受益圈重叠。虽然污染的社会影响客观存在,但受环境污染影响的主体的社会反应严重不足。人改变环境,同样环境也会改造人。环境污染的问题化推动力量来自两个方面。

一是社区内部精英的生态自觉。邱永信在经济富足以后,通过外出考察学习,进一步意识到环境问题的严重性。他的生态利益自觉,以及电商替代探索,是耿车最后能够实现转型的重要条件。

二是外部的宏观结构。国家的环境政策及环境治理形势的改变,使基层干部的环保意识增强,主动把环境治理纳入到本职工作中去。新书记上任后,利用废旧塑料加工行业不景气且有相当一部分农户已转行电商,果断决策取缔废旧塑料加工行业。

其实,媒体作为一个外部力量本可以推动耿车环境污染的问题化,但在很长的时间内,媒体处于失声状态。从费孝通提出耿车模式到2016年提出耿车模式转型或新耿车模式,期间几乎看不到关于耿车环境污染的公开报道。笔者在询问为什么以前我们都不知道耿车有这么严重的污染时,当地的干部都付之微笑。村庄社区与地方政府利益高度一致、与社区内部利益高度一致,使得外来媒体难于进入社区,媒体被屏蔽于社区之外。这样,通过外来媒体加以问题化的力量被消弭了。

与外源污染的社区类型不同,在内生污染的理想类型中,社区共同体

---

① 联想到最近正在轰轰烈烈推动的垃圾分类运动,强制取消废旧塑料加工行业似值得反思。在垃圾分类中,塑料一类垃圾作为"可回收垃圾",要求居民把它们分出来作为资源利用。因此,必须有下游生产者把分出来的废旧塑料加以清洗、破碎,进入再生产流程,即类似早期的耿车一带的做法。假定全国各地都学习耿车取缔废旧塑料加工行业,除了垃圾外运以外并无其他办法,而外运出口实际上也是行不通的。这样就如笔者在多地看到的景象一样,源头轰轰烈烈、千辛万苦推动分类,但因分了类的垃圾无法恰当地处置,最终还是合在一起送垃圾填埋场或垃圾焚烧厂处理。

消解了污染的社会影响,消解了社会反应。内生污染的理想类型,即环境影响的受苦圈与受益圈完全重叠的情形,在现实生活中并不多见。在现实生活中,更多的是混合类型。受苦圈与受益圈部分重叠的情形,在早期的工业化发展中如长三角地区、珠三角地区的乡村工业,则有一定的普遍性。从户、联户到村、乡镇办企业,当地居民或多或少参与其中,所以地方居民既是经济发展的受益者,也是环境污染的受害者。这种部分重叠的关系,掩盖了污染的社会影响,压抑了污染所可能产生的社会反应,进而抑制了环境污染的问题化。孙旭友认为,乡村工业污染难以问题化的社会逻辑,也即大多数村民沉默的原因是"关系圈稀释了受害者圈"。这不仅是因为"同住一个村"的共同体意识消解了村民抗争意愿,也因为受害者圈中的部分受益者消解了他们抗争意愿——因为在村庄受环境影响的人群中,有一部分是污染企业的就业者、高利贷者以及与企业有业务往来的村民等,他们与污染企业形成利益共同体。

(三)环境污染的问题化

前述两个理想类型,在中国工业早期阶段,都呈现了难以问题化的困境。进入新世纪以后,随着工业化、城市化的不断推进,社会结构性矛盾更加突出,包括环境污染、土地征用移民安置等,普通民众与利益集团和地方政府的矛盾日益尖锐,呈现了环境污染问题化快速推进的特点。甚至出现了"物极必反",对环境事项出现过度问题化的特点。

宏观格局林林总总,我们以这一期间最有代表性的"群体性事件"作一简要分析。以中国知网可查找的文献为例,加以说明。最早出现"群体性事件"的文献是在1996年。20世纪90年代共出现4篇文献。2008年前文献量比较少。2009年至2014年都在百篇以上。考虑文献反映现实的滞后特点,群体性事件的爆发高潮期大致在21世纪初。

在针对环境污染的社会运动中,"反垃圾焚烧运动"表现得比较典型。大致在2005年以后,环境污染的加害者和受害者关系出现了某种程度的逆转。在某些类型的环境污染事件中,如垃圾焚烧项目、PX项目,出现了民众强烈反项目的群体性事件,甚至对环境风险出现了反应过度的问题。在2009—2011年的3年时间里,全国遭遇十多起反垃圾焚烧事件,主要集中在长三角、珠三角和京津地区。在江苏,就有南京、无锡和吴江三座垃圾焚烧发电厂遭遇反对,其中无锡和吴江的垃圾焚烧发电厂已建成进入试运行阶段而被迫停止。包括反垃圾焚烧项目、反PX项目等"邻避运动"的盛行,甚至出现民众对项目的环境风险反应过度的问题。

从中国社会变迁的阶段性特征及环境演变的角度看,环境群体性事件成为环境污染问题化历程中的一个重要转折点。环境群体性事件突发既是前一时期社会结构性矛盾累积的结果,也是各相关主体关系调整和社会结构调整的开始。这一现象的出现,是与受害者(或潜在的受影响群体)、加害者以及第三方关系的演变相关联的。

首先,受害者主体出现阶层分化和利益多元化格局。在早期的环境污染中,受害者是较为单一的弱势群体,主要是农民或普通市民。单纯依靠他们自己的力量很难把污染事项转变为社会问题。在近年来的环境污染事件中,受害者群体不再是单一的弱势群体。①受影响的企业或组织成为问题化的重要力量。比如,在反垃圾焚烧案例中,房地产开发商深陷其中,成为垃圾焚烧项目的直接受害者,因为垃圾焚烧项目影响了房产销售,房地产商的经济利益受到直接损害,所以房地产开发商往往成为不露面的重点反对者。②受项目影响中产阶级是问题化的另一个重要力量。某拟建的垃圾焚烧项目离某个高档小区比较近。在这个小区中,居住着记者、律师、公务员、技术专家等各类社会精英。为了促使政府改变垃圾焚烧厂的选址,他们动用了各种可能的力量,包括发布其他垃圾焚烧厂附近癌症死亡名单,甚至不惜动用造假手段以反对可能存在污染和健康风险的垃圾焚烧项目。

其次,在涉环境事项的第三方正在发生改变。不同层级的政府在环境问题上出现目标差异和利益分化。比如,一个有重大收益和潜在风险的核电项目,对不同层级的行政区的损益是不同的。省、市级政府更多地看到收益,而厂址所在的镇/街道、甚至县/区,往往成为潜在的环境影响区,因项目的收益和成本的不对等,会影响不同层级政府的不同考量。

最后,媒体的多元化,媒体工具的复杂化,影响了环境事项中的社会结构关系。职业媒体从业者不再简单受制于地方政府,它可能为市场所驱动,也可能会为某个利益阶层服务,当然也可能为他们自己的职业理想所驱动。作为第三方力量,它可能站在环境污染的加害者方,也有可能站在受害者方。此外,自媒体广泛普及以后,每个人都是媒体人,他既是信息的生产者又是信息的传播者和接收者,极大地改变了社会成员的信息联结方式,影响社会结构关系,进而影响社会行动。在反对污染项目的呼吁、发声,以及集结、游行等方面,新媒体发挥着极其重要的作用。

2012年以后逐渐呈现较为平衡的状态。从宏观结构关系演变看,1978年以后经过改革开放三十多年的高速发展,政治、经济与民生的关系再次进行了调整,2012年"五位一体"的提出是其重要的转折点。作为系统发展观的"五位一体",社会建设、生态文明建设开始被置于和经济建设、政治建设相对均衡的位置上去考虑。这样一个宏观的社会结构关系调整,无疑对环境污染的问题化进程产生深远的、甚至是决定性影响。在新的宏观社会结构关系下,某些污染问题,如空气污染问题等,已形成常态的问题化,形成机制。具体而言,空气污染对人体的危害已形成基本共识;空气质量已像天气预报一样,通过技术手段定时定点地呈现在大众的面前。空气污染的加害者、受害者以及相关的第三方形成相对稳态的竞争、冲突与顺应、协作关系。这样一个宏观的社会结构关系,已影响着污染的问题化进程及环境问题的解决。其他的环境问题,如水污染、土壤污染等,也大致如此。因此就中国的总体性环境污染而言,已基本进入常态的问题化轨道。

四、结论

科学技术深深地嵌入到环境社会问题的形成过程中。如果人类无法客观正确地认识污染所产生的环境影响、社会经济影响,污染问题很难转化为社会问题。从环境史看,人类对污染问题的客观认知往往落后于现实。如日本的水俣病,当科学家发现汞和水俣病的关系时,污染已经对人类的健康造成很大的伤害。虽然如此,从科学认识的历史看,这还是比较幸运的,因为含汞的污染物质和疾病有明确的对应关系。然而事实上,大多数的污染—健康关系不是清楚地一一对应的。这就给问题化造成障碍。另外,从科学认识转化为公众看得见的技术测量结果也需要经历一个过程。因为在每个特定的现实场景中,往往会呈现多种多样的变化。

如果说,环境社会问题的形成在科技层面有较大的共性,那么在社会层面上,环境污染的问题化与其所处的社会结构及其演变有很强的关联。中国早期确定重点目标的推进策略,在城市与乡村、工业与农业、发展与民生等关系上,优先考虑前者。在此社会结构关系的安排下,污染仅仅是发展中的一个副产品,污染受害者受到总体性社会结构的压制。表现在具体的污染时,作为普通居民的受害者往往势单力薄,而加害者往往与地方政府及有关的权威部门一起以国家的名义不合理地处置污染事件。这种情形不仅发生在新中国成立后的前三十年,也发生在改革开放后的前三十年中。一些以GDP为主要发展目标的地区,污染企业往往与地方政府结盟,通过行政长官压制地方环保局、新闻媒体机构甚至司法系统,使污染难以问题化。这样做的结果,使得污染日益严重,民众与企业、地方政府的关系日益恶化。环境群体性事件的大爆发就是这样一种结构性失衡的结果。

群体性事件的爆发成为社会结构关系演变的重要转折点。总体发展思路从"以经济建设为中心"调整为"五位一体",强调经济、政治、社会、文化和生态五个子系统组成的系统的整体性协调发展,特别在发展与民生的关系上,把民生放在一个重要的位置上。这样一个总体性结构演变势必影响到环境社会问题的形成机制。这并不是说,环境污染问题已经解决,或者说不存在环境污染问题了,但大致可以认为环境污染的问题化形成机制基本进入常态。环境污染的问题化形成机制一旦进入常态以后,应重视制度化建设。一方面,要重视环境治理的常规性制度建设;另一方面,要使居民逐渐养成自觉保护环境的意识和行为。环境问题重在从源头上预防。环境治理非常需要,但也要防止环境治理的过度化。近年来,在某些地方为了达成环保的目标,制定了单一的却缺乏系统性考量的综合目标,出台诸如"不准养鸡、不准养猪"之类的政策。有的地方不计成本地推动全民垃圾分类,但分出来的湿垃圾,或者没有合适的处置回收工艺,或者因为处置成本极高而不得不重新送回垃圾填埋场或垃圾焚烧厂处置。从宏观上看,环境问题本质上是与我们的生产生活相伴相生的,环境治理要与当下的经济发展阶段相适应,与当下的社会发展阶段相匹配。

参考文献:

1. 陈阿江:《次生焦虑——太湖流域水污染的社会解读》,中国社会科学出版社,2009年。

2. 陈阿江:《水污染事件的利益相关者分析》,《浙江学刊》2008年第4期。

3. 舩桥晴俊、长谷川公一、畠中宗一、胜田晴美:《新幹線公害——高速文明の社會問題》,日本有斐阁株式会社,1985年。

4. 费孝通:《淮阴行》,载《费孝通文集》第十卷,群言出版社,1999年。

5. 冯仕政:《沉默的大多数:差序格局与环境抗争》,《中国人民大学学报》2007年第1期。

6. 福斯特、约翰·贝米拉:《生态危机与资本主义》,耿建新、宋兴无译,上海译文出版社,2006年。

7. 金子澄子:《我的家庭与水俣病》,《第2届中日水俣病环境问题研讨会文集》,2003年3月26日。

8. 蕾切尔·卡逊:《寂静的春天》,吕瑞兰、李长生译,上海人民出版社,2008年。

9. 罗伯特·K·默顿:《社会研究与社会政策》,林聚任等译,生活·读书·新知三联书店,2001年。

10. 罗亚娟:《乡村工业污染中的环境抗争——东井村个案研究》,《学海》2010年第2期。

11. 鸟越皓之:《环境社会学——站在生活者的角度思考》,宋金文译,中国环境科学出版社,2009年。

12.沈乐、龚来存、郭红丽:《秦淮河入江段污染状况及其对长江污染的影响》,《水利经济》2012年第6期。

13.省地县联合调查组:《关于对沙河县张运书、刘玉和申诉案的调查情况》,1979年。

14.孙旭友:《"关系圈"稀释"受害者圈":企业环境污染与村民大多数沉默的乡村逻辑》,《中国农业大学学报(社会科学版)》2018年第4期。

15.卫生部肿瘤防治办公室:《中国恶性肿瘤死亡调查研究》,人民卫生出版社,1980年。

16.徐致祥、谭家驹、韩建英、陈凤兰:《食管癌、胃癌、肝癌氮循环病因假说及检验》,《医学研究杂志》2008年第1期。

17.徐致祥:《农肥、污水与食管癌》,科学出版社,2003年。

18.闫志刚:《社会建构论——社会问题理论研究的一种新视角》,《社会》2006年第1期。

19.原田正纯:《水俣病:史无前例的公害病》,包茂红、郭瑞雪译,北京大学出版社,2012年。

20.约翰·汉尼根:《环境社会学(第二版)》,洪大用等译,中国人民大学出版社,2009年。

21.郑杭生:《社会学概论新编》,中国人民大学出版社,1987年。

22.朱力:《当代中国社会问题》,社会科学文献出版社,2008年。

23.朱力:《社会问题》,社会科学文献出版社,2018年。

24.Iijima, Nobuko, "Social Structure of Pollution Victims," in J. Ui (eds.), *Industry pollution in Japan*, Tokyo: United Nations University Press, 1992, pp.154-172.

25.Peter L. Berger & Thmas Lucmann, *The Social Construction of Reality: A Treatise in the Sociology of Knowledge*, New York: Anchor Books, 1967.

26.Rubington, Earl and Weinberg, Martin. S., *The Study of Social*

Problems: Seven Perspectives (6th ed) , New York: Oxford University Press, 2003.

27. Schnaiberg A. , "Social Syntheses of the Societal−Environmental Dialectic: the Role of Distributional Impacts," *Social Science Quarterly*, 1975, 56(1), pp. 5−20.

28. Schnaiberg A. , *The Environment: from Surplus to Scarcity*, New York: Oxford University Press, 1980.

29. Spector, Malcolm and Kitsuse, John I. , *Constructing Social Problems*, New Brunswick: Transaction Publishers, 2011.

30. White, Lyn Jr. , "The Historical Roots of Our Ecologic Crisis," *Science*, 1967, Vol. 155, No. 3767.

生态文明话语下的乡村振兴*

王晓毅**

摘　要：近代以来,中国一直以追赶西方为目标,在农业领域则是希望通过专业化和规模化的工业化农业提高农业的生产效率。但是在远未达到西方水平的时候就已经出现了严重的环境污染和生态退化、食品不安全和农村衰败。工业化农业所面对的问题是全球性的问题,但是因为中国人均自然资源紧张,问题爆发得更早也更激烈,这决定了中国无法在原有道路上追赶西方,乡村振兴是在农业工业化无法完成的背景下进行的另一发展道路选择,因此,处理人与自然的关系是乡村振兴的首要任务。乡村振兴战略是生态文明实现途径之一,在这个过程中需要克服工业化农业的问题,建立与自然禀赋相适应的人与自然的关系,提升乡村产业和社会生活的多样性。

关键词：乡村振兴　工业化农业　生态文明　多样性

从19世纪以来,中国的现代化过程就表现为以西方发达国家为目标,不断追赶的过程。自20世纪80年代以来的40年,无疑是这个追赶过程中速度最快的一个阶段,不仅工业化取得了举世瞩目的成绩,而且工业化的逻辑已经深入农业,彻底改变了传统的农业。但是在中国远没有达到西方国家发展水平的情况下,日益严重的农村环境问题已经清楚地表明,中国无法延续过去的发展方式,需要寻求新的发展方式以实现可持续发展。

---

* 原文发表于《南京工业大学学报(社会科学版)》2019年第5期。

** 王晓毅,中国社会科学院社会学研究所研究员。

工业化逻辑进入农业以后,在追求效率的目标下,农业趋于规模化和专业化,通过物质投入以改变农业的生态系统并重新形塑当地的社会系统,农村环境问题的产生正是这一过程的产物。农村环境问题的解决既是乡村振兴的起点,也是乡村振兴的目标,要避免乡村的衰落需要将乡村产业重新嵌入到当地的生态系统和社会系统中。生态文明的提出明确表明了中国要转变发展方式,而乡村振兴战略以及将小农户与现代农业相结合的策略,正是在生态文明的背景下提出的,是实现生态文明的策略选择,因此乡村振兴的首要任务是重建人与自然的关系,提升乡村产业和社会生活的多样性。

一、农业的工业化

以工业革命为起点的现代化过程,其核心是通过专业化分工以提高效率,这在亚当·斯密的《国富论》中有清楚的表述。在亚当·斯密看来,正是分工使每个生产者的生产能力得到提高,并通过市场交换,提高了社会的生产能力,促进了社会的富裕。亚当·斯密指出:

在一个施政完善的社会中,分工之后,各行各业产出大增,因此可以达到全面富裕的状况,将财富普及到最下层人民。每个工人的产出,除了满足自己的需求之外,还有大量的产品可以自由处理,其他每个工人的处境也都一样,因此能以自己的大量产品,交换大量的产品,或者说,交换其他工人的大量产品。自己大量供应别人所需的物品,而别人也同样大量供应自己所需的物品,于是普遍富裕的状况自然而然地扩散至每个社会阶层。①

在亚当·斯密看来,这种分工对农村产生了积极的影响,尽管因为农业的自然属性,农业内部不可能像制造业那样进行精细分工,②但是城

---

① 亚当·斯密:《国富论》,谢宗林、李华夏译,中央编译出版社,2001年。
② 亚当·斯密认为:"农业确实不能像制造业那样允许细密的分工,而各种属于农业的行业,也不像制造业那样清楚地分离。例如,畜牧业和玉米种植业就不可能像普通的木器业和铁器业那样完全分开。又例如,纺纱工几乎总是和织布工不是同一个人;但是犁地、耙土、播种和收割者,通常确实同一个人。"参见亚当·斯密:《国富论》,谢宗林、李华夏译,中央编译出版社,2001年。

镇与乡村的分离却给农村带来了福利。因为城镇经济发展不仅给农产品提供了市场,而且也促进了土地交易,以及将新的观念和新的秩序导入乡村。但是这种促进作用并不足以减少城市和乡村的不平等。在亚当·斯密看来,尽管富裕国家的农村通常比穷国的农村要好,但是在城市与乡村的关系上,乡村仍然处于不利的地位,其原因一方面在于在城市和乡村的关系上,乡村向城市输出了初级产品,而城市向乡村输出的是高价值的加工产品。[①]另外一方面也在于农业没有分化,与基于分工的城市工商业相比较,农业的生产效率低,比如农民有大量闲暇时间,他们需要掌握更多的技术,甚至因为没有计件工资,他们工作的勤奋程度远远低于城市工匠。

工业社会的逻辑在于分工促进了生产力的提高,以及由于贸易的广泛存在,使生产出来的更多产品可以变为财富。在这个过程中,农业生产内部所产生的变化有限,农业生产的自然属性限制了农业分工的发展,但是城乡分工使农村成为提供初级产品的生产者,并将农村置于不利的地位。

农业内部的分工开始于孟德拉斯所说的第二次工业革命。

> 今天,农业较迟地经历着第二次工业革命,他已经逃避过第一次工业革命,正在等待着第三次工业革命,即会改变很多自然机制的原子革命。借助于拖拉机和联合收割机,内燃机使机器作用于固定的劳动资料上,从而战胜了空间的约束。化学和植物学的进步使生物节奏可以得以加速,并调节和提高果实产量,时间的约束在很大程度上也被克服了。[①]

[①] 亚当·斯密认为:"欧洲各处的城市产业,都比乡村产业更为有利。要确定这个论断,用不着仔细盘算比较,光看一个简单的事实就够了。在每一个欧洲国家,我们都可以看到,相对于至少一百个以小额资本起步经营贸易与制造业而致富的人,只有一个因改良与耕种土地生产初级产品而致富。本质上,贸易与制造业是属于城市的产业,而生产初级产品的行业是属于乡村的产业。"参见亚当·斯密:《国富论》,谢宗林、李华夏译,中央编译出版社,2001年。

[①] H.孟德拉斯:《农民社会的终结》,李培林译,中国社会科学出版社,1991年。

孟德拉斯正确地指出,工业社会的逻辑渗透进入农业社会,分工不仅仅存在于城乡之间,而且也存在于农业内部,如同工业一样,农业日趋专业化。当工业的逻辑完全主导了农业以后,农业生产力提高,农产品的产量大幅度增加。正是在这个逻辑下,工业发达的国家也往往是农业发达的国家,在这样的国家中,农业在很大程度上摆脱了对自然的依赖,高效的分工创造了高效的农业,农产品的产量远远高于消费的需求。

　　但是工业化的农业本质上是以消耗更多的资源为代价,生产更多的农产品。

　　首先,农业带来了严重的自然资源退化和环境污染。在工业化的生产模式下,农业产量的提升是以自然资源的消耗为代价的,伴随着农业产量的提高是化肥和农药的大量施用、水资源的大量消耗,以及由此引发的农业污染问题和土地退化问题日益严重。化肥、农药和水资源的大量消耗既是工业化农业所带来的问题,也是工业化农业问题的解决途径。工业化农业的特点之一就是为了市场需求而日益专业化,因为在工业社会中产生的批发—零售的市场链或集中的大宗采购,都需要大量达到统一标准的农产品,这必然带来生产的专业化和规模化。原有的多样化作物品种和自然环境无法满足工业化农业的需求,就要求生产者去改变作物品种和自然,使之适合专业化和规模化的生产。从这个意义上说,工业化农业就是更深入的驯化过程,在驯化作物的同时也在驯化自然。②

　　当然农业从产生以来就是对作物和环境的驯化过程,长期以来农民就通过平整土地、开垦梯田和增加灌溉设施来驯化自然,不断进行品种选择以驯化作物。但是在工业化时代,普遍使用的农药、化肥和灌溉用水远远超出了自然的承载能力,造成了资源的严重破坏。人们试图通过农业工业化来解决农业污染问题,比如提高农业的规模化水平和政府的监管

---

　　② 食通社作者齐苗在一篇文章中讲述了,美国加州的番茄生产商如何改变番茄的特性以适应机械化采摘。参见 https://www.thepaper.cn/newsDetail_forward_2040744。

水平,以促进农业企业减少农药和化肥施用,并提高生产技术以减少资源消耗,但是往往在解决了一个问题以后又带来其他问题。①

其次,工业化的农业也带来了食品安全问题。过量施用化肥和农药,以及土地和水污染也都会反映到食品质量上,造成农产品的重金属、农药残留,以及食品质量下降等问题。食品安全问题在很大程度上是工业化生产模式下对效率的追求所导致的,比如要低成本高效率地生产畜禽产品,就必然会增加单位面积的饲养数量,由此导致畜禽抗病能力下降,在这种生产模式下,使用抗生素就几乎不可避免。同样持续化的单一作物种植也使病虫害发生的可能性大大增加,因而增加了农药使用。在工业化农业模式下,食品安全的风险几乎存在于生产和销售的每一个链条,已经成为现代社会重要的风险之一。①

在工业化农业的模式下,解决食品安全的思路有两条,第一是强化监管,也就是制定严格的食品安全标准、加强食品安全的监管机构,以及完善包括食品追踪体系在内的监管机制。但是这种监管成本高且容易出现监管的失灵,因为要对众多生产者进行监管,经常因为成本过高而在实践层面不可行。当监管众多小生产者不可能的时候,人们便寄希望于用大型生产者替代众多小生产者,因为生产者数量的减少可以减少监管成本,但是其结果是进一步加剧了农业产业的规模化,并进一步排挤小农户。当大型生产厂家也不能保障食物安全的时候,监管机制就从保证安全食物退缩到处罚生产不安全食物的生产者,食物生产追踪的机制就是建立在处罚基础上的。事实上监管只能保障最低的食物安全,并不能保障高质量的食物,因而就出现了第二种思路,也就是工业化背景下的有机农

---

① 比如在干旱半干旱地区提高粮食产量需要增加灌溉、化肥和农药,为了节约水资源,减少化肥和农药的使用,广泛地开展了滴灌、地膜覆盖等技术,随着灌溉用水和化肥农药使用的减少,地膜的使用大量增加,导致塑料污染;通过地膜回收等措施,土地的塑料污染得到适当控制,但是这并不能完全停止塑料在土壤中的积累,以及外运出去的废弃塑料所造成的环境问题。另外,种植业与养殖业的分离也导致农作物的秸秆不能得到及时处理。

① 社会学家迈克尔·卡罗兰(Machael Carolan)就已经指出了,工业化农业在生产大量廉价食物的时候,是以健康和环境为代价的。参见Carolan M.*The Real Cost of Cheap Food*, London:Routledge, 2018。

业,在更加高度人工化的环境中生产更加人工化的农产品,包括完全在营养液中生长出来的农产品。完全人工环境中生产的绿色产品或有机产品,已经越来越像是工业产品,而非农产品了,这种方式生产的食物也许可以减少农药使用,但是与天然食物相去甚远。

最后,工业化农业也带来了日益严重的社会问题。工业化农业在追求规模化的同时也在推动农村人口外流,从而造成农村的解体。农村原本是与城市相对应的一个生存空间,在农村有多种产业、多种人群,但是在工业化农业发展以后,农村唯一的职能是为城市生产农副产品。农村功能的单一和农业的规模扩大都导致了农村人口的大量减少。功能单一的农村将与农业生产无关的人口排挤出农村:当农村不再作为文化的生产地,农村的文人和艺术家便离开了农村;当农村不再承担教育功能,乡村教师离开了农村;当农业技术改进的大本营不在乡村而在大学实验室以后,乡村技术员也开始离开农村。同时从事农业的农民也受到机器的排挤,随着土地、道路和灌溉系统的完善,农业越来越依赖机械而不是劳动力的投入。在工业化农业中,农村人口减少和农场规模扩大是相互促进的,人口减少刺激了农场扩大规模,而扩大的农场进一步排挤人口。在这个过程中,适合机械化作业的平原地区成为农业生产的主要区域,而山地、丘陵等不适合机械化作业的地区,土地被抛荒。农业工业化所产生的问题已经被强烈质疑,越来越多的文献开始怀疑工业化农业,转而探索新的农业生产方式。①

---

① 对农药的批判开始于《寂静的春天》,对资源的担忧开始于罗马俱乐部的报告。(参见《增长的极限——罗马俱乐部关于人类困境的研究报告》,李宝恒译,四川人民出版社,1983年。)近年来对工业化农业的批评文献较多,比如2009年大卫·瓦林格(David Wallinga)就指出,只关注产量而忽视其他目标,当今的食物体系是不可持续的。问题产生于作物和动物的工业化生产,也被这一生产模式所推动。工业化是技术变革、公共政策,以及最近出现的全球化贸易的结果。之所以不可持续,首先因为它严重依赖不可再生或很难再生的资源,包括土壤、抗生素、淡水和化石燃料,其次也因为工业化模式所产生的废弃物和污染。参见 Walling D. Today's Food System: How Healthy Is It? *Journal of Hunger & Environmental Nutrition*, 2009,4(3-4):251 - 281。

二、无法完成的农业工业化

中国在过去的40年中,以最快的速度复制了城乡分工到农业工业化的过程,我们可以看到这个过程大体上经历了三个阶段:20世纪80年代以前,决策者试图通过集体化克服小农的弱点,但是其结果却是失败的,小农的弱点不仅没有被克服,城乡分割反而进一步加剧;经过农村改革,农村重建了以小农经济占主导地位农业,但是在经历短暂的乡村发展以后,迅速进入到如亚当·斯密所说的工业化阶段;进入90年代后期,中国的农业开始进入了农业工业化的时代,农业产业化时期标志,但是在尚未达到西方发展水平的时候,中国农村已经开始遭遇到在工业化农业的框架内无法解决的难题。

社会主义的农业现代化开始于苏联,在列宁看来,电气化和集体化是农业发展的必然之路,列宁有关农业现代化的观点和苏联的经验对中国产生了深远的影响,中国试图通过集体化来克服传统小农的弱点,同时在集体化的过程中,加速电气化。[2]单纯地扩大农业生产组织规模可以克服小农的一些弱点,比如在人民公社时期农村完成了一些原来分散的农村所无法完成的土地改造和水利设施建设项目,但是集体化也带来了生产组织、管理、分配等多方面问题,到20世纪80年代,农村改革通过重建小农经济以克服人民公社所带来的问题。

---

② 《中共中央关于在农村建立人民公社问题的决议》中指出:"在经济上、政治上、思想上基本上战胜了资本主义道路之后,发展了空前规模的农田基本建设,创造了可以基本上免除水旱灾害、使农业生产比较稳定发展的新的基础,在克服右倾保守思想,打破了农业技术措施的常规之后,出现了农业生产飞跃发展的形势,农产品产量成倍、几倍、十几倍、几十倍地增长,更加促进了人们的思想解放;大规模的农田基本建设和先进的农业技术措施,要求投入更多的劳动力,农村工业的发展也要求从农业生产战线上转移一部分劳动力,我国农村实现机械化、电气化的要求已愈来愈迫切;在农田基本建设和争取丰收的斗争中,打破社界、乡界、县界的大协作,组织军事化、行动战斗化、生活集体化成为群众性的行动,进一步提高了五亿农民的共产主义觉悟;公共食堂、幼儿园、托儿所、缝衣组、理发室、公共浴堂、幸福院、农业中学、红专学校等等,把农民引向了更幸福的集体生活,进一步培养和锻炼着农民群众的集体主义思想。"(《人民日报》1958年8月29日)

尽管通过土地的重新分配，中国小农社会得以重建，但是这种小农社会是不稳定的，因为新的小农社会是建立在城乡分工基础上的。首先，长期以来，农村被置于服务城市的地位，为城市提供农副产品，并因为这种不平等关系导致城乡发展水平的巨大差距。其次，在全球化的背景下，中国城市的第二产业和第三产业得到快速发展，城市与乡村的差别叠加上东西部的差距，城乡差距被进一步拉大。当城市和乡村的壁垒出现松动以后，开始出现大量的农民进入城市，①乡村的空心化、老龄化随之出现。正如亚当·斯密所说的，乡村被置于不利的地位。由于乡村劳动力减少导致乡村劳动力价格上升，这导致在农业生产中劳动投入的减少。乡村劳动力减少和城市对农产品的需求上升直接促进了农业领域中以资本替代劳动，从而迅速推动了农业的工业化。

　　从20世纪90年代开始，在政策推动下，工业的生产逻辑迅速深入农业生产中，这表现为专业化、规模化和人工化。由于农业生产的目的越来越不是满足于农民的需求，而是满足市场的需求，为了与专业化的销售相适应，农业越来越趋于专业化生产。多样分散的农业生产模式被专业化的生产模式迅速取代。在市场竞争中，小规模的农业生产失去竞争能力，大规模标准化的生产获得竞争优势，尽管中国由于农业人口众多，农业的规模化还远远小于西方国家，但是规模化的生产逻辑已经渗透进入农业生产。①

　　农业原本是高度依赖自然资源的，而自然资源是千差万别的，由此形成了农业的多样性，但是这种多样性与工业化的农业并不适应，要使工业化的农业顺利进行就需要改变环境，使之适应专业化和规模化的农业。因此农业生产越来越是在人工化的环境中进行的，中国粮食产量持续提高正是伴随着对农业生产环境的巨大改造，比如地膜和塑料大棚的广泛

---

　　① 在农村改革初期，一些地方的乡村工业发展迅速，但是当城市开始改革以后，大部分农村工业或者转移进入城市，或者衰落，城乡分工的格局仍然得以维持。

　　① 在过去的40年中，农业专业化的规模不断扩大，从专业户到一村一品，继之以一乡一品，甚至出现一县一品的规划。

使用创造了标准化的气候,减弱了气候对农业的影响;大量化肥和农药的使用使土地肥力标准化,减弱了土地条件的影响,其结果就是使农业生产可以在任何地方和任何时间,提供市场所需要的农产品。

以工业化的标准来看,过去40年中国农业是发展最快的四十年。比如设施农业从无到有,到2017年末,全国农业设施数量3360万个,占地面积2969千公顷,温室大棚占地面积稳居世界第一;2017年大中型拖拉机670万台,联合收割机199万台,分别是1978年的12倍和100倍;从1978年到2017年,农田灌溉面积从7亿亩增加到10.2亿亩;在经历了小农经济重建以后,农业生产规模也在不断扩大,2016年耕地规模化(南方50亩以上,北方100亩以上)耕种面积占全部实际耕地面积的比重为18.6%,畜禽养殖的规模化水平更高,生猪和家禽的规模化养殖分别占到62.9%和73.9%。农业工业化的结果是农副产品产量的大幅度提高,比如粮食总产量从1978年的6000多亿斤增加到2017年的1.3万亿斤;肉产品增加速度更快,猪肉翻了5倍、牛肉和羊肉分别增长了20倍和10倍。[2]

但是在实现这些目标的同时,工业化的农业也遇到了越来越多难以克服的问题。中国农业现代化过程是在差不多40年的时间走过了西方国家4个世纪所走过的道路,且因为中国人口众多,人均自然资源占有量低,因此农村环境和资源问题在中国以更加集中的方式爆发。

首先,农业生产所赖以存在的自然资源和环境遭遇到严重的危机。宋洪远等系统地描述了中国农业现代化过程中所遇到的环境破坏和带来的日益严重的影响,在此基础上判断中国农村环境问题短期之内难以逆转。"农村生态环境恶化的趋势短期内难以得到根本扭转。一方面,工业和城镇生活污染是长期积累形成的问题,虽经治理但在短期内难以得到根本改善;另一方面,农业生产方式和农民生活方式在短期内难以得到根本转变,农业化学投入品的使用将呈继续增加态势,农民生活污染物排放

---

② 国家统计局农村社会经济调查司:《改革开放四十年农业农村发展情况综述》,载黄秉信主编:《中国农村统计年鉴(2018)》,中国统计出版社,2019年。

量和种类都将继续增加。因此,农村生态环境恶化的趋势在短期内将难以得到根本扭转。"③在工业化农业的生产模式下,不管是小农户的生产还是规模化经营主体,都存在着强烈的冲动,希望通过资本投入以减少劳动力投入,但是资本投入往往最终体现为自然资源的消耗,④比如停止中耕保墒加剧土地的蒸腾作用,从而造成了水资源的短缺。⑤我们在内蒙古东部的调查也发现,随着农业开发,地下水储量在不到30年的时间内,减少了几乎一半。⑥

其次,在尚未达到发达国家的城市化水平下,中国已经进入了农村空心化和劳动力短缺时期。农村劳动力短缺已经开始影响了农业的可持续发展。土地撂荒现象普遍存在,我们2019年在黄土高原访问了一个村子,村庄有超过1/3的土地被抛荒,农民说,如果三年连续不耕种,农地就会彻底成为荒地,不能继续耕种了,这种现象在许多地方发生。2011年国土资源部透露的一个数据表明,全国撂荒土地面积为3000万亩。①通过土地流转和规模化经营,以机器替代劳动,尽管可能是解决劳动力短缺的一条途径,但是由于资本下乡多集中在经济作物种植,很难解决种植粮食的土地抛荒问题。②

最后,食品安全问题在中国以更加集中的方式爆发出来,波及食物生产的所有领域,从奶制品、畜禽饲养到粮食种植,食物安全的重大事件多次发生。食物安全的问题不仅仅在于其频繁地多领域爆发,而且更重要

---

③ 宋洪远等:《强化农业资源环境保护推进农村生态文明建设》,《湖南农业大学学报(社会科学版)》2016年第5期。

④ 比如农民喷洒除草剂主要是为了减少除草的劳动投入。但是有些农民甚至在山路上喷洒除草剂以保持山路上不长草。

⑤ 孟凡贵指出停止中耕保墒导致土地蒸腾作用加强,并进而增加了农业灌溉用水,这导致了"制度性干旱"。但是他将原因归结为"包产到户"政策,但是这可能更是工业化农业的影响。(孟凡贵:《制度性干旱——中国北方水资源危机的社会成因》,三农中国 http://www.snzg.cn)

⑥ 王晓毅:《从适应能力角度看农牧转换》,《学海》2013年第1期。

① 程宪波、杨子生:《中国耕地抛荒研究进展与展望》,《湖北农业科学》2018年第7期。

② 李永萍:《土地抛荒的逻辑与破解之道》,《经济学家》2018年第10期。

是在现有食物生产体系中,这种现象难以避免。①

面临如此严重的问题,农业工业化在中国已经难以为继,在中国,改变工业化的农业发展模式更为迫切。

三、生态文明话语下的乡村振兴

在孟德拉斯看来,继第二次革命以后的第三次革命是在原子层面的,也就是在生物层面上的革命。农业不仅依靠工业化打破了时间和空间的制约,而且更深入到作物的内部,改变其遗传特性,这种革命的迹象已经出现,比如不依靠种子而繁育作物,甚至通过改变其基因培育出自然界不曾出现的物种,食物的生产可以脱离土地和自然而独立存在。但是这种革命充满了风险和不确定性,至今不仅推进缓慢且受到众多质疑。③在工业化农业的风险已经日益严重,而第三次革命充满风险和不确定性的时候,重新与自然建立关系就成为一种必然的选择,由于农业工业化的问题集中爆发,中国率先提出生态文明的概念,其意义在于重新构建一种不同于工业化的发展话语,乡村振兴是实现生态文明的关键,因为乡村可以成为重建人与自然关系的场所,从这个意义上说,乡村振兴的核心是重建人与自然的关系。

党的十八大明确提出大力推进生态文明建设,这应该被理解为从追赶西方工业化的话语中摆脱出来,建立了新的发展话语。《中共中央国务院关于加快推进生态文明建设的意见》中明确提出,"加快推进生态文明建设是加快转变经济发展方式、提高发展质量和效益的内在要求,是坚持以人为本、促进社会和谐的必然选择,是全面建成小康社会、实现中华民族伟大复兴中国梦的时代抉择,是积极应对气候变化、维护全球生态安全

---

① 周立指出了市场化对食物安全的影响,在这种体系下,人们很难建立对食物安全的信任,不得不需要重新依靠消费者的自保。参见周立等:《食品安全与一家两制》,中国农业出版社,2016年。

③ 全球各地爆发的反转运动,可以被看作是人们对未来不确定性的恐惧,现有关于转基因的科学数据不可能解决人们对未知后果的恐惧。

的重大举措"。时任国家发改委主任徐绍史在解读这个意见的时候也指出，"生态文明建设不仅局限于'种草种树''末端治理'，而是发展理念、发展方式的根本转变，涉及经济、政治、文化、社会建设方方面面，并与生产力布局、空间格局、产业结构、生产方式、生活方式，以及价值理念、制度体制紧密相关，是一项全面而系统的工程，是一场全方位、系统性的绿色变革，必须人人有责、共建共享"②。

生态文明的核心是处理人与自然的关系，也就是尊重自然、顺应自然、保护自然。乡村振兴是在生态文明的话语下，因此生态文明规定了乡村振兴的道路选择。

首先，乡村振兴要重建人与自然的关系。乡村融生产、生活和环境为一体，与城市不同，乡村的生产和生活本质上是高度依赖自然环境和自然资源的。但是在工业化农业的驱使下，乡村的发展越来越脱离自然。党的十九大提出了乡村振兴战略，并提出乡村振兴的20字方针，在随后印发的《中共中央、国务院关于实施乡村振兴战略的意见》中将这个方针表述为"产业兴旺是重点、生态宜居是关键、乡风文明是保障、治理有效是基础、生活富裕是根本"。之所以说生态宜居是关键，因为生态宜居决定了乡村振兴的方向，生态宜居决定了产业发展和生活富裕的选择。

其次，乡村要重建多样性。与城市的分工体系不同，城市的多样性是建立在分工基础上的，因为城市包容了大量功能独立的单元，从而形成了城市的多样性，而乡村是集多样性于一体的，任何一个小的社会单元都承担了多重职能，与有机体类似，一个家庭、一个村社都是一个复杂的细胞，每一个细胞可以因其多样性而独立生存，同时众多细胞又相互依存。亚当·斯密曾经说一个农民要想在乡村生活就需要学习多种技能，这在他看来是分工不发达的表现，但是乡村生产和生活的多样性恰恰是需要多种技能。乡村振兴在很大程度上取决于乡村的多样性能否得到恢复和提升。从这个意义上说，简单地将乡村变成旅游景点，或者将乡村变成一个

---

② 中国政府门户网站，http://www.gov.cn/xinwen/2015-05/06/content_2857592.htm。

工厂车间都不足以促进乡村振兴。

中共中央、国务院印发了《乡村振兴战略规划（2018—2022年）》，对今后几年乡村振兴战略的实施做出了具体的部署，但是如果将乡村振兴看作生态文明建设的重要组成部分，仍然是任重而道远。

美国环境与自然资源社会学综述：兼论环境与资源社会学的社会学分析*

秦华　卢春天　江沛　高新宇**

摘　要： 美国是现代环境社会学学科的主要起源地。因历史根源和体制的因素，关于自然环境的社会学研究在美国分化为了两个大致平行发展的子领域——环境社会学和自然资源社会学。虽然国内学界已有大量对西方环境社会学研究的综述，和一些对美国环境社会学和自然资源社会学整体比较的介绍，但目前尚缺少对于美国自然资源社会学研究的系统完整的描述。本文对美国环境社会学和自然资源社会学的历史沿革、理论研究、经验研究、发展趋向进行了对照性的评述，并总结了近年来对这两个分支学科间关系的前沿社会学分析。作者希望借本文能进一步增进国内学界关于建设一个全面的、新型的中国环境（与资源）社会学的探讨。

关键词： 环境社会学　自然资源社会学　农村社会学　知识社会学　环境与资源社会学的邀请

中国环境社会学在最近几十年里经过迅速的发展，已经成为一个比

＊　原文发表于《社会学评论》2019年第3期。

＊＊　秦华，美国密苏里大学哥伦比亚分校应用社会科学学部终身轨制助理教授；卢春天，西安交通大学社会学系教授；江沛，中国人民大学社会学系硕士研究生；高新宇，安徽财经大学财政与公共管理学院讲师。

较成熟的社会学分支学科。学者们目前已对美国、欧洲和日本等国家的环境社会学研究做了全面的文献综述(洪大用,1999;林兵,2007;陈涛,2011;卢春天,2017;卢春天、马溯川,2017),推进了中国环境社会学的本土化研究。美国是现代环境社会学学科的主要起源地。因历史根源和体制的因素,关于自然环境的社会学研究在美国分化为了两个大致平行发展的子领域——环境社会学和自然资源社会学。虽然国内学界已有一些对美国环境社会学和自然资源社会学整体比较的介绍,但目前尚缺少对于美国自然资源社会学研究的系统梳理。本文对美国环境和自然资源社会学的历史沿革、理论研究、经验研究、发展趋向进行了对照性的评述,并总结了近期关于这两个分支学科间关系的前沿社会学分析,这些对国内环境和资源社会学研究都具有重要的借鉴意义。[1]

一、历史沿革

美国环境社会学是目前关于社会与环境相互关系的社会学研究里一个最为主要的流派,其在很大程度上决定了环境社会学作为一门独立的社会学分支学科的设立,并极大地影响着该学科在国际社会的推广和发展。美国环境社会学起源于20世纪60年代末到70年代初兴起的环境运动,其正式的机构设置始于"美国社会学会(American Sociological Association)"在1976年正式设立的"环境社会学分会(Section on Environmental Sociology)"[2]。环境社会学分会自成立之初就引起了社会学研究者的广泛关注,它目前也是美国社会学会中最为活跃的分支机构之一。在过去四十多年的起伏发展历程中,美国环境社会学经历了从20世纪70年代的迅速成长,到80年代的短暂衰退,再到80年代末及90年代初开始的复兴

---

[1] 本文着重于对美国环境社会学和自然资源社会学的分别的系统综述,关于这两个分支学科异同的详细比较请参见秦华、科特尼·弗林特(2009)。由于篇幅所限,我们在文中只包括了主要参考文献的引用信息。

[2] 环境社会学分会在1987年更名为"环境和科技分会(Section on Environment and Technology)",但最近在2017年又将名字改回了"环境社会学分会"。

和拓展过程。现在的美国环境社会学正处于蓬勃发展的良好时期,其在社会学学科中的独立地位已逐步得到承认,并已发展为了一门成熟、系统的社会学分支学科。与美国环境社会学相关的主要专业性期刊包括《组织与环境》(*Organization & Environment*)(1997—2012 年期间)①、《人类生态学评论》(*Human Ecology Review*)、《资本主义·自然·社会主义》(*Capitalism Nature Socialism*)及《环境社会学》(*Environmental Sociology*)。环境社会学学者则主要是来自社会学或人文科学的其他相关学科。

美国自然资源社会学是除美国环境社会学外的另一个关于自然界与人类社会相互关系的社会学分支学科,它主要用社会学的视角来研究自然资源利用和保护中的人类维度问题。与环境社会学相比,自然资源社会学拥有更长的学术渊源和发展历史。美国农村社会学对社会和自然间的关系有着长期的研究兴趣,自然资源社会学的机构设置源于美国"农村社会学会(Rural Sociological Society)"的"自然资源研究组(Natural Resources Research Group)"②。这是一个由一批对农村社区和资源问题感兴趣的农村社会学家、资源管理部门社会科学家、户外运动学者在 1965 年组成的隶属于农村社会学会的研究委员会机构。自然资源社会学的学术网络随后扩展到了国际影响评估协会(International Association for Impact Assessment)及一些专业性资源或生物学学会例如美国林业工作者协会(Society of American Foresters)和保护生物学协会(Society of Conservation Biology)。以唐纳德·菲尔德(D. R. Field)和拉贝尔·伯奇(R. J. Burdge)为代表的自然资源社会学倡导者们在 20 世纪 80 年代后期创办了国际社会与资源管理研讨会(International Symposia on Society and Resource Management)和《社会与自然资源》(*Society & Natural Resources*)期刊,并最终在 2001 年建立了国际社会与自然资源协会(International Asso-

---

① 《组织与环境》期刊在 1997—2012 年期间由美国环境社会学家约翰·弗斯特(J. Foster)和理查德·约克(R. York)主编,目前该期刊的主题更偏向于管理科学。

② 自然资源研究组的名字最近调整为了"自然资源研究与兴趣组(Natural Resource Research and Interest Group)"。

ciation for Society and Natural Resources）。这些都标志着自然资源社会学目前已发展成为一个较为完整的、交叉性分支学科,活跃于这一领域的学者大多任职于政府资源管理部门或是高校农业、资源学院内与自然资源相关的系所(例如林业、野生动物、渔业、农村社会学、发展学等)。

二、理论研究

美国环境社会学与自然资源社会学的理论研究都继承和发扬了相应的社会理论传统。环境社会学理论建设主要是围绕着环境意识与行为、社会运动、政治经济学领域,而自然资源社会学则主要是侧重于人类生态学和农村社区发展理论。与环境社会学相比,自然资源社会学的理论化程度相对较弱,体现了更强的应用研究倾向。

(一)美国环境社会学理论研究

理论建设一直是美国环境社会学的重要研究主题之一。与美国社会学学科相类似,美国的环境社会学研究体现了明显的实证倾向,其理论建构与欧洲环境社会学相比与经验检验更为接近。这一方面首先值得一提的是赖利·邓拉普(R. E. Dunlap)和威廉·卡顿(W. R. Catton)在环境社会学发展初期提出的"新环境范式(new ecological paradigm)"[后改称为"新生态范式(new ecological paradigm)"](Catton & Dunlap 1978)。他们指出主流社会学中存在着一种忽视现代工业社会的自然环境和生态依赖性的"人类例外论范式(human exceptionalism paradigm)",并呼吁环境社会学应重视自然环境对人类社会生活的支撑和限制作用。虽然"人类例外论范式"和"新生态范式"本身并未构成一个系统的环境社会学理论,但它们反映了传统社会学理论关于自然环境的地位和作用的基本假设,从而为创新性环境社会学理论的提出奠定了基础。与环境社会学范式论直接相关的主要理论是由保罗·斯特恩(P. C. Stern)和托马斯·迪兹(T. Dietz)等人提出的价值—信仰—规范模型(value-belief-norm theory),其全面地阐释了环保主义的环境关心和行为基础(Dietz, Fitzgerald & Shwom, 2005)。

邓拉普和卡顿主要是批判主流社会学理论对于自然环境的忽视,相比之下弗雷德里克·巴特尔(F. H. Buttel)则是努力发掘经典社会学理论(例如马克思、韦伯和迪尔凯姆的社会学理论)对于环境社会学研究的相关性和适用价值。他与克雷格·汉弗莱(C. R. Humphrey)提出环境社会学理论本质上应体现一种"双重决定论(double determination)"原则:既应建立在一般社会学理论的基础上,又应基于关于人类社会对于自然界的依赖和二者相互作用的理论假设和经验观察(Buttel & Humphrey, 2002)。由于美国环境社会学主要是集中于经验研究,所以其近年来在理论研究方面的成果不如欧洲环境社会学的丰富。作为美国环境社会学的代表学者之一,巴特尔也一直关注欧洲环境社会学所提出的理论观点[如"生态现代化(ecological modernization theory)"理论],并积极探讨它们对美国和一般性环境社会学学科发展的借鉴意义。

　　美国环境社会学研究最为知名的理论贡献是艾伦·施奈伯格(A. Schnaiberg)的"生产跑步机(treadmill of production)"理论,这一理论是他早期提出的"社会—环境辩证论(societal-environmental dialectic)"的延伸和完善(Schnaiberg, 1980)。"生产跑步机"理论通过分析资本主义社会中国家、资本和劳动力的关系来解释环境的衰退和破坏。私人资本在巨大的固定成本压力下通过不断扩大生产来增加利润。持续的经济增长成为了解决各社会部门(国家、有组织的劳动力及私人资本)间冲突及由机械化所造成的失业等主要社会问题的有效途径,因此生产的扩张与伴随着的消费增加使得更多的生产成为必要。这样一个不断上升的生产循环需要采集利用越来越多的自然资源,从而造成严重的环境问题。

　　除施奈伯格外,美国一些其他的环境社会学者也从政治经济学理论的角度分析了环境问题产生的社会根源,这其中具有代表性的是詹姆斯·奥康纳(J. R. O'Connnor)和威廉·弗罗伊登伯格(W. R. Freudenburg)。奥康纳试图阐明一个关于资本主义生产的"生态马克思主义"理论,他认为环境问题是资本主义除生产力与生产关系间矛盾外的第二个内在矛盾(O'Connnor, 1988)。该矛盾具体是指资本主义增长固有的一种损坏,那些恰恰是持续性资本积累所必需的自然和社会条件的倾向。在自然因素方面,资本主义生产所造成的环境破坏导致了自然资源成本的增加,这一情形将引发生产不足的危机。生产者通过对生产条件的进一步破坏来应对经济的衰退,而这却又会引起更大程度的生产下降,从而形成了一个"生产不足的跑步机(treadmill of underproduction)"。

弗罗伊登伯格则也在近期环境和社会研究进展的基础上提出了"双重转移论(double diversion)"来解释环境危害(Freudenburg,2016)。这一关于环境与资源的社会结构化理论框架包含两个转移:一是"比例失调(disproportionality)",即绝大部分的环境污染是由一小部分生产者造成。这部分生产者拥有对环境和资源的特权,但并没有提供很多高价值的商品和工作机会。这种环境权利的转移在一定程度上是建立于第二个转移——"注意力分散(distraction)"的基础之上,这一转移是指那种想当然的假设——环境破坏是为了人们共同利益而造成的——将我们的注意力从一小部分主要污染者身上分散开了。

美国环境社会学还积累了大量其他的理论研究成果。比如约翰·弗斯特(J. B. Foster)系统地剖析了马克思的"代谢断裂(metabolic rift)"理论对于环境社会学和可持续发展的指导意义。另外,美国环境社会学者们还运用其他主流社会科学理论多方面地探讨了环境与社会的关系问题。例如早期卡顿和登顿·莫里森(D. E. Morrison)从社会增长与发展的角度分析了生态破坏与资源短缺的成因;巴特尔曾用关于国家的政治社会学理论分析了环境规范制度;罗伯特·布吕莱(R. J. Brulle)和亚当·温伯格(A. S. Weinberg)采用后现代主义来讨论环境运动和组织中的环境话语;以及迪蒙斯·罗伯茨(J. T. Roberts)和彼得·格兰姆斯(P. E. Grimes)将"世界体系理论(World Systems Theory)"引入了环境社会学研究。

(二)美国自然资源社会学理论研究

虽然自然资源社会学的发展受到了广泛的理论传统的影响,其主要是建立在人类生态学和农村社区研究的理论基础之上,在这一领域内的理论研究(尤其是中层理论)也主要是沿着这两个方向的延续和发展。与邓拉普和卡顿的新旧范式论相呼应,菲尔德和威廉·伯奇(W. R. Burch)概括了农村社会学发展进程中的三个生态愿景:①早期(1900—1950年)的人类支配控制大自然论;②中期(1950—1975年)的大自然领域扩展论;③后期(1975年后)的自然界与人类伙伴关系论(Field & Burch, 1998)。后期这一最新阶段的生态视角为一个更为全面完整的人类和资源系统框架奠定了基础。在这样一个复杂系统中,社会文化与生物物理环境间的相互影响决定了人口与自然资源间的共生关系。

自然资源社会学在综合性理论研究上的近期贡献主要是由理查德·克兰尼克(R. S. Krannich)、阿尔·路罗夫(A. E. Luloff)和菲尔德在整合社会建构、结构性影响及交互联系的相关文献的基础上建立的一个人口、地方和景观研究框架(Krannich, Luloff & Field, 2011)。这个框架进一步完善了他们早期发展的一个囊括生物物理环境、社会人口、社会经济和社会文化特性的矩阵分析模型(Luloff, Field & Krannich, 2007)。新的框架着重是从多重空间层次(例如区域、社区和家庭)和时间变迁视角来理解社会性构建的景观、社区结构、单块土地利用间的相互依赖性以及人与资源之间、人与人之间的联系。从这一社会生态学的角度来看,人类行为、社会结构和功能、自然环境属性和变化间的相互作用,直接影响着自然资源的社会建构和社会文化系统中的环境维度。

人类社区一直在自然资源社会学研究中处于核心的地位。菲尔德和伯奇在论述其人类和资源系统框架时,也采用奥蒂斯·邓肯(O. D. Duncan)的"人口—组织—环境—技术(POET)"模型探讨了社区和区域层次上生态系统间的相互关系。在更为抽象的社区理论研究领域,哈罗德·考夫曼(H. Kaufman)最早提出了"互动性社区(interactional community)"的概念,他的学生肯尼思·威尔金森(K. Wilkinson)在此基础上最终构建了一个完整的理论体系。社区互动论认为社区是由生活在同一地域的人们在不同事务上相互交往而自然形成的现象和过程,它在当地的社会和生态组织中起着关键作用。互动性社区主要有三个组成部分:①地点(locality)——一个当地居民共享的、用于满足日常所需的地方;②地方社会(local society)——当地居民用于表达和追求共同利益的综合性社会联系网络;③社区领域(community field)——地方性的共同行动组成的一个动态进程(Wilkinson,1991)。社会领域(social field)是由当地行动者针对特定利益目标的互动所产生的社会行动过程;社区领域则是一个独特的、普遍化的社会领域,它将各个社会领域内的互动进程连接成为一个有机的整体。

社区互动论的发展极大地受到了人类生态学社区研究的影响。近年来科特尼·弗林特(C. Flint)等将社区领域的概念扩展到了区域的分析层次,认为区域性互动社区整合了单个的、地方性的社区领域。社区互动理论同时也被自然资源社会学学者广泛运用于发展具体研究问题的概念框架。例如杰弗里·布里杰(J. C. Bridger)和路罗夫勾勒了一个社区可持续性的互动视角,旨在通过联结经济、社会和环境各个方面的不同社会领域来促成社区的共同行动,从而实现可持续的社区发展。另外,弗林特等基于社区互动论生成了一个分析社区风险反应的中层理论模型。在该框架中,社区成员能否采取共同行动来应对风险主要取决于社区的互动能力、社会经济和生物物理脆弱性以及社区风险认知,上述结构因素彼此间也相互影响(Flint & Luloff, 2005;Qin & Flint, 2010a)。

除了社区互动论及其衍生分析框架外,自然资源社会学学界还产生了许多与社区相关的其他理论研究成果,例如简·弗罗拉(J. L. Flora)在社会资本理论基础上建立的可用于分析社区共同行动的创业型社会基础设施模型(entrepreneurial social infrastructure model)、汤姆·贝克利(T. M. Beckley)提出的包括社区层次在内的多重嵌入式自然资源依赖性框架(nestedness of natural resource dependence),以及克兰尼克、马修·卡罗尔(M. S. Carroll)、理查德·斯特德曼(R. C. Stedman)和其他学者开展的一系列关于社区或地方依恋(community/place attachment)、社区或地方情结(sense of community/place)、地方意义(place meaning)和社区适应能力(community adaptive capacity)等问题的理论研究。最近戴维·玛塔瑞塔-

卡斯堪提(D. Matarrita-Cascante)等人也对社区韧性(community resil-ience)及一些相关主要概念即社区能动性(community agency)、社区脆弱性(community vulnerability)、社区适应性(community adaptability)和社区能力(community capacity)之间的相似和差异进行了系统梳理,并指出社区韧性为理解社区发展和变化提供了一个更为整体性的框架(Matarrita-Cascante,Trejos,Qin,Joo & Sigrid,2017)。

三、经验研究

巴特尔曾指出美国环境社会学研究倾向于单一地、笼统地定义自然环境,并强调以都市为中心的、受工业驱动的生产和消费过程所引起的环境污染和退化,而自然资源社会学则是集中于研究非都市和农村地区的自然资源利用、管理以及相应的社会变化(Buttel,2002)。经过多年的发展,美国环境社会学与自然资源社会学都各自确立了鲜明的研究主题及对应的研究方法特征。

(一)美国环境社会学经验研究内容①

美国环境社会学的核心研究内容是社会与环境的相互关系。虽然美国社会学会环境社会学分会在成立早期曾强调同时研究自然和人造环境,但在该学科的发展进程中学者们主要是关注自然环境。邓拉普和卡顿认为环境社会学的研究内容囊括了环境系统的三个基本功能:资源供给、废物存储和生存空间的提供(Dunlap & Catton,2002)。从发展初期至今,美国环境社会学关注了与环境衰退相关的一系列的现实问题,主要包括能源资源枯竭和保护、环境运动、公众环境态度、环境公平、人口与自然环境、发达工业社会环境问题的政治经济体制根源、现代科技的环境影响、环境风险和全球环境变化等。这里我们集中概括了美国环境社会学

---

① 本节的内容组织主要借鉴了邓拉普和马歇尔(Dunlap & Marshall,2007)对于美国环境社会学研究脉络的梳理。

在环保主义和运动、环境态度和关心、环境问题的根源、环境问题的社会影响以及环境问题的解决等领域的经验研究成果。

1.环保主义和运动

由于美国环境社会学是在20世纪60和70年代美国国内兴起的环境运动的推动下所产生,所以环境保护主义一直是美国环境社会学的一个重要研究课题。这方面的早期研究主要集中于分析环境组织成员的社会经济特征,随后逐渐转向环境组织的机构特性、发展策略和成长演变历程,以及媒体和科学在激发社会大众关心环境问题中的作用。近期美国环境社会学者也开始关注全球范围的环境保护主义,研究问题包括发展中国家环境保护运动所受到的国际压力和影响,以及跨国环境组织行动决策的影响因素。近年来美国出现了一种反环境运动的保守潮流,特别是保守型的智囊团在一定程度上成功地影响了政府环境政策的制定,这也引起了美国环境社会学界的重视。学者们积极分析美国环保主义的发展现状,并为使其恢复到前几十年的水平献计献策。

2.环境态度和关心

美国环境社会学早期研究的另一重点是关于公众对环境问题认知程度的社会调查研究,这主要集中于分析公众环境态度的水平和变化趋势,以及影响环境意识的社会和经济因素(例如年龄、性别、教育程度等)。相应地,环境关心的测量也一直是美国环境社会学界的重要问题之一,学者们设计了一系列的测量体系,其中最具有代表性的是邓拉普等提出的"新生态学范式"量表。近年来美国环境社会学关于环境态度的研究范围也逐渐从美国国内和其他发达国家扩展到了更为广泛的国际社会。一个主要的研究发现是公民对于环境质量的关心并不仅存在于那些富裕的国家,这也对那种认为环境关心是在人们的基本物质需求得到很好满足后才发展起来的后物质主义观点(postmaterialist thesis)提出了质疑。除此之外,美国环境社会学在环境态度领域的研究同时涵盖了环境关心和环境行为间的相互关系问题。

3.环境问题的根源

邓拉普和马歇尔认为美国环境社会学在发展初期主要是一种以社会学的视角来研究环境运动、环境态度等现象的"环境问题的社会学",从20世纪80年代开始才逐步发展为一门系统的关于社会与环境相互关系的"环境社会学"学科(Dunlap & Marshall,2007)。这种较新类型环境社会学研究的一个主要领域是环境问题的社会根源和因素。由于"生产的跑步机"理论的高度宏观性,其很难被应用于实际的经验检验,因此目前它多是被用来解释地方层次上废物回收和其他环境运动难以成功的原因。在国家层次上,美国环境社会学者们运用"世界体系理论"分析了生态因素在资本主义发展中的作用,并通过大量的国际研究来分析国家在世界体系中的位置与其环境状况(例如森林采伐、二氧化碳排放及生态足迹等)之间的关系。这些研究都极大地提升了人们对于贫困国家环境退化的政治经济根源的认识。美国环境社会学界在关于环境问题根源方面的实证研究的另一个主要贡献是迪兹和尤金·罗莎(E. A. Rosa)在"IPAT(环境影响=人口×经济×技术)"公式的基础上建立的"STIRPAT(通过人口、经济和技术变量回归的随机性环境影响)"评估模型,这一统计方法被广泛运用于检验人口和经济等因素在环境变化中所起的相对作用。

4.环境问题的社会影响(环境公平)

环境问题的社会影响也是美国社会与环境相互关系研究的重要方面之一,而环境公平一直是该领域的热点问题。这部分研究早期主要是关注能源和其他自然资源匮乏所致社会影响的公平分配,之后逐渐转移到经济收入和种族等社会经济因素在环境灾害影响分布中的作用上,继而扩展到不同发展程度的国家对全球环境问题的比例失调性的贡献,跨国公司对第三世界国家自然资源的开发,以及发达国家向欠发达国家转移有害废物和污染工业等国际公平问题。已有研究的一个总的发现是,处于较低社会经济水平的人口群体和国家承担了过高比例的环境影响和代价。另外,美国环境社会学界关于自然、人为或科技性灾难的社区影响的经验研究也进一步体现了环境问题社会影响的多样性和差异性。

5.环境问题的解决

近几十年来,美国环境社会学在环境问题解决途径方面的研究也得到了加强。美国环境社会学者从学科发展初期就开始分析各种环境问题解决策略的有效性,取得了可观的研究成果。自20世纪90年代以来,美国环境社会学界积极关注兴起于欧洲的、提倡结合环境保护和经济发展的"生态现代化"理论。由于美国和欧洲在社会发展和环境政策上的差异,美国学者对于"生态现代化"理论多是持一种怀疑态度,认为支持该理论的实际案例在方法论上存在不足,其分析结果亦有局限性。近期关于"生态现代化"理论的跨国实证分析也主要是由美国环境社会学者进行,其研究结果比较混合,支持和反对该理论的发现都有。美国环境社会学在环境改革和环境治理领域所应用的另一个分析框架是"世界公民社会(world civil society)"。这一方向的研究强调政府间机构、跨国非政府组织和国际公约等渠道的规则发散效应,并运用复杂的定量分析方法解释环境保护方面的法律和体制在全球范围内的传播。

(二)美国自然资源社会学经验研究内容

出于对"环境"概念不同的基本定义,美国自然资源社会学的研究主题明显不同于传统的环境社会学主题。早期的自然资源社会学集中于研究土地利用方式和其他自然资源因素(例如干旱和水土流失)对于农村社会组织的影响、资源的利用开采与社区发展的关系、资源依赖性与当地社会福利,以及对相关生产和技术变化所造成的社会影响的评估。邓拉普和卡顿也认为自然资源社会学相对强调环境的资源供给功能而较少涉及环境的废物存储和提供生存空间的功能(Dunlap & Catton, 2002)。近期自然资源社会学研究仍是围绕着人类社区和资源的相互关系,但同时也延伸到了景观分析、人口迁移与自然资源、资源管理的冲突与合作、农业和食品体系及气候和环境变化等相关问题。因此,目前的自然资源社会学研究内容并不是局限于"资源"这一特定概念范围内,而是涵盖了自然环境的各个方面,本节主要总结了该领域内关于资源依赖型社区、森林社会学、资源开发的社会影响、自然宜居移民以及资源管理中的社区和公众参与等问题的研究成果。

1.资源依赖型社区

美国自然资源社会学初期的研究集中于分析地方资源状况与资源依赖性社区组织模式和变化之间的联系。例如出版于1938年的保罗·兰迪斯(P. H. Landis)的《三个铁矿镇》,描述了明尼苏达州梅萨比山脉的社区制度结构的形成、发展与铁矿石的发现和开采之间的关系。哈罗德·考夫曼和洛伊斯·考夫曼(L. C. Kaufman)夫妇在1946年发表的对蒙大拿州利比市周围森林依赖社区的研究也展示了木材生产和森林管理机构对农村社区经济结构的影响。另外,同时期农村社会学学者对农业生产模式、土地资源变化和农村社区发展间相关性的研究,也推进了学界对于自然资源和依赖于资源的人口之间关系的认识。后期的资源依赖型社区研究扩展到了煤矿、渔业等其他资源领域,但仍是着重关注导致资源依赖性的社会经济、政治和自然环境因素以及资源依赖在地方经济发展、就业机会、社区自主性和社区福祉方面所产生的结果。

2.森林社会学

森林依赖性一直是自然资源社会学的一项重要课题,近年来学者们集中分析了变化中的森林资源条件、管理方式和木材工业状况对林业工人和森林依赖型社区的社会影响。森林社会学的另一个研究重点是私人林地所有者的决策过程及公众对于公共森林、土地的管理或保护措施的认知和态度。除此之外,关于社区和森林的研究还涉及社区林业、林野和城市交叉地带、森林或林野火灾的防范和缓解,以及森林昆虫破坏的人文维度。已有的经验研究验证了地方的社会经济和生物物理特征(社区背景)、风险感知、社会互动、社区行动或适应能力在应对森林灾害过程中的重要作用,而最近的研究也开始关注森林风险感知和回应行为在地区间的空间性差异和时间性变化。

3.资源开发的社会影响

资源开发项目的评估也是自然资源社会学形成初期的重要主题之

一。从 20 世纪 70 年代开始,自然资源社会学学者开展了大量针对大规模能源资源开发在农村地区的社会影响的研究。与早期的一些资源依赖型社区分析相似,这部分文献主要关注因资源开发的演变而引起的当地社区的增长、衰退和伴随的社会福祉各方面的变化,其中比较经典的研究包括克兰尼克等人在美国西部落基山区一些快速发展的农村地区所开展的长期社区调研,以及弗罗伊登伯格和同事在科罗拉多州的新兴能源小城市从事的一系列关于心理健康、社会交往、偏差或犯罪行为的研究。这些文献主要是分析资源开发带来的新移民和长期居民间在社会和经济特征上的差异,以及由此造成的文化冲突和社区发展障碍。随着近年来美国页岩气开采的增加,学者们也具体分析了相应的风险感知和社区影响。此外,自然资源社会学在这一议题中还研究了矿产、石油、风力、水等多个资源领域及与资源开发有关的邻避设施或灾难事件(如溢油事故)的社会影响。

4. 自然宜居移民

美国国内从城市到农村地区的人口流动从 20 世纪 70 年代开始增加,从而改变了一直以来人口从农村移入城市的趋势。这一人口流动趋势的逆转受到了多方面社会经济因素(包括上面提到的资源开发)的影响,其中一个重要原因是部分农村和小城市地区的环境和资源舒适度(例如美丽的风景、宜人的气候和丰富的户外活动机会)。自然宜居移民带来的人口快速增长对迁入地农村社区造成了广泛的社会、经济和环境后果,学界研究的重点也相应地从"反向移民(reverse migration)"的原因逐步转移到人口流入对当地社会和生态福祉造成的影响及应对措施上。已有的宜居移民文献分析了新移民、季节性移民和长期居民之间在社会和经济特征上的差异及伴随着的社会影响。在环境影响方面,研究发现这些不同的人口群体在环境意识、环境行为、地方生态知识和对自然资源管理的态度上也多存有区别。总体看来,自然资源和人口迁移的关系已经发展为了一个比较系统的研究体系,近期学者们也开始强调时间纵向的分析视角并拓展到跨国的自然宜居移民研究。值得一提的是,自然资源社会学的早期文献也关注了户外休闲和旅游业的社区影响,但近年来这一部分研究已发展成为一个相对独立的自然资源社会科学领域。

5.资源管理中的社区和公众参与

自然资源社会学与环境社会学相比具有更鲜明的解决实际问题的传统,其也更为强调运用社会科学研究来支持环境和资源管理。自然资源管理决策的公众参与一直是美国自然资源社会学的主要议题之一。学者们一方面探索公众参与的策略和程序,同时也对已有方法[比如《国家环境政策法案》(*National Environmental Policy Act*)中有关机制]的有效性进行评估。虽然美国特定的自然资源所有权制度限制了以社区为基础的自然资源管理(community-based natural resource management)这一手段的适用性,但是随着公共自然资源管理机构决策范式的转变,美国自然资源社会学对社区合作或共同管理等不同形式的以社区为基础的管理模式的研究正在逐步增加。社区是以社区为基础的资源管理框架的核心概念,然而关于该问题的国际和国内研究中都仍缺乏一个对社区清晰的、一致的定义。一些学者开始利用成熟的社区理论(如上述的社区互动论)从概念和实践上提升这一新型的管理方式。从互动社区的角度来看,以社区为基础的自然资源管理得以成功实现的关键是通过增进社区内不同利益相关者的互动和对话来达成致力于提高地方生态和社会福祉的共同行动。

(三)环境社会学与自然资源社会学研究方法比较

美国环境社会学具有很强的实证研究倾向,也较少地受到"社会建构主义(social constructivism)"的影响,这与欧洲环境社会学形成了鲜明的对比。在有关环境问题的建构论和实在论的争论中,美国环境社会学界主要反映的是一种"批判的现实主义(critical realism)"或"适度的建构主义(moderate constructivism)"的折中观点,既强调自然环境状况不依赖于人的主观意识而客观存在,又承认各类社会活动者和主张在环境问题界定中的作用。这种多元的认识论也体现在具体的研究方法上。定量研究方法一般被用于分析人类活动造成的环境变化以及环境问题(如自然灾害)的社会影响等领域,而关于人们对环境现象的主观理解及环境运动的社会结构因素等问题的研究则多是运用定性的方法。美国环境社会学文献中这两种研究方法处于一种较为平衡的状态,越来越多的学者也开始采用结合定量和定性方法为一体的混合方法论。

美国自然资源社会学倾向于将社区或区域作为分析层次,而非国家或全球规模上的宏观分析。自然资源社会学研究一般是关注地方层面上以地理位置为基础的特定资源问题,将社区或区域作为基本分析单位亦使得自然资源社会学趋向于弱化关于宏观因素对环境和资源问题影响的讨论。与环境社会学相似,自然资源社会学广泛地采用了定量、定性和混合研究方法。由于自然资源社会学与自然科学、生态学联系紧密,它也体现出相对更强的多学科或交叉学科风格。另外,自然资源社会学也在其核心的研究单位和层次即社区的基础上推进了一系列具体研究方法,例如社区背景(community context)的多方法分析、纵向社区调查(longitudinal community survey)的实施和数据分析、上门递交/回收调查方法(drop-off/pick-up survey)及以社区案例为单位的荟萃分析(meta-analysis of community case studies)。

四、发展趋向

美国环境社会学在发展初期主要通过批判传统社会学对自然环境的忽视来建立独立的学科地位,因此它早期在社会学领域中处于相对边缘化的状态。随着环境社会学在美国社会学界的影响日益增强及其分支社会学学科地位的确立,它的学术地位也逐步得到提升。受其他国家和地区(主要是欧洲和加拿大)环境社会学的影响,美国环境社会学也在加强理论建设,并整合关于自然和人造环境两方面的研究。因主要集中于学术性研究,美国环境社会学的应用性一直不是很强,目前其重心正在从分析环境问题的社会成因和影响积极转向寻找环境问题的解决措施。学者们逐步开始关注环境的改善和提高过程而不仅仅是环境衰退问题,今后美国环境社会学研究中支持环境管理和政策的实用性倾向将因此得到加强。总体来看,美国环境社会学在一段时间里仍将在世界环境社会学的学科发展中处于主导地位,其自身的研究问题和方法也将伴随环境社会学的全球化而呈现更为多元性的特征。

虽然自然资源社会学起源于美国,但现在其影响已拓展到了国际社会特别是发展中国家。因为自然资源社会学具有高度的交叉学科性,所以其学科组织建设相对处于较为松散的状态,它在社会学领域内的分支学科地位也不如环境社会学那样明确。自然资源社会学一直体现了比环境社会学更强的解决实际问题的传统。与农村社会学相似,自然资源社会学产生于解决农村问题和提升农村生活质量的社会大环境中,因此它从一开始就形成了致力于改善资源管理和公共政策以及减少环境影响的应用倾向。考虑到该领域涉及社会和自然科学中的多个学科,一些美国学者如克兰尼克和路罗夫开始将它改称为自然资源社会科学(natural resource social science),其研究内容和应用性在今后都将进一步拓宽。

美国环境社会学和自然资源社会学在很多方面联系紧密,但也存在着明显的差别。全面地理解这两个研究子领域间的相似和不同之处对它们未来的发展具有极大的借鉴价值,同时也能为今后可能的学科融合以及其他国家相关领域的学科发展提供一些具体的方向和前景。环境和自然资源社会学文献中的一条主线是"环境与资源社会学的社会学(sociology of environmental and resource sociology)",即对于该领域内知识产生与其社会历史背景间关系的社会学分析。这方面的研究在2000年以前基本上是针对单独的环境社会学或自然资源社会学子领域,但学界关于它们之间联系的强烈兴趣促成了2000年国际社会与资源管理研讨会上的两个环境与资源社会学专题论坛,会议中陈述的论文随后发表在《社会与自然资源》杂志2002年的一期特刊上(总第15卷第3期)。虽然学者们对于环境社会学与自然资源社会学间是否存有实质的区别持有不同意见,但这场讨论对环境与社会研究领域青年学者的成长具有重要指导意义,一些相关的或后续的研究也分析了其对拉丁美洲和中国环境与资源社会学学科发展的启示(Qin & Flint,2010b;Rudel,2002;秦华、科特尼·弗林特,2012)。

《社会与自然资源》杂志近期一本有关自然资源社会学的社会学分析的特刊中(2013年总第26卷第2期)集中讨论了自然资源社会学奠基人之一菲尔德的学术成就和贡献。克兰尼克和路罗夫采用了经典的"知识社会学(sociology of knowledge)"的视角,通过分析菲尔德的学术系谱(其指导老师和学生)和合作网络来阐释自然资源社会学的演化过程(Krannich, Luloff & Theodori, 2013)。在2000年国际社会与资源管理研讨会举行后15年暨美国农村社会学学会自然资源研究组成立50周年之际,秦华等人对巴特尔提出的环境社会学与自然资源社会学的主要差异进行了实证分析,其研究结果揭示了这两个分支学科在对环境的定义、分析层次、理论倾向和政策应用性等方面并不存在简单的、二分式的差别(Qin, Bent, Brock, Dguidegue, Achuff, Hatcher & Ojewola, 2018)。最近在此项研究基础之上所完成的一项囊括30个核心期刊上8,027篇论文的文献计量分析也更为全面地从合著者关系和引用网络等角度对这两个子学科的分界进行了测定(Qin, Prasetyo, Bass, Sanders, Prentice & Nguyen, 2018),其结果清晰地展示了两个相对独立的环境与社会研究子领域(参见图1)。

图1　美国环境与自然资源社会学学者合著关系网络

来源:Qin, Prasetyo, Bass, Sanders, Prentice & Nguyen(2018)补充材料。本图基于

2000—2017年间《社会与自然资源》《组织与环境》等30个期刊上5,483篇文章的著录信息,由VOSviewer软件生成,图中包括了181位2000—2017期间在这些期刊上发表了3篇及以上论文的主要学者。浅色圆圈代表的是任职于与农村社会学或自然资源相关系所及政府资源管理部门的社会学家或社会科学家(对应于自然资源社会学),深色圆圈代表了人文科学领域内的社会学家或社会科学家(对应于环境社会学),圆圈的大小根据各学者的文章数量加权生成,曲线描述了学者间的合著关系,其宽度体现了合著关系的强弱。整体的文献计量分析包含了1985—2017年间在这30个相关期刊上发表的8,027篇论文,相应的学者合著关系和引用网络分析显示了与图1相似的簇群模式。

　　美国自然资源社会学和环境社会学在近几十年中基本上是处于平行发展的分离状态,这两个子学科的研究仅具有有限的重叠,而且体现出很强的互补性。自然资源与环境问题相互间的联系非常紧密,在学术研究中不太可能(也不应该)在它们中间划分出一条清晰的界线。因此,美国自然资源社会学在今后的发展中应着重于同环境社会学的对话和综合,而不是夸大或强调两个分支领域间的差别。学者们也指出可以通过一些相关的研究领域(例如农业社会学、渔业社会学、资源开采和商品链、可持续性或可持续发展)来推进环境社会学和自然资源社会学的融合(Buttel & Field, 2004; Qin, Bent, Brock, Dguidegue, Achuff, Hatcher & Ojewola, 2018)。

　　从学术渊源来看,这两个子学科与美国农村社会学都具有紧密联系,一些主要的美国环境和自然资源社会学学者(如邓拉普、巴特尔、菲尔德、路罗夫和克兰尼克)都曾在美国农村社会学学会或其自然资源研究组中担任过主要职务。随着美国环境社会学和自然资源社会学在最近几十年里的极大发展,美国农村社会学却相对是处于下滑的趋势,农村社会学学会的规模与以前相比也大幅缩小。这主要是由于美国社会、政治和经济形势的变化和高校学科设置的调整,但在一定程度上也受到了从农村社会学到环境社会学、自然资源社会学、农业与食品社会学等领域学术分流的影响(Krannich, 2008)。虽然美国农村社会学已过了其鼎盛发展阶段,但其下的自然资源、农业与食品社会学研究兴趣组一直十分活跃,这些机构今后也应加强与美国社会学学会环境社会学分会及国际社会与自然资源协会的合作,以实现这几个学科间的协同发展。

五、结语——环境与资源社会学的邀请

本文对美国环境和自然资源社会学的相应概述在一定程度上填补了中文文献关于自然资源社会学系统介绍的空白,并对国内已有的美国环境社会学理论和实证研究综述进行了补充。从多方面地对美国环境社会学和自然资源社会学研究进行对照性论述,同时能够帮助我们更好地理解这两个子学科之间的相似和不同之处。目前中国环境社会学的一些新兴领域(如水资源社会学、海洋社会学、草原社会学)体现了明显的自然资源社会学的风格,其研究内容已超出了环境社会学的传统范畴。对环境社会学和自然资源社会学间异同更为全面的理解可对它们未来的发展和可能的融合提供有价值的启示,而且对中国环境与资源社会学和相关领域的研究(如农村社会学、资源科学)也具有很好的参考价值。

中国环境社会学的学科建设可以借鉴美国环境和自然资源社会学研究来设计研究内容体系,从而全方面地囊括社会与环境资源间的相互关系。社会学会环境社会学专业委员会也可以多渠道地增加与有关专业学术机构(例如农村社会学专业委员会、地理学会人文地理专业委员会、自然资源学会)的交流和联系。另外,环境社会学学者们在学术合作和文献引用中也应该自觉地、主动地跨越学科的传统界限。最近国内环境社会学学界已经有了一些关于具体研究主题的文献计量分析(如王晓楠,2019),在将来研究中可以用更大规模的分析来全面展示我国环境社会学研究的演进。笔者在十年前曾提议中国环境社会学在发展中实现环境社会学和自然资源社会学的实质整合(秦华、科特尼·弗林特,2009;Qin & Flint,2009)。希望本文能进一步增加国内学界对于环境社会学学科建设的关注,从而能有更多的学者一起来探讨一个新型的、具有中国特色的环境(与资源)社会学。

参考文献:

1. 陈涛:《美国环境社会学最新研究进展》,《河海大学学报(哲学社会科学版)》2011年第4期。

2. 洪大用:《西方环境社会学研究》,《社会学研究》1999年第2期。

3. 林兵:《西方环境社会学的理论发展及其借鉴》,《吉林大学社会科学学报》2007年第3期。

4. 卢春天、马溯川:《中日环境社会学理论综述及其比较》,《南京工业大学学报(社会科学版)》2017年第3期。

5. 卢春天:《美欧环境社会学理论比较分析与展望》,《学习与探索》2017年第7期。

6. 秦华、科特尼·弗林特:《建构跨学科的中国环境与资源社会学》,《资源科学》2012年第6期。

7. 秦华、科特尼·弗林特:《西方环境社会学与自然资源社会学概论》,《国外社会科学》2009年第2期。

8. 王晓楠:《我国环境行为研究20年:历程与展望——基于CNKI期刊文献的可视化分析》,《干旱区资源与环境》2019年第2期。

9. Buttel, Frederick H. & Donald R. Field, "Environmental and Natural Resource Sociologies: Understanding and Synthesizing Fundamental Research Traditions, " in *Society and Natural Resources: A Summary of Knowledge*, edited by Michael J. Manfredo, Jerry J. Vaske, Brett L. Bruyere, Donald R. Field, & Perry J. Brown. Jefferson, MO: Modern Litho, 2004.

10. Buttel, Frederick H., "Environmental Sociology and the Sociology of Natural Resources: Institutional Histories and Intellectual Legacies, " *Society & Natural Resources*, 2002, 15.

11. Buttel, Frederick H., & Craig R. Humphrey, "Sociological Theory and the Natural Environment, " in *Handbook of Environmental Sociology*, edited by Dunlap, Riley E., & Michelson William, Westport, CT: Greenwood Press, 2002.

12. Catton, William R., & Riley E. Dunlap, "Environmental Sociology: A New Paradigm," *The American Sociologist*, 1978, 13.

13. Dietz, Thomas, Amy Fitzgerald, & Rachael Shwom, "Environmental Values,"*Annual Review of Environment and Resources*, 2005, 30.

14. Dunlap, Riley E. & William R. Catton, Jr., "Which Function(s) of the Environment Do We Study? A Comparison of Environmental and Natural Resource Sociology," *Society & Natural Resources*, 2002, 15.

15. Dunlap, Riley E. & Brent K. Marshall, "Environmental Sociology," in *21st Century Sociology: A Reference Handbook Vol. 2*, edited by C. D. Bryant and D. L. Peck. Thousands Oaks, California: Sage Publications, 2007.

16. Field, Donald R. & William R. Burch, Jr., *Rural Sociology and the Environment*, Westport, CT: Greenwood Press, 1988.

17. Flint, Courtney G. & A. E. Luloff, "Natural Resource-Based Communities, Risk, and Disaster: An Intersection of Theories," *Society & Natural Resources*, 2005, 18.

18. Freudenburg, William R., "Environmental Degradation, Disproportionality, and the Double Diversion: Reaching Out, Reaching Ahead, and Reaching Beyond," *Rural Sociology*, 2016, 71.

19. Krannich, Richard S., "Rural Sociology at the Crossroads," *Rural Sociology*, 2008, 73.

20. Krannich, Richard S. A. E. Luloff & Donald R. Field., *People, Places and Landscapes: Social Change in High Amenity Rural Areas*, New York: Springer, 2011.

21. Krannich, Richard S. A. E. Luloff & G. L. Theodori, "The Emergence, Evolution, and Maturation of Natural Resource Social Science: A 'Field' Perspective," *Society & Natural Resources*, 2013, 26.

22. Luloff, A. E., Donald R. Field, Richard S. Krannich & Courtney G.

Flint., "A Matrix Approach for Understanding People, Fire, and Forests," in *People, Fire and Forests: A Synthesis of Wildfire Social Science,* edited by Terry C. Daniel, Matthew Carroll, Cassandra Moseley, and Carol Raish, Corvallis, OR: Oregon State University Press, 2007.

23. Matarrita−Cascante, David, Bernardo Trejos, Hua Qin, Dongoh Joo & Debner Sigrid, "Conceptualizing Community Resilience: Revisiting Conceptual Distinctions," *Community Development: Journal of the Community Development Society,* 2017, 48.

24. O' Connnor, James, "Capitalism, Nature, Socialism: A Theoretical Introduction," *Capitalism Nature Socialism,* 1988, 1.

25. Qin, Hua & Courtney G. Flint, "Capturing Community Context of Human Response to Forest Disturbance by Insects: A Multi−Method Assessment," *Human Ecology,* 2010a, 38.

26. Qin, Hua & Courtney G. Flint, "A Review of Western Environmental Sociology and Natural Resource Sociology: Insights for the Development of Environmental Sociology in China," *Chinese Journal of Population, Resources and Environment,* 2009, 7.

27. Qin, Hua & Courtney G. Flint, "Toward a Transdisciplinary Environmental and Resource Sociology in China," *Society & Natural Resources,* 2010b, 23.

28. Qin, Hua, Elizabeth Bent, Caroline Brock, Yassine Dguidegue, Elizabeth Achuff, Meghan Hatcher & Ojetunde Ojewola, "Fifteen Years after the Bellingham ISSRM: An Empirical Evaluation of Frederick Buttel's Differentiating Criteria for Environmental and Resource Sociology," *Rural Sociology,* 2018, 83.

29. Qin, Hua, Y. Prasetyo, M. Bass, C. Sanders, E. Prentice & Q. Nguyen, "Seeing the Forest for the Trees: A Bibliometric Analysis of Environmental and Resource Sociology," *International Symposium on Society and Resource*

Management, SaltLake City, Utah, 2018, June 17-21.

30. Rudel, T. K., "Sociologists in the Service of Sustainable Development?" *Society & Natural Resources*, 2002, 15.

31. Schnaiberg, Allan, *Environment: From Surplus to Scarcity*, Oxford: Oxford University Press, 1980.

32. Wilkinson, Kenneth. P., *The Community in Rural America*, Westport, CT: Greenwood Press, 1991.

环境流动

——全球化时代的环境社会学议程*

范叶超**

摘　要：全球化在驱动社会现实基础发生一系列广泛且深刻转变的同时，也重构了工业化以来的环境与社会关系。通过借鉴全球网络和流动社会学的主要观点，西方环境社会学社区新兴的环境流动理论范式将全球网络化引起的解域化物质性流动作为核心分析单位，对全球化的环境后果及其治理给予了充分关注。该范式的引入不仅有助于消弭中国主流社会学与环境社会学的长期隔阂，也提醒国内研究者们注意将一种全球化或网络化思维纳入新时期的环境社会学研究。

关键词：全球化　网络化　环境流动　解域性　环境治理　环境社会学

一、当前中国环境社会学的两大危机

近二十年来，中国环境社会学学科茁壮成长并快速行进（顾金土等，2011；洪大用，2014；洪大用、龚文娟，2015），但学科日趋繁荣背后却隐藏了与主流社会学渐行渐远的危机，二者间存在理论对话明显不足的问题。一个稍显感性的认识是，作为社会学子学科，目前国内环境社会学从母学

---

　*　原文发表于《社会学评论》2018年第1期。
　**　范叶超，中国人民大学社会学理论与方法研究中心博士研究生。

科的新进展中可汲取的理论资源仍相当有限。此外,尽管中国环境社会学研究数量自新世纪以降一直在增长,一些学者也开始着手建构环境社会学的本土理论体系,但这些研究成果总体上却似乎很少获得主流社会学和其他社会学分支学科的青睐或认可。结果是,国内主流社会学界目前普遍缺乏环境关怀,前沿社会(学)理论和研究成果与环境社会学研究严重脱节,环境社会学者亦很难为社会学母学科的知识积累做出重要贡献。

中国环境社会学正面临的另一层学科危机来自全球化的现实挑战。全球化无疑是当今人类社会最显著的变迁之一,同时它也是社会关系在全球范围内逐渐紧密的过程,在经济、政治、文化和人类主体性等诸个社会维度都产生了广泛而深刻的影响。全球化的影响还波及生态环境,且目前看来并不乐观。研究表明,全球化的环境影响既可以从一些地方生态环境的不断恶化中观察到,也表现为全球变暖、臭氧层破坏、生物多样性损失等全球环境变化(global environmental change)过程不断加剧(例如,Buttel & Taylor, 1992;Yearly, 1996)。但是,目前国内环境社会学界对环境问题的主流解释主要是在沿用以工业化和城镇化为表征的前全球化理论框架,对全球化驱动的社会现实基础变化和环境影响关注相对较少,整体上看尚缺乏合适的理论工具来拆解全球化新提出的环境命题。

概括起来,当前中国环境社会学的学科危机分别可以表述为两个问题:一是环境社会学和主流社会学的交集在哪里? 二是应当从什么理论角度来认识全球化的环境影响? 在国内环境社会学关于以上问题尚未得出明确答案的情况下,本文将目光转向西方环境社会学界一个新兴的研究视角。21世纪初,赫特·斯巴哈伦(Gert Spaargaren)、亚瑟·摩尔(Arthur Mol)、弗雷德里克·巴特尔(Frederick Buttel)等为首的一批西方环境社会学家通过借鉴曼纽尔·卡斯特(Mannuel Castells)和约翰·厄里(John Urry)两位全球化理论家的主要观点,重新诠释了生态学和经典环境社会学理论中物质性流动的概念,对全球化时代的环境与社会关系作出富有创造性的论述,提出以"环境流动"(environmental flows)作为核心分析概念的一个新型环境社会学理论范式。

正如本文接下来所要呈现的那样,环境流动范式的兴起是国外环境社会学家将主流社会学的最新进展应用于环境问题研究的一次成功尝试,提供了理解全球化时代环境变化一个全新的社会学角度。遗憾的是,中国环境社会学界彼时并未能直接参与到该理论范式的建构工作中,笔者掌握的国内文献迄今这方面的全面介绍还较少。本文写作的目的正是为了弥补这一不足。需要澄清的是,本文并不认同环境流动范式这样一个外来的理论框架能够完全化解国内环境社会学目前所面临的危机,但它至少提供了一条具有借鉴价值的新思路。透过本文介绍,希望能够增进国内学者对全球化背景下环境与社会关系的理解,激发他们的相关研究兴趣,以探寻化解国内环境社会学危机的出路。进一步,本文也鼓励国内学者就相关课题与国外学者开展对话与合作,共同迎接全球化的环境挑战。

二、环境流动:一个再发现的概念

(一)什么是环境流动?

谈及"流动"一词,无论对自然科学家还是社会科学家而言应该都不陌生。①尽管自然科学和社会科学都研究流动现象,它们关注的却是流动的不同维度。大体上,自然科学研究关注流动的物质性(materiality),即构成自然世界各种物质要素或物理客体的流动。相较之下,社会科学研究关注的则是流动的社会性(sociality),即研究具有经济、权力、身份、文化或符号等社会属性的那些流动,如以居住地变更为表征的人口流动、社会位置的流动、信息的流动和情感的流动,等等。对于同一流动的观察,自然科学和社会科学研究可能得出不同结论。比如,社会科学家通常

---

① 在英语文献中,社会学者们交替使用flow、fluidity和mobility三个单词来表示"流动",此时三者的实际意涵差别不大。相对后两个单词只能做名词使用,flow还兼具动词词性。

关注礼物交换仪式中传递的情感流动,自然科学家的眼中可能只是构成礼物的某类或某组物质在移动。但正如社会世界里的人也是自然界的一部分,物质性和社会性间的界限也并不总是绝对清晰。这首先是因为社会生活中大多数实践活动的展开必须以一定的物质条件为前提,社会性流动往往是建立在物质性流动基础之上。另一方面,物质性流动除了会受到生物的、物理的和化学的等自然因素影响,还会受到人类利用和改造自然世界等一系列社会实践活动的反作用。以自然界水的流动为例。人类对水资源的开发和使用会直接影响某条河流的径流量,而人工开辟的河道也会影响水的流向。正是出于对影响物质性流动之社会因素的关注,斯巴哈伦、摩尔和巴特尔等(Spaargaren, Mol, & Buttel, 2006)西方环境社会学家于21世纪初正式提出了"环境流动"的分析概念。

简单来理解,环境流动即由人为因素引起的、与生态系统运行相关的一系列物质性流动。环境流动的概念提出时间还不久,对大多数环境研究者而言还稍显陌生,但它却并不是一个凭空诞生的概念。生态系统生态学(ecosystem ecology)揭示了生态系统运行过程中涉及的一系列物质性流动,主要包括无机化合物和单质的流动(也统称为"物质循环",如水循环、氮循环)、沿着生命网或食物链的能量流动(如狮子吞食猎物获取营养)和物种的流动(如动物迁徙),这些不间断的、相对稳定的流动是生态系统保持平衡状态的必要条件。而人类作为生态系统中的重要消费者角色,也直接或间接参与到这些物质性流动过程并产生影响。在此意义上,生态学研究的范畴一直包含环境流动,只是未对环境流动和非人为因素引起的物质性流动作太多详细区分。

通过建构环境流动的概念,斯巴哈伦等西方环境社会学家将生态系统中的物质性流动纳入社会学研究的视野。尽管概念的创制者们并没有明确澄清,但环境流动在作为环境社会学的研究对象时却明显有别于生态学中物质性流动的概念。①在物质性流动的众多影响因素中,环境流动特别关注受人类社会活动影响的物质性流动在流向、量和质等方面的特征,以专门分析环境变化的社会成因。正是因为环境流动兼具社会性和物质性,以环境流动作为核心分析单位对探寻主流社会学和环境社会学的交集具有重要意义。

(二)环境社会学视野里的环境流动

环境流动虽然是新提法,但其核心概念内涵——物质性流动却在生产跑步机(Treadmill of Production)、生态现代化(Ecological Modernization)和社会新陈代谢(Society's Metabolism)等经典环境社会学理论中曾经都作为重要分析对象(Mol & Spaargaren,2005)。

施奈博格等人提出了生产跑步机理论(Schnaiberg,1980;Schnaiberg,Watts,& Zimmerman,1986;Schnaiberg & Gould,1994)认为,资本主义生产如同一台不断运行、永不停止的跑步机,并会产生不利环境影响:一方面,现代工业生产水平的提高需要以更多从生态系统中获得的原材料作为"营养基础"(sustenance base),无节制的攫取(withdrawals)导致了与自然资源破坏相关环境问题;另一方面,现代工业生产过程使用许多新化学技术来加工原材料,新的化学元素作为一种添加(additions)大量进入生态系统,结果引起了另一类环境问题——环境污染。在以上分析框架中,施耐博格等人选用"攫取"和"添加"作为两个基本分析概念,分别实际代表了"从生态系统到社会系统"和"从社会系统到生态系统"两种不同方向的环境流动。施耐博格等人指出,只有打破现代资本主义生产机器,停止过度的"攫取"和"添加",环境问题才能得到根本解决。

---

① 斯巴哈伦等最初并未对环境流动下过明确定义,他们倾向于认为环境流动就是生态学研究中的物质性流动。但同时他们也对社会学研究环境流动的特殊性作出规定,认为环境社会学研究者们应当关注促成和引领物质性流动的社会网络、制度安排和基础设施(Spaargaren,Mol,& Bruyninckx,2006:5-6)。据此可认为,环境流动是一种特殊的物质性流动,体现为它是由人为因素引起的,或者可以说是自然界与社会世界间的物质性流动。

生态现代化理论是另一个颇具影响力的环境社会学范式，它旨在解释工业社会应对环境挑战发生在生产和消费领域的一系列制度转变（Mol，1997；Buttel，2000；Spaargaren，2003；Mol，Spaargaren，& Sonnenfeld，2014；洪大用、马国栋等，2014）。换个说法，生态现代化理论致力于探索一种环境改革的可能性，即在不偏离现代化路径的同时实现环境问题的有效解决。据该理论主要支持者的观点，环境问题产生的原因主要是工业生产和消费的模式不再与社会和生态系统相适应。早期生态现代化理论关注的是如何"绿化"工业生产过程（Mol，1997），该理论后来也对如何实现可持续的消费过程给出了更具针对性的回答（Spaargaren，2003）。总的来看，生态现代化理论认可生产跑步机理论对环境流动失调引起环境问题的论断，但却并不主张"去工业化"或"去现代化"的极端问题解决方案，而是倡导通过技术和社会变革促进生产和消费过程中涉及的资源、能源、原材料、产品和废弃物等（可以视为环境流动）更具可持续性，最终实现现代化和环境保护二者的平衡。

奥地利环境社会学家费希尔—科瓦尔斯基等（Fischer-Kowalski，1997；Fischer-Kowalski & Haberl，1997）提出的社会新陈代谢理论特别关注环境流动随着社会现实基础变化而发生的量变和质变。该理论认为，人类社会系统在文化维度与生态系统区别开来，但却在一些物质部分（material compartments，即经由人类劳动力再生产出来的一系列物理实体，如人口、庄稼、牲畜、房屋等）与后者存在交集；类似人类有机体的新陈代谢，这些物质部分的延续取决于生态和社会系统间一系列的物质和能量流动。在从采集狩猎社会向农业社会再向工业社会演进的过程中，人类社会系统的物质部分在质和量方面同时也在不断增长，社会与生态系统之间的物质和能量流动规模也由此不断扩大。在不同社会发展阶段，社会系统的新陈代谢都是以社会和生态系统间物质和能量流动的形式发生的，环境问题也伴随这些流动的不断增加而恶化。

综上，尽管叫法不同，环境流动却一直在经典环境社会学理论中充当重要分析概念。因此，环境流动概念的提出也可以视为对这些理论传统的一次重新发现之旅,适用于整合和超越理论之间一些长期存在的分歧。在斯巴哈伦等看来,这些理论都注意到了环境流动对于环境变化和环境治理的研究意义,且特别适用于研究工业化给局地社会与环境关系的平衡带来的挑战;但是,这些理论关注的环境流动很少突破地方层次,对环境与社会关系的理解也局限于一时一地。随着时间推移,这一局限性也愈加明显。

一方面,全球变暖、臭氧层空洞等全球环境变化问题的凸显使得科学界和公众越来越清晰地认识到,地球环境在许多方面都表现为一种一体化系统(integrated system),地球上所有的生态系统都彼此关联、相互连通,地方社会对地理临近生态系统的影响可以透过地球系统抵达全球层面。在此意义上,环境流动并不总是"囚禁"于地方社会的边界(boarders)以内,而是会跨越边界、在全球生态系统中继续延伸并可能对更大空间层次的环境产生不利影响。例如,地方社会向大气中排放的二氧化碳最终会干扰到全球碳循环并引起全球气候变化。由于整体上未能充分认识到环境流动这种本质上的解域性(de-territoriality),经典环境社会学理论除了面临理论的推广性问题(如早期的生态现代化理论饱受"欧洲中心主义"批评,马国栋,2013),也对环境流动在更大空间层次的环境后果(特别是全球环境变化)缺乏关注。

另一方面,经典环境社会学理论中环境流动分析的不足还体现在未能及时跟进伴随全球化进程社会现实基础发生的一系列广泛而深刻的转变。20世纪90年代以来,越来越多社会理论家敏锐觉察到,全球化正在引领人类社会继现代工业社会后步入又一个全新时代——一个以全球现代性(global modernity)为表征的时代(Featherstone,Lash,& Robertson,1995)。全球现代性下的人类社会呈现出与工业社会截然不同的面貌,尤其表现为地方社会开始被卷入到全球性的经济、政治、文化等事务当中。全球化后果使得地方社会对全球环境的影响进一步加强,地方环境变化也受到来自地方社会之外的越来越多其他社会力量的牵制。①这些都是经典环境社会学理论始料未及的新变化。斯巴哈伦等（Spaargaren，Mol，&Bruyninckx，2006：22）据此认为，当前对于社会与环境之间关系的讨论不能脱离全球化这一重要现实前提，环境流动分析应当探索全球化的环境影响。

全球化背景下，社会理论家纷纷开始反思传统社会学的一些理论框架和概念工具的正当性和有效性，新的不同研究范式也被相继提出。其中，诞生于20世纪90年代、由卡斯特和厄里两位社会学家领衔奠定的全球网络和流动社会学是一个日趋成熟的全球化理论体系，也为斯巴哈伦等人提出环境流动范式制造了重要灵感。国内从全球化角度对全球网络和流动社会学相关观点的介绍目前十分有限，②但鉴于它对环境流动范式的启蒙意义，为促进读者理解，本文下面将对全球网络和流动社会学的核心观点做扼要介绍。

三、全球网络和流动社会学概述

卡斯特和厄里等社会理论家曾于20世纪末预言：由全球化和信息通信技术（Information Communication Technologies，简称ICT）开启的21世纪人类社会将是一副全新面貌，社会学必须开展一场新的研究范式革命才能跟进社会变化形势。全球网络和流动社会学正是顺应新的社会形势诞生的一个新理论范式，其核心观点有：当前，全球社会正在经历明显的网络化趋势，在此基础上流动开始全球化；传统社会学对结构和能动性的一些认识已不合时宜，需要被重构和再造；为了适应全球网络和流动的治理，过去长期担当"权力容器"（power container）角色的民族国家也在发生

---

① 本文中使用的"全球"（global）和"地方"（local）是一组相对概念，但指代的对象并不确定。"全球"在描述生态系统时指代整个地球系统，而指向社会系统时表示民族国家以上空间层次的社会整体；相应的，"地方"分别表示构成地球系统的特定子生态系统和民族国家及以下空间层次的社会系统。

② 对此，有兴趣的读者可以参见刘少杰（2013a，2013b）和王宁（2014）两位教授的一些近期研究。

一系列转变。

（一）全球网络化与流动全球化

在20世纪90年代出版的、令其声名大噪的"信息时代三部曲"①中，卡斯特认为现代社会正在经历一个网络化（networking）的过程。网络原本是一种陈旧的社会结构形式，它是由行动者和他们之间的关系构成，在空间上表现为"一组相互关联的节点（nodes）"（Castells，1996：470）。信息技术革命成功克服了传统意义上网络在组织社会实践时在灵活性和适应性方面的缺陷，重新赋予网络以活力，使之逐渐成为各类社会实践最有效的组织形式并迅速在全球范围内扩张，自此拉开了全球网络化的序幕。②在当今全球范围内，网络社会作为一种全新社会形态正日渐清晰地呈现在世人面前。

在卡斯特看来，全球网络化彰显了一种流动空间（space of flows）逐渐支配地方空间（space of places）的逻辑。所谓地方空间，是指一种以地理临近性和在场互动为特征的空间形式，它有着边界相对明晰的领域，是所有社会成员能够直接感受和体验到的空间，传统社会（包括现代工业社会）人们正是在该空间中按照当地（生物或时钟的）时间开展社会实践。网络化过程意味着位于不同地方空间的行动者冲破地域边界彼此建立起联系，地理临近性不再是社会互动的必要条件，越来越多社会实践开始跨越不同的地方空间得到同步安排。卡斯特提出的流动空间是支持这种远时空距离实践活动同步发生的全新空间层次，其本质是一种缺场空间。与地方空间相比，流动空间的缺场性体现在时间和空间概念的转变：社会实践不再拘泥于"真实的"时间和空间而越来越根据"无时无刻的时间"

---

① 分别是《网络社会的崛起》（Castells，1996）、《认同的权力》（Castells，1997a）和《千年的终结》（Castells，1997b）。

② 本文中的网络（network）概念并不局限于互联网（Internet）。

(timeless time)和"无处不在的空间"(placeless space)来安排。①随着网络化程度的不断提高,流动空间将取代地方空间成为社会实践发生的主要场所。全球网络社会描绘的正是这样一幅社会图景:在全球范围内,经济、政治和文化领域中的所有支配性社会实践都在各种全球网络相互联结、搭建而成的流动空间中进行。

全球网络化的一个重要结果是流动全球化。卡斯特认为,流动空间对社会实践的组织和安排凭借的是在网络中被处理的、在节点之间循环的各种流动,包括资本、信息、技术、组织互动以及声影和符号等。由于网络化是跨地方空间的,网络中的流动因此具有解域性。在全球网络社会,形形色色的流动在各种全球网络中循环往来,在空间层次上呈现出全球化趋势。

厄里进一步完善了卡斯特的理论观点(Urry,2000a、2000b;Urry,2003)。首先,卡斯特主要关注经济和信息的流动,厄里则将流动内容拓展到物和身体的流动。其次,有别于卡斯特对流动空间和地方空间的二分法,厄里区分了网络和流动运作的三种空间模式——地区(regions)、全球一体化网络(Global Integrated Networks,简称GIN)和全球流体(global fluids),第一种是前全球化时代网络和流动的主导模式,后两种是全球化催生的新模式。②厄里的地区概念等同于卡斯特的地方空间,它是由地理上聚集在一起的客体、行动者和关系网络组成。不同的是,厄里认为地区或地方空间内也存在网络和流动,地区网络相对稳定,流动有着明确方向并且会止步于地域边界(如民族国家的边界)。全球一体化网络在某种

---

① "无时无刻的时间"是卡斯特关于网络社会时间性的论断,在他看来,"空间是时间的结晶",空间形式的转变势必会连带时间形式的改变(Castells,1996:411)。无时无刻的时间代表网络社会中时间被压缩(being compressed)和去序化(being de-sequenced,即过去、现在和将来以一种随机顺序发生)两种现象,前者例如在瞬间完成的全球金融交易,后者的一个典型例子是工作时间和安排变得更加灵活、易变。

② 厄里认为,流动的传递依赖的是各种各样的"景观"(scapes),即"机器、技术、组织、文本和行动者组成的不同相互关联节点而构成的网络"(Urry,2000b:35)。因此,网络可以被视为由各种景观搭建的一种特殊空间形式。

意义上是地区网络的延伸,它们依然由稳定和持久的关系组成,但却因为跨越地理边界而具有解域性。在全球一体化网络中,流动有着相对封闭的通道,它们在每个网络节点都传递着相似的结果,所以是一种可预测、可计算、惯例化和标准化的流动(Urry,2003:56—57)。典型的全球一体化网络如跨国企业可口可乐公司的全球网络。借助全球流体的概念,厄里想要描述的是一种解域化的但却不必依附任何结构的流动模式。对比全球一体化网络,全球流体是一种更加灵活的、液态的和胶状的流动模式,流动可以渗透和偏离网络原先设定的通道且没有明确的起点和终点,因而变得不可预测。当前,移民、金融资本、互联网和社会运动等领域的流动越来越趋近全球流体。

借用全球流体的概念,厄里旨在描绘一种正在崛起的、具有全球复杂性的社会系统。在他看来,全球网络化和流动全球化使得所有人类社会串联为一个全球社会系统,复杂性是该系统的主要特征。在全球复杂性下,社会再生产的循环往复性逐渐被全球网络社会的不可预测性和不可逆转性所湮没,因与果亦开始经常出现不一致——一种社会事实未必可能只对应另一种社会事实。变幻莫测的全球流体空间将全球复杂性演绎到极致,厄里认为全球复杂性下社会变迁正在朝不可预测和非线性的方向演进。在此条件下,能动主体与结构客体交织而成各种混合体(hybrids),它们代表了不同的物质世界(material worlds)。厄里因此建议摒弃能动和结构、主体与客体、人类和非人类、社会与物质等传统社会学的对立分析概念,将研究重心转向各种混合体或物质世界。

整体上看,尽管厄里对卡斯特"流动完全依附网络"的潜在假设提出异议,但二人关于全球网络化和流动全球化的论断基本一致。此外,厄里还点出了在全球化时代社会生活正在日益崛起的物质性维度。

(二)角色转变中的民族国家

民族国家的去留是全球化研究无法回避的一个话题。萨森(Sassen,2006)的研究表明,自中世纪以来(特别是现代社会早期),民族国家逐渐与领域、权威和权利牢牢绑定在一起：国家主权拥有对一块给定领土的排他性权威，这块领土被建构成与国家权威紧密关联，民族国家则是权利的唯一授予者。在以现代社会制度作为对象的传统社会学研究中，"社会"的概念一般都被默认为有着明确地域边界的民族国家。贝克全面批判了"国家视野"（national outlook）和"国家主义方法论"（methodological nationalism）在解释跨国网络和解域化流动等全球化现象时的诸多不足，指出传统的民族国家概念已面临合法性危机并不再适合作为社会学研究的分析单位（Beck，2003；Beck & Willms，2004；Beck，2005）。尽管如此，卡斯特和厄里却坚持称，民族国家并未随着全球化步伐的加快消失，而是主动适应新的情境转变了原先角色，仍然在全球社会治理中占有重要一席之地。

卡斯特认为，全球网络和流动促使现代民族国家向网络国家（network states）的角色转变（Castells，2009：38-42）。他指出，传统民族国家为适应新的全球化形势正在发生一种实用性的自我角色转变，可从三个方面观察到。一是民族国家通过让渡一些主权属性来加强彼此间的合作，以"国家网络"的形式适应新的全球形势，例如欧盟、北大西洋公约组织；二是民族国家通过建立国际制度和超国家组织的网络来处理全球议题，国际制度网络由围绕一些全球议题的国际条约构成，超国家组织网络既针对一般性议题（如联合国），也涉及一些特殊议题（如世界贸易组织、国际货币基金组织、世界银行、国际刑事法庭等）；三是许多民族国家为了减轻政治合法性危机，一方面开始将权力下放给各级地方政府，另一方面也尝试拓宽企业、非政府组织等参与社会治理的渠道。卡斯特认为网络国家的决策过程不再可能一意孤行，而是开始实际嵌入于国际的、超国家的、盟邦的、地区的、地方的制度和组织网络之中，并受到更多来自市场和公民社会的影响，这种全新决策模式在处理全球议题时别具灵活性。

在定义全球化时代民族国家的角色时，通过借用鲍曼创造的两个隐喻，厄里认为要想适应新的全球秩序，民族国家必须完成从"园丁"（gardeners）到"护猎者"（gamekeepers）的角色蜕变（Urry，2003：188-190）。"园丁"国家假设了一种领域化的治理模式，国家需要对这个领域内"需要种什么和需要除什么"植物予以全盘规划;对照之下,"护猎者"国家并不需要对领域内"每个动物的饲养"过多关心,因为动物是居无定所的、流动的,"护猎者"唯一需要做的就是"管理流动以确保在特定的地方有充足兽群供狩猎"。在解域化流动逐渐成为常态的时候,国家更倾向于朝"护猎者"的角色方向转变,流动治理成为新时期国家治理的主要任务。

综上所述,在全球化背景下,民族国家从过去的主权主体(sovereignty subjects)逐渐向战略行动者(strategic actors)过渡,全球网络、流动、流体成为国家治理的新内容,治理模式也越来越趋近于一种跨国的、多层次的和多主体的混合安排(hybrid arrangements)。

四、迈向全球环境流动的环境社会学研究

全球网络和流动社会学兴起后不久便在西方环境社会学界引发热烈响应。受卡斯特、厄里等人理论框架和分析概念的启迪,21世纪初,以斯巴哈伦、摩尔和巴特尔为首的一批环境社会学家积极着手开展有关全球化与环境变化的理论建构工作并取得重要进展,一些早期成果被集中收录于2006年出版的《环境流动治理:社会理论的全球挑战》(Governing Environmental Flows: Global Challenges to Social Theory)一书中。该书的出版有效弥补了环境社会学领域在全球环境变化研究方面长期的理论和经验不足,同时也对理解全球化时代的环境与社会关系具有重要启示。

(一)找回全球化的物质维度

全球网络和流动社会学大致勾勒出21世纪社会生活的新貌。诚如卡斯特所言,现如今,经济、政治和文化等社会生活领域的支配性社会实践都已经逐渐依循流动空间逻辑在全球范围内得到同步安排与开展。但在卡斯特眼里,环境(或者说自然世界)一直是截然独立于社会世界外的另一个系统,他写道:"在与自然进行数千年的史前决斗后,先生存,再征服,迄今我们的物种到达的知识和社会组织水平已经允许我们生活在一个支配性的社会世界里。"(Castells, 1996:477)就此来看,卡斯特对全球化

的理解并没有跳脱主流社会学理论的"人类豁免主义"思维定式。相较于对经济、政治、符号等社会性流动的甚多着墨，环境流动并不是卡斯特的理论焦点，这集中体现在他对流动的定义上——"社会的经济、政治和文化结构中由社会行动者引发的物理上不相邻位置间有目的性的、重复性的和可设计的交换和互动顺序"(Castells，1996：412)。不难发现，卡斯特的流动分析只关注流动的社会性，环境流动则在他的分析里被淡化了。①

　　与卡斯特相比，厄里提出的流动意涵明显要更丰富，几乎无所不包，人、物、信息、消息、图像、金钱、风险、海洋等都在其考察之列。尽管解域化的、兼具社会性与物质性的环境流动走入了厄里的视野(例如他关注到垃圾和转基因食品)，但他的理论兴趣却不止如此。在全球复杂性下，厄里认为人类能动性的发挥会受到更多外部不确定因素的影响而日渐失去自主性，"人类社会"的概念已不恰当，社会应当被看作人类主体与非人类客体共同构成的混合体："社会世界和物理世界已经错综复杂地交织在一起，不能再将社会与自然或人类与物体等彼此拆开来分析。"(Urry，2000b：194)厄里认为，全球化时代的社会生活同时也在经历一个明显的物质化过程。社会实践的开展越来越依赖由各种新奇混合体或物质世界促成、生产和设定的大量新流动，社会生活的物质性日渐显著且与社会性已密不可分(Urry，2003：138)。②由此可知，"社会事实只能由社会事实解释"的传统社会学范式不再适用于研究全球化时代的社会生活，"物质事实"(包括"环境事实")对社会事实的发生起到更加决定性的作用。例如，全球气候变化如今已对不同国家和地区的决策过程产生影响，一系列应

---

　　① 卡斯特(Castells，1997a)在《认同的权力》中单列一章对环保主义的兴起尝试做了分析。他认为，环保主义在全球范围的兴起与环境话语权在全球范围的传播(全球信息流动)有很大关系，而环境运动可以理解为生活在地方社会的人被动员起来反抗网络社会的负面后果(环境退化和环境健康风险)。尽管卡斯特关注到了社会对环境变化的认知和反应，也承认全球网络化对环境变化的不利影响，但环境问题本身并不是他的核心理论关切。

　　② 厄里为此举了居住(housing)的例子(Urry，2003：48)。他认为，在现代社会生活中，居住不再只是一个稳定的、静止的房屋概念，住户已经与一系列出入房屋的复杂流动融为一体，这些流动包括访客、电、饮用水、污水、物流、燃气、电话/电脑连接、收音机或网络信号等。

对气候变化的能源政策纷纷出台；但由于不同国家和地区以及不同社会阶层受气候变化的实际影响并不一致，加上社会对气候变化的认知水平、贡献意愿以及支付能力存在客观差别（洪大用、范叶超，2013），这很可能将加剧未来全球范围内的社会分化或产生新的社会不平等现象。总之，厄里指出只有找回社会生活的物质性（包括重视环境事实），社会学研究才能真正理解纷繁复杂的全球现代性。

21 世纪初，全球网络和流动社会学在西方环境社会学社区引领了一场新的理论革命。斯巴哈伦等环境社会学家们认为，尽管卡斯特的理论仍延续了环境社会学诟病的"人类豁免主义"，但卡斯特和厄里共同开创的全球网络和流动社会学为深入理解全球化现象提供了诸多颇具启发性的分析概念，经过适度改造可用于研究全球性的环境流动。斯巴哈伦等从厄里手中接过"找回社会生活物质性"的大旗，并赞同厄里关于全球化时代环境与社会关系更加紧密的观点以及将物质性流动引入全球化研究的重要性。更确切来说，斯巴哈伦等关注的是由全球化驱动的全球社会系统与地方生态系统间的物质性交换，或者可以理解为地方环境流动在全球社会系统中的延伸。

需要区分的是，尽管全球环境流动可以同时作为全球化研究和环境社会学的核心分析单位，却并不意味着环境社会学失去了作为分支学科继续独立存在的价值，主流社会学和环境社会学研究全球环境流动的目标仍存在差别。与厄里主张从物质性流动来理解社会事实和全球社会变迁正好相反，斯巴哈伦等环境社会学家则更加注重物质性流动的环境后果，特别是全球环境流动背景下的环境变化以及环境治理模式的创新。

（二）关注解域化环境流动

如前所述，尽管环境社会学自诞生以来一直关注环境流动，但整体而言主要在一定地域范围内对环境流动的片面观察，即更加重视地方层次的环境流动。全球网络和流动社会学带给斯巴哈伦等环境社会学家的另一个重要灵感是流动的解域性，他们据此提出要将解域化的环境流动作为全球化时代环境社会学研究的重要内容。更具体地说,斯巴哈伦等倡导的是将由全球网络化导致的解域化环境流动作为新时期环境社会学研究的重要对象,例如由全球能源网络促成的石油流动(Widener,2009)和生物燃料流动(Mol,2007)、全球消费网络带来的渔业资源流动(Bush & Mol,2015)以及全球碳交易市场影响下的碳流动(Spaargaren & Mol,2013),等等。这些环境流动打破了地方社会和民族国家的领域边界限制,在全球范围内流动,并同时会对局地乃至全球环境产生显著影响。

环境流动日益明显的解域性提醒环境社会学研究应当突破地域限制来研究环境变化。在先前的环境社会学研究中,研究者们倾向于从地方层次的社会动态过程来解释局地环境变化,这种分析框架的弊端已经随着全球环境变化的日趋严峻而受到直接挑战。解域化的环境流动表明,随着全球网络化过程的推进和卡斯特所言的流动空间之崛起,原本主要受地方社会动态过程影响的局地环境可能会受到越来越多来自全球社会动态过程的影响。奥斯特维尔(Oosterveer,2009)据此指出,新时期的环境社会学研究充分利用解域化环境流动的分析概念来突破一时一地的传统研究思维,既要看到地方社会对全球环境变化的影响,也要关注日渐浮现的全球网络社会对局地环境变化的作用。

(三)全球环境流动治理

严格意义上讲,从解域化环境流动的角度理解环境变化并不是斯巴哈伦等人首创的一条研究路径。在环境社会学社区中,前述生产跑步机和社会新陈代谢理论的创始人也曾修正过各自的理论,将全球化引起的物质性流动纳入理论模型中以解释新时期的环境变化(例如,Fischer-Kowalski & Haberl,2007;Gould,Pellow,& Schnaiberg,2008)。此外,主流社会学中世界体系理论(World-System Theory)阵营一些研究者也讨论了全球化的世界秩序(特别是工业资本主义为代表的全球经济)对物质性流动的高度依赖以及由此诱致的环境问题(例如,Bunker,1996;Goldfrank,Goodman,& Szasz,1999;Hornborg,McNeill,& Alier,2007)。无论是修正后的生产跑步机和社会新陈代谢理论,还是应用于环境问题解释的世界体系理论,它们对环境流动的分析都突破了地域边界、关注到了环境流动的解域性和全球性。但与全球网络和流动社会学相比,这些理论对全球化的理解仍停留在国际关系和国际化层面,且未能敏锐捕捉到当前民族国家角色的一些质变。此外,这些理论都带有或多或少的新马克思主义色彩,聚焦于批判全球化经济体系对生态环境的负面影响,暗示了一种"去物质化"乃至"去全球增长"的激进改革方案,虽然有其合理性,但被批评实际政策操作意义相对不强。

作为生态现代化理论的代表人物,斯巴哈伦、摩尔和巴特尔等提出的全球环境流动理论依旧延续了一种"社会与生态双赢"的美好愿景。确切说,他们将全球环境流动作为核心分析概念,主张通过环境改革实现对其的有效治理,以最大限度地减轻全球化的不利环境影响。斯巴哈伦等继承了网络和流动社会学理论关于民族国家角色转换的观点,认为传统环境国家(environmental states)在管控全球环境流动时的"失灵"说明地方本位(place-based)的环境治理不足以应对全球化时代的环境变化,需要一种全新的环境治理模式(Spaargaren, Mol, & Bruyninckx, 2006; Mol & Spaargaren, 2005)。在全球网络化的时代背景下,环境国家依然是最关键的行动者之一,但却不再是唯一行动者,其先前扮演的角色也需要被重塑(Jänicke, 2006)。进一步,要想更加有效治理全球环境流动,各个环境国家都必须积极向卡斯特描绘的"网络国家"角色靠拢,即加入由国际组织、其他国家、地方政府、市场主体以及环保团体等其他行动者共同组成的、以权力共享和共同协商的决策过程为特征的复杂环境治理网络(Oosterveer, 2009:40)。整体来看,斯巴哈伦等人的环境流动理论倡导了一种网络化的全球环境治理模式,即如何通过跨国的、多层次的和多主体的混合安排应对全球化带来的环境挑战。

环境流动范式自提出以来,越来越多研究者加入到后续的理论建构中(例如,Bush & Oosterveer, 2007; Oosterveer, 2009; Rau, 2010; Bush et al., 2014),并且还被成功应用于指导一些实证研究(Oosterveer, 2007; Mol,

2007;Widener,2009;Spaargaren & Mol,2013;Bush & Mol,2015)。总体来看,这些必要的补充和发展使得环境流动范式日臻完善。

五、总结与讨论

本文是一项文献综述,"全球化"和"环境流动"是贯穿全文的两个主要关键词。全球化可以理解为全球范围内跨越社会边界的网络化,这一过程"解放"了原本只存在于民族国家或地方社会以内的人口、资本、信息、物品等不同要素,并使它们得以在全球社会范围内流动。环境流动范式诞生的重要背景则是全球网络化下物质性流动的全球化。该范式提出将解域化的环境流动作为核心分析单位来理解全球化的环境后果,并且主张通过跨国的、多层次的和多主体的混合安排来弥补传统环境国家在治理全球环境流动方面的不足,以实现全球化的环境可持续目标。

笔者认为,西方环境社会学界新兴的环境流动范式对克服当前中国环境社会学面临的两层学科危机具有重要启示。首先,环境流动反映的是全球化背景下社会生活物质性维度的崛起,当前的主流社会学研究越来越不能脱离这个维度,对于很多社会事实的解释不能再刻意回避环境事实。环境流动兼具物质性和社会性,因此既是厄里所言代表了全球化研究未来应重点关注的"混合体",也是主流社会学和环境社会学的一个交集。当选取环境流动作为共同课题时,主流社会学研究能够为环境社会学提供丰富的理论资源和方法论支持,与此同时,环境社会学研究也可以促进社会学母学科的知识积累。研究全球环境流动有助于打破国内主流社会学与环境社会学间的樊篱,是二者未来可以共同研究、通力合作的一项课题,可以视为克服二者"渐行渐远"危机的一张对症药方。①其次,对国内环境社会学研究者而言,环境流动范式也可以作为研究全球化环

---

① 在近期研究中,卢成仁(2015)通过对黄连、猪肉等物质性流动的分析讨论了西南边陲村落共同体的存续问题,洪大用、范叶超和李佩繁(2016)则对空气污染物的流动驱动的北京市民迁出意向分异作了详细考察。本文认为,这些努力初步表明物质性流动对消除主流社会学和环境社会学之间隔阂具有积极意义。

境后果一个潜力十足的新视角。引入环境流动视角,有助于弥补国内环境社会学界在拆解全球化背景下环境与社会关系时暂时缺乏合适理论工具的遗憾,是一条富有借鉴价值的新思路。

环境流动范式设定了全球化时代的环境社会学议程,即关于环境变化的成因、后果及治理的理解不能局限于一时一地,需引入一种全球化思维并将之贯穿于研究始终。正如洪大用(2013)所主张的,"正确认识和把握中国环境问题,除了分析中国国内的影响因素之外,还应在全球工业化进程、国际社会不平等和全球环境变化等大背景下看待中国的环境问题,谋求对环境问题之社会本质更深刻的认识"。本文认为,这样一个范式转移对研究中国当前的环境问题具有重要启示,有助于拓宽国内环境社会学研究者的学术视野,应予以必要重视。特别是,国内学界目前对全球环境变化的关注相当有限,该范式的引入有助于打破这一僵局。但是,中国幅员辽阔,在研究局地环境变化时只考虑全球网络化的影响还不足够,还应当看到国内的网络化进程对环境流动突破地方社会边界以及环境治理的重要性。例如,以"村村通"、农村电子商务等为表征的国内城乡网络化进程可能会对当前局地乡村环境造成不利影响,而跨流域污染问题和大都市的空气污染问题的解决虽然未及全球和全国层次,但仍需要跨城市乃至省域的网络化治理。本文据此认为,应适当淡化环境流动范式的全球化背景,回归到网络化的一般社会转变过程。概言之,既要看到在场的社会动态过程对环境变化和环境治理的影响,也要看到由网络化开启的、缺场的社会动态过程也在发挥越来越重要的作用,全球化的影响正是隐匿在这种缺场力量之中。

最后需要再度说明的是,本文介绍环境流动范式并不是鼓励国内研究者对此不加批判地全盘接受,因为这既与追求中国社会学本土化的学术进步理念相悖,又不免有拾人牙慧之嫌。实际上,环境流动范式只是提供了一个不同的学术观察角度,它所仰赖的理论基础(即全球网络和流动社会学与生态现代化理论)存在不少竞争性理论、也招致过一些批评,这需要引起读者注意。本文对环境流动范式关于全球化流露出的相对较弱的自反性和批判性也持保留意见。尽管如此,作为一个方兴未艾的新视角,环境流动范式对当今时代正在转变中的环境和社会关系的相关见解具有独到之处,对克服国内环境社会学学科的危机也具有重要启示意义,它的一些潜在不足正是未来研究可以努力的方向。期待今后这一领域有更多活跃的国内研究者身影和更多立足中国经验的研究。

参考文献:

1.顾金土、邓玲、吴金芳、李琦、杨贺春:《中国环境社会学十年回眸》,《河海大学学报(哲学社会科学版)》2011年第2期。

2.洪大用、范叶超、李佩繁:《地位差异、适应性与绩效期待——空气污染诱致的居民迁出意向分异研究》,《社会学研究》2016年第3期。

3.洪大用、范叶超:《公众对气候变化认知和行为表现的国际比较》,《社会学评论》2013年第3期。

4.洪大用、龚文娟:《行进在快车道上的中国环境社会学》,《南京工业大学学报(社会科学版)》2015年第4期。

5.洪大用、马国栋等:《生态现代化与文明转型》,中国人民大学出版社,2014年。

6.洪大用:《关于中国环境问题和生态文明建设的新思考》,《探索与争鸣》2013年第10期。

7.洪大用:《环境社会学的本土化与国际性》,《江苏社会科学》2014年第5期。

8.刘少杰:《面对新社会形态的当代社会学》,《天津社会科学》2013年第5期。

9.刘少杰:《网络化时代的社会空间分化与冲突》,《社会学评论》2013年第1期。

10.卢成仁:《流动中村落共同体何以维系——一个中缅边境村落的流动与互惠行为研究》,《社会学研究》2015年第1期。

11.马国栋:《批判与回应:生态现代化理论的演进》,《生态经济》2013年第1期。

12. 王宁:《消费流动:人才流动的又一动因——"地理流动与社会流动"的理论探究之一》,《学术研究》2014年第10期。

13. Beck, Ulrich and Johannes Willms, *Conversations with Ulrich Beck*, Cambridge: Polity Press, 2004.

14. Beck, Ulrich, "Toward a New Critical Theory with a Cosmopolitan Intent," *Constellations*, 2003, 10.

15. Beck, Ulrich, *Power in the Global Age*, Cambridge: Polity Press, 2005.

16. Bunker, Stephen G., "Raw Material and the Global Economy: Oversights and Distortions in Industrial Ecology," *Society & Natural Resources*, 1996, 9.

17. Bush, Simon R. and Arthur P. J. Mol., "Governing in a Placeless Environment: Sustainability and Fish Aggregating Devices," *Environmental Science & Policy*, 2015, 53.

18. Bush, Simon R. and Peter Oosterveer, Environment, Governance and Global markets, in *Fishponds in Farming Systems*, edited by van der Zijpp, A.J., J.A.J. Verreth, Le Quang Tri, M.E.F. van Mensvoort, R.H. Bosma, M.C.M. Beveridge, Wageningen: Wageningen Academic Publishers, 2007, pp. 203−210.

19. Bush, Simon R., Peter Oosterveer, Megan Bailey and Arthur P.J. Mol., "Sustainability Governance of Chains and Networks: A Review and Future Outlook," *Journal of Cleaner Production*, 2014, 107.

20. Buttel, Frederick H., "Ecological Modernization as Social Theory," *Geoforum*, 2000, 31.

21. Buttel, Frederick H. and Peter J. Taylor, "Environmental Sociology and Global Environmental Change: A Critical Assessment," *Society & Natural Resources*, 1992, 5.

22. Castells, Manuel, *Communication Power*, New York: Oxford

University Press, 2009.

23.Castells, Manuel, "End of Millennium," *Volume 3 of The Information Age: Economy, Society and Culture*, Oxford: Blackwell, 1997b.

24.Castells, Manuel, "The Power of Identity. Volume 2 of The Information Age: Economy," *Society and Culture*, Oxford: Blackwell, 1997a.

25.Castells, Manuel, "The Rise of the Network Society, Volume 1 of The Information Age: Economy," *Society and Culture*, Oxford: Blackwell, 1996.

26.Featherstone, Mike, Scott Lash and Roland Robertson (editors), *Global Modernities*, London: Sage, 1995.

27.Fischer–Kowalski, Marina and Helmut Haberl (editors), *Socioecological Transitions and Global Change: Trajectories of Social Metabolism and Land Use*, Cheltenham: Edward Elgar Publishing, 2007.

28.Fischer–Kowalski, Marina and Helmut Haberl, "Tons, Joules, and Money: Modes of Production and Their Sustainability Problems," *Society & Natural Resources*, 1997, 10.

29. Fisher–Kowalski, Marina, "Society's Metabolism: on the Childhood and Adolescence of a Rising Conceptual Star," in *The International Handbook of Environmental Sociology*, edited by Redclift, Michael and Graham Woodgate, Cheltenham, UK: Edward Elgar Publishing, 1997, pp. 119–137.

30.Goldfrank, Walter L., David Goodman and Andrew Szasz, *Ecology and the World–System*, London: Greenwood Press, 1999.

31.Gould, Kenneth A., David N. Pellow and Allan Schnaiberg, *The Treadmill of Production: Injustice and Unsustainability in the Global Economy*, London: Paradigm Publishers, 2008.

32.Hornborg, Alf, John Robert McNeill and Juan Martínez Alier, *Rethinking Environmental History: World–System History and Global Envi-*

ronmental Change, Lanham: Altamira Press, 2007.

33. Jänicke, Martin, "The Environmental State and Environmental Flows: The Need to Reinvent the Nation-state," in *Governing Environmental Flows: Global Challenges to Social Theory*, edited by Spaargaren, Gert, Arthur P.J. Mol and Frederick H. Buttel, Cambridge, MA: The MIT Press, 2006, pp. 83-105.

34. Mol, Arthur P. J., "Boundless Biofuels? Between Environmental Sustainability and Vulnerability," *Sociologia Ruralis*, 2007, 47.

35. Mol, Arthur P. J. and Gert Spaargaren, "From Additions and Withdrawals to Environmental Flows: Reframing Debates in the Environmental Social Sciences," *Organization & Environment*, 2005, 18.

36. Mol, Arthur P. J., "Ecological Modernization: Industrial Transformations and Environmental Reform," in *The International Handbook of Environmental Sociology*, edited by Redclift, Michael and Graham Woodgate, Cheltenham: Edward Elgar Publishing, 1997, pp.138-149.

37. Mol, Arthur P. J., Gert Spaargaren and David A. Sonnenfeld, "Ecological modernization theory: taking stock, moving forward," in *Handbook of Social and Environmental Change*, edited by Spaargaren, Gert, Arthur P. J. Mol, and Frederick H. Buttel, Cambridge, MA: The MIT Press, 2014, pp. 15-30.

38. Oosterveer, Peter, *Global Governance of Food Production and Consumption: Issues and Challenges*, Cheltenham: Edward Elgar Publishing, 2007.

39. Oosterveer, Peter, "Governing Environmental Flows: Ecological Modernization in Technonatural Time/Spaces," in *Technonatures: Environments, Technologies, Spaces, and Places in the Twenty-first Century*, edited by White, F. Damian and Chris Wilbert, Waterloo: Wilfrid Laurier University Press, 2009, pp. 35-62.

40. Rau, Henrike, "(Im) mobility and Environment–Society Relations: Arguments for and Against the 'Mobilisation' of Environmental Sociology," in *Environmental Sociology: European Perspectives and Interdisciplinary Challenges*, edited by Groß, Matthias and Harald Heinrichs, Dordrecht: Springer Science Business Media B.V., 2010, pp. 237–254.

41. Sassen, Saskia, *Territory, Authority, Rights: From Medieval to Global Assemblages*, Princeton: Princeton University Press, 2006.

42. Schnaiberg, Allan and Kenneth Gould, *Environment and Society: The Enduring Conflict*, New York: St. Martins Press, 1994.

43. Schnaiberg, Allan, *Environment: From Surplus to Scarcity*, Oxford: Oxford University Press,1980.

44. Schnaiberg, Allan, Nicholas Watts and Klaus Zimmermann, *Distributional Conflicts in Environmental–Resource Policy*, New York: St. Martins Press, 1986.

45. Spaargaren, Gert and Arthur P.J. Mol,"Carbon Flows, Carbon Markets, and Low–Carbon Lifestyles: Reflecting on the Role of Markets in Climate Governance," *Environmental Politics*, 2013, 22.

46. Spaargaren, Gert, Arthur P.J. Mol and Frederick H. Buttel (editors), *Governing Environmental Flows: Global Challenges to Social Theory*, Cambridge, MA: The MIT Press, 2006.

47. Spaargaren, Gert,"Sustainable Consumption: A Theoretical and Environmental Policy Perspective," *Society & Natural Resources*, 2003, 16.

48. SpaargarenGert, Arthur P.J. Mol and Hans Bruyninckx, "Introduction: Governing Environmental Flows in Global Modernity," in *Governing Environmental Flows: Global Challenges to Social Theory*, edited by Spaargaren, Gert, Arthur P.J. Mol and Frederick H. Buttel, Cambridge, MA: The MIT Press, 2006, pp. 1–36.

49. Urry, John, "Mobile Sociology," *The British Journal of Sociology*,

2000b, 51.

50.Urry, John, *Global Complexity*, Cambridge: Polity Press, 2003.

51. Urry, John, *Sociology beyond Societies*, London: Routledge, 2000a.

52.Widener, Patricia, "Global Links and Environmental Flows: Oil Disputes in Ecuador," *Global Environmental Politics*, 2009, 9.

53.Yearly, Steven, *Sociology, Environment, Globalization: Reinventing the Globe*, London: Sage, 1996.

第二单元

环境意识与环境行为

教育对中国城乡居民环境关心的影响

—— 基于媒介使用的多重中介分析*

卢春天　石靖　陈玲**

摘　要：公众环境关心的提升对建设生态文明有着重要的意义。本文基于2010年中国综合社会调查数据,通过多重中介模型探索教育水平如何通过不同类型的媒介使用对居民环境关心产生影响。分析表明:教育对环境关心的影响既有直接效应,也有间接效应。直接效应表现为教育通过社会化功能塑造人与自然的和谐观,促进居民环境关心的提高;间接效应主要体现在教育程度影响了个体对不同媒介(电视、报纸、互联网)的选择及使用程度,进而提高了居民的环境关心。对不同媒介的分析发现,互联网的中介效用最大,电视次之,报纸最小;广播和杂志则没有在教育和环境关心之间发挥中介效应。这一结论一方面暗示了在社会化过程中传统媒介的式微和新媒介的崛起,另一方面对如何借助不同类型的媒介来提升公众环境关心有着重要的政策启示。

关键词：环境关心　教育　媒介使用　中介效应

一、引言

当前环境问题不断升温,空气污染、水质恶化、土地重金属污染等频

---

　* 原文发表于《社会发展研究》2018年第1期。

　** 卢春天,西安交通大学人文社会科学学院教授,博士生导师;石靖,西安交通大学人文学院博士研究生;陈玲,浙江大学公共管理学院硕士研究生。

频见诸各类媒体,引发公众的关注。这些问题不仅给国家和人民造成重大经济损失,而且威胁公众健康,甚至导致群体性事件发生。根据经合组织2014年发布的报告,空气污染让中国每年损失1.4万亿美元,2010年中国由于空气污染死亡的人数多达120多万,接近总死亡人数的五分之二。[1]并且曾经一度,因环境问题引发的群体性事件以每年29%的速度递增(余光辉等,2010)。面对这些严峻的环境问题,党的十八届三中全会提出要紧紧围绕建设美丽中国,深化生态文明体制改革,加快建立生态文明制度。[2]2017年召开的党的十九大会议围绕建设美丽中国的目标,提出了推进绿色发展、解决突出环境问题、加大生态系统保护力度和改革生态环境监管体制四个方面的实施路径。环境关心是环保行为的先导,要实现"美丽中国"的目标,除了制度保障外,还需要提高全民的环保意识,营造全社会保护生态环境的良好风气,因此如何从传播社会学的角度提升中国居民的环境关心就提上了议事日程。

公众环境关心的培养及其提升离不开教育的作用。无论是在传统还是现代社会,教育不仅是实现个人向上社会流动的重要机制,而且也发挥了重要的社会化功能。教育的环境功能,例如调节人与自然的关系、促进社会可持续发展等功能,也必须以社会化功能为依托,按照社会期望塑造社会成员。

无论是施拉姆(Schramm,1988:1—20)的媒介三种功能说还是赖特(Wright,1960)的四种功能说,无不强调了媒介在社会化方面与学校教育发挥了类似的功能。即媒介不仅是信息的传播者,而且也是个人社会化的重要推手。因此,大众媒介对环境知识的传递和环境关心的提升作用也不可忽视,环境建构主义学者汉尼根(2009:83—97)指出,大众媒介和科学在建构环境风险、环境意识、环境危机以及对于环境问题的解决中扮演了极其重要的作用。近年来,以移动互联网为基础的新媒介蓬勃兴起,

---

[1] 详见《经合组织报告:空气污染让中国每年损失1.4万亿美元》,《人民网》2014年5月23日。
[2] 详见《中共中央关于全面深化改革若干重大问题的决定》,《人民日报》2013年11月16日。

并因其传播互动性和超越时空性,使得社会中的个体处在各类媒介构建的信息环境中。媒体建构出的环境现实如果吻合受众正在经历的环境事件,则会加剧人们对环境事件的关心。教育一方面塑造了公众对环境观的不同认知,另一方面也影响了公众对不同媒介的选择和使用程度,不同媒介的使用程度也影响着公众环境关心高低,那么这两者作用过程又是如何?本文旨在探讨这一问题。

二、文献综述:环境关心的研究视角

"环境关心"这一概念本身存在着诸多不同的定义和理解。目前最为普遍使用的是邓拉普和琼斯(Dunlap & Jones, 2002)的定义,即人们意识到并支持解决涉及生态环境问题的程度或者为解决这类问题而做出贡献的意愿。早期国外关于环境关心的研究主要关注影响环境关心的社会人口经济特征要素,包括性别、年龄、社会经济地位(主要是教育和职业)、政治倾向和城乡差异,并且分别提出了关于这五个变量假设的理论基础(Van Liere & Dunlap, 1980)。此后,在对环境关心的社会、人口属性特征的考察中,教育变量一直是研究者关注的目标。过去30年以来,国外基于同一个国家或者地区的资料分析均表明了教育对环境关心有着积极且一致的影响(Jones & Dunlap, 1992; Xiao & McCright, 2007)。近年来,有学者通过不同国家的数据也证实了教育对环境关心的影响(Weaver, 2002)。2003年国内学者首次将测量环境关心的新生态范式量表引入到中国综合社会调查问卷(简称CGSS),对该资料的分析研究也表明,教育对环境关心有着显著的影响(洪大用、卢春天,2011)。

分析教育对环境关心的影响机制其实是围绕教育的社会化过程及教育获得的后果展开:第一个是教育的社会化功能,也就是教育能够说明个体逐渐认识人与自然环境之间的关系,这种社会化的过程也是差异化的过程,教育程度越高,越能深刻认识人类和自然之间的关系,并具有更多的环境关心。第二个解释可以从马斯洛的需求理论入手,教育程度高的人,收入水平也相对比较高,更有可能从物质主义价值观转向后物质主义价值观,即从原来追求经济发展、国家安全转变为注重环境保护和个人自由,因此环境关心也可能较高。第三个解释是从高教育水平者的职业特点出发,教育程度高的人,往往从事的是不需要破坏自然环境的工作,例如研究员或者科技工作者,这意味着他们和需要从自然环境中获取生计的群体不同,没有很强的经济动机去破坏环境,因此有更高的环境关心。

随着对环境关心研究的逐步深入,不少国外学者进一步从媒介使用的视角去探索环境关心的影响。在他们看来,环境关心本身也是社会建构的产物,不同的媒介设置议题在影响环境认知上发挥了巨大的作用(Kalof,2006)。环境建构理论的提倡者就指出,成功地建构环境问题离不开大众媒介的关注,有关环境问题的相关主张要被塑造得正式而且重要,例如全球变暖和生物多样性的缺失(汉尼根,2009:33-82)。美国学者道斯在1972年也指出公众对环境问题的感知主要依靠媒介的作用(Downs,1972)。但是媒介对公众环境关心的提升主要取决于媒介报道的内容如何被公众解读,以及公众使用不同媒介的强度,而且不同类型的媒介对公众环境关心还存在着不同的影响,如早期有学者就发现阅读报纸比观看电视在接受环境信息、提高公众的环境关心上更为有效,但是观看电视的频率与环境友好行为存在着负相关关系(Ostman & Parker,1987)。不过也有研究认为即使控制社会人口特征变量后,电视的使用对环境关心还是存在着正相关的关系(Dahlstrom & Scheufele,2010)。可见,对于观看电视对环境关心的影响,还存在不少争议(Shanahan et al.,1997)。

国内不少学者的研究也表明了媒介使用对环境认知或行为塑造的重要性。基于CGSS2010数据,有研究发现报纸、广播、电视等传统信息媒介并非影响农民认知的主要因素,教育程度和新兴信息媒介才是影响农民认知的显著因素(蔡键等,2014)。类似地,基于十年来统计数据的分析表明,国内学者认为公众的环境意识已经从被迫的环境关注阶段,发展到被大众传媒建构的阶段(仲秋、施国庆,2012)。尽管多数研究都认为媒介的使用对环境态度或意识有影响,但是对不同媒介类型细分后发现不同媒介的影响存在差别。同样基于CGSS2010的数据,有研究就表明传统媒介使用显著影响受众环境意识,而以互联网为代表的新媒体使用则不显著影响环境意识。这一差别的原因更多的是由于对环境意识或者态度的测量方法所致。这也是本文采用新生态范式量表(New Ecological Paradigm Scale)作为环境关心的测量指标①的原因。

与教育的社会化理论类似,涵化理论提供了媒介社会效果的分析框架。该理论最早由格伯纳和其同事提出,主要用来检验观看电视对公众态度的影响,其潜在的假设是媒介能够影响受众对社会事实的认知(Gerbner & Gross,1976)。随着后来不同媒介应用的发展,研究者发现了不同类型的媒介也存在类似的效应(Beullens & Bulck,2011)。媒介对于个体态度的塑造从三个方面发挥作用:其一,使受众获得与议题相关的信息,形成关于该事物较为全面的认识;其二,受众获得大量相关议题的信息时,对该议题的兴趣得以产生,从而主动关心并收集相关信息;其三,媒介的社会化功能,使个体独立判断能力得到锻炼,形成独立价值判断(Kennedy,2009)。尽管涵化理论承认个人社会特征,如性别、种族、年龄、政党态度对媒介效果的影响,但是有关不同教育程度对媒介的影响还需要进一步考察。

上述的相关研究均承认了教育或媒介,抑或两者共同在塑造社会认知中的作用,但是忽视了教育程度和媒介使用本身也存在着较强的相关关系,因此有必要厘清教育、媒介使用、环境关心之间的内在逻辑。国外有研究表明,受教育程度不同,媒介使用的不同,大众获得的信息及包含的价值态度也不同,低教育水平的群体只能接触主流、普遍的信息,而高教育水平的人则可以接触更大范围的媒介、获得更丰富的信息(Kennedy,2009),从而导致不同的个体对同一个议题可能有着不同的支持度。近来国内学者基于2010年中国综合社会调查资料对环境关心的城乡比较研

---

① 新生态范式量表(简称NEP量表)由美国环境社会学家邓拉普及其同事在1978年首先提出,并于2000年对该量表进行了修订,拓展到15项题目。2003年和2010年中国综合社会调查问卷都引入NEP量表。

究中,关注媒介使用对环境关心的中介作用(范叶超、洪大用,2015),但是由于研究方法的局限,没有能够对教育所起到的间接效应进行统计检验,而且没有在研究中对不同媒介类型进行细化,只是对媒介使用的总间接效应进行了估计。尽管教育和媒介使用可能存在着调节效应,但是本文理论的出发点是关注其中的中介效应。因此,有必要在控制其他变量的情况下,将不同类别媒介的中介作用纳入分析框架,并进行严格的统计检验。

三、分析框架及假设

从上述分析可知,教育程度影响个体认知的机制有两个:一个是教育对环境关心有直接效应,这一直接的效应更多的基于教育的社会化功能;另外一个是间接效应,教育程度主要通过作用于大众不同媒介的使用(报纸、杂志、广播、电视、互联网),进而影响环境关心的形成。因此,本文提出多重中介模型的分析框架(见图1),并根据该框架提出相应的六个假设,从而比较报纸、杂志、广播、电视和互联网等媒介发挥的中介效应的大小。

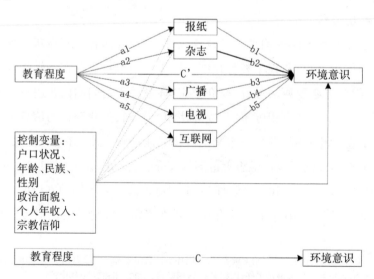

图1 不同信息传播方式作为多重中介的路径图

假设1：控制其他变量情况下，教育程度对于个体环境关心有着直接效应(c)。

假设2：控制其他变量情况下，教育程度通过报纸的使用对环境关心有着间接效应(a1*b1)，而且报纸使用对环境关心有积极作用。

假设3：控制其他变量情况下，教育程度通过杂志的使用对环境关心有着间接效应(a2*b2)，而且杂志使用对环境关心有积极作用。

假设4：控制其他变量情况下，教育程度通过广播的使用对环境关心有着间接效应(a3*b3)，而且广播使用对环境关心有积极作用。

假设5：控制其他变量情况下，教育程度通过电视的使用对环境关心有着间接效应(a4*b4)，而且电视使用对环境关心有积极作用。

假设6：控制其他变量情况下，教育程度通过互联网的使用对环境关心有着间接效应(a5*b5)，而且互联网使用对环境关心有积极作用。

图1中a系数表示教育程度对每种信息传播方式的效应，b系数表示在教育程度的作用下，每种媒介使用方式对环境关心的影响，c系数表示教育程度对环境关心的"总效应"，而c'系数表示教育程度对环境关心的"直接效应"。"间接效应"则通过每条中介路径中a系数和b系数的乘积（即a*b）来反映。例如，教育程度通过"报纸"对环境关心的间接效应为a1*b1。

四、分析策略

为了验证上文不同媒介中介效应假设，本文采取基于最小二乘法（OLS）回归分析的自举法（Bootstrap）检验方法，并在SPSS软件中通过PROCESS宏命令来实现（Preacher & Hayes，2008）。PROCESS是安德鲁·F.海因斯（Andrew F. Hayes）编写的SPSS宏，可通过SPSS窗口操作对多重中介、有调节的中介效应进行检验，并能够报告自举法（Bootstrap）的置信区间。PROCESS在SPSS中除了可视化操作外，还可以通过语法（Syntax）等方式操作，扩展强大。尽管结构方程模型及其应用软件（AMOS，MPLUS，LISREL）也可以进行多重中介的分析，但是目前还存在分析不完整的问题（方杰等，2014）。比如，AMOS软件在多重中介效应分析时，提供直接效应、间接效应和总效应，但是对特定路径的中介效应不提供（Lau & Cheung，2012），MPLUS可以提供特定路径的中介效应和总的效应，但是不能得到对比中介效应分析结果（Preacher & Hayes，2008），而LISREL可以进行多重中介分析，但只得到总的中介效应估计值及其标准误和t值。如果要在结构方程软件中得到总的中介效应，特定路径的中介效应（控制其他变量的情况）和对比不同中介效应的大小，需要增加辅助变量，才能进行完整的分析（Cheung，2007）。相比之下，通过PROCESS来实现上述研究假设更为简洁，而且在中介效应的检验上也更有优势。

目前结构方程软件默认的中介效应检验更多的是基于索贝尔（So-bel）检验来判断中介效应是否显著（方杰等，2014），该方法对多重的中介效应检验中存在一些局限。首先是索贝尔（Sobel）检验通常要求服从正态分布，但是中介效应往往是对不同特定路径的乘积，该乘积在小样本中往往不能满足正态分布的假设。其次是索贝尔（Sobel）检验统计公式要求计算中介效应估计值的标准误，而该标准误的计算十分烦琐，而且需要手工计算（Macho & Ledermann，2011）。相比之下，自举法（Bootstrap）检验法是将原始样本当成自举法（Bootstrap）抽样的总体，唯一的要求是原始的样本能够反映研究总体，但该方法不需要知道总体的具体分布（方杰等，2014），而且不要求原始样本为大样本。尽管PROCESS有着上述的优点，但是该软件只能处理显变量路径分析模型，不能处理潜变量模型。而本文的核心自变量，媒介使用是属于显变量，因此这也是文本没有采用结构方程模型的另外一个原因。

自举法（Bootstrap）检验法通过从样本数据中重复抽样，根据每次抽样对直接效应和间接效应进行估计，从而对每个效应建立置信区间。本文设定重复抽样的次数为5000次。多重中介效应的分析结果将包括①总效应：教育程度对居民环境关心的影响（c）；②直接效应：在控制人口学属性变量和信息传播途径后，教育程度对居民环境关心的影响（c'）；③总的间接效应：教育程度通过五种媒介所产生的间接效应的总和；④单个间接效应：教育程度通过五种媒介对环境关心产生的间接效应（a1*b1， a2*b2,a3*b3,a4*b4,a5*b5）。PROCESS宏语句将对每个效应输出系数的非标准化估计值、标准误，以及95%的偏差校正的自举法置信区间。此外，根据所得结果还可以求出间接效应占总效应的比例，以及比较不同中介变量产生的间接效应的相对大小。

五、数据源和变数测量

（一）数据来源

本研究所用的资料来自CGSS2010，该调查覆盖了中国31个省、自治区、直辖市（不含港澳台地区），问卷收集方式以面对面访谈为主。CGSS2010的全部有效样本为11785个。本研究的主要分析项目集中在调查问卷中的环境模块，该模块为选答模块，所有受访者通过随机抽样都有1/3的概率回答此模块，该模块的有效样本为3716个。虽然设计样本减少了，但统计结果同样可以进行有效的推论。剔除缺失回答较多的少量样本，最终进入分析的有效样本为3593个。其中女性1890人，占52.6%；男性1703人，占47.4%；农村样本1755人，占49%；城市样本1828人，占51%，受访者的平均受教育年限为8.9年。

（二）变数测量

因变数是CGSS2010中新生态范式量表，共有15道题目（表1），对这15道题目，每个选项的回答项分别为完全不同意、比较不同意、无所谓同意不同意、比较同意、完全同意、无法选择。这里将"完全不同意"取值为1，"比较不同意"取值为2，"无所谓同意不同意"及"无法选择"取值为3，"比较同意"取值为4，"完全同意"取值为5。该量表中，第2、4、6、8、10、12、14题是反向测量，进行反向编码后，对该量表的信度分析得到克朗巴哈系数（Cronbach's α）为0.75，美国学者德维利斯（DeVellis，1991）认为0.70至0.80之间是可以接受的范围。对这15道题的得分加总得到环境关心变量，分数越高表明环境关心越高。

表 1　居民环境关心得分统计描述

环境关心量表	样本数	均值
目前的人口总量正在接近地球能够承受的极限	3593	3.56
人是最重要的,可以为了满足自身的需要而改变自然环境	3593	3.17
人类对于自然的破坏常常导致灾难性后果	3593	3.90
由于人类的智慧,地球环境状况的改善是完全可能的	3593	2.41
目前人类正在滥用和破坏环境	3593	3.81
只要我们知道如何开发,地球上的自然资源是很充足的	3593	2.93
动植物与人类有着一样的生存权	3593	4.03
自然界的自我平衡能力足够强,完全可以应付现代工业社会的冲击	3593	3.38
尽管人类有着特殊能力,但是仍然受自然规律的支配	3593	3.88
所谓人类正在面临"环境危机",一种过分夸大的说法	3593	3.38
地球就像宇宙飞船,只有很有限的空间和资源	3593	3.71
人类生来就是主人,是要统治自然界的其他部分的	3593	3.31
自然界的平衡是很脆弱的,容易被打乱	3593	3.73
人类终将知道更多的自然规律,从而有能力控制自然	3593	2.81
如果一切按照目前的样子继续,我们很快将遭受严重的环境灾难	3593	3.65

　　自变量是教育年限,这是一个定距变数。本研究参考了已有研究的做法(仇立平、肖日葵,2011;黄嘉文,2013),对教育程度进行了教育年限的转化。具体为:没有受任何教育赋值为0,小学和私塾赋值为6,初中赋值为9,高中、中专、技校赋值为12,大专赋值为14,本科赋值为16,研究生及以上赋值为19。

　　中介变量是五种媒介的使用情况,问卷中以"过去一年里,你对以下媒体的使用频率"进行测量,相关媒体包括报纸、杂志、广播、电视、互联网。对媒介接触情况的回答分别进行了赋值,"从不"赋值为1,"很少"赋值为2,"有时"赋值为3,"经常"赋值为4,"总是"赋值为5。

控制变量包括性别、年龄、民族、宗教信仰、个人年收入、户口类型、政治面貌。其中性别男性为 1,女性为 0,年龄为连续变量,民族汉族赋值为 1,其他赋值为 0。为了使个人年收入服从正态分布,这里对收入取了自然对数形式。户口类型,城市户口的赋值为 1,农村户口的赋值为 0。政治面貌划分为党员和非党员,党员赋值为 1,非党员赋值为 0。对于有宗教信仰的赋值为 1,没有宗教信仰的赋值为 0。变数的描述统计见表 2。

表2 对变量的描述性统计分析

变量名	样本数	均值	标准偏差	变量说明
环境关心	3593	51.64	7.16	取值为15—75
户口状况	3583	0.51	0.50	城市=1,农村=0
年龄	3592	47.32	15.76	连续变量
民族	3592	0.91	0.27	汉族=1,其他=0
性别	3593	0.56	0.49	男=1,女=0
政治面貌	3590	0.13	0.34	党员=1,其他=0
教育程度	3583	8.90	4.46	受教育年限
个人年收入	3083	8.16	3.26	取自然对数
宗教信仰	3589	0.12	0.32	信教=1,不信教=0
报纸	3592	2.31	1.34	取值为1—5
杂志	3587	1.93	1.09	取值为1—5
广播	3583	1.82	1.16	取值为1—5
电视	3590	4.20	0.93	取值为1—5
互联网	3587	2.00	1.45	取值为1—5

六、分析结果

表3的模型1是运用最小二乘法回归提供的教育程度和控制变量预测环境关心水平的结果。从模型1可以看出,教育程度对环境关心有着显著的影响(回归系数为 0.41,$p < 0.001$)。教育程度越高,环境关心水平越高。就年龄而言,年轻的受访者比年长者环境关心更高。政治面貌方面,党员的环境关心显著高于非党员,这可能和党员从事的职业有关。另外,城市居民环境关心显著高于农村居民,这点和国内已有的研究一致

（马戎、郭建如，2000；聂伟，2014）。而性别、民族、个人年收入以及宗教信仰与环境关心在统计学上没有显著相关性。在没有加入中介变量的情况下，模型1能解释环境关心17.6%的方差。

表3　教育程度对环境关心的直接和间接效应

变量名		模型1(OLS)		模型2(多重中介)	
		回归系数	标准误	回归系数	标准误
自变量	教育程度	0.41***	0.04	0.26***	0.04
控制变量	性别	0.30	0.25	0.32	0.25
	年龄	−0.05***	0.01	−0.03**	0.01
	民族	−0.03	0.44	−0.24	0.44
	个人年收入	0.01	0.04	−0.00	0.04
	政治面貌	1.31**	0.37	0.92*	0.37
	宗教信仰	0.05	0.38	−0.04	0.38
	户籍所在地	2.36***	0.29	1.63***	0.30
中介变量(b)	报纸			0.34**	0.13
	杂志			0.27	0.15
	广播			0.04	0.11
	电视			0.30*	0.13
	互联网			0.70***	0.11
教育经中介的间接效应(a*b)	报纸			0.05*	0.02
	杂志			0.03	0.02
	广播			0.00	0.01
	电视			0.01*	0.00
	互联网			0.07*	0.01
	调整后R平方	0.18		0.20	

注：*:<0.05，**:<0.01，***:<0.001。

模型2中考察了在控制其他变量的情况下，教育程度通过报纸、杂志、广播、电视、互联网五个中介变量对环境关心的直接效应和间接效应。分析结果显示，教育程度仍然和环境关心有着显著的正相关(回归系数为0.26，p<0.001)，假设1得到了证实。同时，可以发现，教育程度存在着通

过不同中介变量后的间接效应。教育程度通过报纸的间接效应为0.05，通过电视的间接效应为0.01，通过互联网的间接效应为0.07，并且分别通过在显著性水平为0.05的检验，而且报纸、电视、互联网等媒介的使用对环境关心的回归系数分别为0.34、0.30和0.70，分别在显著性水平为0.01、0.05和0.001上显著，因此假设2、假设5和假设6也得到了数据的支持。

通过杂志和广播的间接效应系数分别为0.03和0.00，但是不显著，而且杂志、广播和环境关心也没有显著的相关关系，因此假设3和假设4没有得到证实。对五个中介变量的基于自举法95%的偏差校正区间的统计检验见表4，通过表4可以获知报纸、电视和互联网的间接效应有着统计学上显著意义。此外，对比五个中介变量间接效应占总效应的百分比可以看到，总的间接效应占总效应的35.63%，其中比例最大的为互联网使用的间接效应（16.22%），紧接着是报纸的间接效应（11.06%），其次为杂志（6.63%），再次是电视（1.47%），最小的间接效应是广播（0.49%）。

从模型1到模型2，教育程度对环境关心的回归系数从0.41减小到0.26，部分原因是报纸、电视和互联网的中介效应存在。教育程度回归系数的变化可以推断为教育的社会化功能部分是通过不同媒介的使用发挥作用。教育在模型2中的直接效应仍然是显著的，可以认为教育对环境关心的总效应既有直接也有间接的，从表4中也可以看到教育程度总的间接效用也有统计学上的显著意义。

表4　中介效应检验结果：总效应、直接效应、间接效应

各类效应		系数	标准误	95%偏差校正下限置信区间	95%偏差校正上限置信区间	间接效应/总效应（%）
总效应（c）		0.41	0.04	—	—	—
直接效应（c'）		0.27	0.04	—	—	—
总的间接效应		0.15	0.02	0.11	0.18	35.63
间接效应通过	（1）报纸（a1*b1）	0.05	0.02	0.01	0.08	11.06
	（2）杂志（a2*b2）	0.03	0.02	−0.01	0.06	6.63
	（3）广播（a3*b3）	0.00	0.01	−0.01	0.02	0.49
	（4）电视（a4*b4）	0.01	0.00	0.00	0.01	1.47
	（5）互联网（a5*b5）	0.07	0.01	0.04	0.09	16.22

为了更直观理解不同类型媒介接触的中介效应,根据模型2的结果做了多重中介的路径图(图2),该图包括了教育程度对环境关心的直接效应和通过不同中介变量的间接效应。从图2可知,教育程度对五个中介变量的影响(a路径)存在影响大小的不同,五个中介变量对环境关心的影响(b路径)也存在类似的差别,但是这两个路径的影响都是积极效应。

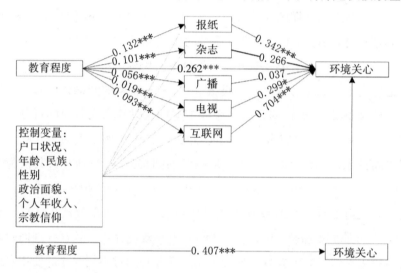

图2　教育程度变量的直接效应及其通过多重中介的模型估计

注:*:<0.05,**:<0.01,***:<0.001。

　　从图2可以看到,教育程度对不同媒介使用的影响程度各有不同。教育程度对报纸的阅读影响最大(回归系数为0.13),紧接着是杂志,其次是互联网,再次是广播,而对电视的影响最小(回归系数为0.02)。这点和不同媒介的特点密切相关,阅读报纸需要较高的文化水平,而观看电视基本上老少皆宜,并且两者在信息呈现方式和对受众心智付出要求上也有明显差异,报纸相比电视更利于深入的信息处理。杂志、广播和互联网对受众的教育程度要求处在中间水平。在不同媒介对环境关心影响上,可以发现,互联网、报纸、电视对环境关心影响显著,杂志和广播的影响结果不显著,而且互联网的影响最大,紧接着的是报纸,其次是电视,这也体现在它们的中介效应在总效应中的不同比例上。

七、结论与讨论

在回顾文献的基础上,本文从教育的社会化功能和媒介的涵化理论入手,考察教育对环境关心的直接影响以及教育如何通过不同媒介使用的间接效应影响环境关心。分析发现,社会、人口、经济特征变量如年龄、政治面貌、户籍所在地等对环境关心影响显著;而收入、民族、宗教信仰对环境关心没有显著影响。这一结论和国内多数研究的结果相一致。从教育发挥的作用来看,教育的社会化功能,一方面能够对个体产生直接效应,即能够帮助受过教育的个体树立和谐的环境观,另一方面能够培养个体对不同媒介使用的选择和信息的接受能力,通过不同媒介的中介作用,进一步影响个体的环境态度。

通过多重中介模型,本文重点关注了不同媒介类型对教育和环境关心所起到的中介效应。从统计检验结果来看,并不是所有的媒介(报纸、杂志、广播、电视、互联网)都能起到中介效应,只有报纸、电视、互联网起到了中介作用,而且互联网的中介效应对环境关心的影响最大。尽管数据显示"经常"和"总是"看电视的比例(81.7%)远远超过了"经常"和"总是"上网的受众(21.9%),但是电视媒介在促进环境关心方面所起到的作用远低于互联网。这一发现的内在原因是,作为传统媒介的电视,因其"把关人"的角色定位,在报道环境污染及危害的议题上,其频度和深度远远低于以互联网为基础的新媒介报道,而新媒介由于其互动性和超时空的特性,用各式的手法报道或者讲述各类地方性环境议题,经常能得到有类似经历的个体的共鸣,能引发"病毒式"的传播,扩大了网络的传播效应。不同中介效应的大小从侧面上也表明了传统媒介的衰弱和新媒介的兴起。

提升教育水平固然是提高环境关心和媒介使用的一个重要途径,但更为重要的是,把公众教育水平的增加和不同媒介的使用结合起来。教育程度通过互联网发挥的间接效应和互联网使用的直接影响远高于其他四类的媒介,这一发现有着非常重要的政策启示:通过互联网进行环境教育比通过其他四类媒介更能提升公众的环境关心。因此,在建设社会主义生态文明的进程中,提升公众环境关心的一个有效途径是各级政府及相关部门大力发挥互联网媒介的作用,在互联网平台中投入环境议题的教育节目,增加环境话题的全民讨论程度,提升公众的环境关心。

在本研究中将各类媒介变量加入分析模型,结果显示各类媒介都对环境关心有着正面影响,教育程度越高,各类媒介的使用频率越高,公众的环境关心也就越强。这一结论和以往在媒介使用和政治支持、政治参与、政府信任等态度的研究有所不同(卢春天、权小娟,2015;卢春天、朱晓文,2016),即不同类型的媒介对政治参与或信任所发挥的作用和方向都是不同的,如新媒介的使用往往对公众政府信任起到消极效应,而传统媒介的使用对政府信任则是积极效应。为何媒介使用在不同类型的态度研究议题中存在影响方向的不同,即消极效应和积极效应并存?一个可能的解释是:公平感和信任度等议题涉及政治或者权力的价值判断,会激发教育和媒介用户的启蒙意识,而环境关心作为相对客观的事实判断,从而导致各类媒介的接触有着类似社会效果。这也一定程度上反映了教育与媒介使用的结合在公众态度研究领域的作用机制是不同的,导致该差异性的机制在未来值得进一步研究。

本文的意义在于整合了教育和媒介使用在理论之间的联系,将两者共同纳入一个较为合理的分析框架,为将来类似的研究提供了一个分析基础。通过这两者在态度形成机制上的进一步探讨,区别了不同媒介在环境关心中所起到的作用。这一分析思路是对涵化理论应用的推进,通过多重中介模型不仅拓展了新媒介语境下的涵化理论研究类型,而且也与有学者提倡的涵化研究要关注各种社会因素和不同媒介使用的复杂关系,媒介本身也受到这些社会因素影响的观点相吻合(石长顺、周莉,2008)。同时,也在经验层次上表明了不同媒介的运用对环境关心的提升有着不同的社会效果,对当前如何提升公众的环境意识做出了传播社会学自身的贡献。当然由于受数据的局限,本文没有能够对不同媒介的使用时间和内容做进一步区分,这有待于未来的研究者能够进一步细化。

参考文献:

1.蔡键、邵爽、刘亚男:《农民对农业化学品环境污染认知及信息媒介的影响作用研究——基于CGSS2010数据的实证分析》,《农业经济与管理》2014年第6期。

2.程萧潇、孟伦:《媒介使用对受众环境意识的影响——基于CGSS2010的数据应用》,《全球传媒学刊》2016年第4期。

3.仇立平、肖日葵:《文化资本与社会地位获得——基于上海市实证研究》,《中国社会科学》2011年第6期。

4.范叶超、洪大用:《差别暴露、差别职业和差别体验:中国城乡居民环境关心差异的实证分析》,《社会》2015年第3期。

5.方杰、温忠麟、张敏强等:《基于结构方程模型的多重中介效应分析》,《心理科学》2014年第3期。

6.洪大用、卢春天:《公众环境关心的多层分析——基于中国CGSS2003的数据应用》,《社会学研究》2011年第6期。

7.黄嘉文:《教育程度、收入水平与中国城市居民幸福感:一项基于CGSS2005的实证分析》,《社会》2013年第5期。

8.卢春天、权小娟:《媒介使用对政府信任的影响——基于CGSS2010资料的实证研究》,《国际新闻界》2015年第5期。

9.卢春天、朱晓文:《城乡地理空间距离对农村青年参与公共事务的影响——媒介和社会网络的多重中介效应研究》,《新闻与传播研究》2016年第1期。

10.马戎、郭建如:《中国居民在环境意识与环保态度方面的城乡差异》,《社会科学战线》2000年第1期。

11.聂伟:《公众环境关心的城乡差异与分解》,《中国地质大学学报(社会科学版)》2014年第1期。

12.石长顺、周莉:《新媒体语境下涵化理论的模式转变》,《国际新闻界》2008年第6期。

13.余光辉、陶建军、袁开国:《环境群体性事件的解决对策》,《环境保护》2010年第19期。

14.约翰·汉尼根:《环境社会学》,洪大用译,中国人民大学出版社,2009年。

15.仲秋、施国庆:《大众传媒:环境意识的建构者——基于10年统计数据的实证研究》,《南京社会科学》2012年第11期。

16. Beullens, K., Roe, K., & Jan Van den Bulck, J., "The impact of adolescents' news and action movie viewing on risky driving behavior: A longitudinal study," *Human Communication Research*, 2011, 37(4).

17. Cheung, W.L., "Comparison of approaches to constructing confidence intervals for mediating effects using structural equation models," *Structural Equation Modeling A Multidisciplinary Journal*, 2007, 14(2).

18. Dahlstrom, Michael F., & Dietram A. Sheufele, "Diversity of Television Exposure and its Association with the Cultivation of Concern for Environmental Risk," *Environmental Communication*, 2010, 4(1).

19. Devellis, R. F., *Development theory and applications (1st ed.)*, Thousand Oaks: Sage publications, 1991.

20. Downs, A., "Up and down with ecology," *Public Interest*, 1972, 28.

21. Dunlap, R.E., & Robert E. J., "Environmental Concern: Conceptual and Measurement Issues", in R.E.Dunlap and W.Michelson, *Handbook of Environmental Sociology*, Westport, CT: Greenwood Press, 2002.

22. Gerbner, G., & Gross, L., "Living with Television: The Violence Profile," *Journal of Communication*, 1976, 26(2).

23. Jones, R. E., & Dunlap, R. E., "The Social Bases of Environmental Concern: Have They Changed over Time?" *Rural Sociology*, 1992, 57(1).

24. Kalof, Linda, "Understanding the Social Construction of Environ-

mental Concern, " *Human Ecology Review*, 2006, 4(2).

25.Kennedy, J. J., "Maintaining Popular Support for the Chinese Communist Party: The Influence of Education and the State—Controlled Media, " *Political Studies*, 2009, 57(3).

26.Kent D. Van Liere, & Riley E. Dunlap, "The Social Bases of Environmental Concern: A Review of Hypotheses, Explanations and Empirical Evidence, " *The Public Opinion Quarterly*, 1980, 44(2).

27.Lau, R.S.&Cheung, G.W., "Estimating and comparing specific mediation effects in complex latent variable models, " *Organizational Research Methods*, 2012, 15(1).

28.Macho, S., & Ledermann, T., "Estimating, testing, and comparing specific effects in structural equation models: The phantom model approach, " *Psychological Methods*, 2011, 16(1).

29.Osnan R. E., & Parker, J. L., "A public's environmental information sources and evaluations of mass media, " *Journal of Environmental Education*, 1987, 18(2).

30.Preacher, K. I., & Hayes, A. F., "Asymptotic and resampling strategies for assessing and comparing indirect effects in multiple mediator models, " *Behavior Research Methods*, 2008, 40(3).

31.Schramm, W., *The story of human communication: Cave painting to microchip*, New York: Harper & Row, 1988.

32.Shanahan, James, Morgan, Michael, & Mads Stenbjerre, "Green or Brown? Television and the Cultivation of Environmental Concern, " *Journal of Broadcasting & Electronic Media*, 1997, 41(3).

33.Weaver, A. A., "Determinants of environmental attitudes: A five county comparison, " *International Journal of Sociology*, 2002, 32(1).

34.Wright, C. R., "Functional Analysis and Mass Communication, " *Public Opinion Quarterly*, 1960, 24(4).

35. Xiao, C., & M. McCright, A., "Environmental Concern and Sociodemographic Variables: A Study of Statistical Model," *The Journal of Environmental Education*, 2007, 38 (2).

知行合一?从环境问题感知到环境友好行为
——环境知识、媒体使用与非正式网络沟通的调节作用*

龚文娟　杜兆雨**

摘　要： 既往研究认为人们对环境问题的关注和态度与其行为之间存在复杂关系。为了探析人们的环境问题感知对其环境行为的微观影响机制,本文尝试提出"环境知识—媒体使用—社会交往"作为调节变量的解释框架。基于2013年中国综合社会调查环境模块数据,本文发现环境问题感知对公共领域和私人领域环境友好行为均有正向作用;三个调节变量在不同环境领域有不同的影响逻辑,公共领域环境友好行为更多受环境问题感知与成本的影响,而私人领域环境友好行为主要与自身体验和环保行为能力有关。因此,在政策引导方面,不同行动领域需要制定和采取更有针对性的方略和措施,以促进公众的环境友好行为。

关键词： 环境问题感知　环境友好行为　环境知识　媒体使用
非正式网络沟通

一、引言

环境问题之所以成为全社会关注的公共议题,不仅由客观物理环境改变及其带来的影响造就,也受到人们对环境问题的感知和反应"型塑"。

---

　*　原文发表于《中国地质大学学报(社会科学版)》2019年第4期。

　**　龚文娟,厦门大学社会与人类学院副教授;杜兆雨,厦门大学公共事务学院人口所研究生。

作为生活者的公众是环境保护最高主体,在环境问题上公众的感知和行为会是"知行合一"的吗? 一些研究认为如果个体意识到环境问题可能带来风险,他们更可能关注环境问题,进而采取负责任的环境行为;而另一些研究则认为,人们对环境问题的关注很少体现在他们的环保行为上,环保行为的实施受到诸多外在条件的限制,如时间和精力,生活结构等,环境态度对行为的影响很有限。事实上,环境问题感知与环境行为的关系呈现高度复杂性,二者间直接相关的关系并不稳定。既然二者间的直接关系存在变动性,那么我们好奇哪些因素导致了这种不确定性及其影响机制。

国内关于环境行为的研究探讨了性别、环境知识、环境价值观、风险感知、媒介使用等因素对环境行为的直接作用,但较少关注环境问题感知与环境友好行为关系的中间影响机制。针对这一点,计划行为理论为我们提供了一些启示,其关注态度与行为直接关系外的中介变量的作用,提出"态度/主观规范/感知到的行为控制—意向—行为"解释模型,并指出除中介变量外,还有大量其他的环境变量和心理变量对环境行为产生作用,如人格、社会准则、过往经验、自我效能感等。基于此,我们假设行动者从环境问题感知到发出环境友好行为之间,还有系列重要条件影响二者关系。

计划行为理论进一步指出,人们的判断不总是理性的,而是依靠其自动激活的态度或信息在头脑中的组织形式、外部资源与机遇以及内部情绪去决定其行为的,即与形成态度和行为难度相关的信息会调节态度对行为的影响。基于这一逻辑,本文认为在环境友好行为中,对环境行为成本与难度的判断会影响环境问题感知与环境行为的关系。由此提出基于信息获取与环境知识对环境问题调节作用的微观分析框架,假设从不同信息渠道获得的信息以及环境知识水平会影响人们对环境行为的成本、难度与社会准则估计,进而影响环境问题感知与环境友好行为的关系。作为日常生活中最高环境保护主体的公众,在新媒体时代既能通过网络(线上活动)获取各类环境信息和知识,也能通过现实的人际互动(线下活动)交换对环境问题的看法,进而可能影响他们的环境友好行为。鉴于此,本研究中的信息获取既包括从媒体获得的信息,也包含从线下人际互动获得的信息,因而形成环境知识、媒体使用与非正式网络沟通三个维度构建的解释框架。

二、文献综述与研究假设

(一)环境感知与环境行为

关于环境感知与环境行为之间关系的讨论大致有三类发现:知行合一,知行不一,知行无关。在第一类发现中,研究支持环境意识(包括个体的环境感知、环境关心程度和环保态度等)对某些具体的环保行为具有促进作用,即对环境问题关心程度越高的公众,其环境行为参与程度也相对较高;环境感知等态度类变量能解释环境行为颇高的变异量,且环境敏感度是环境行为有效的预测变量;国内学者基于2003年和2010年中国综合社会调查数据研究发现,意识到环境问题越严重的城市居民,实施越多的环境行为。也有研究发现环境态度与环保行为之间的正相关关系比较微弱。另一部分研究支持"知行不一"的观点,认为感知等态度变量对环境行为的解释力十分有限,积极正向环境态度的增强并不能直接转换成亲环境行为,例如:在中国国内绿色消费调查中,研究者发现,虽然国人对生态环境问题较为关注,但并不能有效落实到行为上,因为人们的消费行为还受到情境因素的影响。国际研究也发现公众对环境问题的关注度上升并不能转化为实际的环保行动。拉杰茨基(Rajecki)进一步指出,行动者的个人经历差异、社会规范性因素差异、时间差异,将导致环境态度与环保行为之间变动的因果关系。甚至少数研究支持了"知行无关"的说法。此外,有研究者注意区分了不同领域的环境行为,发现环境问题的感知对公共行为有积极影响,但在私人行为上的影响不显著。我们认为中国的环境问题(如雾霾、水污染)给予了公众切实的环境问题严重程度感受,这种体验不同于抽象的环境价值观,它可能促使公众产生保护环境的行为

125

及行为倾向。因此,我们假设公众感知到的环境问题越严重,越倾向于采取环境友好行为,具体假设如下:

假设1A:公众感知到的环境问题越严重,在公共领域越倾向于采取环境友好行为;

假设1B:公众感知到的环境问题越严重,在私人领域越倾向于采取环境友好行为。

(二)环境知识、媒体使用与非正式网络沟通

人们对环境问题的感知与反应,并不单纯来自自身体验。在信息多元化和知识爆炸时代,人们接触到的环境知识、信息源和非正式沟通都可能改变环境问题感知与环境行为之间的关系。环境知识被认为是环境态度与环境友好行为产生的前提条件。环境知识对环境友好行为的作用在以往多个理论模式中都有所涉及。在环境素养模式下,环境行为依赖于"行动动机"与"行动筹备",其中"行动筹备"取决于"行动策略的知识"及"应用行动策略的技能";在负责任的环境行为模式中,环境知识、行为策略知识、行为技能等都与环境行为有直接关系。此外,环境知识还被证实与环境关心成正比,环境知识是影响环境关心性别差异的重要中介变量,环境知识可能是克服社会化过程和社会结构位置之消极影响的重要因素。在风险社会中,"人们受危险的程度、范围和征兆,在根本上依赖于外部知识。在风险地位上,生活的质量与知识的生产相联系"。那些环境保护知识更丰富的城市居民,倾向于实施更多的环境行为。国际研究也证实了环境知识的重要性,海因斯(Hines)等人对128篇环境行为研究文献进行元分析后,发现环境议题知识越丰富,对环境问题了解越多以及知道如何处理环境问题,具有积极的环境态度,富有责任感的个人,较多地从事负责任的环境行为。但由于环境知识的宽泛性,导致不同类型环境知识对亲环境行为产生不同影响效应,如具体的环境问题知识和行为策略

比抽象的自然环境知识,跟环境行为的相关性更强。综合上述观点,本研究认为环境知识对环境问题感知与环境友好行为具有正向调节作用,具体假设如下:

假设2A:环境知识促进环境问题感知与公共领域环境友好行为的正向关系;

假设2B:环境知识促进环境问题感知与私人领域环境友好行为的正向关系。

作为信息传播重要中介的媒体,在公众对公共事务的感知和行为计划的形成中扮演"传递者"和"塑造者"角色。但很难说媒体使用是"促进"了还是"抑制"了人们的环境感知与环境友好行为,主流的看法是环境信息的获取与使用对环境行为有着正面的影响。有研究发现,传统媒体使用越多的个体越倾向于讨论环保议题并产生环保行为,新媒体使用强度越强的个体参与环保活动越积极;另有研究则认为媒体使用虽能提升公众的环境问题关注度,但关注度上升并不足以促使公众开展实际的环境友好行为;在主流看法之外,更早前的研究认为直接的媒体接触对公众的环境友好行为具有负向作用。差异化的结论部分原因在于不同媒体的属性差异,传统媒体和新兴媒体有不同的作用路径与内容生成机制,因此对环境问题感知与环境友好行为关系的调节作用也呈现差异。传统媒体具有单向传递信息的特点,尤其是各级官方传统媒体兼具宣传教育功能,而基于互联网的新媒体具有双向/多向信息流动的特点。有研究发现,传统媒体接触强度对于公众环保行为具有正向促进作用,而互联网接触强度则无显著影响,传统媒体使用对于亲环境行为的动员效果显著高于新媒体。考虑到不同媒体对不同领域中的环境友好行为可能存在差异性影响,我们假设:

假设$3A_1$:传统媒体使用强度促进环境问题感知与公共领域环境

友好行为的正向关系；

假设3A$_2$：传统媒体使用强度抑制环境问题感知与私人领域环境友好行为的正向关系；

假设3B$_1$：新媒体使用强度促进环境问题感知与公共领域环境友好行为的正向关系；

假设3B$_2$：新媒体使用强度抑制环境问题感知与私人领域环境友好行为的正向关系。

日常生活中的社会交往，尤其是存在于朋友、邻里、同事和其他社会群体之中的非正式网络沟通，影响人们选择性地感知某些环境问题，而忽略另一些环境问题及其严重程度。此外，非正式网络沟通也传递了关于环境行为的价值规范，根据环境问题（风险）文化解释论的理解，人们在对某一项公众事务（如环境问题与环境风险）做出判断和评价时，不会不考虑或剥离身边其他人的看法。社会过程和群体动力会影响人们对公共问题的态度和看法，身边人的观点会成为其感知的参照点，同时，他们又共享类似的文化观点，通过这些网络内的非正式互动，人们对问题的感知和解释会被整合进更大的价值和分析框架中。所以，我们假设，人们从对环境问题的感知到他们的行为反应受到由朋友、家庭、同事和媒体传递的社会影响的调节。

假设4A：社会交往频繁程度会抑制环境问题感知与公共领域环境友好行为的正向关系；

假设4B：社会交往频繁程度会促进环境问题感知与私人领域环境友好行为的正向关系。

三、研究设计

（一）数据来源

本文数据来自2013年中国综合社会调查（CGSS2013）。该调查采用多段分层随机抽样，①调查点覆盖中国大陆地区32个省级行政单位，调查对象为18岁及以上成年人。CGSS2013的样本量为11438个。

（二）变量测量

1.因变量

环境友好行为。本研究中环境友好行为指人们意图通过各种途径保护环境并在实践中表现出的有利于环境的行为。在CGSS2013问卷中，通过询问"受访者在最近一年里，从事包含垃圾分类投放等10项行为的发生频率"测量其环境友好行为（见表1），"从不"赋值0，"偶尔"赋值1，"经常"赋值2。该量表中既包含了直接的环境保护行为，同时也有对环保问题的关注，如"与自己的亲戚朋友讨论环保问题""主动关注广播电视报刊中的环境问题环保信息"。本文认为，对环保事业的关注同样是一种对环境保护的支持，这点在其他利用不同数据分析环境友好行为的研究中也有体现，如李秋成、周玲强将"学习湿地保护方面的知识"纳入环境友好行为，孙岩等将"参加与环境问题有关的公民会议"纳入环境友好行为。本文中环境友好行为量表的Cronbach's Alpha为0.777，说明其具有较高可靠性。

表1 环境友好行为量表

环境友好行为	N	均值	标准差
垃圾分类投放	11416	1.57	0.70
与自己的亲戚朋友讨论环保问题	11410	1.57	0.63
采购日常用品时，自己带购物篮或购物袋	11413	2.15	0.78

---

① 详细抽样方案参见 http://cnsda.ruc.edu.cn/index.php? r=site/article & id=42。

环境友好行为	N	均值	标准差
对塑料包装袋进行重复利用	11409	2.31	0.77
为环境保护捐款	11406	1.20	0.44
主动关注广播电视报刊中的环境问题环保信息	11408	1.63	0.70
积极参加政府和单位组织的环境宣传教育活动	11405	1.27	0.53
积极参加民间环保团体举办的环保活动	11403	1.19	0.45
自费养护树林或绿地	11418	1.19	0.48
积极参加要求解决环境问题的投诉、上诉	11411	1.11	0.36
有效N(成列)		11337	
克隆巴赫系数		0.777	

2.自变量

环境问题感知。本研究中环境问题感知指人们对不同类型环境问题及其严重性的认识与评价。在CGSS2013问卷中,通过询问"受访者所在地区各种类型环境问题的严重程度"测量其环境问题感知(见表2),"很严重"赋值7,"比较严重"赋值6,"不太严重"赋值5,"不严重"赋值4,"一般"赋值3,"说不清"赋值2,"没有该问题"赋值1。该量表的Cronbach's Alpha为0.896,说明其具有较高可靠性与内部一致性,固将这12道题目的平均值作为自变量,命名为"环境问题感知"。

表2 环境问题感知量表

环境问题	N	均值	标准差
空气污染	10334	4.56	1.89
水污染	10292	4.49	1.86
噪声污染	9348	4.32	1.91
工业垃圾污染	8816	3.87	2.06
生活垃圾污染	9987	4.59	1.74
绿地不足	7610	3.90	1.97
森林植被破坏	7687	3.35	2.03
耕地质量退化	7468	3.74	2.08
淡水资源短缺	8002	3.71	2.07
食品污染	8616	4.4	2.08
荒漠化	5884	2.56	1.98
野生动植物减少	6704	3.09	2.18

环境问题	N	均值	标准差
有效 N(成列)		4845	
克隆巴赫系数		0.896	
环境问题感知(均值)		3.81	

3.调节变量

本文尝试用环境知识、媒体使用与非正式网络沟通,进一步解释环境问题认知与环境友好行为之间的关系。环境知识操作化为一组有关环境保护知识的问题,包括汽车尾气、化肥使用、含磷洗衣粉等 10 项问题,请受访者判断正确与错误,每项判断正确赋值 1,判断错误或"不知道"赋值 0,将 10 道题得分累加(Cronbach's Alpha=0.820)得到环境知识变量。

媒体使用情况通过询问受访者过去一年中媒体使用情况来测量,包括报纸、杂志、广播、电视、互联网和手机定制消息,使用"非常频繁"赋值 5,"经常"赋值 4,"有时"赋值 3,"很少"赋值 2,"从不"赋值 1,并对该量表进行因子分析,得到两组组件(总方差解释 60.62%),分别是传统媒体使用因子,包括报纸(0.73)、杂志(0.71)、广播(0.41)、电视(0.47),网络媒体使用因子,包括互联网(0.71)、手机定制消息(0.62),并将得到的因子值转换为从 1 到 100 的百分制得分。

通过询问受访者与邻居和朋友的社交娱乐活动(如串门,吃饭,打牌等)频繁程度测量其非正式网络沟通状况,"几乎每天"赋值 7,"一周 1~2 次"赋值 6,"一个月几次"赋值 5,"一个月 1 次"赋值 4,"一年几次"赋值 3,"一年 1 次或更少"赋值 2,"从来不"赋值 1,将对邻居、朋友的测量相加得到总的非正式网络沟通变量。

4.控制变量

鉴于环境关心及环境友好行为存在性别差异、年龄差异、城乡差异、职业差异,本研究选择性别、年龄、受教育年限、户籍、收入等人口学和社会经济地位变量作为控制变量。性别作虚拟变量处理,女性赋值 0,男性赋值 1;受教育年限作连续变量处理:未受过正式教育赋值为 0,私塾、小学赋值6,初中赋值9,高中(职高、中专、技校)赋值12,大专(成人大专)15,本科(成人本科)16,研究生及以上赋值19;户籍作虚拟变量处理,农业户籍(居民户口原为农业户口)赋值0,非农户籍(居民户口原非农业户口)赋值1,其他蓝印户口、军籍、没有户口因归类不明且数量极少做缺失处理;收入是对个人去年收入进行对数处理。

表3 控制变量及调节变量描述统计

变量	N	最小值	最大值	均值	标准差
年龄	11437	17.00	97.00	48.60	16.39
性别(女=0)	11438	0.00	1.00	0.50	0.50
个人年收入自然对数	9072	4.38	13.82	9.62	1.19
受教育年限	11432	0.00	19.00	8.81	4.64
户口(农业=0)	11414	0.00	1.00	0.40	0.49
环境知识	11396	0.00	10.00	4.69	2.87
非正式网络沟通	11425	2.00	14.00	7.57	3.25
传统媒体使用	11381	1.00	100.00	41.55	16.44
新媒体使用	11381	1.00	100.00	28.12	18.35

(三)分析策略

基于前文对环境问题感知与环境友好行为关系的梳理,本文拟引入"环境知识、媒体使用和非正式网络沟通"调节框架考察这对主关系(如图1)。分两步对研究假设进行检验。

第一步,使用线性回归检验环境问题感知与环境友好行为的主效应,回归模型如下:环境友好行为=$a+b_1$环境问题感知+b_2环境知识+b_3媒体使用+b_4非正式网络沟通+$\sum X+e$。

第二步,用交互分析检验调节效应,模型如下:

环境友好行为=$a+b_1$环境问题感知+b_2环境知识+b_3媒体使用+b_4非正式网络沟通+b_2环境知识*环境问题感知+b_3媒体使用*环境问题感知+b_4非正式网络沟通*环境问题感知+$\sum X+e$。

其中X为控制变量,环境友好行为分公共领域行为和私人领域行为考察。

图 1　分析框架图

四、分析与发现

（一）环境问题感知与环境友好行为的描述性分析

1.环境问题感知

由环境问题感知得分分布图（见图2）可知，该变量得分呈正态分布，平均得分3.81（标准差1.36），处在"不严重"到"一般"之间，78.2%的受访者感知到的环境问题均值得分小于等于5分，即绝大部分受访者认为自己生活周边区域不存在比较严重的环境问题。

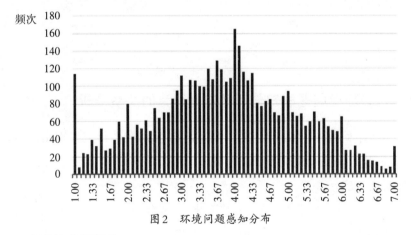

图 2　环境问题感知分布

2.环境友好行为

对环境友好行为量表进行因子分析，旋转后得到两组因子，根据组成变量分别命名为"公共环境友好行为"与"私人环境友好行为"（见表4）。为更加直观的考察环境友好行为，将因子值转换为最低分1，最高分100

133

的得分,①其中公共领域环境友好行为平均得分15.725(SD=14.71),私人环境友好行为平均得分50.363(SD=20.11),私人领域的环境友好行为要普遍优于公共领域的环境友好行为。

表4　环境友好行为因子分析

环境友好行为	公共环境友好行为	私人环境友好行为	提取
积极参加民间环保团体举办的环保活动	0.786	0.168	0.646
积极参加政府和单位组织的环境宣传教育活动	0.729	0.276	0.607
积极参加要求解决环境问题的投诉、上诉	0.693	−0.005	0.480
为环境保护捐款	0.632	0.214	0.445
自费养护树林或绿地	0.615	−0.066	0.383
采购日常用品时,自己带购物篮或购物袋	−0.034	0.757	0.575
对塑料包装袋进行重复利用	−0.117	0.735	0.554
与自己的亲戚朋友讨论环保问题	0.354	0.575	0.456
垃圾分类投放	0.309	0.528	0.374
主动关注广播电视报刊中的环境问题和环保信息	0.430	0.506	0.441
KMO	0.812		
球形度检验显著性	0.000		
总解释方差	49.6%		

（二）环境问题感知与环境友好行为的关系分析

由于本研究中的调节变量为连续变量,所以在进行交互作用检验之前,我们将解释变量进行了中心化处理。

1.主效应

采用OLS线性回归进行主效应分析,首先将人口学变量纳入模型,之后纳入自变量及调节变量,共得到六个模型(如表5),通过分析有以下发现。

---

① 转换公式:转换后的因子值=(因子值+B)*A,其中A=99/(因子最大值−因子最小值),B=(1/A)−因子最小值。参看边燕杰、李煜:《中国城市家庭的社会网络资本》,《清华社会学评论》2000年第2期。

表 5 环保友好行为的主效应分析

变量	公共环境友好行为			私人环境友好行为		
	模型 1	模型 2	模型 3	模型 4	模型 5	模型 6
性别	0.036(0.034)*	0.037(0.034)*	0.040(0.033)*	-0.143(0.031)***	-0.143(0.031)***	-0.147(0.030)***
户口	0.011(0.040)	-0.006(0.040)	-0.019(0.040)	0.185(0.036)***	0.176(0.036)***	0.138(0.036)***
收入	0.060(0.018)*	0.043(0.018)*	0.005(0.018)	0.090(0.016)***	0.081(0.017)***	0.037(0.017)*
受教育年限	0.152(0.005)***	0.145(0.005)***	0.062(0.006)**	0.209(0.005)***	0.205(0.005)***	0.099(0.005)***
年龄	-0.022(0.001)	-0.015(0.001)	0.012(0.001)	0.085(0.001)***	0.089(0.001)***	0.078(0.001)***
环境问题感知	-	0.111(0.012)***	0.107(0.012)***	-	0.061(0.011)***	0.041(0.011)**
环境知识水平	-	-	0.002(0.007)	-	-	0.191(0.006)***
非正式网络沟通	-	-	-0.100(0.005)***	-	-	0.009(0.005)
新媒体使用频率	-	-	0.155(0.001)***	-	-	0.043(0.001)*
传统媒体使用频率	-	-	0.162(0.001)***	-	-	0.131(0.001)***
N	3881	3881	3881	3881	3881	3881
F	36.105***	38.149***	41.646***	147.496***	125.978***	101.510***
调整后 R^2	0.043	0.054	0.095	0.159	0.162	0.206

注:(1)表中为标准回归系数,括号内为标准误差;

(2) *、**、*** 分别表示系数在 0.05、0.01、0.001 的水平上显著。

自变量与调节变量的加入优化了回归模型拟合度,模型3、模型6调整后 R^2 分别为0.095和0.206。作为自变量的环境问题感知对公共环境友好行为及私人环境友好行为都有显著正向效应,即感知到的环境问题越严重,公私领域的环境友好行为越多,证实了研究假设1A和1B。标准回归系数的对比表明环境问题感知对公共领域环境友好行为的影响更大,模型6则表明环境知识水平是对私人环境友好行为解释力最大的变量。以往研究认为环境知识水平对环境友好行为具有正向影响,但具体而言本研究发现环境知识仅对私人环境友好行为具有显著作用,对公共环境友好行为不具显著作用。在回归分析过程中发现当模型中仅包含环境知识水平变量时,环境知识对公共领域环境行为存在正向影响(0.214,sig=0.049, $\triangle R^2$ =0.046),随着媒体使用、非正式网络沟通与环境问题感知的加入,该效应不再显著,表明环境知识对公共领域环境友好行为的作用为虚假相关,传统媒体、新媒体的利用在促进居民参与公共环境友好行为的同时也提升了居民的环境知识水平。

两类媒体使用对公私领域的环境友好行为都有正向影响,非正式网络沟通对公共环境友好行起负向作用,对私人环境友好行为不存在显著影响。根据环境问题感知、环境知识水平对公私环境领域的不同作用,我们推测公共环境领域更需要媒体对社会环境状况进行宣传以正面引导公众关注及应对行为,而私人环境领域则更多受个体环保能力的影响,传统媒体比新媒体更多增进人们对环境知识的掌握。偏相关分析在一定程度上验证了上述推测(见表6)。

表6 媒体使用与环境友好行为的相关分析

媒体使用		公共环境友好行为	私人环境友好行为
新媒体使用		0.253***	0.163***
传统媒体使用		0.234***	0.293***
控制变量-环境问题感知	新媒体使用	0.165***	0.114***
	传统媒体使用	0.165***	0.233***

媒体使用		公共环境友好行为	私人环境友好行为
控制变量–环境知识水平	新媒体使用	0.190***	0.038***
	传统媒体使用	0.182***	0.212***

注：*、**、***分别表示系数在0.05、0.01、0.001的水平上显著。

在控制环境问题感知后，两种媒体使用情况与两类环境友好行为的相关系数均出现下降，其中与公共环境友好行为的相关系数下降幅度更大，表明环境问题感知对公众环境领域作用更大。当控制环境知识水平后，私人环境领域与新媒体的相关性大幅下降，表明新媒体对环境知识获取贡献有限；公共环境领域与两类媒体相关系数也出现下降但均显著，且变化幅度较私人环境领域更小，表明环境知识水平对私人环境领域作用更大。尽管可以给出一定解释，但关于媒体使用对环境行为作用路径的解释最终还是要通过对媒体内容的分析来实现。

2.调节效应

在主效应分析基础上我们加入了环境知识水平、非正式网络沟通、两类媒体使用与环境问题感知的交互项，来验证调节变量的作用，分析结果见表7。

表7 环境友好行为的调节效应分析

变量	公共环境友好行为	私人环境友好行为
	模型7	模型8
性别	0.038(0.033)*	−0.146(0.030)***
户口	−0.016(0.039)	0.139(0.036)***
收入	0.005(0.018)	0.040(0.017)*
受教育年限	0.062(0.006)**	0.099(0.005)***
年龄	0.008(0.001)	0.080(0.001)***
环境问题感知	0.109(0.013)***	0.020(0.012)
环境知识水平	0.003(0.007)	0.192(0.006)***
非正式网络沟通	−0.095(0.005)***	0.009(0.005)
新媒体使用频率	0.145(0.001)***	0.049(0.001)*
传统媒体使用频率	0.162(0.001)***	0.133(0.001)***

变量	公共环境友好行为	私人环境友好行为
	模型7	模型8
环境知识水平×环境问题感知	$-0.093(0.005)^{***}$	$0.045(0.004)^{**}$
非正式网络沟通×环境问题感知	$-0.021(0.004)$	$0.045(0.003)^{**}$
新媒体使用×环境问题感知	$0.086(0.001)^{***}$	$-0.022(0.001)$
传统媒体使用×环境问题感知	$0.093(0.001)^{***}$	$-0.003(0.001)$
N	3881	3881
F	33.813^{***}	58.807^{***}
调整后 R^2	0.109	0.209

注：(1)表中为标准回归系数，括号内为标准误；

(2)*、**、***分别表示系数在0.05、0.01、0.001的水平上显著。

调节效应分析显示，环境知识水平抑制了环境问题感知与公共领域环境友好行为的正向关系，但促进了环境问题感知与私人环境友好行为的正向关系，因此，否定了研究假设2A，证实了研究假设2B。环境知识水平对环境问题感知与公共领域环境友好行为正向关系的抑制效果，可能意味着更高的知识水平会使公众高估公共环境危机严重程度而对环境改善的可能性、有效性及成本持更多悲观态度，进而减少公共环境友好行为；而在环境问题感知与私人领域环境行为的关系影响上，从成本和家庭利益角度考虑，环境知识水平可能促进二者的正向关系。两种可能的作用路径可能还受到"成本—收益"变量的影响，这需要在后续研究中进一步探讨。可以确定的是，更高的环境知识水平会使公众对环境问题和如何实施环境友好行为有更独立的看法，也说明传统的基于环境问题的"刺激—反应"模型存在多种反应可能。

新媒体与传统媒体均强化了环境问题感知对公共领域环境友好行为的正向效应，在私人环境领域则无显著效果，这证实了研究假设$3A_1$和$3B_1$，研究假设$3A_2$和$3B_2$没有得到证实。结合两类媒体自身对两类环境友好行为的作用，可知新媒体与传统媒体都有利于促进环境友好行为，但目前来看，在我国传统媒体对环境友好行为的影响高于新媒体，这与以往研究发现相符。

非正式网络沟通能促进环境问题感知与私人领域环境友好行为的正向关系,但对环境问题感知与公共领域环境友好行为的关系调节不显著,研究假设4B得到证实,4A未得到支持。非正式网络沟通本身对公共领域环境友好行为有负向作用,表明人们在社会交往中传递了更多抑制公共环境友好行为的信息,例如对行动成本的更高估计、搭便车等。作为集体行动的一种,公共领域的行为可能受到环保之外的因素特别是社会制度安排的影响。在私人环境领域,社会交往可能传递了更多个体的环保经验,增强了个体环境友好行为的能力,从而强化了环境问题感知对私人环境友好行为的影响。

五、结论与讨论

本文意在通过全国性数据,考察公众环境问题感知对其环境友好行为的影响,以及公众的环境知识、"线上活动"与"线下交往"对其环境问题感知与环境友好行为关系的调节作用。研究发现,公共领域的环境友好行为低于私人领域的环境友好行为;环境问题感知能预测公共和私人领域环境友好行为;环境知识、媒体使用、社会交往对环境问题感知与环境友好行为关系的调节作用存在差异。具体发现如下:

环境问题感知对公共领域和私人领域环境友好行为都存在显著正向影响;环境知识水平对私人环境友好行为具有正向效应,同时促进环境问题感知与私人领域环境友好行为的正向关系;环境知识水平对公共环境友好行为不具有显著效应,但弱化了环境问题感知对公共环境友好行为的作用;非正式网络沟通对公共环境友好行为有负向作用,更多的非正式社会交往减弱了人们在公众领域的环保行为;非正式网络沟通对私人环境行为不具直接影响,但能促进环境问题感知与私人领域环境友好行为的正向关系;两类媒体使用对两种环境友好行为都有正向作用,且均强化了环境问题感知对公共领域环境友好行为的正向效应,对环境问题感知与私人领域环境友好行为关系的调节效应都不显著。

"差别暴露"理论认为,客观环境状况退化会导致公众对环境问题的关心,其中媒体使用、社会交往是公众获取环境信息的渠道,以往研究也验证了媒体对提高公众尝试更多环境行为所产生的积极效应。在"暴露"之后的行动上,环境知识成为影响环境关心的重要中介变量。一般解释认为公共领域环境行为更具共性,私人领域环境行为更具个体性与差异性。但上述结论并不能充分解释环境问题感知与环境友好行为之间复杂多变的关系,因此本文基于计划行为理论提出并检验了"环境知识—媒体使用—社会交往"的解释框架。本研究认为上述调节变量在不同环境领域有不同的影响逻辑,公共领域环境友好行为更多受环境问题感知与成本的影响,而私人领域环境友好行为主要与自身体验和环保行为能力有关。媒体对公共领域环境行为起"环境信息传递"功能,对私人领域环境友好行为起"环保能力提升"功能;社会交往提高了人们对公共领域环境友好行为的成本预估;环境知识作为"环境信息传递"的副产物与公共领域环境行为之间表现出虚假相关。媒体因素对公私领域环境友好行为的不同影响,需要通过对媒体内容的分析做进一步验证,本文通过侧面分析认为传统媒体在引起人们关注环境问题的同时,也提升了人们的环境知识,因而对两类环境行为均有正向作用;新媒体在传播各类环境信息上起到载体多元化的作用,但对环境知识的普及作用有限。

　　计划行为理论将"意图"纳入态度与行动关系的理解中,同时加入了与外在环境的交互作用,同时考察个人技能、资源及机遇环境对从事特定行为的影响。本文关于环境问题感知与环境友好行为的分析基本与计划行为理论相符,环境知识、环境行为成本与能力等造成了环境问题感知与环境行为间的不一致。除此之外,本文还发现了态度与行为关系中各周边变量彼此间的相互作用关系。行动者对不同环境行为的行为控制感知不同,在评估中更倾向于认为公共领域环境友好行为依赖更高的环境问题感知与成本,私人环境友好行为需要更高的行动能力、技巧,而这种行为控制评估又是受到不同信息接触的影响,即信息获取一方面影响了人们对行动难度的判断,另一方面又影响了行动者对自身行动能力的判断。

基于上述分析,本文提出以下两点政策性建议:

第一,为公共环境友好行为提供参与环境,包括政府组织发起的集体环保活动等。考虑到个体对公共环境行为的判断更多受成本与环境问题感知的影响,公共部门应当提供相应的财力与智力支持,以公共服务的方式提供有利于个体参与公共环境友好行为的环境,并逐渐形成普遍的社会行为习惯。这一过程需要通过媒体向公众传递环境问题相关信息,并在媒体与社会网络中营造出社会普遍参与的氛围。

第二,为私人环境友好行为提供推力,一方面提升私人环境不友好行为的成本,另一方面做好日常环保领域相关知识的普及工作。目前私人环境友好行为受成本影响较小,行动技能是影响环境问题感知到具体保护行为的阻碍因素,因此做好私人环境友好行为知识普及,提升公众的环保行为能力,同时增加不友好行为的成本,可以推动私人环境友好行为的普及程度。这一过程同样需要利用好媒体与社交网络的信息传播功能,本文呼吁公共部门运用好新时代各类媒体,在满足公众信息获取需求的同时积极主动传递环保知识。

参考文献:

1.陈宗仕、黄彦婷、沈秋宜:《从环境关注到环保意愿——知识、财富与组织经历的调节作用》,《浙江学刊》2018年第3期。

2.范叶超、洪大用:《差别暴露、差别职业和差别体验——中国城乡居民环境关心差异的实证分析》,《社会》2015年第3期。

3.龚文娟、雷俊:《中国城市居民环境关心及环境友好行为的性别差异》,《海南大学学报(人文社会科学版)》2007年第3期。

4.洪大用、范叶超、邓霞秋:《中国公众环境关心的年龄差异分析》,《青年研究》2015年第1期。

5.洪大用、肖晨阳:《环境关心的性别差异分析》,《社会学研究》2007年第2期。

6.金恒江、余来辉、张国良:《媒介使用对个体环保行为的影响——基于中国综合社会调查(CGSS2013)数据的实证研究》,《新闻大学》2017年第2期。

7.李秋成、周玲强:《社会资本对旅游者环境友好行为意愿的影响》,《旅游学刊》2014年第9期。

8.卢少云、孙珠峰:《大众传媒与公众环保行为研究——基于中国CGSS2013数据的实证分析》,《干旱区资源与环境》2018年第1期。

9.陆益龙:《水环境问题、环保态度与居民的行动策略——2010CGSS数据的分析》,《山东社会科学》2015年第1期。

10.罗杰·卡斯帕森、奥特温·雷恩、保罗·斯洛维奇等:《风险的社会放大:一个概念框架》,保罗·斯洛维奇编著:《风险的感知》,赵延东等译,北京出版社,2007年。

11.聂伟:《公众环境关心的城乡差异与分解》,《中国地质大学学报(社会科学版)》2014年第1期。

12.彭远春:《城市居民环境认知对环境行为的影响分析》,《中南大学学报(社会科学版)》2015年第3期。

13.彭远春:《国外环境行为影响因素研究评述》,《中国人口·资源与环境》2013年第8期。

14.邱皓政:《量化研究与统计分析》,重庆大学出版社,2013年。

15.孙岩、宋金波、宋丹荣:《城市居民环境行为影响因素的实证研究》,《管理学报》2012年第1期。

16.王玉君、韩冬临:《经济发展、环境污染与公众环保行为——基于中国CGSS2013数据的多层分析》,《中国人民大学学报》2016年第2期。

17.乌尔里希·贝克:《风险社会》,何博闻译,译林出版社,2003年。

18.张冬、罗艳菊:《城市居民环境友好行为意向的形成机制研究》,《四川师范大学学报(自然科学版)》2013年第3期。

19.张红涛、王二平:《态度与行为关系研究现状及发展趋势》,《心理科学进展》2007年第1期。

20.周全、汤书昆:《媒介使用与中国公众的亲环境行为:环境知识与环境风险感知的多重中介效应分析》,《中国地质大学学报(社会科学版)》

2017年第5期。

21.朱慧劼:《环境知识、风险感知与青年环境友好行为》,《当代青年研究》2017年第5期。

22. Ajzen L., *Attitude, Personality and Behavior*, Maidenhead Berkshire: Open University Press, 1988, pp. 127−143.

23. Ajzen. I., "Nature and Operation of Attitude," *Annual Review of Psychology,* 2001, 52, pp. 27−58.

24. Aoyagi U M, Vinken H, Kuribayashi A., "Pro−environmental Attitudes and Behaviors: An International Comparison," *Human Review,* 2003, 10(1), pp. 23−31.

25. Arbuthnot J., "The Roles of Attitudinal and Personality Variables in the Prediction of Environmental Behavior and Knowledge," *Environment and Behavior,* 1977, 9(9), pp. 217−232.

26. Baldassare M, Katz C., "The Personal Threat of Environmental Problems as Predictor of Environmental Practices," *Environmental and Behavior,* 1992, 24(5), pp. 602−616.

27. Chan R Y K., "Determinants of Chinese Consumers' Green Purchase Behavior," *Psychology & Marketing*, 2001, 18(4), pp. 389−413.

28. Douglas M, Wildavsky A B., *Risk and Culture: An Essay on the Selection of Technical and Environmental Dangers*, California: University of California Press, 1982.

29. Grob A., "A Structural Model of Environmental Attitudes and Behavior," *Journal of Environmental Psychology,* 1995, 15(3), pp. 209−220.

30. Hadler M, Haller M., "Global Activism and Nationally Driven Recycling: The Influence of World Society and National Contexts on Public and Private Environmental Behavior," *International Sociology,* 2011, 26(3), pp. 315−345.

31. Hines J M, Hungerford H R, Tomera A N., "Analysis and Synthe-

sis of Research on Responsible Environmental Behavior: A Meta-analysis,"
The Journal of Environmental Education, 1987,18(2), pp. 1-8.

32. Hunter L M, Alison H, Aaron J., "Cross-National Gender Varia-
tion in Environmental Behaviors," *Social Science Quarterly*, 2004,85(3),
pp. 677-694.

33. James F, Short Jr., "The Social Fabric at Risk: Toward the Social
Transformation of Risk Analysis," *American Sociological Review*, 1984,49
(6), pp. 711-725.

34. Kollmuss A, Agyeman J., "Mind the Gap: Why Do People Act En-
vironmentally and What Are the Barriers to Pro-environmental Behavior?"
Environmental Education Research, 2002,8(3), pp. 239-260.

35. Marcinkowski T J. An Analysis of Correlates and Predictor of Re-
sponsible Environmental Behavior, South Illinois University at Carbondale,
1988.

36. Mikami S, Takeshita T, Kawabata M., "Influence of the Mass Me-
dia on the Public Awareness of Global Environmental Issues in Japan," *Asian
Geographer*,1999,18(1-2), pp. 87-97.

37. Östman J., "The Influence of Media Use on Environmental Engage-
ment: A Political Socialization Approach," *Environmental Communica-
tion*, 2014,8(1), pp. 92-109.

38. Rajecki D W., *Attitudes: Themes and Advances*, Sunderland, MA:
Sinauer Associates, Inc, 1982, p.354.

39. Sivek D J, Hungerford H R., "Predictors of Responsible Behavior
in Members of Three Wisconsin Conservation Organizations," *Journal of en-
vironmental education*, 1990, 21(2), pp. 35-40.

40. Solesbury W., "The Environmental Agenda: An Illustration of How
Situations May Become Political Issues and Issues May Demand Responses
From Government: or How They May Not," *Public Administration*, 1976

(54), pp. 379-397.

41. Tesser A, Shaffer D R., "Attitudes and Attitudes Change," *Annual Review of Psychology*, 1990(41), pp. 479-523.

42. Tremblay J R, Kenneth R, Riley E, et al., "Rural-Urban Residence and Concern with Environmental Quality: A Replication and Extension," *Rural Sociology*, 44(2), pp. 181-197.

43. Whitmarsh L., "Behavioral Responses to Climate Change: Asymmetry of Intentions and Impacts," *Journal of Environmental Psychology*, 2009, 29(1), pp. 13-23.

代际环境行为互动及其家庭影响因素探析*

吴真**

摘　要：现今家庭生活造成的污染和能耗已不容小觑。为了实现生态文明意识在家庭中的全面普及与内化，构建以家庭为单位、亲子两代共同参与的环境教育机制将十分必要。鉴于此，本研究结合问卷法与访谈法，以山东省济南市中学生家庭为调查对象，通过对全市10区县、13所中学、684个学生家庭的量化信息采集和15个案例的质性考察，分析了代际环境行为互动的现状及其家庭影响因素这两个问题。首先，为了解代际环境行为互动情况，研究采用了配对样本T检验的方法，对亲子双方的环境行为互动频率进行了对比。数据显示，在八组量表中有七组存在显著差异，且T值均为正。这说明，在中学生家庭中环境行为互动并不对等，其中亲代对子代的教导较强，子代对亲代的"反哺"偏弱。访谈发现，该现象产生的主要原因在于经验储备的代际差异、子代在家庭事务中的参与不足和传统文化观念的遗留。其次，针对家庭影响因素，本研究将代际环境行为互动频率与家庭成员结构、亲子关系、居住环境和社会阶层等变量分别构建了"亲对子"和"子对亲"两组线性回归模型，并发现其中亲子关系变量的影响尤为显著，即代际日常交流越对等、开放，二者之间的环境行为互动就越频繁。基于以上两项结论，在构建家庭环境教育体系时，一方面应先从提升亲代的环保意识入手，借助社区等基层宣教组织的力量和制定合理的奖惩措施，增强对家长环境行为的引导，为"大手拉小手"奠

---

　　* 原文发表于《中国人口·资源与环境》2019年第1期。

　　** 吴真，社会学博士，山东社会科学院省情与社会发展研究院助理研究员。

定基础;另一方面也需通过学校或社会组织提供的家庭教育指导服务改善亲子之间的日常互动方式,营造"小手拉大手"的交流氛围,以达到提升两代人环境素养的目标。

关键词: 环境行为　代际互动　家庭影响因素　青少年　环境教育

近十几年来,居民生活废水、废气排放总量在逐年上升,并一直高于工业排放总量。可见民众的环境行为及其家庭生活所造成的能耗与污染越发值得关注。对此,十九大报告和《中共中央、国务院关于加快推进生态文明建设的意见》均提出,"引导全社会树立生态文明意识"不仅需要"创建绿色家庭、绿色社区",还应"从娃娃和青少年抓起,从家庭教育抓起",推广环境友好的家庭生活方式,形成人人有责的日常环保氛围。

曾有学者指出,中国公众的环境行为带有"差序格局"的特征,即人际关系网络的广度和密度与个体环境行为的产生和维持存在着明显的关联。无独有偶,经合组织(OECD)发布的多国家庭环保行为调查报告也指出,血缘、亲缘、地缘关系相近的人群在垃圾处理、资源使用和消费习惯上均存在高度的一致性。这些研究表明,无论中外,家庭作为"差序格局"的中心,能够将生态理性纳入日常生活中,借助成员间的相互信任和长期互动,逐渐形成协调、统一的环境习惯。而对于处在转型期的中国社会来说,当前家庭代际关系中的流变、开放与协商,尤其是文化"反哺"现象的出现,又给家庭环境教育领域带来了新的议题。首先,环保习惯的培养或不良行为的纠正如何在亲子之间实现?是自上而下的"单向"引导,还是两代间的"双向"互动,抑或是自下而上的反向教育?其次,诸如家庭结构、成员特征、代际交流方式等家庭内部因素和居住区域、社会阶层等家庭外部因素是否会影响环境行为的代际互动?围绕这两类问题,本研究尝试以中学生家庭为例,从代际关系的角度出发,剖析当前环境行为的亲子互动模式,并发掘其中的家庭影响因素。

一、文献回顾

(一)心理学与社会学对环境行为及其影响因素的解读

彭远春在归纳前人理论时曾提出,环境行为是一种"公众在日常生活中主动采取的有助于环境状况改善与环境质量提升的行为",它具有"心理性和社会性的双重特质"。所以,对环境行为的考察不仅需要从心理学的角度分析个体的意识和状态,也必须用社会学的视野关注其所在的组织结构与文化体系。

20世纪70至80年代,心理学家在解释环境行为动机时,常会提到认知、情感、意向这三个因素。其中"认知"是指个体对环境问题、环境规范、行动条件、行动方式的把握。"情感"则包括个体对自然环境的关心、依赖与担忧,以及对环境责任的认同与承担。而"意向"作为环境行为的动因,常与个体的观念、价值、立场相互影响。与此同时,在社会学的参与下,"情境"作为结构性因素也被纳入考察范围。该因素旨在强调生活"场域"对个体行为的影响,并突出社会、经济、制度、文化对环境行为的作用。此外,"情境"还包括社会人口特征、社会经历、居住区域,乃至所在的社会阶层和所属的文化价值群体等要素。其中,从经济条件与社会阶层角度出发,麦特尼(Maiteny)就认为,有限的经济和社会资源(包括金钱、时间、精力)通常会降低环境行为出现的概率,所以环保习惯在处于弱势阶层的人群当中相对少见。而从文化氛围和社会观念的角度来看,汉格福德(Hungerford)等人发现,"集体意识"的缺乏能够阻碍个人环境行为的产生;布莱克(Blake)还补充道,孤立于社会的个体化生活和社会对个体能动性的忽视都不益于环境行为的形成。由此可见,"情境"因素十分复杂多元,既涉及物质层面和精神层面,又涵盖个体维度和社会维度,所以当前的许多研究仍围绕这些因素不断进行着探索与论争。

在我国,有关于环境行为及其影响因素的研究也涉及心理学和社会学这两个领域。通过借鉴西方同行的研究成果,学者们一方面从定义上对"环境行为"进行了明确,使之更加符合中国的国情、语境和社会特征;另一方面还从态度、意识等心理层面和性别、受教育程度、阶层等社会层面构建了一系列量化分析模型和质性理论框架,并在此基础上对我国居民的环境行为方式及其影响因素做了探讨。

可以说,环境行为的产生既源于从当前目标到长远规划、从个体意愿到社会责任的观念提升,也须有环保理念诉诸日常生活的实践活动。在心理层面,这是对人们空间和时间想象力的高度要求;而在社会层面,人们又必须对个体和集体利益进行精准调节。所以就这点来说,环境行为的培养实属不易。尽管如此,参照布莱克的理论,特定"场域"和特定群体内的行为互动,尤其是以家庭空间和代际关系为基础的交流却有助于个人环保习惯的养成。但从目前来看,这方面的研究仍有待开展。

(二)家庭环境行为的培养及其影响因素的探讨

日本"生活环境主义"曾利用空间格局的远近与环境关心的强弱,构建出一套以"个人房间"为中心、以多层周边生活区域为半径的环境行为"实践场"。而其中的第二层生活区域便是家庭。这里的"家庭"不仅指住宅,还包括成员互动、日常习惯、家庭情境等多个要素。在布兰德(Brand)看来,家庭生活中的环境行为能够将个体的心理意向与集体的约束作用综合在一起,有利于使私人空间中的环境行为延展到公共空间的环境关心上。因此,借助家庭的影响力来塑造个体乃至社会的环境习惯既具有可行性,也存在必然性。

那么环境行为怎样在家庭成员间,尤其是亲子两代间进行传递?环境教育学家萨莱姆(Salem)认为,由于家庭成员通常彼此依赖、相互信任,加之"同在一个屋檐下"的居住状态,所以某位成员在行为习惯上的改变就能够带动全体家庭成员的行为调整,从而形成一种行为方式上的趋同性。澳大利亚昆士兰青年环境问题理事会(QYEC)也在研究中发现,父母的环境友好行为会感染子女,使其形成长效、稳定的环保理念。这与萨莱姆的理论恰好相互呼应。不过在我国,从代际关系的角度考察环境行为互动仍是一块全新的研究领域。尤其是在全球化和信息化的时代背景下,中国家庭正处在从传统到现代的迅速转型中,如此一来环境行为的代际互动便更加值得关注。周晓虹等学者基于"后喻文化"理论提出过这样一种观点:以往家庭中"父父子子""由上至下"的单向传承模式在慢慢改变,取而代之的是越发平等的代际沟通,以及子代对亲代的"反向教育"。如果说这种新型的代际关系普遍存在,那么当前亲子之间的环境行为互动是否也表现为对等的交流,甚至信息和观念的"反哺"?这一问题还有待解答。

此外,哪些家庭因素会影响环境行为的养成?已有的研究主要从家庭内部和家庭外部两个方面做了考察。

首先从家庭内部看,成员间形成的聚合式结构和稳定的情感纽带能够产生一种"群体效力",进而通过他们的长期互动逐步改进全家的环境习惯。一些中国环境教育学者也持有类似的观点。他们指出,家长的素养和以身作则的行为示范有助于子女养成良好的环境行为。然而这些研究并未具体分析家庭的成员数量、人员构成、人口特征等要素能否在环境行为的代际互动中发挥作用。除了这些具象化的变量之外,普鲁诺(Pruneau)还发现,父母的教育方式、亲子两代的沟通模式、家庭日常氛围均与子代的环境意识有关。不过,她在研究中也未能进一步明确哪类教育方式、哪种交流模式会产生积极影响。

再从家庭外部看,有学者在考察个体环境行为时,曾将住所周边的环境情况和个人的"经济—社会—文化"阶层纳入考察范围。比如,洛克兹恩(Roczen)等人通过实验发现,在一座城市中,居民能够接触大自然的方便程度越高,他们的环境意识也会越强。这说明,居住区域的绿化情况、社区的宜居程度对居民的环境习惯养成具有正向作用。再如,迪茨(Dietz)、吴瑶等都曾提到,个体的文化程度、社会身份与社会地位均与其环境行为有关。不过,目前还没有学者以家庭为单位、以代际环境行为互动为研究对象,讨论家庭的居住条件、经济状况,以及亲代的文化程度能够存在何种影响。

综上所述,目前绝大多数的研究是围绕单一个体的环境行为展开的,而鲜有涉及代际之间的环境理念交流。其次,结合亲子关系,尤其是近年来出现的"反哺"现象来考察家庭中的环境行为互动,这样的视角在国内现有的研究中还不曾出现。最后,极少数与家庭影响因素相关的讨论也仅限于理论层面的分析,而缺乏对具体变量的实证调查。由此,本研究将针对以上这些有待关注的问题做一探索。

二、研究方法及研究假设

按照这一思路,调查从两方面着手:一是了解代际环境行为互动的现状;二是分析影响代际环境行为互动的家庭因素。以此为出发点,再进行研究对象的选取、调查地点的确定、调查方案的设计,并同时提出研究假设。

关于研究对象的选取,考虑到环境行为的相互影响有赖于家庭成员长期的共同生活,因此调查排除了流动性较大、独立性较强的成年子女家庭。另外,由于幼儿家庭较难实现亲子间的双向交流或代际"反哺",所以也不纳入考察范围。最终,本研究将调查对象限定为中学生家庭,更确切地说,是初、高中学生及其父母。一方面,这类群体是当前环境教育的重要目标人群;另一方面,随着同辈群体的扩大、媒体使用的增加和独立意识的提升,处在青春期阶段的子女更易与父母形成互教互学的关系。

为了便于实施调查,本研究将调查地点定在较为熟悉的山东省济南市。该市由七区三县组成,人口约723.31万,2017年人均GDP为90999元。从城市建设和环境状况来看,综合水、土壤、气候、绿化等指标,其总体生态环境在全国处在中等偏上的位置。另外,该市有源远流长的儒家文化传统,在家庭代际关系中,"孝道"和"尊长"的理念仍广为提倡,但同时,传统观念与当今的新思想也常常发生碰撞。这种在老一辈和新一代相互磨合中营造出的家庭氛围,以及在此氛围中形成的环境行为互动是此次观察和解析的重点。

在调查工具的选用上,本研究先进行了问卷调查和定量分析,并在此基础上以访谈和质性分析为补充。其中,问卷设计为学生卷和家长卷一套两份,并加以配对,在济南全市十个区县发放,每个区县按照学校名单各随机抽取一至两所初中或高中,再从学校中随机抽取一个年级,然后按照该年级各班排名选取处于中间位置的一或两个班,将班里所有学生及其父母一方作为问卷发放对象。最终,在分布于十个区县的13所中学里共发放问卷790套,成功回收有效问卷684套。随后,又与15名学生及其家长进行了访谈,更具体地了解他们的环境行为互动情况及其原因。

根据之前的研究框架,我们提出了三项假设。假设1旨在推测目前代际环境行为互动的现状,假设2与假设3分别涉及代际环境行为互动的家庭内部和外部影响因素。其中,家庭内部因素包括成员构成情况(子女数量、子女性别、子女与父母年龄)和代际关系情况(倾向于"民主—平等"型或倾向于"权威—服从"型);家庭外部因素包括居住环境(绿化情况及环保公共设施建设情况)和社会阶层(家庭经济收入、家长文化程度)两类。据此,整理如下:

假设1:在中学生家庭中,环境行为的亲子互动多是以子代对亲代的"反哺"为主。

假设2:家庭成员构成与环境行为的亲子互动显著相关;亲子关系越趋于平等,二者的环境行为互动就越频繁。

假设3:住所周边的绿化和环保建设程度与家庭所处的社会阶层均影响环境行为的亲子互动。

三、变量描述统计及数据分析结果

(一)变量描述统计

在问卷设计中,本研究在参考经合组织"家庭环境行为调查"的基础上设计了4项与个人或家庭相关的"私域环境行为"和4项与公共空间和社会领域相关的"公域环境行为",根据日常出现频率设置为五级量表(没有=1,偶尔=2,有时=3,经常=4,总是=5),并针对中学生与父母的互动在学生卷和家长卷的遣词上做了调整,进行两两配对(见表1中A1a—A8a、A1b—A8b项)。经信度检验,亲代对子代的8项环境行为(A1a—A8a)与子代对亲代的8项环境行为(A1b—A8b)Cronbach α系数分别为0.794和0.837,内部一致性良好。因此,将两部分分值分别相加得到"亲对子"和"子对亲"的环境行为互动频度数值。

针对家庭影响因素,问卷除了了解受访者的家庭成员基本信息之外,还对亲子代际交流模式和居住区域周边的绿化和环保建设情况做了测评。首先,在参考"家庭功能评定量表"(FAD)和保罗·图尔宁(Paul Durning)"家庭教育行为调查"的基础上,针对受访学生设计了正反两组问题,并借助四级量表进行测评(见表2),其分值越大代表代际关系越平等。通过信度分析,从中筛选出具有较高一致性的16个问题(Cronbach α系数为0.872),并将各题分数相加得到"亲子关系测评"数值(表1中的B5项)。此外,通过询问受访者住所附近1公里内是否有公园、分类垃圾箱、公交车站、共享自行车停放站、旧衣服回收站这5类设施,对其住所周边的绿化和环保设施建设情况进行评分,最低为0分,最高为5分,分值越大说明住所周边的环保建设程度越高(表1中的B6项)。

表1　变量描述统计

A部分:亲子环境行为互动情况							
	亲代对子代	均值	标准差	子代对亲代	均值	标准差	T值
私域环境行为	A1a 雾霾天,父母让子女出门戴口罩	4.27	1.09	A1b 雾霾天,子女让父母出门戴口罩	3.91	1.21	8.574***
	A2a 父母让子女随手关灯、节水节电	4.45	0.92	A2b 子女让父母随手关灯、节水节电	3.73	1.38	13.044***
	A3a 父母教子女如何做垃圾分类	3.15	1.45	A3b 子女教父母如何做垃圾分类	2.84	1.48	5.902***
	A4a 父母告诉子女,用不着的东西就不要买	4.22	1.10	A4b 子女告诉父母,用不着的东西就不要买	3.36	1.45	15.123***

公域环境行为	A5a 父母向子女讲解环境问题	2.92	1.22	A5b 子女向父母讲解环境问题	2.85	1.21	1.756	
	A6a 父母让子女不要随地吐痰、乱扔垃圾	4.04	1.30	A6b 子女让父母不要随地吐痰、乱扔垃圾	3.66	1.44	6.082***	
	A7a 父母告诉子女如何制止或举报破坏环境的行为	2.91	1.51	A7b 子女告诉父母如何制止或举报破坏环境的行为	2.57	1.47	7.497***	
	A8a 父母鼓励子女参与环保志愿活动	2.85	1.42	A8b 子女劝说父母参与环保志愿活动	2.41	1.35	10.959***	

B部分:家庭影响因素		
变量及变量说明	均值	标准差
B1 家庭子女数量(无兄弟姐妹=0,有兄弟姐妹=1)	0.23	0.42
B2 子女性别(男=1,女=2)	1.54	0.50
B3 子女年龄(最小值=12,最大值=18)	14.93	1.54
B4 家长年龄(最小值=36,最大值=55)	42.84	4.67
B5 亲子关系测评(具体项目见表2,最小值=16,最大值=64)	49.32	8.71
B6 住所周边环保建设情况测评(最小值=0,最大值=5)	3.39	1.38
B7 家庭月收入(无收入=1,1-4000元=2,4001-8000元=3,8001-12000元=4,12001-16000元=5,16001-20000元=6,20001元以上=7)	3.63	1.23
B8 受访家长文化程度(小学或小学以下=1,初中=2,高中或高职=3,专科=4,本科=5,研究生=6)	3.28	1.31

注:(1)*p<0.05 **p<0.01 ***p<0.001;

(2)B5数值由表2各题分值相加得出。

表2　亲子关系测评量表(面向受访中学生)

以下描述是否符合你家中的情况?(很不符合=1,不太符合=2,比较符合=3,非常符合=4)			
正向赋分	C2 父母不会非要我成为出类拔萃的人	反向赋分	C5 父母曾说你还小,不懂大人的事
	C3 在产生分歧时,父母允许我有自己的想法		C10 父母曾无缘无故地打骂我
	C6 当我遇到烦恼时,会第一时间找父母诉说		C13 父母会强迫我做一些我不喜欢的事
	C7 在学习上遇到困难时,父母总会鼓励我克服		C15 即使是父母的错误,也会把责任归咎于我
	C9 我喜欢和父母聊天		C17 我觉得父母不了解我

154

以下描述是否符合你家中的情况?(很不符合=1,不太符合=2,比较符合=3,非常符合=4)			
正向赋分	C11 父母会带我旅游或外出参加一些社会活动	反向赋分	C18 父母会干涉我的业余活动或爱好
	C12 父母会教我做饭、做家务		C22 我不愿和父母说知心话
	C16 在我犯错误时,父母会耐心地给我讲道理		C23 父母不让我和朋友外出

(二)数据分析结果

表1的A部分显示,经过配对样本T检验,"亲对子"和"子对亲"两组数据除了A5项"父母向子女讲解环境问题"和"子女向父母讲解环境问题"之外,其他几对互动项目均存在显著差异。这说明,在纠正不良环境行为、树立环境规范和鼓励环保参与方面,亲子两代的对等关系较弱。此外,在所有8组项目中T值均为正,表明环境行为的代际互动仍以亲代对子代的教导为主,而子代对亲代的"反哺"相对较少。

针对亲子环境行为互动的影响因素,表1中A部分的两组数据代表因变量,B部分的家庭影响因素代表自变量,分别进行线性回归分析,由此得到"亲代对子代"和"子代对亲代"两组模型(见表3)。

表3 亲子环境行为互动的影响因素线性回归模型

变量	亲代对子代模型	子代对亲代模型
B1子女数量	2.349*(0.767)	1.232(0.743)
B2子女性别	0.298(0.646)	0.622(0.630)
B3子女年龄	−0.881***(0.208)	−0.887***(0.204)
B4家长年龄	0.022(0.072)	0.119(0.070)
B5亲子关系	0.328***(0.038)	0.317***(0.036)
B6住所周边环境	0.400(0.244)	0.743**(0.239)
B7家庭月收入	0.211(0.151)	−0.067(0.149)
B8受访家长文化程度	0.514(0.296)	−0.197(0.286)
F值	16.670***	14.909***
T值	7.231***	3.316***

变量	亲代对子代模型	子代对亲代模型
常数项	32.477***	14.515***
样本数	490	492
R^2	0.217	0.202

注:(1)*p<0.05,**p<0.01,***p<0.001;

(2)括号内的数为标准误。

"亲代对子代模型"反映的是父母对子女进行环境教育的影响因素。其中,子女的数量和年龄均存在显著相关。一方面,与独生子女的父母相比,有多个子女的家长会更频繁地实施环境行为引导。这可能是由于在多子女家庭中,子代间需要建立长幼秩序,因此这些家长更注重树立子女的行为规范,其中便包括与生活习惯有关的环境行为规范。另一方面,子女年龄越小,受到来自家长的环境行为指正就越多。而子女性别、家长年龄与亲代对子代的环境教育并不存在明显的关联。再从亲子关系的影响看,模型显示,父母与子女的交流方式越倾向于"民主—平等"型,前者对后者的环境行为引导就越频繁。该结果与图尔宁等家庭教育学家的观点有所呼应。他们在调查中发现,"权威"型父母更强调子女的智力发展和服从意识,其教育理念也更"急功近利";而"民主"型父母则较重视培养子女的情商、社交能力和公共责任感。由于环境教育关乎公共空间与长远发展,所以"民主—平等"型的亲子关系能够在其中发挥更积极的作用。关于"家庭外部因素",无论是居住环境,还是以家庭经济条件和家长文化程度所代表的家庭社会阶层,对代际环境行为互动的影响都不显著。

"子代对亲代模型"显示的是子女对父母进行"反向环境教育"的影响因素。在代表家庭构成和成员特征的几个项目中,只有子女年龄与环境教育"反哺"存在明显的反向关系,即低年级比高年级的子女与父母的环境行为互动更多,这可能与高年级子女学业压力上升和父母关注点的转移有关。此外,与"亲代对子代模型"相同,代际关系越平等、开放,子女对父母的环境观念传递也越频繁。可见,较"民主"的家庭氛围有助于促进亲子双方的环境行为互动。另外,在家庭外部因素中,住所周边的宜居程度与代际环境行为互动呈现明显的正向相关,其原因可能是共享单车、分类垃圾箱和旧衣服回收站均属于新事物,容易吸引年轻一代的注意,同时这些设施所代表的新知识、新理念也能够迅速在他们中间传播,从而间接地促进了子代对亲代的环境信息"反哺"。最后,家庭月收入和家长文化水平两个变量均不存在显著影响。这说明,与个体维度的研究结果不同,家庭所属的社会—文化阶层与亲子之间的环境行为互动并无明显的相关性。

根据以上调查结果,对应之前的假设得到如下结论:

结论1:在中学生家庭中,环境行为的亲子互动以父母对子女的教导为主,而子女对父母的"反哺"关系相对较弱。

结论2:在多子女家庭中,"亲对子"的环境教育更频繁,而"子对亲"的"反哺"与独生子女家庭并无显著差异;子女年龄与环境行为的亲子互动呈反向相关;家庭代际关系越平等,环境行为的亲子互动越频繁;而子女性别和父母年龄对此影响均不大。

结论3:住所周边的绿化和环保建设程度越高,"子对亲"的环境信息"反哺"越多;而家庭经济收入与家长的文化程度对代际环境行为互动的影响均不显著。

四、质性补充分析与讨论

(一)"反哺"关系为何在代际环境行为互动中处于弱势

从当前中学生与父母的环境行为互动情况来看,调查结果与之前的假设有所出入。在家庭日常环境行为的培养和环境信息的传递方面,亲代仍是主导,而子代的"反哺"则相对较少。曾有学者认为,"数字化"与"全球化"浪潮使年轻一代更易于获取新知识、新观念,同时来自西方的个体主义和自由主义思想也在改变这代人对传统父权和亲子等级制的服从，由此亲代向子代的"反向学习"将成为趋势。但本研究显示，现阶段在我国中学生家庭环境教育领域，代际间的"反哺"现象却并不突出。究其原因主要有以下两点：

一是来自于两代人不对等的经验储备和生活参与。访谈发现，尽管许多中学生在学校、媒体和课外活动中能够获取大量的环境知识，但在家庭中由于缺乏实践机会和生活经验，这些知识很少能有效地转换成具体的环境行动；而父母虽在知识获取上不占优势，但通过操持家务和维持家计，他们有意或无意地形成了一些日常环保习惯。以水电使用为例，一些受访家长表示，为了节约家庭开支，他们常会注意随手关灯、循环用水；相反，多数受访中学生并不了解自家每年缴纳多少水电费，因而对水电用量和节约行为的敏感度较低。基于迪贝的"策略逻辑"理论与阿加赞的"行为结果预测"理论，环境行为的形成有赖于行为者对切身损益的即时估量。从这个意义上讲，家庭理财教育的缺乏与中学生在家庭事务中的缺席，使节约资源的益处无法通过家庭开支的减少直观地呈现出来，由此难以使他们自发地养成日常的环保习惯，更不用说对父母的环境理念施加影响了。

二是源于传统文化的惯性。人类学家马丽·奥尔兹曼（Marie Holzman）在考察中国独生子女价值观时曾发现，新一代的中学生在对未来进行规划时，考虑更多的是满足父母的意愿，其次才会考虑自己的选择。这说明，"尊长"的家庭观念依然具有持久的影响力。另外，中庸的民族性格在调节家庭代际关系时，也容易滋生避免冲突、不担责任的心态，使诸多中学生在家庭和社会事务中隐介藏形。这就像布莱克所说的，个体价值感的匮乏有碍于环境责任感的提升。

（二）代际关系为何会影响代际环境行为互动

无论是亲代对子代的环境教育，还是子代对亲代的信息"反哺"，平等、通融的家庭代际关系都能对环境行为互动起到促进作用。这是因为平等型的代际关系本身就有助于信息的双向传递。访谈发现,在亲子关系测评得分较高的几个受访家庭中,子女与家长探讨的话题相对来说更加包罗万象,其中就有与环境问题相关的讨论。另外,双方的对等关系也使他们乐于接受对方提出的意见。这就给环境行为的相互引导敞开了大门。但在亲子关系测评得分较低的几个受访家庭中,代际交流的话题多由家长主导,而且主要围绕子女学业展开,较少涉及社会层面的议题。又由于两代人的沟通习惯于"自上而下"的教导,子女向家长表达自身意愿的机会较少,所以环境行为互动的概率自然也大大降低。不仅如此,"民主—平等"型的代际关系还能为环境行为互动提供心理和情感基础。以往一些研究指出,开明的家庭教育方式往往有利于子女独立人格和利他意识的形成,也有助于提升他们的社会化水平。而根据以上梳理的心理学理论,这些素质正是形成子代环境行为的内在条件。由此,可以补充和解释普鲁诺提出的家庭氛围与环境意识的关联性理论。同时调查还发现,采用这类教育方式的父母通常持有宽容而不纵容的教育理念,既会注意纠正子女的不良行为,还乐于接受子女的指正,因而有利于提高亲子环境行为互动的频率。

(三)如何在家庭中强化代际环境行为互动

上述对代际环境行为互动方式及其影响因素的分析为今后如何在家庭中开展环境教育提供了两方面的思路。

首先,为了使亲代能够正确地对子代实施引导,提高家长的环境意识、归正家长的环境行为尤为重要。这是实施家庭环境教育的先决条件。一方面,可以通过学校来组织亲子环保活动和环保课堂,向家长普及环境知识和理念。同时借助社区、社会团体的宣传力量,以户为单位派发环保手册、介绍环境行为规范,逐渐将这些规范和意识纳入居民的日常生活中。另一方面,应建立一套以促进家庭环境行为塑形为目的的奖惩措施。比如,在一些城市已开始实施垃圾分类"积分换物"的奖励办法。而在未来,可以将更多的环境行为列入其中,运用智能平台搭建的"绿色账户",

按照家庭环保参与的次数和质量赋分,以计量和实时奖励的方法提升人们对日常环保的敏感度和关注度。相应的,对于破坏环境的行为,也应有个体化的监督和惩罚手段,这就需要先从法律层面进行细化和改进。

其次,为了鼓励子代对亲代的反向环境教育,优化代际关系和家庭教育方式同样十分必要。目前,已有一些学校、社区和社会组织着手开办家长课堂或提供家庭教育指导服务。今后可利用这些机构开展的活动来调节或干预亲子间的沟通模式,逐渐改变"权威—服从"型的家庭教育方式,使两代人的对话更加平等,由此间接地增进环境观念的代际"反哺",在二者之间形成"互教互学"的交流关系。而更重要的是,当前"重知识、轻实践"的教育导向亟须调整。在家庭中,应让中学生更多地参与日常劳动和事务管理,这样才能使其从实际生活中掌握和践行环境知识和环境规范,也能直接地影响父母的环境理念,从而达到"小手拉大手"的目的。

教育社会学家伯纳德·拉伊尔(Bernard Lahire)曾指出,行为习惯的培养必须以各种社会化元素的协同合作为前提。所以,为了推广"绿色"的行为习惯,就有必要构建一套以家庭为核心,与学校、媒体、社会教育相互配合的环境行为引导机制,并借助多种社会化载体的分工合作,提升代际环境行为互动的自发性与影响力。从这个意义上讲,家庭生活和代际互动可以降低环境行为塑形的难度,这种全新的环境教育策略或将成为今后构建生态文明社会的"支点"。

参考文献:

1.陈昱昱:《社会学视角下中国环境行为研究的反思》,《鄱阳湖学刊》2015年第4期。

2.崔凤、唐国建:《环境社会学:关于环境行为的社会学阐释》,《社会科学辑刊》2010年第3期。

3.崔凤、邢一新:《环境行为的社会学研究回顾》,《南京工业大学学报(社会科学版)》2012第11期。

4.关颖、刘春芬:《父母教育方式与儿童社会性发展》,《心理发展与教育》1994年第4期。

5. 郭岩:《试论生态文明教育在家庭中的实现途径》,《学理论》2010年第11期。

6. 国家统计局:《中国统计年鉴(2001—2017)》,中国统计出版社,2001—2017年。

7. 洪大用、肖晨阳:《环境友好的社会基础:中国市民环境关心与行为的实证研究》,中国人民大学出版社,2012年。

8. 李荣风、徐夫真、纪林芹等:《家庭功能评定量表的初步修订》,《中国健康心理学杂志》2013年第7期。

9. 罗文英、黄泺:《青少年生态文明教育之家庭教育的路径探析》,《绵阳师范学院学报》2015年第7期。

10. 鸟越皓之:《环境社会学——站在生活者的角度思考》,宋金文译,中国环境科学出版社,2009年。

11. 彭远春:《试论我国公众环境行为及其培育》,《中国地质大学学报(社会科学版)》2011年第11期。

12. 山东省统计局:《山东统计年鉴(2017)》,中国统计出版社,2017年。

13. 吴瑶:《媒介语境中中产阶层的"环保话语":以〈三联生活周刊〉环保报道为例》,《新闻界》2009年第4期。

14. 中国社会科学院社会发展研究中心:《生态城市绿皮书:中国生态城市建设发展报告(2017)》,社会科学文献出版社,2017年。

15. 周晓虹:《冲突与认同:全球化背景下的代际关系》,《社会》2008年第28期。

16. 周晓虹:《从颠覆、成长走向共生与契洽——文化反哺的代际影响与社会意义》,《河北学刊》2015年第3期。

17. 周晓虹:《文化反哺:变迁社会中的亲子传承》,《社会学研究》2000年第2期。

18. 周晓虹:《文化反哺与媒介影响的代际差异》,《江苏行政学院学报》2016年第2期。

19. 周晓虹:《文化反哺与器物文明的代际传承》,《中国社会科学》

2011 年第 6 期。

20.周怡:《代沟现象的社会学研究》,《社会学研究》1994 年第 4 期。

21.Ajzen I., "The theory of planned behavior," *Organizational Behavior and Human Decision Processes*, 1991, 50(2), pp.179–211.

22.Blake J., "Overcoming the 'value–action gap' in environmental policy: Tensions between national policy and local experience," *Local Environment*, 1999(4), pp. 257–278.

23. Brand K W., "Environmental consciousness and behaviour: The greening of lifestyles," Redelift M, Woodgate G., *The international handbook of environmental sociology*, Cheltenham, UK – Northampton, MA, USA: Edward Elgar, 1997:204–217.

24.Dietz T, Stern P C, Guagnano G. A., "Social Structural and Social Psychological Bases of Environmental Concern," *Environment and Behavior*, 1998, 30(4), pp. 450–471.

25.Dubet F., *Sociologie de l'expérience*, Paris: Seuil, 1994.

26.Durning P., *Éducation familiale: Acteurs, processus et enjeux*, Paris: L'Harmattan, 2006.

27.Durning P., Fortin A., "Les pratiques éducatives parentales vues par les enfants," *Enfance*, 2000(4), pp.375–391.

28.Fishbein M., Ajzen I., "Attitudes towards objects as predictors of single and multiple behavioral criteria," *Psychological Review*, 1974(81), pp. 59–74.

29.Holzman M., "Porcelaines chinoises," Tarnero–Pansart M C. *L'enfant unique: La mauvaise réputation*, Paris: Autrement, 1999, pp. 80–88.

30.Hungerford H R, Volk T L., "Changing learner behavior through environmental education," *The Journal of Environmental Education*, 1990 (21), pp. 8–21.

31.Hwang Y H, Kim S L, Jeng J M., "Examining the causal relationships among selected antecedents of responsible environmental behavior," *The Journal of Environmental Education*, 2000(31), pp. 19−24.

32.Jourdan−Ionescu C, Palacio−Quintin E., "Effets de l'éducation parentale et de l'environnement familial sur le développement cognitif de l'enfant et de l'adolescent," Bergonnier−Dupuy G, Join−Lambert H, Durning P., *Traité d'éducation familiale*, Paris: Dunod, 2013, pp. 227−251.

33.Lahier B., *L 'Homme pluriel. Les ressorts de l'action*, Paris: Nathan, 1998, pp. 9−37.

34. Maiteny P T., "Mind in the gap: Summary of research exploring 'inner' influences on pro−sustainability learning and behavior," *Environmental Education Research*, 2002(8), pp. 299−306.

35.Maloney M P, Ward M P., "Ecology: Let's hear from the people: an objective scale for the measurement of ecological attitudes and knowledge," *American Psychologist*, 1973(28), pp. 583−586.

36. Maulini C, Montandon C., *Les formes de l'éducation: variété et variations*, Paris: De Boeck Supérieur, 2005.

37.Oecd. Household behavior and the environment: Reviewing the evidence [EB / OL]. 2008[2018−06−12], www. oecd. org / dataoecd / 19 / 22 / 42183878.pdf.

38.Prochaska J O, Diclemente C C., "Stages of change in the modification of problem behaviors," Hersen M, Eisler R M, Miller P M., *Progress in behavior modification*, London: Academic Press, 1992, pp. 183−214.

39.Pruneau D, Doyon A, Langis J, "et al. L'adoption de comportements environnementaux: motivations, barrières et facteurs facilitants," *Environmental Education and communication*, 2006 (5), pp. 1−14.

40.Queensland Youth Environmental Council. Youth and environment survey: A report on the environmental attitudes, knowledge and practices of 12 to 24 year old Queenslanders [EB / OL]. 2009[2017−12−09], http://

www.qyec.org.au/downloads/qyecsurveyreport.pdf.

41. Rickinson M., "Learners and learning in environmental education: A critical review of the evidence," *Environmental Education Research*, 2001 (7), pp:207–320.

42. Roczen N, Duvier C, Bogner F X, "et al. The search for potential origins of a favorable attitude toward nature," *Psyecology*, 2012, 3(3), pp. 341–352.

43. Salem G., *L'approche thérapeutique de la famille*, Paris: Masson, 2005.

经济发展、环境污染交织下的公众私域环境行为的逻辑[*]

王晓楠[**]

摘　要：私域环境行为是国内外环境社会学家所关注的重点问题。近年来,环境行为研究主要从微观层面社会心理、社会结构和情境方面进行探讨,忽视了宏观层面对私域环境行为的影响。本研究基于CGSS2013,对中国公众私域环境行为从微观和宏观层面进行分析,构建公众私域环境行为影响因素理论模型。在微观层面上,女性、年长者、城市公众、已婚人士,具有较高教育水平、较多环境知识和较高社会信任,媒体使用及社会互动较频繁的公众,实施较多私域环境行为。在宏观层面,经济发展,产业比重合理调整对地区公众私域环境行为有着重要作用,在经济发展水平的调节下,垃圾排放量的增加和$PM_{2.5}$浓度升高,会促进地区公众平均私域环境行为产生。

关键词：私域环境行为　经济发展　环境治理　多层分析

根据世界观调查2014年的最新数据显示,全球有47.4%的民众认为环境保护优先于经济发展,43.5%民众认为经济发展优先于环境保护。可见有将近一半的公众并不把环境问题放在重要的位置,在经济利益和发展的驱动下,公众放弃公共环境权利,追求经济利益的最大化。伴随着

---

　*　原文发表于《干旱区资源与环境》2018年第11期。

　**　王晓楠,上海开放大学公共管理学院副教授,主要研究方向为环境社会学、社会质量。

中国粗放式经济的高速发展,工业化、城市化进程加剧,中国的环境风险日趋凸显,环境行为不容乐观。国内调查数据表明,不同地域、不同文化的公众面对环境污染和地方政府的环境政策,所产生的环境行为也有很大不同。虽然我国政府极力推进民众环境行为的制度设计,但如何有效激发公众日常生活中的环境行为习惯,成为一项重要议题。因此,有必要深入探究公众日常生活环境行为背后的深层次、多维度影响因素,有效培育公众日常的环境行为习惯,治理环境污染问题。

在理论层面上,长期以来环境行为研究受制于传统环境行为理论的束缚,研究者较多关注于微观层面的影响因素,强调心理学因素对环境行为的影响,忽视宏观层面的影响因素。2011年洪大用、卢春天基于CGSS2003对环境关心进行了多层分析,发现人均GDP与环境关心并没有显著关系,但是与城市的第一产业比例和工业烟尘的排放量有着正向的相关关系。王琰基于CGSS2010数据对公众绿色消费行为进行了多层次分析,发现了人均GDP与环境行为有着显著正相关关系,但与污染的排放无关。王玉君等根据CGSS2013对环境行为进行多层分析发现了人均GDP与私域环境行为有正向作用,工业二氧化硫和粉尘与人均GDP交互后对私域环保行为产生一定的影响。王晓楠等基于CSS2013数据验证了人均GDP、部分污染指标与人均GDP交互后对环境行为意愿有着显著正向作用,虽然四篇文章采用多层分析方法,关注了宏观变量对环境行为和环境行为意愿的影响,但是相对微观层面变量,客观变量研究较少,理论和方法存在较大争议,亟须大量实证研究进行验证。

本研究回顾国内外环境社会学的相关理论,构建中国公众私域环境行为影响因素理论模型,基于CGSS2013和《2014年国家统计年鉴》的主客观数据,通过多层线性模型等方法对中国公众私域环境行为从微观个体层面到宏观省级层面进行多层分析。

一、材料与研究方法

(一)数据来源

本研究所使用的数据来自2013年中国综合社会调查(CGSS)的数据,采用的是四级分层抽样的方法,28个省/市/自治区的480个村/居委会,每个村/居委会调查25个家庭,随机抽样,共涉及总样本12000位受访者。在删除缺失样本后,本研究的最终样本量为10243份。由于中国社会调查公布了地理信息披露的说明,调查对象的地理信息仅披露到了省一级,而在县级和村/居委会级别则只标识到属于不同的调查点而未注明具体属于哪个县(区)及村/居委会,因此,本研究从28个省级数据进行分析。客观数据来源《2014年中国统计年鉴》,研究选取了较容易感知的污染指标:废水的排放量(工业废水和生活废水总和)、$PM_{2.5}$年平均年浓度、生活垃圾清运量,[①]经济数据主要采用了人均GDP,验证政府环境治理采用的是第二产业比重,采用以上客观指标为验证了污染驱动假设、富裕假说和生态现代化理论等。

(二)变量及其操作化

1.因变量

国外环境行为的分类在近几年来不断归并,从复杂、庞杂趋向简单,较为相似和接近的环境行为合并,分为私域和公域两个领域。大多数研究主要针对发生在私人领域的亲环境行为,并围绕"生活方式"的行为,构成人们普遍的生活目标。环境行为涵盖的范畴较大,包括再循环利用,减少浪费,水资源保护,节能,环保交通和绿色或环保消费。以上的环境行

---

① 数据分别来自《2014中国统计年鉴》8-13分地区废水中主要污染物排放情况;8-20分地区城市生活垃圾清运和处理情况;8-19环保重点城市空气质量情况——$PM_{2.5}$年平均浓度,仅有部分城市,每个省的重点城市$PM_{2.5}$年平均浓度(mg/m^3)。为了方便测量,将每个省的城市相加取均值处理,作为每个省份的$PM_{2.5}$年平均浓度。

为,属于私人领域环境行为,并产生正向的积极引导作用。我国学者基本借鉴了西方环境行为的分类方法,采用私域和公域两大类。

本研究认为中国传统的"私"赋予私域和公域环境行为特有的属性和文化的特征。私域环境行为是公众以自身或家庭为出发点,所实施的与日常生活密切相关的环境行动。国内对环境行为的测量较为成熟,目前CGSS2003和CGSS2013一直采用环境行为量表测量,包括10题项"从不""偶尔""经常"分别赋值为0、1、2。对环境行为量表中的所有条目进行信效度检验后发现,KMO值为0.812,Bartlett球形检验具有显著性。采用探索性因子分析方法,对环境行为进行主成分分析并提取因子,因子载荷均大于0.5,解释方差累积比为49.616%,呈现出两个维度公领域、领域环境行为,私域环境行为维度的Cronbach α系数0.760。本研究以私域环境行为为研究对象,选取其作为因变量。

2.自变量

控制变量包含:性别、年龄、居住地、婚姻状况。

自变量(微观)包括以下内容:

社会经济地位:教育程度始终对环境行为有着显著的正向作用,但是收入与环境关心、环境行为的相关关系,始终没有达成一致。巴特等发现收入与环境关心显著正相关。邓拉普等认为无显著相关。CGSS2003年数据分析发现收入和民众的环保观念有显著相关。而在CGSS2010年的数据分析中,发现个人收入对环境关心没有显著影响。本研究将其作为自变量为验证两个相矛盾的结论。

信息获取:CGSS2003、2010研究发现,大众媒体对环境关心与环境行为有显著影响。获取信息的途径越多,环境的议题以及具体环境行为的信息越丰富,从而能够实施更多的环境行为。

环境知识:凯撒认为环境知识、环境价值通过环境行为意向影响环境行为。国内很多学者通过不同实证研究验证了环境知识对环境行为的正向作用。

社会互动:公众在一定的社会规范约束下,可以通过传递信息和共享,使得公众不是独立的个体,自身行为会受到其他社会成员的影响。社会互动在一定的社会规范引导下,社会成员之间通过信息传递和传播促进社会交往活动,并指导预期行为。

社会信任:公众信任可以增强居民的负面风险感知,相反,不信任会导致公众风险感知的"放大"或者"缩小",进而采取了过度的行为应对。龚文娟认为系统信任对环境公众参与有显著的正向作用,但是没有讨论人际信任对个体环境参与的作用。本研究采用CGSS2013题项"是否认同社会上的人绝大多数可以信任?"测量受访者社会信任,并赋值。

自变量(宏观)包括:人均GDP、第二产业比重、废水排放量、垃圾清运量、PM$_{2.5}$浓度。自变量描述及操作化如下表1。

表1 私域环境行为相关变量测量及描述性分析

	变量	赋值	样本量	均值	标准差
个体层次变量	私域环境行为	正向五分(0-100标准化)	11370	42.19	23.56
	性别	1=女性,0=男性	11438	0.50	0.50
	年龄	(17—97岁)	11437	48.60	16.39
	居住地	1=城镇,0=农村	11438	0.56	0.50
	婚姻状况	1=有配偶,0=无配偶	11415	0.79	0.41
	教育程度	小学及小学以下=1 初中=2 高中=3 专科=4 大学本科=5 研究生及以上=6	11432	2.25	1.26
	个人收入	年收入取对数	9072	4.18	0.52
	媒体使用	媒体使用频率	11381	2.28	0.72
	环境知识	正确回答=1 错误=0 不知道=0	11396	4.69	2.87
	社会互动	非常频繁=5 经常=4 有时=3 很少=2 从不=1	11430	3.44	0.85
	社会信任	非常不同意=1 比较不同意=2 说不上同意不同意=3 比较同意=4 非常同意=5	11424	3.28	1.03
省级层次变量(N=28)	人均GDP	连续变量(2.29—9.96万元/人)	28	4.86	2.13
	第二产业比重	连续变量(0.22—0.57百分比)	28	0.49	0.07
	废水排放量	连续变量(单位:亿吨)	28	24.33	18.37
	垃圾清运量	连续变量(单位:74.10—2092万吨)	28	597.75	413.69
	PM2.5浓度	连续变量(单位:微克/立方米)	28	76.225	24.18

3.亲环境行为多层分析策略

本研究运用多层线性中的随机截距模型,采用分层线性中的二层线性的嵌套结构进行深入分析,分析公众环境行为组内和组间差异的深层影响因素,对私域公众环境行为进行建模,分为以下步骤:

首先,建立零模型(The Null Model)验证区域差异性变量对公众环境行为的解释力。其次,加入一层变量构建基准模型。再次,加入二层变量:人均GDP、第二产业比重构建经济发展和政府治理模型。然后,加入三类污染客观数据构建污染驱动模型。最后,加入了两者交互项,构建交互模型。

本研究为了对客观变量多重共线性问题,对经济变量和污染指标进行了中心化处理,对客观数据都进行了标准化处理。最后模型是:

个人层次:

$Y_{ij}=\beta_{0j}+\beta_{1j}($ 性别 $)+\beta_{2j}($ 年龄 $)+\beta_{3j}($ 居住地 $)+\beta_{4j}($ 婚姻状况 $)+\beta_{5j}($ 教育程度 $)+\beta_{6j}($ 收入 $)+\beta_{7j}($ 媒体使用 $)+\beta_{8j}($ 环境知识 $)+\beta_{9j}($ 社会互动 $)+\beta_{10j}($ 社会信任 $)$。

省级层次:

$\beta_{0j}=\gamma_{00}+\gamma_{01}($ 人均GDP $)+\gamma_{02}($ 第二产业比重 $)+\gamma_{03}($ 废水排放量、垃圾清运量、$PM_{2.5}$ 浓度 $)+\gamma_{04}($ 人均GDP*废水排放量、人均GDP*垃圾清运量、GDP*$PM_{2.5}$ 浓度 $)+\mu_{0j}$。

二、结果与分析

表2反映了公众私域环境行为多层模型分析结果,共有五个模型分别为:零模型、基准模型、经济发展与产业结构模型、污染驱动模型、经济发展和污染交互模型(简称交互模型)。

(一)零模型和基准模型

零模型中个体层次的方差点估计为477.930,省级层面的方差点估计为69.697,组内相关系数ICC[1]（p=0.1274，p<0.001），卡方值是1877.568,自由度为27。这表明了公众私域环境行为的差异大约有12.74%来自于省级层次上差异,说明微观个体的组内和宏观组间结合能够解释公众私域环境行为的差异,采用分层线性模型分析的必要性。

基准模型是在零模型加入了个体层面自变量,方差减少到392.430,省级层面方差降低为20.211,验证了格力森复合效应[2],性别、年龄、居住地、婚姻状况、教育程度、环境知识、媒体使用、社会互动及社会信任与私域环境行为有着显著正向作用。收入与私域环境行为没有相关性。由此得出结论:女性,年长者,城市公众,已婚人士,教育程度较高者,具有较多环境知识和较高社会信任者,媒体使用及社会互动较为频繁具有较多私域环境行为。个人收入与公众私域环境行为没有相关性。

(二)经济发展与产业结构模型

在基准模型基础上加入人均GDP、第二产业比重后,个体层面的方差为376.845,省级层面的方差为11.039,人均GDP、第二产业比重与私域环境行为分别有较为显著的正负相关（γ_{01}=2.413***，γ_{02}=-1.245*）。这说明地区经济水平和产业结构的调整在一定程度上对地区公众私域环境行为的转变有着深层的意义。生活水平的提升不仅有助于公众对健康的关注,同时也激发了对生活质量提升的追求,从而有利于激发公众的私域环境行为。与之相反,第二产业比重的降低会引导地区公众私域环境行为整体提升。

(三)污染驱动模型

在此基础上加入三类污染的指标:废水的排放量、垃圾清运量和

---

① 相关系数ICC:U0/(U0+R)如果ICC大于0.059即可认为有必要采用多层线性模型进行分析。

② 格力森研究国家之间的公众环境支持度时发现,个人层次的变量不仅能够解释个体的环境支持度的差别,而且还能解释公众环境支持度在城市之间的差异,他把这一效应称为复合效应。

PM$_{2.5}$浓度。省级层面的方差减少较为明显为12.978,个体层面方差减少为376.845。其中,人均GDP和第二产业比重对地区公众平均私域环境行为有显著性正相关和负相关(γ_{01}=1.986**、γ_{02}=-1.685**)。废水排放量、PM$_{2.5}$浓度与地区公众私域环境行为没有相关性,但是垃圾排放量却有负相关(γ_{03}=-3.337*),这说明了在环境污染驱动下,人均GDP提高和第二产业比重下降能够激发地区公众私域环境行为,垃圾排放量的减少会激发私域环境行为。

(四)经济发展和污染交互模型

在污染驱动模型基础上,加入了人均GDP与三类污染指标的交互项,检验经济发展与污染交互作用下对地区公众平均私域环境行为的影响,省级和个体层面方差分别减小为9.193和376.348。

在此模型中,人均GDP对地区公众平均私域环境行为有着显著正相关(γ_{01}=10.421**)。废水排放量与地区公众平均私域环境行为有微弱正相关(γ_{03}=6.217^{+})。PM$_{2.5}$浓度有着显著负相关(γ_{03}=-9.215***)。垃圾排放量与地区公众私域环境行为没有显著相关。但是,人均GDP与垃圾排放量、PM$_{2.5}$浓度交互项对地区公众人均私域环境行为有正相关(γ_{04}=8.052^{+}、PM$_{2.5}\gamma_{04}$=16.783***)。该模型表明人均GDP每增加一个单位,垃圾清运量每提升一个单位,或者PM$_{2.5}$浓度每增加一个单位,都会促进地区公众私域环境行为的产生。但是较为有趣的是,人均GDP与废水的排放量交互项对公众平均的私域环境行为产生负向影响(γ_{04}=-7.596*),也就是人均GDP每增加一个单位,工业废水和生活废水排放总量增加会使地区公众平均的私域环境行为减少。

从交互模型中发现,人均GDP对地区公众私域环境行为有显著作用,印证了经济发展水平所发挥的作用。污染指标在受到经济水平的调节作用下,发生了显著的变化,说明随着经济水平提升会使公众个体行为产生变化,经济水平维持稳定提升前提下,不同的污染指标结果却出现了不同的结果。垃圾排放和PM$_{2.5}$浓度的增加,促进当地公众自发私域环境行为产生,说明公众对空气污染和垃圾围城有着较为强烈的感知和抵触,相对于工业废水和生活废水排放量不容易感知,因此不容易在私域环境行为上有所转变。

表2　公众私域环境行为多层分析模型

变量		零模型	基准模型	经济发展与产业结构模型	污染驱动模型	交互模型
个体层面:CGSS2013数据	截距	41.646***	42.076***	42.098***	42.058***	42.170***
		(1.566)	(0.866)	(0.647)	(0.691)	(0.556)
	性别a		4.797***	4.794***	4.802***	4.784***
			(0.473)	(0.466)	(0.465)	(0.466)
	年龄		0.116***	0.108***	0.107***	0.108***
			(0.022)	(0.021)	(0.021)	(0.021)
	居住地b		5.107***	5.254***	5.261***	4.802***
			(0.924)	(1.082)	(1.088)	(0.996)
	婚姻状况c		2.028***	2.095***	2.099***	2.115***
			(0.536)	(0.516)	(0.517)	(0.519)
	教育程度		1.620***	1.605***	1.585***	1.599***
			(0.259)	(0.251)	(0.252)	(0.250)
	收入		0.881	0.012	0.018	0.188
			(0.661)	(0.816)	(0.810)	(0.806)
	媒体使用		5.410***	5.746***	5.763***	5.676***
			(0.827)	(0.780)	(0.772)	(0.793)
	环境知识		1.874***	1.840***	1.839***	1.851***
			(0.221)	(0.178)	(0.179)	(0.178)
	社会互动		1.696***	1.571***	1.557***	1.541***
			(0.267)	(0.261)	(0.261)	(0.262)
	社会信任		0.762**	0.761**	0.773**	0.777**
			(0.243)	(0.245)	(0.243)	(0.246)
宏观层面:省级客观数据	人均GDP			2.413***	1.986**	10.421**
				(0.587)	(0.606)	(2.765)
	第二产业比重			−1.245*	−1.685**	−0.432
				(0.488)	(0.587)	(0.530)
	废水排放量				2.635	6.217+
					(1.649)	(3.277)
	垃圾清运量				−3.337*	−4.933
					(1.712)	(4.037)

173

	变量	零模型	基准模型	经济发展 与产业结构模型	污染驱动模型	交互模型
宏观层面：省级客观数据	PM_{2.5}				−0.484	−9.215***
					(0.424)	(1.285)
	GDP*废水					−7.596*
						(3.660)
	GDP*垃圾					8.052+
						(4.815)
	GDP*PM_{2.5}					16.783***
						(2.531)
	层2效应	69.697***	20.211***	11.039***	12.978***	9.193***
		(1877.568)	(554.119)	(120.020)	(111.513)	(121.799)
	层1效应	477.930***	392.430***	376.845***	376.446***	376.348***
	自由度	27	27	24	24	24

注：(1)汇报结果为稳健系数,括号内为标准误;

(2)参照组:a.男性 b.农村 c.无配偶;

(3)$^+p<0.1$, $^*p<0.05$, $^{**}p<0.01$, $^{***}p<0.001$。

三、讨 论

多元回归、多层线性模型呈现的相关关系是静态的,但是在现实社会中,环境问题的背后的社会因素往往是多元的、动态的。环境污染问题、环境治理问题、环境行为之间的关系本身就是一个动态的过程。不同的环境问题本身构成的原因较为复杂,很难通过简单的推论得出较为全面的答案。多数研究者认为,经济发展与环境治理就是一对悖论,是一个"难缠"的问题,不同利益主体都困扰于"难缠"的问题之中。

(一)私域环境行为逻辑:个体理性

微观因素基准模型的分析结果中,都验证同一个事实。私域环境行为逻辑起点是个体理性。人口统计变量表明,在性别上,我国传统的家庭观念"男主外、女主内",女性具有较多爱心和个体理性,对私域环境行为较为关注。城镇公众较农村公众,具有较强的环保意识和行为。年长者对私域环境行为较多关注,这类群体的环境行为并不是出于主观的生态价值观的绿色消费,而是出于节能和省钱目的的消极私域环境行为。已婚家庭的公众,从个人家庭利益考量,更多愿意从事节能环保行为。从人口学差异性中可以看出,女性、城市居民、已婚者、年纪较大者具有较强的个体理性,成为私域环境行为的逻辑起点。

(二)私域环境行为根源:差别暴露

环境问题的根源不仅体现了人与自然、人与人之间的矛盾,更暴露出阶层之间的矛盾。阶层间利益分化,催生了社会经济地位的不平等,进而导致环境风险在不同人和人群中的分布不平等。在环境行为多层分析模型中,社会经济地位高(教育程度高),环境知识多,媒体使用频繁的公众,私域环境行为较多,验证了个体社会经济地位差异对环境行为的影响。个人财富并不能说明环境行为的差异,但是教育程度的差异却很明显反映了个体行为的差异性。同时,在现代社会中,媒体是公众获取环境信息的主要渠道,媒体使用的频率可以拓宽公众环境知识获取的渠道,很多学者已经验证了媒体对于提高公众亲环境行为所产生的积极效应。互联网、新媒体时代的到来,信息的获取多少和程度决定了差别的暴露。

城市居民私域环境行为较多。"城乡"变量是社会学研究不平等问题的重要变量,中国的城乡居民在经济收入、教育机会获得、社会保障、社会关系网络和生活方式等诸多方面都有着显著的差距。洪大用等关注差别暴露、差别职业和差别体验在城乡居民中环境关心的差异。根据已有的研究,我国二元的社会结构下,城乡分化在环境维度上体现较为显著。在快速的城镇化下,农村、城市的环境风险不断叠加。"差别暴露"理论认为,客观环境状况的退化会导致公众对环境问题的关心,城市地区比农村空气污染、水污染严重,对环境风险感知较为强烈,导致城市比乡村居民更加关注环境问题。

(三)私域环境行为特性:弥散性

社会互动较频繁群体,代表了具有较强的社会关系网络,在社会互动中掌握更多的社会资本,具有良好主体意识。费孝通先生在《乡土中国》中描述的熟人社会秩序,在现今的社会变得越来越微弱,传统组织和权威逐渐弱化,乡土秩序分崩离析,人际信任程度也随着市场化逐渐淡化。社会信任的缺失对居民私域环境行为造成了重要的阻隔。我国环境问题面临着边缘化、失序化的挑战,公众私域环境行为仍然是无组织的弥散行为,而社会互动频繁群体和社会信任程度较高的公众成为环境保护的中坚力量,他们能够为失序的群体带来情感抚慰、秩序维护,使个体凝聚成一个守望相助的血缘亲情共同体,在良好的互动氛围中,促成其具有更多的私域环境行为。

(四)环境行为推动与羁绊:经济发展

在污染驱动和交互两个模型中,人均GDP和第二产业比重对地区公众平均私域环境行为都有着显著作用,也就是富裕地区、第二产业比重较低地区,平均私域环境行为较多。而这一不争的事实,受到一定条件的限制。在污染指标与人均GDP交互后,污染问题在经济发展的调节作用下,也就是当人们生活水平提升后,当地公众平均私域环境行为的影响发生了有趣的变化。

首先,在经济持续增长地区,$PM_{2.5}$浓度的增加,有助于私域环境行为的产生。但是,在经济并不增长情况下,$PM_{2.5}$浓度的增加反而减少了地区公众私域环境行为。近几年来,经济水平的持续增长,雾霾问题的加剧,使公众出行都佩戴附有高级防护功能的口罩和空气净化器,公众从自身健康角度做好自身环境风险防范,提高抵御环境风险能力。相反在经济不发达的贫困地区,公众为维持基本的温饱问题,很少关注雾霾问题,更不会产生相应的环境行为,反而会在$PM_{2.5}$浓度持续增长下,使环境污染陷入恶性循环,愈演愈烈。

其次,在经济增长情况下,垃圾排放量增长对私域环境行为产生了正向的作用。近年来垃圾围城问题严峻,地方政府为了治理垃圾问题采取了不同的方式,如增加垃圾回收和垃圾分类,以及焚烧项目的上马,公众也在垃圾分类等知识的普及下,形成良好的私域环境行为。

最后,经济增长的情况下,地区废水排放量的增加减少了公众私域环境行为。废水的排放量包括了工业废水和生活废水。长期以来,公众将污染责任归咎于工业排污企业、政府环境治理的不作为,而忽视公众自身所造成的污染排放,对个体行为所造成的污染置若罔闻。水污染一直以来隐藏于工业排污的大旗之下,缺少对自身环境行为的引导,如节约用水。由于各种水利工程的建设,虽然目前我国淡水资源短缺,但并没有给公众用水造成困难,大多数公众并没有由于废水排放量增加而节约日常用水,反而随着经济水平的增长,增加了污水的排放,减少公众私域环境行为。

四、结论

本研究通过CGSS2013主观数据和28个省的客观数据进行了多层分析,并得出以下结论:经济发展和环境治理悖论下的公众环境行为的变化。虽然富裕地区的公众平均私域环境行为多,验证了"富裕假说",但更加凸显了污染指标在经济指标调节下,对公众私域环境行为产生的显著性变化。

在我国城镇化的进程中,地区发展水平差距日益明显,发达地区的人们普遍生活水平较高,对日常生活的质量有着较高要求,培育了较好的日常生活习惯,并且都有着对于环境保护的自我约束能力。无论是主观的环境价值观,还是地方政府提供的软硬件设施,都比贫困地区公众有着良好的现实基础。贫富差距扩大化引发差别暴露,必然带来私域环境行为的显著性差异。

公众私域环境行为建立在个体理性的基础上,同时具有较强的弥散性。环境行为的培育需要通过内生的环境价值观实现。

转型期的中国社会面临着各类环境风险,复杂性、多样性、多元性、衍生性的环境风险不断侵蚀着中国公众的生活质量,深刻影响着公众环境行为。人是环境风险的受害者,同时也是缔造者和传播者及应对者。公众的环境行为应该从整体社会结构和变迁的视角出发,将环境行为放到宏观和微观的叠加视角下,研究如何受到社会制约,如何嵌入宏观经济、日常习惯和规范性的实践,进而制定和完善环境政策。

参考文献:

1.范叶超、洪大用:《差别暴露、差别职业和差别体验——中国城乡公众环境关心差异的实证分析》,《社会》2015年第3期。

2.龚文娟:《社会经济地位差异与风险暴露——基于环境和公正的视角》,《社会学评论》2013年第4期。

3.洪大用、卢春天:《公众环境关心的多层分析——基于中国CGSS2003的数据应用》,《社会学研究》2011年第6期。

4.卢少云、孙珠峰:《大众传媒与公众环保行为研究——基于中国CGSS2013数据的实证分析》,《干旱区资源与环境》2018年第1期。

5.彭远春:《城市公众环境行为的结构制约》,《社会学评论》2013年第4期。

6.世界观调查数据:环境保护和经济增长优先选择,http://www.worldvaluessurvey.org/wvs.jsp。

7.王晓楠、刘琳:《中国公众环境行为意愿的多层分析——基于2013年CSS数据的实证分析》,《吉首大学学报(社会科学版)》2017年第1期。

8.王琰:《中国公众绿色消费影响因素的多层次分析:基于CGSS2010的实证研究》,《南京工业大学学报(社会科学版)》2015年第2期。

9.王玉君、韩冬临:《经济发展·环境污染与公众环保行为——基于中国CGSS2013数据的多层分析》,《中国人民大学学报》2016年第2期。

10.张文宏:《社会网络资本的阶层地位差异》,《社会学研究》2005年第4期。

11.Abrahamse, L Steg, C Vlek, T Rothengatter, "A review of intervention studies aimed at household energy conservation," *Journal of Environmental Psychology*, 2005, 25(3), pp. 273-291.

12. Buttel, F.H.& W.L.Flinn, "The Politics of Environmental Concern: The Impacts of Party Identification and Political Ideology on Environmental Attitudes," *Journal of Environment and Behavior*, 1978, 10(1), pp. 17-36.

13. Corral-Verdugo, V., Carrus, G., Bonnes, M., Moser, G., & Sinha, J. B.P., "Environmental water conservation," *Journal of Environment and Behavior*, 2008, 40(5), pp. 703-725.

14. Dunlap, R.E., & Van Liere, K.D., "The 'New Environmental Paradigm': a proposed measuring instrument and preliminary results," *Journal of Environmental Education*, 1978, 9(4), pp. 10-19.

15. Ebreo, A., & Vining, J., "How similar are recycling and waste reduction? Future orientation and reasons for reducing waste as predictors of self-reported behavior," *Environment and Behavior*, 2001, 33(3), pp. 424-448.

16. Franzen, Axel, and Reto Meyer, "Environmental Attitudes in Cross-National Perspective: A Multilevel Analysis of the ISSP 1993 and 2000," *European Sociological Review*, 2010, 26, pp. 219-234.

17. Gelissen, John, "Explaining Popular Support for Environmental Protection: A Multilevel Analysis of 50 Nations," *Environment and Behavior*, 2007, 39, pp. 392-415.

18. Guagnano, G.A., Stern, P.C., & Dietz, T, "Influences on attitude-behaviour relationships: A natural experiment with curbside recycling," *Journal of Environment and Behaviour*, 1995, 27, pp. 699-718.

19. Inglehart, R., "Public Support for Environmental Protection: Objective Problems and Subjective Values in 43 Societies," *Journal of Political Science and Politics*, 1995, 28(1), pp. 57-72.

20. Kaiser, F.G., "A general measure of ecological behavior," *Journal of Applied Social Psychology*, 1998, 28(5), pp.395-422.

21. Nordlund, A.M., & Garvill, J., "Value structures behind proenvironmental behavior, " *Journal of Environment and Behavior*, 2002, 34(6), pp. 740-756.

22. Oreg, S., & Katz-Gerro, T., "Predicting Pro environmental Behavior Cross - Nationally Values, the Theory of Planned Behavior, and Value-Belief-Norm Theor, "*Journal of Environment and Behavior*, 2006, 38(4), pp. 462-483.

23. Renn, O. & D. Levine, *Credibility and Trust in Risk Communication*, Kasperson R.E. & P.J.M. Stallen(eds), *Communication Risks to the Public: international perspectives*, Boston: Kluwer Academic Publishers, 1991.

24. Schelling, T., "Models of Segregation, " *Journal of American Economic Review*, 1969, 59(2), pp. 488-493.

25. Stern, P. C., "New Environmental Theories: Toward a Coherent Theory of Environmentally Significant Behavior, "*Journal of Social Issues*, 2000, 56(3), pp. 407-424.

我国公众环境意识的代际差异及其影响因素*

刘森林　尹永江**

摘　要：利用"2013年中国社会状况综合调查"数据,对我国公众的环境意识进行分析。结果发现,出生在改革开放后的年轻人和出生在改革开放前的年长者的环境意识存在代际上的差异,年轻人的环境意识水平整体上高于年长者的环境意识水平。年轻人与年长者的环境意识的代际差异主要是因为各自的影响因素不同。首先,年轻人的环境意识主要受到家庭人均年收入、社会保障水平、政治面貌、传统媒介使用频率、新媒介使用频率的影响;其次,年长者的环境意识主要受到政治面貌、是否受过高等教育、新媒介使用频率的影响;最后,由客观阶级地位(即职业地位)、主观阶级地位(即社会经济地位的主观认同)、单位性质、户籍性质、政治面貌等组成的"社会结构因素"对年轻人的环境意识的影响作用最大,而由是否受过高等教育、传统媒介使用频率、新媒介使用频率组成的"文化因素"对年长者的环境意识影响作用最大。

关键词：社会公众　环境意识　影响因素　代际差异

一、研究背景

习近平总书记在中国共产党十九大报告指出："必须树立和践行绿水

---

* 原文发表于《北京工业大学学报(社会科学版)》2018年第3期。

** 刘森林,社会学博士,福州大学人文社会科学学院讲师;尹永江,中国社会科学院研究生院硕士研究生。

青山就是金山银山的理念……建设美丽中国，为人民创造良好生产生活环境，为全球生态安全做出贡献。"环境保护一直是党和国家关心的重要问题，而环境保护的落实，离不开正确的"环境意识"！

环境意识的重要性引起了社会各界的广泛关注，当前学术界关于环境意识的研究主要聚焦在对环境意识的内涵、环境意识的测量以及环境意识的影响机制等方面的讨论。

关于环境意识的内涵，学术界呈现出多种观点。"环境意识"这一概念最先出现在西方，中文的"环境意识"是对英文"environmental awareness"一词的翻译，但在英语世界里，人们讨论环境意识时，更多使用"环境素养"（environmental literacy）、"新环境范式"（new environmental paradigm）和"环境关心"（environmental concern）。有学者认为，"环境意识"是一种重要的价值观，是公众在环境问题上的价值取向。也有学者认为，环境意识包括环境知识、环境价值观、环境保护态度和环境保护行为等4个方面，是人们对与环境相关问题的认识，表达他们对解决这些问题的支持，并且个人愿意为这些问题的解决做出贡献的程度。在环境意识的测量方面，学者们提出众多的测量指标，其中影响比较突出的主要包括"生态态度和知识"量表、"新环境范式"量表等。"生态态度和知识"量表源自心理学的态度研究，认为环境意识是人们对人与环境关系的一种态度，包含情感、认知和冲动，所以该量表主要从情感、知识、行为意愿和行为4个维度对环境意识进行测量。而"新环境范式"则主要通过12个维度检验民众的环境意识。

环境意识的影响因素是学术界讨论的重点。罗纳德·英格尔哈特从经济的角度指出，二战前后，西方社会发生了深刻的社会转型，从二战之前到二战之后，西方社会经历了从经济匮乏到经济繁荣的转变。出生在二战之后的年轻一代由于处在经济繁荣的社会环境中而更倾向于后物质主义价值观，追求的是生活质量，更加关注环境，环境意识更强；而出生在二战之前经济匮乏的社会环境中的年老一辈群体，更倾向于物质主义，追求的是经济与安全，环境意识相对淡薄。但是，一些研究者发现，许多不发达国家的公众的环境意识也很高,甚至在某些方面超过发达国家,国家的经济发展水平以及与之相关的后物质主义理论并不能对此给出合理的解释。一些学者甚至直接指出,环境关心或者环境意识应被看作是一种全球现象而不是发达国家公众后物质主义价值观的独有产物。还有学者从社会结构和文化的视角对环境意识的差异进行解释。比如从社会结果视角,有学者基于城乡的角度认为,城市居民比农村居民有更强的环境意识,因为城市居民更可能接触到环境恶化问题。也有研究者从社会阶层的角度指出,社会阶层位置较低的群体一般生活在污染比较严重的地区,脏乱的工作环境和破旧的娱乐设施,更容易引起他们关注糟糕的环境状况,因此,底层群体相较于中上层群体,环境意识更强。从文化的视角,有学者基于受教育程度指出,接受教育有利于个体获取环保知识和加深对环境问题的理解,有助于提高个体的环境意识水平,因此,受教育程度越高,环境意识越强。甚至有学者直接指出,日常生活领域的环境行为与不同的情境有关,最为一般的情境是社会结构与文化背景。

在有关文献中,探索环境意识和环境关心的社会基础(比较和解释哪部分人更关心环境)一直是学者努力的方向。已有的研究表明:年龄是对环境意识影响最大、联系最紧密的变量,超过了社会因素对其的影响和解释。在西方环境运动中,年轻人特别是青年学生表现出高涨的热情,构成了绝对的参与主体。在我国,有学者研究指出,在国内由环境议题引发的群体性事件中,当代青年的身影最为活跃,甚至已经成为影响事件发展的关键力量。但是,关于年龄或者代际对环境意识的影响,学术界尚有争议,部分学者认为年轻人比老年人有着更多的环境关心,而另一些学者则认为年老的人比年轻人有更多的环境关心。改革开放以来,我国社会结构发生了深刻的变化,人们的价值观念也发生着一定程度的转变,那么,改革开放前后的两个不同代群之间的环境意识有何差异,为何会出现这种差异,这是值得深入思考的问题。

经济、社会结构和文化三大因素对环境意识的代际影响是已有大量研究讨论的焦点。但是这三个因素对于不同年龄群体的环境意识的影响作用大小的研究却很少有过探索。而明确不同因素对不同年龄群体的影响作用大小进行环境意识的"因材施教"，有助于更好地全面提升我国环境意识的总体水平。本文将着重研究和分析经济、社会结构和文化三大因素对不同年龄群体的环境意识影响作用，并提出相关的政策建议。

二、数据、变量与研究方法

（一）数据来源

本研究的数据来自2013年中国社会状况综合调查（Chinese Social Survey，CSS）。CSS是中国社会科学院社会学研究所主持的一个全国性、综合性、连续性的大型社会调查项目。2013年的CSS调查覆盖全国31个省/自治区，调查范围涉及全国151个县（区），604个居（村）民社区。调查对象为18周岁以上的中国公民，问卷量共计10268份。根据因变量"环境意识"一题的答题情况，经筛选，最后确定共有10185个样本。

（二）变量测量

1.因变量

本文对"环境意识"的测量方法借鉴了政治学家普遍采用的公众态度调查测量方法，即通过问卷调查被访者对相关问题的回答所构建的态度测量量表，给每一种答案赋以确定的分值，根据得分的高低判断其环境意识水平。提问问题及其答案如下：

下列描述在多大程度上和您实际情况相符？项目分别是：A.对我国来说，发展经济比保护环境更重要；B.我的工作、学习生活很忙，基本上没有时间关注生态环境问题；C.如果周围人都不注意保护环境，我也没有必要环保；D.保护环境是政府的责任，和我的关系不大；E.如果有时间的话，我非常愿意参加民间环保组织；F.我不懂环保问题，也没有能力来评论；G.我对环保问题有自己的想法，但是政府部门也不会听我的；H.政府应该加强环境保护工作，但是不应当由我们普通百姓来出钱；I.

如果在我居住的地区要建立化工厂，我一定会表示反对意见的。对上述问题的答案分别为：①完全符合；②比较符合；③不太符合；④完全不符合；⑤说不清。

对于复合变量"环境意识"，本文对每个提问项的答案进行赋值，采用李克特量表的计分方法，其得分是相关提问得分的加总。其中前8小题得分越高表示环境意识水平越高，第9小题由于是反向设置，所以得分越高反而表示环境意识水平越低。具体见表1。

表1　复合变量名称、项目及赋值[①]

复合变量名称	项目	赋值
环境意识	A. 对我国来说，发展经济比保护环境更重要。B. 我的工作、学习生活很忙，基本上没有时间关注生态环境问题。C. 如果周围人都不注意保护环境，我也没有必要环保。D. 保护环境是政府的责任，和我的关系不大。E. 如果有时间的话，我非常愿意参加民间环保组织。F. 我不懂环保问题，也没有能力来评论。G. 我对环保问题有自己的想法，但是政府部门也不会听我的。H. 政府应该加强环境保护工作，但是不应当由我们普通百姓来出钱。I. 如果在我居住的地区要建立化工厂，我一定会表示反对意见的。	第1—4、6—8题：完全符合（-2分），比较符合（-1分），说不清（0分），不太符合（1分），完全不符合（2分）； 第5、9题：完全符合（2分），比较符合（1分），说不清（0分），不太符合（-1分），完全不符合（-2分）。

因变量是由多个提问项目的量表测量，因此，它的得分是相关提问得分的加总。同时辅助于相关统计手段（Cronbach's alpha）。首先，根据理论判断来选择适合的提问项目，并通过Cronbach's alpha来检测这一组提问是否可以建构一个测量指数。Cronbach's alpha是测量一组提问内在异质性的系数，由此可以判断这一组提问是否代表了同一种态度倾向以

---

① 本文所使用的数据来源是2013年中国社会科学院社会学所的中国社会状况调查数据（CSS2013），三个复合变量所涉及的提问项目的答案均有"不好说"一项，属于模糊不清、中间意向的答案。根据问卷设计的答案选项对政治的敏感程度和保守程度，并借鉴学者范雷在《江苏社会科学》2012年第3期的《80后的政治态度——目前中国人政治态度的代际比较》;李路路、李升在《社会学研究》2007年第6期《"殊途异类"：当代中国城镇中产阶级的类型化分析》文章中所使用的方法，将"不好说"的赋值为中间分数，本文认同并采用此种方法。同时，在"政府信任"的答案选项中的"不适用"，参考冯仕政在《社会学研究》2006年第3期《单位分割与集体抗争》文章中所使用的方法，将"不适用"归为缺失值。

及是否可以构成一个态度测量指数。一般而言,Cronbach's alpha系数值在0.8至0.9之间表示有相当高的信度。本研究所建构的"环境意识"变量,其题项组的Cronbach's alpha系数为0.838,其信度非常好。

2.自变量

关于环境意识的影响因素的研究中,本文在文章的开头已经说明,已有研究表明经济因素、社会结构因素和文化因素是影响环境意识的关键,而且不同的学者对于这三个因素对环境意识的影响作用的观点不同。因此,本文将经济、社会结构和文化三大因素作为影响环境意识的自变量进行分析。

收入、社会福利和就业稳定性或失业率是影响价值观的经济基础。社会结构主要包括三个层面:实体性社会结构、规范性社会结构和关系性社会结构,而实体性社会结构就包括人口结构、群体结构、阶级阶层结构等,又可分为职业群体结构、组织结构、城乡结构、制度结构等。以职业为基础的社会阶层是新的社会分层划分机制,是客观的社会阶级地位的标志,而主观的社会阶级地位则主要指人们对社会经济地位的主观感受。单位性质或类型与国家和市场有着千丝万缕的关系,具有明显的社会分割作用并体现制度结构,是社会阶级阶层的重要判断标准之一。户籍在社会差别和层级裂痕中具有催化作用,尤其在我国,更是社会结构分层的重要分割器。人们的政治身份也是社会地位和社会分层的重要影响因素。文化对个人的作用是主要通过教育等形式表现出来的,同时,文化总是和传播密不可分,电视、报纸等传统媒介和互联网新媒介具有影响人们价值观念的潜力。

综上所述,本文的经济物质安全因素主要包括:家庭人均年收入、社会保障水平、就业稳定性;社会结构因素主要包括:客观阶层地位(即职业地位)、主观阶层地位(即社会经济地位主观认同)、单位性质、户口性质、政治面貌;文化因素主要包括:受教育水平(即是否受过高等教育)、使用传统媒介频率(指阅读报纸杂志)、使用新媒介的频率(指使用互联网浏览新闻)。

3.控制变量

已有的研究认为:不同性别之间的环境意识存在明显的差异,而且不同地区由于环境不公平问题,表现出了不同的环境保护责任及为环境保护付费意愿等环境意识水平。因此,本文将性别和地区作为控制变量进行处理。

因变量、自变量和控制变量的基本情况整理见表2。

表2　研究涉及变量的相关情况描述

变量		性质	均值	标准差	说明
因变量	环境意识	连续	3.06	5.08	最小值-18,最大值18,分值越高,意识越强
自变量	家庭人均年收入	连续	14588.1	18775.12	最小值0,最大值433333.3
	社会福利状况	连续	1.82	1.15	最小值0,最大值6
	就业稳定性	定类	3.84	1.34	很不稳定=1,不太稳定=2,一般=3,比较稳定=4,很稳定=5
	客观阶层地位	定类	1.18	0.44	基础阶层=1,中间位置阶层=2,优势地位阶层=3
	主观阶层地位	定类	2.45	0.62	上层=1,中层=2,下层=3
	单位性质	定类	0.88	0.32	体制内=0,非体制内=1
	户口性质	定类	0.32	0.47	农业户口=0,非农业户口=1
	政治面貌	定类	0.10	0.30	非党员=0,党员=1
	是否受过高等教育	定类	0.13	0.34	否=0,是=1
	使用传统媒介频率	定类	0.18	0.38	频率低=0,频率高=1(指报纸杂志)
	使用新媒介频率	定类	0.75	0.43	频率低=0,频率高=1(指使用互联网浏览新闻)
控制变量	性别	定类	0.45	0.50	女=0,男=1
	年龄	连续	45.72	13.64	最小值18,最大值72
	地区	定类	2.05	0.99	最小值1,最大值4

(三)研究方法

本文首先通过计算均值,检验出生在改革开放后的年轻人和出生在改革开放前的年长者的环境意识的平均水平是否存在差异。然后通过多元线性回归分析,检验出生在改革开放前的年轻人和出生在改革开放后的年长者各个年龄群体的环境意识的影响因素是什么。Shapley值分解,可以得出自变量与因变量之间的关系,分解出各因素的具体贡献和相对重要程度,同时,Shapley值分解下各变量的贡献率具有横向可加性。所以,最后本文将基于回归分析计算Shapley值的方法,检验经济因素、社会结构因素和文化因素各自对年轻人和年长者的环境意识的影响作用的大小,即Shapley值的大小。

三、研究发现

(一)年轻人与年长者的环境意识水平差异

通过表3可以看出,出生在改革开放后(即18—35岁)的年轻人的环境意识的均值为4.60分,而出生在改革开放前(即36岁及以上)的年长者的环境意识的均值为2.55分,年轻人的环境意识的平均分比年长者的环境意识的平均分高出2.05分。因此,环境意识存在明显的代际差异,出生在改革开放后的年轻人的环境意识总体上比出生在改革开放前的年长者的环境意识高(见表3)。

表3　出生在改革开放前后的两个群体的环境意识(分)

年龄	环境意识(均值)
改革开放后(18—35岁)	4.60
改革开放前(36岁及以上)	2.55

(二)年轻人与年长者的环境意识影响因素及其差异

表3显示:出生在改革开放后的年轻人的环境意识与出生在改革开放前的年长者的环境意识存在代际上的差异。而已有的研究已经证明环境意识受到多种因素的影响,并且不同因素对不同代际群体的影响作用不同。

1.家庭人均年收入对环境意识的影响存在代际差异

从表4中得出,模型1中家庭人均年收入对出生在改革开放后的年轻人有显著的影响,而且是负向的影响,即随着家庭人均年收入的增加,年轻人的环境意识反而降低。然而家庭人均年收入对出生在改革开放前的年长者的环境意识的影响并不显著。

2.社会福利状况对环境意识的影响存在代际差异

从表4中得出,模型1中社会福利状况对出生在改革开放后的年轻人的环境意识具有显著影响,回归系数为0.219,表明社会福利水平每提高1个单位,年轻人的环境意识水平就提升0.219倍。此外,社会福利状况对出生在改革开放前的年长者的环境意识没有显著影响。

3.政治面貌对年轻人和年长者的环境意识都有显著影响,但影响作用的大小不同

首先,从表4的模型1中可以看出,政治面貌的回归系数为0.995,表明党员年轻人的环境意识水平相对于非党员年轻人的环境意识水平更高。模型2中,政治面貌的回归系数为1.012,表明党员年长者的环境意识水平,比非党员年长者的环境意识水平高。相比之下,政治面貌对于年长者的环境意识的影响作用略大于对年轻人的环境意识的影响。

4.是否接受过高等教育对环境意识的影响存在代际差异

从表4中得出,模型2中是否受过高等教育的回归系数为0.924,表明受过高等教育的年长者的环境意识水平比没有受过高等教育的年长者的环境意识水平高。而是否受过高等教育对年轻人的环境意识的影响并不显著。

5.传统媒介使用频率对环境意识的影响存在代际差异

从表4中可以看出,模型1中传统媒介使用频率对年轻人的环境意识具有显著影响,其回归系数为0.804,表明传统媒介使用频率高的年轻人的环境意识水平,比使用频率低的年轻人高。而传统媒介使用频率对年长者的环境意识的影响并不显著。

6. 新媒介使用频率对年轻人和年长者的环境意识都有显著影响,但影响作用的大小不同

表4模型1中显示,新媒介使用频率对年轻人的环境意识有显著影响,其回归系数为0.885,表明新媒介使用频率高的年轻人的环境意识水平,比使用频率低的年轻人的环境意识水平高。从模型2中也可以看出,新媒介使用频率对年长者的环境意识也有显著影响,其回归系数为1.283,表明新媒介使用频率高的年长者的环境意识水平,是使用频率低的年长者的2.283倍。

表4 环境意识影响因素的多元线性回归

回归变量		模型1 (年轻人)	模型2 (年长者)
性别 (以女性为参照物)	男性	−0.459	−0.253
		(0.32)	(0.32)
	被访者年龄	0.001	−0.014
		(0.04)	(0.02)
地区 (以东部为参照物)	中部	0.109	0.272
		(0.35)	(0.34)
	西部	0.383	−0.206
		(0.42)	(0.42)
	家庭人均年收入	−0.000*	0.000
		(0.00)	(0.00)
	社会福利状况	0.219*	−0.029
		(0.10)	(0.11)
工作稳定性 (以很不稳定为参照物)	不太稳定	−0.126	−0.112
		(0.73)	(0.81)
	一般	−0.168	−0.113
		(0.80)	(1.06)
	比较稳定	−0.410	0.477
		(0.68)	(0.73)
	很稳定	−0.355	0.345
		(0.65)	(0.70)

回归变量		模型1（年轻人）	模型2（年长者）
客观阶级地位（以基础阶层为参照物）	中间位置阶层	0.317	0.066
		(0.38)	(0.37)
	优势地位阶层	−1.701	0.656
		(0.93)	(0.57)
主观阶级地位（以高层为参照物）	中层	0.986	−0.432
		(0.64)	(0.48)
	低层	0.124	−0.034
		(0.65)	(0.49)
单位性质（以体制内为参照物）	非体制内	0.450	−0.696
		(0.41)	(0.37)
户口性质（以农业户口为性质）	非农业户口	−0.267	−0.354
		(0.37)	(0.38)
政治面貌（以非党员为参照物）	党员	0.995*	1.012*
		(0.48)	(0.41)
是否接受过高等教育（以没接受过为参照物）	接受过高等教育	0.559	0.924*
		(0.41)	(0.41)
传统媒介使用频率（以使用频率低为参照物）	使用频率高	0.804*	0.510
		(0.35)	(0.32)
新媒介使用频率（以使用频率低为参照物）	使用频率高	0.885*	1.283***
		(0.42)	(0.38)
	常数项	3.322*	4.928***
		(1.37)	(1.46)
	R−sqr	0.067	0.098
	Prob>F	0.000	0.000

注：(1)*p<0.05，**p<0.01，***p<0.001；

(2)括号外的数字为回归系数，括号里的数字为标准误。

（三）三大因素对环境意识的影响程度的代际差异

在表5中，本文对年轻人和年长者的环境意识影响因素进行了回归分解，在回归分析的基础上计算由各解释变量组成的经济、社会结构和文化因素的Shapley值,从而比较出哪种因素对年轻人和年长者的环境意识的影响作用明显。

从表5的回归分析中,可以看到各变量的回归系数和显著性,而且这些变量的回归系数和显著性和表4中的结果是一致的。在此主要讨论的是经济、社会结构和文化这三大因素对环境意识的影响的解释贡献率。模型1中,由家庭人均年收入、社会福利状况、就业稳定性组成的“经济因素”的解释贡献率为19.4166%,由客观阶层地位、主观阶层地位、单位性质、户口性质、政治面貌组成的“社会结构因素”的解释贡献率为39.6121%,由是否受过高等教育、传统媒介使用频率、新媒介使用频率组成的“文化因素”的解释贡献率是32.9031%。因此,“社会结构因素”对年轻人的环境意识的解释贡献率最高,即影响作用最大。美国环境社会学家巴特尔认为:年轻人正逐渐从家庭或者学校逐渐步入社会,一方面,由于对社会制度的嵌入性程度不高,就所掌握的权力和资源而言,年轻人通常处于被支配的地位,因而他们改造社会结构、重塑社会秩序的意愿更为强烈;另一方面,环境运动可以看成是年轻人提升自我社会结构地位的斗争策略,所以,年轻人在社会结构体系中所处的位置对于他们的环境意识的影响作用明显大于其他因素的影响。

在模型2的回归分解中,由家庭人均年收入、社会福利状况、就业稳定性组成的“经济因素”的解释贡献率为9.9583%,由客观阶层地位、主观阶层地位、单位性质、户口性质、政治面貌组成的“社会结构因素”的解释贡献率为41.2615%,由是否受过高等教育、传统媒介使用频率、新媒介使用频率组成的“文化因素”的解释贡献率是46.3725%。因此,“文化因素”对年长者的环境意识的解释贡献率最高,即影响作用最大。伊格利(Eagly)认为:随着社会的发展,由于大众媒体对环境问题越来越多的介入,老年人的环境意识实际上也正在加强。同时,老年群体逐渐脱离职业和单位等社会舞台,平时看电视、听广播、读报纸的时间和机会越来越多,他们获取环境知识也主要是通过互联网和这些大众传播媒介所得。在年长者群体中,高等教育并不像今天这么普及,这就导致是否受过高等教育很大程度上影响了个人的环境意识,受过高等教育和没有受过高等教育的人在环境意识上差异悬殊。同时,年长者群体中受过高等教育的一般也是媒介使用频率相对较高的,那些经常使用媒介的人也能更经常接触环境信息。此外,随着"文化反哺"逐渐成为一种社会常态,年轻人对年长者在环境意识上的传播和影响也越来越明显。因此,"文化因素"对年长者的环境意识的影响作用大于经济因素和社会结构因素的作用。

表5　环境意识代际差异分解回归及各变量的解释贡献率

	回归变量	模型1(年轻人)			模型2(年长者)		
		系数	显著性	解释贡献率	系数	显著性	解释贡献率
1	性别(以女性为参照物)			8.0682			2.4077
	男性	−0.459	0.151		−0.253	0.424	
	被访者年龄	0.001	0.978		−0.014	0.580	
	地区(以东部为参照物)						
	中部	0.109	0.756		0.272	0.420	
	西部	0.383	0.367		−0.206	0.621	
2	家庭人均年收入	0.000**	0.041	19.4166	0.000	0.442	9.9583
	社会福利状况	0.219**	0.025		−0.029	0.786	
	工作稳定性 (以很不稳定为参照物)						
	不太稳定	−0.126	0.864		−0.112	0.890	
	一般	−0.168	0.835		−0.113	0.915	
	比较稳定	−0.410	0.545		0.477	0.515	
	很稳定	−0.355	0.587		0.345	0.624	
3	客观阶级地位 (以基础阶层为参照物)			39.6121			41.2615
	中间位置阶层	0.317	0.405		0.066	0.856	
	优势地位阶层	−1.701*	0.067		0.656	0.250	
	主观阶级地位 (以高层为参照物)						
	中层	0.986	0.125		−0.432	0.363	
	低层	0.124	0.849		−0.034	0.945	
	单位性质 (以体制内为参照物)						
	非体制内	0.450	0.275		−0.696*	0.059	

回归变量		模型1(年轻人)			模型2(年长者)		
		系数	显著性	解释贡献率	系数	显著性	解释贡献率
4	户口性质（以农业户口为性质）						
	非农业户口	−0.267	0.475		−0.354	0.355	
	政治面貌（以非党员为参照物）						
	党员	0.995**	0.040		1.012**	0.014	
	是否接受过高等教育（以没接受过为参照物）			32.9031			46.3725
	接受过高等教育	−0.559	0.169		0.924**	0.024	
	传统媒介使用频率（以使用频率低为参照物）						
	使用频率高	0.804**	0.022		0.510	0.116	
	新媒介使用频率（以使用频率低为参照物）						
	使用频率高	0.885**	0.034		1.283***	0.001	

四、总结与讨论

本文通过实证调查分析,结果显示:出生在改革开放后的年轻人和出生在改革开放前的年长者的环境意识存在明显的代际差异。进一步分析得出,家庭人均年收入、社会福利状况、政治面貌、是否受过高等教育、传统媒介使用频率和新媒介使用频率对环境意识有着显著的影响,并在年轻人和年长者中的影响存在代际上的差异。同时发现,由家庭人均年收入、社会福利状况、就业稳定性组成的"经济因素",由客观阶层地位、主观阶层地位、单位性质、户口性质、政治面貌组成的"社会结构因素",以及由是否受过高等教育、传统媒介使用频率、新媒介使用频率组成的"文化因素"在影响环境意识差异中的解释贡献率也存在明显的代际差异,具体表现为:在年轻人的环境意识的影响因素中,社会结构因素的影响作用最大;而在年长者的环境意识的影响因素中,文化因素的影响作用最大。

"后物质主义价值观理论"认为:经济物质安全条件是影响民众环境意识的最主要的因素,经济物质安全水平越高,人们的环境意识水平就越高;反之则越低。但是,在本文的数据结果中,经济因素既不是年轻人环境意识的最主要影响因素,也不是年长者环境意识的最主要影响因素。这与范利尔(Van Liere)等对已有文献进行总结时所得出的结论一致,即收入的高低,或者经济水平的高低与环境意识的强弱仅具有很弱的相互关系。日常生活领域的环境行为与不同的情境有关,最为一般的情境是社会结构与文化背景。

　　马赫列尔认为:对青年的行为的分析,不仅仅应该从"代"的特征出发,更应该从青年在社会结构体系中属于不同阶级和社会阶层的不同集团的视角进行讨论。改革开放以来,我国的社会结构发生着深刻变化。今天的中国青年,恰逢出生于改革开放后,成长于改革开放大转型的社会环境下。30多年来急剧的社会变迁过程形成了这一代青年特定的人生经历。在社会结构因素中,政治面貌对当代我国青年的环境意识的影响最为明显。已有研究表明,参加党派的个体,更倾向于参与公共事务,从而更加关心环境问题。具有党员政治面貌的青年,有更多机会参与组织的环保活动,体验环境问题的重要性;同时,社会对党员的先锋期望使得党员青年在日常生活中的态度和行为都表现出自觉、健康和积极向上等符合主流价值观的特征。所以,党员青年在组织和社会的共同社会化作用下,体现出高于其他群体的环境意识水平。

　　老年人口是一个异质性很强的群体,他们的异质性很明显地表现在受教育程度的差异上。而受教育程度是已有大量研究一致认为的影响环境意识的关键性因素。因此,受教育程度对环境意识有直接的影响作用。同时,受教育程度在互联网对老人环境意识影响过程中也起着一定程度上的间接性作用。一般来说,受教育程度水平越高,使用互联网的可能性越大、使用互联网的频率越高,所以,受教育程度越高的老人使用互联网的可能性越大,使用频率也越高。徐旭在论文中引用"银发冲浪者(Silver Surfers)"的调查报告显示:老年人在互联网上关心最多的前三项就包括

"环境"。由于大众媒体对环境问题越来越多的介入,老年人的环境意识在其影响下也正在迅速加强。因此,基于受教育程度和互联网使用频率的差异,文化因素对出生在改革开放前的年长者的环境意识的影响作用相当明显。

从环境保护工作的角度来看,一个关键问题就是确定社会中哪些成员更为关注环境问题、更为支持环境保护,以便把握环境保护的社会基础,为扩大社会基础、识别环境保护的社会动力以及更加有效地培育环境保护的社会力量提供重要参考。已有的研究已经表明:经济、社会结构和文化因素对公众的环境意识有着显著的影响,在我国,尤其是社会结构因素和文化因素对当代我国公众的环境意识的影响非常突出。因此,应该树立正确的经济发展与环境保护意识,尤其是对于经济水平相对落后的个人和地区,更应该做好环境意识相关的宣传和教育的工作以及完善相应的奖惩制度;正确引导处于不同社会结构体系中的个人,尤其是处于相对优势位置或者具有一定权力和资源的个人,更好发挥树立好榜样和模范作用,鼓励那些处于社会结构体系劣势地位的个人积极参加与环境保护有关的活动;大力推进环境意识教育,在个人接受教育阶段让其明确环境保护的权利和义务;借助大众传播媒介,传播积极、健康的环境保护信息,促进环境保护知识的普及。

参考文献:

1.陈斌开、杨依山、许伟:《中国城镇居民劳动收入差距演变及其原因:1990—2005》,《经济研究》2009年第12期。

2.仇立平:《职业地位:社会分层的指示器——上海社会结构与社会分层研究》,《社会学研究》2001年第3期。

3.风笑天:《社会变迁中的青年问题》,北京大学出版社,2014年。

4.冯仕政:《单位分割与集体抗争》,《社会学研究》2006年第3期。

5.洪大用、范叶超、邓秋霞等:《中国公众环境关心的年龄差异》,《青年研究》2015年第1期。

6.洪大用、肖晨阳:《环境友好的社会基础——中国市民环境关心与行为的实证研究》，中国人民大学出版社，2012年。

7.洪大用：《当代中国环境公平问题的三种表现》，《江苏社会科学》2001年第1期。

8.洪大用：《公民环境意识的综合评判及抽样分析》，《科技导报》1998年第9期。

9.李路路、李汉林：《单位组织中的资源获得》，《中国社会科学》1999年第6期。

10.李培林：《关于社会结构的问题——兼论中国传统社会的特征》，《社会学研究》1991年第1期。

11.刘森林：《当代中国青年国家认同感及其影响因素》，《北京工业大学学报（社会科学版）》2017年第2期。

12.刘欣：《相对剥夺地位与阶层认知》，《社会学研究》2002年第1期。

13.陆学艺：《当代中国社会阶层研究报告》，社会科学文献出版社，2002年。

14.陆益龙：《户籍制度——控制与社会差别》，商务印书馆，2003年。

15.罗纳德·英格尔哈特：《现代化与后现代化：43个国家的文化、经济与政治变迁》，严挺译，社会科学文献出版社，2013年。

16.马赫列尔：《八十年代的西方青年——理论争议与社会实际》，阿劳译，《国外社会科学》1984年第6期。

17.马歇尔·麦克卢汉：《理解媒介：论人的延伸》，何道宽译，商务印书馆，2000年。

18.穆光宗、王志成、颜廷健等：《中国老年人口的受教育水平》，《市场与人口分析》2005年第3期。

19.彭远春：《城市居民环境行为的结构制约》，《社会学评论》2013年第4期。

20.田万慧、陈润羊：《甘肃省农村居民环境意识影响因素分析》，《干旱区资源与环境》2013年第5期。

21.万广华：《经济发展与收入不均等：方法和证据》，上海人民出版社,2006年。

22.王甫勤:《新的社会阶层的阶层地位与社会态度》,《山西社会主义学院学报》2008年第3期。

23.王民:《环境意识及测评方法研究》,中国环境科学出版社,1999年。

24.威廉·费尔丁·奥格本:《社会变迁——关于文化和先天的本质》,王晓毅、陈育国译,浙江人民出版社,1989年。

25.徐嵩龄:《环境意识关系到中国的现代化建设》,《科技导报》1997年第1期。

26.徐旭:《互联网对老年人继续社会化的影响》,东北财经大学硕士学位论文,2013年。

27.周晓虹:《冲突与认同:全球化背景下的代际关系》,《社会》2008年第2期。

28.Ball-Rokeach S, Rokeach M, Grube J., *The great American values test: influencing behavior and beliefs through television news*, New York: Free Press, 1984.

29.Bimber B., "Measuring the gender gap on the internet," *Social Science Quarterly*, 2000,81(3), pp. 868-876.

30.Brand K., "Environmental consciousness and behavior: the greening of lifestyles,"Redclift M, Woodgate G., *The International handbook of environmental Sociology*, London:Edward Elgar, 1997, pp 204-215.

31. Brechin S, Kempton W., "Beyond postmaterialist values: national versus individual explanations of global environmentalism," *Social Science Quarterly*, 1997,78 (1), pp.16-20.

32.Buttel F, Flinn W., "Social class and mass environmental beliefs: a reconsideration," *Environment and Behavior*, 1978,10(3), pp. 433-450.

33.Buttel F., "Age and environmental concern: a multivariate analysis," *Youth & Society*, 1979,10(3),pp. 237-256.

34.D M, Tenbrunsel A E, eds., *Environment, ethics, and behavior: the psychology of environmental valuation and degradation*, San Fransisco: New Lexington Press, 1997.

35.Dunlap R, Jones R., *Environmental concern: conceptual and measurement issues, handbook of environmental sociology*, Westport, CT: Greenwood Press, 2002.

36.Dunlap R, Merting A., "Global environmental concern: an anomaly for postmaterialism," *Social Science Quarterly*, 1997,78 (1), pp. 24-29.

37.Dunlap R, Van Liere K., "The 'new environmental paradigm': a proposed measuring instrument and preliminary results," *Journal of Environmental Education*,1978, 9(4), pp. 10-19.

38. Eagly A, Kulesa P., *Attitudes, attitude structure, and resistance to change: implications for persuasion on environmental issues*, Bazerman M H, Messick, 1997.

39.Franzen A, Meyer R., "Environmental attitudes in cross national perspective: a multilevel analysis of the ISSP 1993 and 2000," *European Sociological Review*,2010,26(2), p. 219.

40. Goldman D, Yavetz B, PE' ER S., "Environmental Literacy in Teacher Training in Lsrael: Environmental Behavior of New Students," *The Journal of Environmental Education*, 2006,38(1), pp. 3-22.

41.Jones R, Dunlap R., "The social bases of environmental concern: have they ehanged over time?" *Rural Sociology*,1992,57(1), pp. 28-47.

42.Maloney M, Ward M., "Ecology: let's hear from the people: an objective scale for the measurement of ecological attitudes and knowledge," *American Psychologist*, 1973,30, pp. 583-586.

43.Shen J, Saijo T., "Reexamining the relations between socio-demographic characteristics and individual environmental concern: evidence from Shanghai data," *Journal of Environmental Psychology*, 2008, 69 (10), pp.2033-2041.

44. Van Lierek, Dunlap R., "The social base of environmental concern: a review of hypotheses, explanations and empirical evidence, " *The Public Opinion Quarterly*, 1980, 44(2), pp. 181–197.

45. Wan G., "Accounting for income inequality in rural China: A regression-based approach," *Journal of Comparative Economics*, 32(2), pp. 348–363.

46. Weigel R, Weigel J., "Environmental concern: The development of a measure," *Environment and Behavior*, 1978, 10(1), pp. 3–15.

47. Yang J, Huang X, Liu X., "An analysis of education inequality in China, " *International Journal of Educational Development*, 2014, 7(2), pp. 2–10.

第三单元

环境问题与环境治理

中国的城市化与生态环境问题

——"2018中国人文社会科学环境论坛"研讨述评[*]

张玉林[**]

摘　要：40年来的中国城市化是未曾预料到的重大历史事件，它改变了中国的大地景观和中国人的生活方式，也带来了巨大的资源消耗和生态环境效应、造成了广泛的"城市病"。快速城市化的动力是普遍存在的城市信仰——城市被视为文明、进步的象征和促进经济增长的重要手段——以及远距离搬运资源能力的提升。尽管多学科的学者表达了对"城市问题"的乐观主义看法，但是城市化和大城市的可持续性仍然是值得关注的重要问题。

关键词：中国城市化　生态环境问题　城市病　跨学科研究

在城市化和社会转型的语境里，四十年的改革开放把中国推进了两个重要门槛：它的城镇人口在2017年超过8亿，按照常住人口统计的城镇化率则在2018年达到60%。这意味着，在绝对和相对的层面，这个全球最大的农业国同时也变成了城市大国，尽管它还拥有约300万个自然村和5亿多乡村人口。

这是一项了不起的成就。但是在资源消耗和生态环境影响的层面，巨大成就也伴随着巨大挑战。鉴于已有的相关学术探讨较为零散，需要

---

* 原文发表于《南京工业大学学报(社会科学版)》2019年第2期。

** 张玉林，南京大学社会学院教授。

进行系统考察和综合呈现,2018年度的中国人文社会科学环境论坛(11月3—4日)将研讨主题聚焦于中国的城市化进程及其资源和生态环境效应。此次论坛由南京工业大学主办,特邀了16位专家和学者参与研讨,他(她)们来自于国内的十多所大学、研究机构和国务院及有关部委所属的智库,学科背景涉及社会科学和自然科学的九个学科。本文将打破报告的顺序,按照相关主题归纳同行们的讲述要点,并强调研讨中存在的争议或质疑,然后简要陈述我所认为的研讨中的缺憾。

一、城市化的进程、特征与承载力搬运

有三位学者的报告主要围绕或较多涉及中国城市化的进程、动力、特征和宏观的生态环境效应。中国科学院地理科学与资源研究所的谢高地首先提醒:尽管城市化是英国工业革命以来全球范围的普遍现象,全球城市化有着不可遏制的内在动力,但是,"中国城市化的速度之迅猛及其对国家面貌的改变和环境影响,都是没有预料到的,是具有根本影响的重大事件"。而在张玉林看来,这一没有预料到的重大事件,实际上与城市观念和城市化道路的重大转变有关。

重大转变表现在从20世纪80年代之前的"反城市"转向90年代中期以后的城市化大跃进。概而言之,20世纪50年代中期的城市供应危机和后来的"大跃进"运动失败,以及计划经济体制内在的供给短缺特征,促成了60年代开始的严格限制城镇扩张、压缩城镇人口的政策;70年代末的改革开放促成了以"严格限制大城市、适度发展中等城市、积极发展小城镇"为标志的政策调整;但这一政策到90年代中期转变为一种明显的城市信仰,主要表现是将城市化当作拉动经济增长、解决三农问题的手段,竞相鼓吹"做大做强"和"建设国际化大都市",甚至有"消灭农村、逼农进城"之类的激进主张。这种转变直接推动了快速的人口城镇化:1996年迄今,每年新增城镇人口达2100万人(是此前17年间年均增加量的2倍),23年间净增4.8亿人。

张玉林认为,二十多年来的城市化大跃进带有政治经济学意义上的

剥夺性和投机性。前者表现在竞相圈地，以低廉价格强制性地征地和拆迁，侵害了农民、市民的权利和利益；后者则如哈维所言，尽管19世纪中叶以来世界的城市发展一直具有投机性，但中国城市的"投机规模已经超越了人类历史的任何时期"①。这样的属性或动力形成了庞大而畸形的房地产市场，也造就了一些无人居住的"鬼城"。它促使20世纪90年代以来全国城镇建成区的扩张面积相当于台湾地区再加上海南省，并且在扩张的过程中与同样迅猛的工业化浪潮一起，使上百万个自然村与大量的河流消失，②而大规模的造楼运动加剧了资源消耗：仅2012—2013年的水泥用量就多达45亿吨，相当于美国在20世纪一百年的用量。

值得注意的是，城市化的中国奇迹也改变了衡量城市大小的统计学尺度。在《国家新型城镇化规划（2014—2020）》中，大城市的人口下限从50万提高到100万，特大城市从100万提高到500万，超大城市从200万提高到1000万。按照新的尺度和王大伟（国家发改委城市与小城镇改革发展中心）的介绍，在中国的全部2万多座城镇中，有6个超大城市、10个特大城市、21个Ⅰ级大城市（人口100万～300万）、103个Ⅱ级大城市（人口300万～500万）；而在不被视为城市的"建制镇"中，人口超过10万（它在绝大多数国家属于城市）的有322个，超过5万的1125个；所有的城镇大致形成了两横三纵的格局和19+2城市群。需要在世界格局中把握中国的格局，它的城镇体系之庞大和"大城市"的数量之多，超过了整个欧洲加上北美洲。

在谢高地看来，快速的城市化和大城市的膨胀，与人类搬运资源能力

---

① 参见张玉林：《大清场：中国的圈地运动及其与英国的比较》，《中国农业大学学报（社会科学版）》2015年第1期；戴维·哈维：《叛逆的城市：从城市权利到城市革命》，叶齐茂、倪晓晖译，商务印书馆，2014年，第62页。

② 关于自然村消失的状况参见：张玉林：《大清场：中国的圈地运动及其与英国的比较》，《中国农业大学学报（社会科学版）》2015年第1期；河流消失的详情不明，但是根据2010—2012年实施的全国水利普查结论，全国流域面积超过100平方公里的河流有22909条，而在20世纪80年代可能有5万多条，以至于有"中国河流减少一半"的报道流传，水利部的官员后来对此辟谣，但未能回答究竟消失了多少。

的提升密切相关。他指出，城市人口的聚集离不开资源、环境的承载力，而一个区域的资源和环境承载力都是相对稳定的，"要么承载力在哪里，人就去哪里，要么搬运承载力"。按照测算，北京区域的资源环境大概只能承载200多万人，但是在1978年人口就达到800万（三十年间翻了一番），2000年之后更是年均增加70万，2012年超过2000万，其中六环以内集聚了80%。与此相伴的是城区扩张"摊大饼"，2000年之前是每年50平方公里，此后年均扩展到100平方公里，相继修建了五环、六环，吸纳了周边的卫星城，建成区面积达到2348平方公里。支撑这种扩张的是远距离输入大量的资源，水资源要靠从长江调水来补给，农产品的外部依赖度从2008年的48%增加到2012年的64%，年均增加3个百分点；农产品供应的平均距离从567公里增加到677公里，年均增加25公里，其中粮食的距离在572公里，蔬菜为600公里，水果为900公里。总的结果是，北京在1985年需要相当于其5个行政区大的区域的资源环境承载力，到2012年则扩大到22个。

随之而来的是内部脆弱性的增强。谢高地指出，衡量城市是否健康、可持续的主要指标，就是看其生态承载力和生态足迹，以及环境容量和污染物排放量。借助于资源搬运能力，城市可以不断地膨胀，但有些资源是不可以搬运的，当城市的物质代谢强度大幅度增加、资源消耗和污染物排放量超出当地的承载力，就会引起城市与生态环境之间的高度失衡。北京扩张的直接效应是蚕食了绿地，六环以内的人均绿地面积十年间减少一半，造成生态空间的压缩和碎片化；而功能区分割使居住地与工作地点渐行渐远，出现"睡城"和潮汐式交通，建筑布局上则形成了相对封闭、不利于污染物质扩散的格局，造成大气污染和热岛效应的范围越来越大，频频发生城市内涝，2012年的7·21暴雨竟造成77人死亡。他由此强调，必须认识到扩张规模受资源供给能力和废弃物消解能力等多种因素的客观制约，超过临界值就得减压，"我们最担心的是大都市繁荣的持久性"。

或许值得庆幸，类似的担心已经影响到最高决策层。王大伟提醒，2013年12月召开的首次全国城镇化工作会议提出，"粗放扩张、人地失衡、举债度日、破坏环境的老路不能再走了,也走不通了"。中央对雄安新区规划有明确的批示:"以资源环境承载能力为刚性约束条件,确定雄安新区开发边界、人口规模、用地规模、开发强度。"问题是,谢高地认为,整个京津冀地区的资源环境承载力到2010年已经超过了临界值。针对京津冀一体化和雄安新区规划,他们曾代表中国科学院提出两条意见,一是凡是北京缺的,河北也缺,其间的竞争性大于互补性;二是最担心北京、天津连在一起,然后雄安新区和保定连在一起。言外之意是这将造成更大范围的"摊大饼"。

尽管承载力导向的研究发现和关于资源搬运能力的解释具有很强的认识价值,但仍然有多位学者提出了质疑。"单看北京的水资源,绝对支撑不了那么多人口,但资源本来就是在空间和时间上可搬运的。刚性约束究竟有多大的刚性?""如何平衡资源承载力与发展的关系?从其他国家进口资源也未尝不可,关键是如何与其他国家形成互补、取得平衡。""按照谢高地的报告,北京早就应该崩溃了。但承载力可能是一个伪概念。"谢高地回应说:"生态承载力主要是在理论上讲,具体的测度还有许多问题,更谈不上落实。关键是人类的搬运能力太强了,城市变成了开放系统,不仅可以从国内搬运,还可以从国外搬运,很难测算城市的真正边界。"郁庆治(北京大学马克思主义学院)则从环境政治学的角度肯定了这一概念和研究取向的意义:"大量依靠资源输入的城市肯定是不可持续的。如果资源输入是全球性的,最后可能走上生态帝国主义。有必要将生态可持续的概念引入城市研究。"

二、城市病:演化趋势和形成机制

有四位学者的演讲主要针对城市病。较早研究该问题的石忆邵(同济大学建筑学院)介绍,国外通常称为城市问题,中国学者称为城市病,主要是为了突出问题、引起重视。典型的城市病包括人口拥挤、交通堵塞、环境污染、犯罪频发、公共安全风险,城市公共空间匮乏。城市病是多种因素共同作用的结果,具有并发性、阶段性特征,旧病治愈了,新病还会发生。

他以上海为例指出,城市病已经从大城市中心城区扩展至郊区,出现"郊区病",例如上海郊区的二氧化硫、二氧化氮和PM_{10}的日均浓度趋于上升,近年来已接近甚至超过中心城区,郊区的拥堵也很严重。他进而强调,许多城市病源于需求与供给的时空配置失调,城市病、郊区病、农村病之间具有时间上相互继起、空间上此涨彼落的特点;过去的研究往往集中于城市内部,忽视了彼此间的联系;破解城市病需要摆脱孤立思维、遵循时空协同的原则,开展关联研究和整体研究。他同时也提醒:"成熟的全球城市仍然不得不忍受一系列外部负效应,不应该过分夸大土地流失、人口大规模转移,没有这些哪来城市化? 关键是有度。适度的城市病是合理的,不宜过度夸大其负面效应。"但是他没有说明何谓"适度的城市病"。

国务院发展研究中心的苏杨归纳了中国城市病的三个特征:一是规模越大,病状越全面、越严重;二是病情恶化程度与人口和经济规模的增加基本同步;三是城市病严重的地区人口增长更快、密度更高。他认为,城市的主要特征是聚集,各种利弊均源于此,而中国的人口和资源向超大城市的高度聚集,与中央集权体制下城市的行政等级有关。等级高的城市往往集中了更多的资源和公共服务,而且越是到中心区公共服务水平就越高,比如北京的三甲医院数量全国第一,而且80%分布在四环以内,因此人流和物流集中到很吓人的程度,比如手机活跃数据显示,北京五环以内(625平方公里)白天的活动人口超过2500万,其中出差、旅游、看病的就有500万左右,机动车超过250万辆。

苏杨进而论述了城市扩张的制度原因,包括财政和税收体制、政府间的关系和政绩考核、土地管理制度、城市规划制度。城市"摊大饼"实际上就是不断地卖地,不卖地就应付不了GDP考核的要求,"这都是在相关制度约束下地方政府理性选择的结果"。他还批评了关于城市环境问题的公众认识和治理实践中存在的误区:"人们习惯认为工业是空气污染的元凶,但是像北京中心城区集中了那么多的机动车,大量排放尾气,即使关闭所有的工厂,在出现逆温、静风天气的情况下,照样百分之百有雾霾。

要考虑到自然条件的约束,以为蓝天好像都是政府能控制的,北京如果还是高程度聚集,这些问题很难根治。"他进而提醒,要分清好的人居环境与好的生态环境的区别,"大家讲的都是人居环境,是比较初级的层次,真正要上升到'万类霜天竞自由'的程度,从生态系统的要求来看,发达国家也基本上找不出像样的城市。一定要把你感受到的人居环境与真正好的环境分开"。

王大伟的报告也涉及城市病的体制原因,以及这种体制下大、中、小城市的城市病共存的问题。"人口总是随着资源在流动。但是在现有的体制下,资源被优先配置给大城市及其中心城区,外围获得的资源远远不及中心。"例如,北京等超大城市核心区的人口密度已经与许多发达国家的大城市无异,甚至更高,然而一旦距离核心区20~30公里,人口密度就迅速下降;人口达不到两三百万的非省会城市很难配套相应的服务,造成中小城市活力不足、人口流出(近年来的流出率达到20%);至于一些著名的特大镇,虽然人口较多,但大部分资源被上级拿走,影响了进一步的繁荣。他强调,需要推动大、中、小城市的协调发展,以城市群为主体,以都市圈为引领,统筹治理城市病,而关键是实现基础设施一体化、产业分工协作,还有利益分配机制,如中央的转移支付和地方的税收留成,以确保基本公共服务和生态环境的共保共治。

焦晓云(湖南师范大学)在报告中认为,按照世界经验,一国城镇化率在30%~70%之间是城市病集中爆发期,而我国在2010年城镇化率达到50%之后,城市病集中爆发和加重。他所理解的城市病是"城市化进程中出现的与人有关的各类城市问题",因此还包括了工作生活压力造成的心理问题、青少年暴力事件频发、人际关系疏离等。与石忆邵的判断"贫民窟是非典型性城市病、东亚国家和地区的城市化成功地避免了贫民窟"相对,他认为国内的城中村和棚户区,以及高房价导致的"房奴"和"蚁族"也都属于城市病。

在讨论环节出现了从不同角度的质疑。郇庆治认为,"城市病的说法容易使人产生联想,应该慎用"。张宁(南京大学大气科学学院)提醒,要区分城市问题与工业化的关系，"工业化与城市化是相互联动的，是否所有的问题都能归结为城市问题？比如城市灰霾是城市化的问题还是工业化的问题？"他进而提出了一个有待研究的问题："正是因为城市的资源利用效率高，才有了城市，城市的高效率有助于减少对自然资源的依赖和污染排放，如散煤使用造成环境污染。"任国玉（国家气候中心）则建议，应分清城市问题与城市化进程中的问题，他进而问道："生态环境破坏是城市发展的必然，生态环境的底线如何确定？发改委在城市群规划中如何实现公众参与？"王大伟回应说，公众参与分两类，一类如总体目标的规划，公开度很高，征求意见的范围非常广，而且规划评估处每年会向人大报告实施情况，"但另一类规划连我们也不清楚，只有最核心的部门参与，如何逐步扩大参与确实是个问题"。这令人想起公众都是从新闻报道中才了解雄安新区建设的"千年大计"。

而针对底线、红线之类的划分及其可能的效用，柯坚（武汉大学法学院）秉持了他在前五届论坛上表现出的一贯性质疑：现在提出"三线一单"（即生态保护红线、环境质量底线、资源利用上线和环境准入负面清单），但是北京、上海这类城市是不是早就超过了？"'三线一单'成了立法的出发点，但是这个出发点本身可能是错误的。似乎是科学家提供了科学依据，但是科学家本身依据的可能是伪概念。立法需要成本效益分析，要求长江沿岸的化工厂后退一公里，表面上很严，但对很多化工企业来说代价太高昂。而且即使退后一公里，仍然要往长江里排放，没有实际意义。"苏杨对此做出了饶有意味的回答："立法有高标准、执法有选择性"已经成为我国的惯例，新的立法主要是为了控制新的城市扩张或增量，并没有说存量的问题如何解决，如果真的照章执行，会造成另外的问题。

三、城市的"五岛效应"和水问题

城市化的气候效应与城市气候变化问题是研讨的重要内容。任国玉介绍，城市气候变化是发生在城市区域的气候要素均值、极值随时间的演化，通常是与附近郊区的状况加以比较。对全国800个气象观测站点的资料汇总分析显示,年度平均气温、最低和最高气温都是逐年上升,而且最高与最低气温的差值不断下降,意味着日变化变弱。他进而强调,最近二十年的观测记录显示了城市化对气温变化的影响,全球气温增暖很大一部分是城市化造成,而且在驱动城市气候变化的诸多因素中,局地人类活动的影响异常强烈和持久。

任国玉着重以北京地区为例分析了超大城市的气候效应。热岛效应在一年中以秋冬季节为最,在一天中以晚上为最,而且两者都以四环之内最强,并且在极端热浪事件中也表现突出;在降水方面,城区的降水强度高于郊区,而且大部分短时强降水发生在晚上18—21点之间,与热岛效应的最强时间段高度吻合。他指出,这是多个热力过程、动力过程相互联动的结果:城市的建筑和硬化了的路面造成太阳光被更多吸收、更少反射,白天吸收、晚上释放;人工制冷、制热和车辆及人体本身有大量的热排放;雨水降下后会很快变干、蒸发少;城市气温高、郊区气温低,形成空气从郊区到城区的热岛环流,而风在城市穿过时受到建筑和地面粗糙度大的影响形成气流抬升,有利于云和降水的形成。此外,城区的风速低于郊区,而且有随时间变化降低的趋势;保温效果较强的二氧化碳也在城区更高,而气溶胶(霾)的增多,在夏季水汽充足的情况下会加剧云雨形成,在冬天水汽少的情况下又将使雨雪难以降落,后者加剧了城区变干(晚上和秋冬季节的干岛强度更加明显)。

据张宁介绍,城市化对气候的影响在我国城市气候学的奠基人周淑贞教授那里曾被总结为"五岛效应",也即热岛、干岛、湿岛、雨岛和浑浊岛。热岛在遥感和热力成像图中明显可见,干岛是城市的相对和绝对湿度都低于郊区的现象,湿岛指城区的平均水汽压高于郊区,雨岛即城市及其下风向存在促使降水增多的效应,浑浊岛则一般强调本地污染物排放的影响。他认为,鉴于城市是碳排放集中区,而且已被视为城市气候变化的重要原因之一,还可以加上"碳岛"。

张宁指出,气象学关注的城市化的气候效应主要在两个方面,一是土地利用变化,也即植被减少、不透水地面和建筑物增加造成的下垫面属性变化,它会改变地表与大气中的能量交换;二是工业生产、交通运输和人类新陈代谢造成的人为的热释放、污染物和温室气体排放。城市化最直接的影响是改变土地覆盖,对自然资源需求很大,小尺度问题扩展到大尺度问题,最终再向小尺度反馈。众多地区的观测记录都表明,快速城市化直接导致城市热岛的增强,而对长三角和珠三角地区人为热排放的能量分析显示,人为热释放对城市热岛的贡献大概在30%~40%,在特定条件下可以成为城市热岛的主因(贡献超过50%)。这个过程又会带来抑制污染物扩散的"城市穹窿"效应。他进而强调,城市热岛加强了高温热浪——白天可以增加1°C,晚上增加3°C~5°C,进而使城市内涝风险加大、大气环境容量和承受环境污染的能力下降。他还提醒,城市化也会影响到周边地区的气温和降水,而全球气候变化对城市气候的影响则具有放大效应,高风险区主要位于东部人口密集的经济发达地区,且随着时间推移会逐渐加大。

基于应对城市气候变化挑战的需要,彭立华(南京工业大学建筑学院)的报告主要关注"气候适应型城市设计"的问题。依据对南京城区某小区建筑的全年实验观测数据的分析,她介绍了建筑尺度和街区尺度的屋顶绿化在温度调节、节能、削减径流方面的效应。结论是:屋顶绿化不一定有正面的降温效果,而且不同的植物存在降温效果上的差异,但夏季制冷、冬季制热的效果显著;对全年64次降水的分析显示,屋顶草坪和花园分别减少了31%和46%的径流。她据此推算,如果南京市主城区所有建筑的屋顶按60%面积实施简易型或花园型绿化,可以减少的全年暴雨径流量分别相当于5.6和8.4个玄武湖的库容。她同时提醒,现在对屋顶绿化一片叫好,但是缺少生态效益和成本的分析,普遍重视美观、经济利益而忽视生态环境效应,实际上管理不当会有负面效应。

城市化与水问题的关系在两位学者的报告中被集中呈现。宋献方(中国科学院地理科学与资源研究所)介绍了城市化的水文效应。它是指城市的不透水地面把本应渗入土壤的雨水给截留了,影响了水循环,造成地下径流减少、地下水位下降,地表径流增多,容易形成城市内涝,也可能在较广泛区域形成洪灾。在水资源消耗方面,40年来农业用水总量基本没有变化,城市用水则快速增加,这促使有些城市过度开采地下水。但是由于缺少精确的观测数据,国内城市化对水资源和水文过程的具体影响尚不明晰,存在许多不确定性。比如地下水污染,针对有问题区域的粗查结论是70%受到了污染,整体状况如何则缺少明确的观测信息。他强调,包括城市内涝在内,城市的水问题许多是由于政府主导的发展模式、决策失误或管理不当造成,比如在水源地附近设立化工园区,隐患很大。

李维新(生态环境部南京环境科学研究所)详细分析了城市化造成的系统性的水问题及其治理中的弊端。统计数据表明,国内城镇化率每提高1个百分点,增加生活污水11.5亿吨、生活垃圾1200万吨。城市化带来的水问题十分复杂,首先是污染的多样化和复杂性,生活污染和工业污染叠加、富营养化、常规污染物和新型有毒物质并存、持久性有机污染物在多个流域甚至个别城市的饮用水源地都有检出;其次是盲目建设造成河道挤占和淤积严重、河网分割、水系畅通差,生态功能丧失。

李维新强调,城市人口激增和超大城市的出现,对水资源利用、水环境容量、水生态形成了巨大压力,而极端干旱和降雨的增多对治理构成新挑战。《水污染防治行动计划》要求到2020年把地级及以上城市建成区的黑臭水体控制在10%以内,但纳入统计的全国224个城市2082个黑臭水体中,50%以上仍在方案制定和论证阶段,目前完成整治的只有730个。与此相对,污水回用、排水管网收集、面源污染控制、污泥处理处置和黑臭河道水质改善等都是"小打小闹";监管体系对企业污染源的法律惩处加重,但是对地方政府负责的生活污染源的约束依然较弱;水环境治理市场仍然停留于无序、低价的恶性竞争,尚未建立有效的绩效考核体系和透明、规范的市场监督体系。

据他介绍,城市水环境综合治理的方向是以提升水环境、修复水生态为主线,保障城市防洪、水资源供给和水生态安全。但实践中存在着许多误区。一是重工程治理、轻系统治理,污染处理厂一家独大,未形成源头减排、过程阻断、末端治理的全过程防控模式。二是重污水处理厂建设、轻管网收集,污水收集和处理系统效率低下,全国城市污水处理能力已达1.85亿 m³/天,处理率达 90%,但是在全国环保督察的 5000 多座污水厂中,60% 的企业进水 COD 浓度在 150mg/L 以下,处理的是经过大比例稀释后的污水;而排水体制和地下管网铺设混乱造成合流、分流底数不清,雨污水管混接错接严重。三是重景观建设、轻生态治理,生态修复流于表面化和虚无化,大量的城市河流没有自然的水生动植物;建设不当的景观水体挤占了河流的泄洪和自净能力;盲目追求大水面和高水位,容易导致河水倒灌排水管网、增大排涝压力。四是重工程建设、轻运营维护,污染排放标准粗放、排水体制监管缺失。

或许是上述报告主要来自于实际观测而社会科学家难以质疑,讨论环节较少争议。不过,宋献方在报告中显示出的洒脱和乐观情绪受到了他的同事谢高地的批评:"老宋的谬论与我平时听到的不太一样,就是特别乐观。我对大气比较乐观,因为雾霾还可以靠风吹散。但水是个大问题,建一个城市首先要考虑水源地,水污染很难治理,城市与水之间到底是怎么样的关系?城市的水问题可能比你想象的更有挑战性。"他还提到了一个常被忽视的问题:水资源短缺的北京之所以能够维持,可能与"河北人民还没有怎么觉醒"有某种关系。

四、空间的视角:"三生空间"如何落地?

最后探讨的议题是城市的空间或功能区布局与环境问题的关系。有三位学者分享了各自的研究发现。

江曼琦(南开大学经济学院)认为,现在的城市已经不仅是传统的地理学和经济学所说的区域的中心,也成了区域的主体,因此空间的融合至为重要。为了呼应 2015 年中央城市工作会议提出的"统筹生产、生活、生态三大布局,提高城市发展的宜居性",她主持的社科基金重大课题力求描述中国城市的"三生空间"分布的机制和机理、探索空间融合的可能性。统计数据显示,在 2009—2016 年间,全国城镇土地总面积增加了 218 万公顷,达到 943 万公顷,增幅 30.1%;其中商服用地和工矿仓储用地分别增长

51.7%和46.3%,两者合计占到总面积的35.8%,说明建设用地大量增加而农用地减少,生产空间不断扩张并蚕食生态空间。在这组数据的背后,是三生空间的分割和分布混乱:产业园区遍地开花(例如天津周边有多达314个工业园区),而且利用强度和效率低下;生活空间内设施短缺,安全性、便捷性、环境友好性较差,在大规模的产业园区和居住区,生产、生活空间相互分离。

她预测,这种现状可能因"生态文明建设"而改变,十八大提出的优化国土空间开发格局和十九大提出的"三条控制线"(也即生态保护红线、永久基本农田和城镇开发边界),将促使城镇建设从无约束的空间蔓延到生态空间约束下的空间优化、从扩张走向收缩;城镇的空间规划和开发次序将从生产优先转向生态优先,从严格的功能分区到适度的功能混用,从以生产空间为主导到以生活空间为主导。而空间统筹的方向是重视生态空间的作用,提高生产空间的集约利用效率、生活空间的安全性和宜居度,进而强化三生空间的融合与再融合。

有别于大多数学术报告表现出的"自信满满",江曼琦披露了她的研究困惑。一是只有生产空间(也即用于生产经营活动的场所)能说清楚,其他两个空间的划分争议很大,尤其是生活空间,究竟是静态的居住空间,还是动态的生活活动空间?因为许多空间有交叉性、复合性,有些则既不归生产、也不归生活,而是公共服务空间。二是空间利用现状数据来源困难,而且较为混乱,比如城市部分有行政区、市辖区、城区和建成区,土地利用部分有国土资源部划分的农用地、建设用地和未利用地,而城建部门又有另外的口径;生态用地也是两个统计口径,焦点是农业用地算不算生态用地,"统计数据都不匹配,造成课题越做越难"。

同样的困惑在秦鹏(重庆大学法学院)的报告中被概括为"三生空间如何落地"。他认为,三生空间最终都要以土地为载体,以清晰的土地类型划分为前提,但是现有的法律法规和政策文本尤其对生态空间的界定非常混乱、相互冲突。比如,按照国土资源部2017年修订的《土地利用现状分类》,大量的自然保护区内的林地将被归为二类的"灌木林地",属于第一大类的"农用地",但《土地管理法》规定农用地是指直接用于农业生产的土地;公园和绿地将被归入"建设用地",却并非《土地管理法》界定的"建设用地是指建造建筑物、构筑物的土地";内陆滩涂将被归为湿地,进而归入"未利用地",但实际上许多滩涂并非处于未利用状态,不是《土地管理法》定义的"农用地和建设用地以外的土地"。这些规定不仅违反了上位法,而且造成难以操作、多个政府机构的统计口径不一,助长"打擦边球",比如以"生态农庄"的名义建起房子搞旅游。他强调,空间的划分应该有明晰的界限,便于理解和实施,农用地和生态用地要能够量化地反映于立法。

与上述取向不同,柯坚通过国际比较论述了城市公共生活的空间形态、环境特征与法律的关系。在他看来,美国的城市大多是以商业和公共活动为中心向四周发散,通过每家每户对自己的房子和土地的权利向外延伸,形成了自然有序的格局;欧洲的城市规模不大且以服务业为主,公共秩序依靠很强的历史文化遗产保护意识、地方自治政府和公众参与,没有太多的工业污染,因此城市生活比较宁静、舒适;日本城市的特点是极其稠密,但除了东京圈之外非常宁静,尽管空间距离狭窄,却能通过礼让和精细化的社会管理,形成基于道德和法律等公共规则的公共秩序;新加坡则是依靠严苛的法律,形成了威慑主义下的城市秩序,缺少个人的宽阔空间。与此相对,中国城市的特殊之处在于产业密集,政府形塑城市景观和环境状况的权力很大,为了减少污染又动辄划线、搞"一刀切",但环境状况和公共生活却较为混乱,表现出"整序与失序并存的矛盾"。

江、秦二位的困惑获得了同情的理解,也面对很大争议。谢高地带有调侃地批评说:"江老师和政府一样自信。三生空间的核心是土地问题,生态、生产、生活,从科学上是区分不出来的。现在许多部门争着发文件,写文件的人也大多是博士,但是发文件、划红线好像比较随意,很多让人闹不明白,执行起来就更难。关于城市的边界或生态红线到底怎样才能管住?"张玉林提醒,"三生"的说法固然好听,但先要回到生态学意义上的生态或生态用地究竟是什么,"农用地是不是具有生态功能? 一块菜园既是生产用地,又是生活用地,也是生态用地,是城市化的思维和实践把原本融合在一起的空间割裂了开来,这需要反思"。李维新则追问:"房地产算不算生活空间?二十年来到处都在造房子,各个城市都是。有的提出打造生态城市,实际上是搞伪生态。"按照我的理解,他所说的到处都在造房子似乎主要并不是为了生活。

在上述评论之外,王大伟的补充说明有助于对相关问题的理解。他指出,中国的多数城市是靠工业生产带动的,作为世界工厂,工业用地占比最高时超过50%、接近60%,高于其他国家工业化最高阶段的状况,这样的背景造成特别忽视居住用地和生活、生态空间;中国的城市规划是自上而下地制订,主要是为了便于国家管理,而许多发达国家的城市空间更多地来源于个人权利的平衡或斗争,是协调出来的,"问题是怎么看待中国的公共城市空间,即公权力与私权利的边界问题"。此外,针对法律、规划的实施效果的提问,秦鹏回应说:"有些法律规定的很明确,但落实过程'一把手效应'太明显。效果如何受到地方官的民主和法制意识的影响,他会找到很多借口和途径,比如重庆三峡广场建设方案曾经被大家一致否定,但区委书记弄到了某个大人物的签字,最终还是建了广场,导致交通拥堵。"

五、未尽之处和"乐观主义"

没有必要赘述此次研讨带来的收获。我的总结将转向从中感受到的缺憾和隐忧——也许这是另外意义的收获。尽管写下来的缺憾和隐忧肯定不是所有的与会同人共有。

缺憾表现在三个方面。一是一些重要的问题未能涉及,比如"垃圾围城"及其向乡村的转移,城市化对大量土地、湿地的占用形成的大范围生态破坏,都没有专门的报告。二是许多已涉及的问题缺少深入探讨和明确结论,比如环境问题和涵盖了它的城市病到底是城市本身还是城市化造成,与工业(化)又有怎样的关系?再比如讨论集中于城市化对生态环境的影响,而很少关注"环境影响的城市化"——因生态破坏、环境污染、气候变化而促成的乡村居民向城市的迁移——的问题。三是未能直面一系列更关键的问题：纵然城市化的趋势被认为"不可避免"，但城市和城市化是不是本身就不可持续？城市的聚集效应是否真的提高了资源利用效率、降低了污染物排放？即便真的提高了资源利用效率，但效率的提高是否降低了总量消耗？进而是城市的"人居环境"改善，是否在我们看不见或不愿意去看的"其他地方"造成了相应的环境退化？要说清楚这些问题，显然需要更深入的探究，尽管更深入的探究可能会给探究者本人和公众带来不适甚至痛苦，却是为了真正的可持续发展而必须面对的挑战。①

　　至于隐忧，则是在上述问题都并未涉及或没有说清的情况下，许多朋友却匆忙地表达了令人怀疑的乐观主义。"从水到大气，我总体上还是乐观的。""城市人居环境质量是可以恢复的，日本在六七十年代污染比我们严重得多，今天照样天蓝水碧。"②"城市易生病、风险高，但具备适应和治愈的超强能力，有更多的技术解决它的负面效应。""借助政策和技术的改进，应该可以解决城市问题。""世界经验是，当城镇化率达到70%、基本完成时，随着政策的完善与调整，城市病会逐步缓解，所以不需要特别害怕。"如此等等。诸如此类的乐观，果然都是建立在真实可信的"世界经验"，以及真正可预期的"政策和技术的改进"之上吗？希望这样的隐忧和怀疑纯属我个人的妄想。

---

　　① 要强调的是，国外的许多学者早已迎接了这种挑战，出版了大量的研究成果，仅以率先从事城市生态足迹和可持续性研究的威廉·里斯而言，就有下列论文可资借鉴：REES W. Ecological footprints and appropriated carrying capacity: what urban economics leaves out. *Environment and Urbanization*, 1992, 4(2): 121 - 130; REESW, WACKEMAGELM. Urban ecological footprints: why cities cannot be sustainable—and why they are a key to sustainability. *Environmental Impact Assessment Review*, 1996, 16: 223-248。

　　② "日本在 20 世纪六七十年代污染比我们严重得多"可能属于误判。当时的日本虽被称为"公害列岛"，但污染严重地区限于太平洋沿岸的几个工业地带，并不像 20 多年来的中国那样遍地开花、复合性污染集大成。进而，日本后来的"天蓝水碧"与其高耗能—高污染的重化工企业向海外转移有关，也得益于日本列岛的海洋性气候。

218

环境治理中的知识生产与呈现
——对垃圾焚烧技术争议的论域分析[*]

——对垃圾焚烧技术争议的论域分析[*]

张劼颖　李雪石[**]

摘　要：本研究从科学技术研究(STS)的进路出发,打开技术的"黑箱",检视反对垃圾焚烧运动当中的技术争议。基于论域分析的框架,本文对垃圾焚烧技术的争议焦点即剧毒物质二噁英的排放进行分析,以回答这项技术招致反对的原因。本文还将借由民族志带领读者进入两个社会世界——垃圾焚烧设施及其应用者的话语世界和反焚运动的话语世界,并在此基础上剖析垃圾焚烧的知识是如何在不同的社会世界中由不同的社会行动者生产、应用、循环和竞争的。在科技知识生产的意义上,本研究为环境运动研究提供了新进路,也为后续的环境治理、环境运动以及技术争议研究提供了一个可用的方法包。

关键词：STS　论域分析　环境治理　知识生产

一、引言

过去三十年,中国的社会与经济发生了巨大变革,伴随消费社会而来的垃圾危机也日益构成严峻的环境问题。从2004年开始,中国就超越美国成为全球废弃物制造量最多的国家(世界银行,2005)。面对这个前所

---

　*　原文发表于《社会学研究》2019年第4期。

　**　张劼颖,中国社会科学院社会学研究所助理研究员;李雪石,香港中文大学(深圳)人文与社科学院。

未遇的环境治理危机，政府开始将垃圾焚烧视为良方。截至2012年初，中国在建和建成的垃圾焚烧厂有160多座。在随后的四年里，又有200座垃圾焚烧项目在建，相关投资高达700亿以上（于达维，2012）。然而各地的焚烧项目都遭遇到不同程度的抗议。一方面，在建和拟建的焚烧厂遭到周边居民的邻避抗议，居民们担心垃圾焚烧厂带来的环境危害和健康风险；另一方面，针对垃圾治理、抗议垃圾焚烧的环保组织也在全国范围内发展起来。截至2014年，全国有大约56家关注垃圾议题的民间环保组织（零废弃联盟、合一绿学院，2015）。

全国各地不断涌现的反对垃圾焚烧运动已经引起社会科学界的关注（陈晓运等，2011；郭巍青等，2011；何艳玲等，2012；曾繁旭等，2013；卜玉梅等，2016；张劼颖，2016）。这些研究将反焚运动置于社会运动研究框架之下，探讨这些行动的动员机制、组织框架、行动策略等问题，但并未对抗争的原因和与技术有关的争议作出阐释。换言之，这些研究未能回答：为什么垃圾焚烧技术会激起反对？各方是如何理解这种技术的？技术本身与环境运动的社会事实之间又存在怎样的关系？而唯有理解这些抗争所涉及的技术本身及其争议，才能真正深刻地理解当今全球愈演愈烈的环境争端及其引发的诸多社会问题。

近年有研究者（Goldman et al.，2011）提出研究关注环境争议当中的知识生产过程，通过对争议性技术的论域分析，追问科学技术在地方被应用、传播与遭受争议的过程中其相关知识如何被再生产出来，并试图理解社会行动者是如何在不同的场所当中生成相关知识并使得这些场所生产的知识具有合法性的。下文将首先引入论域分析的框架，然后分析垃圾焚烧的技术争议焦点——剧毒物质二噁英的排放，解释这项技术为何会招致反对；接着，将通过民族志文本带领读者进入与垃圾焚烧设施和反焚运动论辩相应的两个社会世界，并剖析双方的知识生产策略。在此基础上，本文试图就知识如何在技术争议中由其应用者和反对者双方所生产进行回答。

本研究以追溯垃圾焚烧技术为线索，采用"多点民族志"的调查方法

（Marcus，1995），并结合对官方文本、科技文献、大众传媒文本等材料的分析。民族志资料来自于2012—2016年作者在广州与北京两地所做的田野调查。从2012年9月开始，作者在广州进行了为期一年多的人类学田野工作，调查当地的废弃物治理和环保行动。2016年3—6月，作者又在北京补充了资料。资料收集的主要方法是参与观察和访谈。参与观察的场所为公共垃圾处理设施与设备，包括广州市的一座以及北京市的两座垃圾焚烧厂，此外还包括反焚人士的集会、讨论、讲座以及法庭庭审现场。访谈对象主要包括当地政府官员、环境科学工程师以及反对垃圾焚烧的环保行动者。

二、论域分析的框架与知识生产的理论脉络

（一）论域分析的框架及重要相关概念

20世纪80年代以来，论域分析（Arena Analysis）成为STS领域中被广泛运用的分析框架。论域分析关注关系和行动中的人与事物的活动、陈述（叙事、视觉、历史、修辞）、工作过程（包括合作、争议）以及各种话语的交织；其分析对象包括科学的实践、工作、组织，以及技术的创造、流动和应用，侧重于描述关系性的话语空间，适用于分析多元化的话语及知识生产过程。由于对科学技术的争论议题有较强解释力（Becker，1963，1982；Bucher & Strauss，1961；Bucher & Stelling，1977；Wiener，1981），论域分析已经被应用于不同的科学争议研究，如堕胎药的使用、空气污染争议（Clarke & Montini，1993；Christensen & Casper，2000）等。

论域分析理论上要追溯到芝加哥学派的社会生态学思想以及符号互动论传统。芝加哥学派以城市中不同群体和社区为研究对象，提出将个体所处其间的社会群体理解为"社会整体（social wholes）"（Thomas，1914）。早期对社会整体的研究关注各种社区（如贫民窟）。随后，研究者不再囿于区域或地理空间局限内的社区，转而关注社会群体的身份认同、意义系统，以及某种工作、职业、专业是如何共享话语，从而划定和建立边

界的(Clarke & Star, 2008)。米德(George Herbert Mead)指出,"社会现象的意义在于它们嵌入在社会关系当中……(此嵌入于社会关系中的意义系统)即话语的宇宙(universes of discourse)"(1972:518)。作为社会成员的个人总是位于并嵌入在多个不同的话语的宇宙中(Mead,2009)。话语是语言、动机和意义的集合,指向社会成员对于其互动的相互理解,不同的话语的宇宙相互交织,经由话语的联结、互动而形成论域(Mead,1964)。

施特劳斯(Anselm Strauss)将社会成员共享的话语空间称为"社会世界"(social worlds)。不同的社会世界当中存在着具有某种共同活动或信念的团体,团体共享多种资源以实现其共同目标,并就如何开展事业构建着共同的意识形态(Strauss,1978,1982,1993)。社会世界的规模可大可小,是相互交叉的,同时也是灵活、流动和过程性的;在论域中,多种议题被不同的社会世界相互争论、协商、斗争和操纵(Strauss,1978)。贝克尔(Howard Becker)指出,对社会世界的分析聚焦在不同的行动者群体是如何生成意义及如何就共同的对象一起行事的(1982)。在符号互动论的传统中,研究者关注不同的工作和职业,如艺术、医学等专业领域(如Becker,1963,1982;Bucher & Strauss,1961;Bucher& Stelling,1977;Wiener,1981),而"科学工作"也可以则可以被视为是诸多职业中的一种。

随着符号互动论者在STS研究中的广泛参与,克拉克(Adele Clarke)等对STS当中"社会世界/论域分析"的框架进行整合,指出:"当多个社会世界增长并交错纵横,其中不同的事业、观点、资源冲突和融汇构成了论域……"(Clarke & Star;2008:113)对于一个论域当中不同社会世界的整体分析即为论域分析。论域分析框架作为一个可直接用于科学技术分析的理论/方法包,有一系列场景化概念①,包括社会世界、边界物等。边界物是不同社会世界的交叉点,也是不同社会世界参与者交叉工作、对话的

---

① 场景化概念(sensitizing concepts)与定义性概念有所区别。对于场景化概念而言,概念本身的定义不是研究的目的。它作为分析的手段、工具,被应用于不同的主题,并服务于具体的分析。对于这些概念更为具体的诠释以及梳理,参见文后附表2。

对象。由于不同参与者的异质性和同质性都交汇于此,边界物可能会成为激烈争议的核心。考察边界物,有助于理解在不同社会世界当中共识是如何达成的,对话及争议又是如何进行的(Clarke & Star,2003,2008)。要分析一种边界物,就要分别探讨不同的参与者如何通过其行动与话语重塑、表述边界物,并与之相互作用,结成不同的复杂关系。在本研究中,垃圾焚烧排放物二噁英就是这样一种边界物。

技术应用的风险往往涉及不同社会行动者的评估、诠释、感知、界定与沟通。关于风险问题的政治辩论总是不可避免地发生在社会论域的框架中,而论域又涉及不同的剧场,如立法、司法、科学、行政以及大众传媒等场合(Renn,1992)。对风险做出论断,是不同企业、机构等行动者互相竞争和协商以共同界定一个可接受的阐释的行动(Clarke,1988)。在技术风险论域的舞台上至少有几组行动者,即风险承受者、宣传者、风险制造者、研究者、仲裁者以及告知者等(Palmlund,1992)。论域分析试图充分囊括与边界物相关的社会群体与参与者(Strauss,1978,1993;Becker,1982;Clarke,1990,1991),特别是试图揭示在舞台上不太显眼、似乎无关紧要的“潜在相关行动者”(implicated actors)。对于任何技术都有多种观点,对这些观点的多样性进行简化可能是一种霸权性的策略(Star,1983),研究那些在争议中不够权威的相关行动者是解构科学霸权的一种方式。循此思路,本研究不仅仅分析关于垃圾焚烧技术的科学官方话语,还关注其应用和传播的现实过程,并把民间反对者的技术知识同时纳入分析,检视两种知识的交会和相互作用。参照论域分析的理论示意图(Friese et al.,2017),本研究的实证示意图如下图所示:

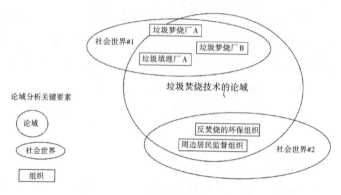

图1　本研究论域分析的实证示意图

(二)合法性知识的生产:场所及地方性

论域分析关注各个社会世界当中不同的话语是如何被构建出来,如何与相应的知识/权力结合从而取得合法性的。一种具体的科学知识是在诸多不同学说及争议当中通过竞争脱颖而出,逐步获得稳固的"免疫"地位的;而一个理论则必须被物象化(materialization)成稳定的事实,才可能成为科学真理(Latour & Woolgar,1979)。换句话说,科学知识的合法性与生产知识的物象化场所紧密相关。相关的核心问题就是:科学知识的合法性是如何被生产出来的? 这种合法性的生产又是如何与空间联系在一起的? 或者说,知识生产的合法性是如何通过在空间当中的物象化来实现的?

科学知识是在特定设计的、封闭的空间当中生产出来的(Golinski,1998)。在科学的论域里,实验室是理想的、权威的、合法的科学知识生产场所,其合法性离不开一系列物象化特征的建构(Shapin & Schaffer,2011;Cunningham & Williams,1992;Pickering,1992)。科学史研究表明,实验室当中的试验是逐渐取得合法性成为生产科学事实的活动,生产科学事实的关键是:①尽量使用最优的、最小偏差的实验仪器;②有证人的共同见证——这构成了科学的实证主义(Shapin & Schaffer,2011)。

科学知识生产的空间往往通过对如下三对物象特征的操作和设计成

224

为知识生产的合法性场所：可见性和不可见性、公共性和私密性、标准化和差异化（Henke & Gieryn, 2008）。首先，实验室的存在使得许多本不可见的自然现象可见。如：加速器和探测器使高能物理学家查看夸克成为可能（Pickering, 1984; Galison, 1997）；离心机和PCR仪器阵列使分子生物学家能够看到精确的DNA片段（Rabinow, 1996）。同时，实验室作为封闭的科学空间，又使得科学家观察事件的行为不可见，很少有公众获知科学家是如何观察那些不可见的自然现象的。其次，对公共性与私密性的有意区分，恰是科学空间的建构策略。例如纽约康奈尔生物技术大楼中建有两个相互隔绝的空间，即有意将向公众开放展示、科普的前台和公众不可参与的、作为知识生产空间的后台进行区分。由此彰显，科学知识的生产并不是可以任意进入和参与的，知识生产的空间是被严密控制的，秩序和安排非常重要（Gieryn, 1998）。最后，通过标准化的安排和设计，科学实验室成为通用的"无地方性的地方"（placeless places），从而使得其中生产的知识具有普遍合法性（Kohler, 2002）。而标准化掩盖的事实是，每个实验室其实都是在截然不同的环境当中人为建设的，相互之间有着极大的差异性。最后，标准化的策略尤为重要。在科学的论域里，地方性往往被认为"污染"了科学的可信，因为地方性知识是偏狭的、微不足道的、缺乏客观性的，只有在去地方化的空间内生产的知识才具有可信性和普遍性。合法的知识需要在合法的空间中生产，而合法的空间需具备封闭、秩序、标准化、非地方性的特征（Secord, 1994）。

虽然科学论域内部不断通过去地方化来实现所生产知识的合法性，但大量研究也揭示出，地方性实际上对于科学是必要的，甚至是构成科学技术知识的真实性和可信度的一个重要方面，科技知识的生产不一定只发生在标准化的封闭的实验室里（Ophir & Shapin, 1991; Livingstone, 2004; Dierig et al., 2003; Naylor, 2005; Law & Mol, 2001; Gieryn, 2000）。随着科学实践本身的演进，科学试验的实践（experimentation）已经从"实验室的理想型"（laboratory ideal）转向了"田野的理想型"（field ideal）（chwartz & Krohn, 2011）。自然科学的田野，即非实验室的科学实践空间。非实验室空间内的知识生产成为科学知识生产的"第二模式"（mode 2)，这些科学实践场所广泛分布于社会中和科技应用的过程中（Nowotny，2003)。这样的场所甚至包括农民生产、养殖的空间，专家在这些空间中与当地农民发生互动，亦可产出合法的科学知识（Fearnley，2015)。在田野里的知识生产过程当中，由常民①提供的地方性知识发挥着至关重要的作用。

然而在现实的环境治理当中，如下三个方面仍是争议性的：科学技术知识在地方应用的限度、科学知识与地方性知识之间的界限、实验室与地方作为知识生产空间的合法性，这些可协商的界限就成为STS的焦点（Bowker，1994；Kuklick & Kohler，1996；Henke，2000；Kohler，2002)。在环境冲突、公共健康争议当中，科学空间和本地知识的分界点往往成为谈判的关键。在每一个争议当中，标准化的、中立的科学技术在多大程度上可以适用于本地、本地生产的知识，又在多大程度上可以进入合法性的科学知识等问题都经历了再建构。这种再建构的过程以及各方所使用的策略，正是对科技知识应用的一个分析焦点（Wynne，1989；Tesh，2000；Frickel，2004；Henke，2006)。

三、作为边界物的二噁英：垃圾焚烧与世纪之毒

在现场逗留了20分钟左右，我便觉得有点发晕。是不是这就吸入了著名的二噁英？此后大半天，我都觉得头疼，脑子不清爽。我真觉得应该给它改名，叫作"万恶英"。（郭巍青，2009)

垃圾焚烧技术之所以遭到强烈的抗议，主要是由于其剧毒排放物质二噁英。以上文字出自一位反焚运动的同情者在走访垃圾焚烧厂后写的评论。在他眼里，二噁英既可恶又可怕。他还注意到当地村民对于焚烧

---

① 常民（lay person）为台湾STS研究当中的通用译法，指对应于"专家"的普通民众，他们通常不具备科学领域内被认证的专家资格，也缺乏专业的科学知识。

厂的愤怒、癌症村的阴影以及抗议不成功的绝望情绪。

> 经过水幕除尘，大部分重金属灰尘和大颗粒粉尘基本会沉降下来……出来的烟气，会经过一个比较小的活性炭喷灌，原理也和水幕一样，目的是将更小的颗粒(也许就是那些环保分子说的$PM_{2.5}$吧)经过活性炭粉尘的吸附，使小颗粒变成大的颗粒，让下一步的布袋除尘室拦截下来……(光头的阿加西,2013)

这段文字来自垃圾焚烧技术支持者。与上段形成鲜明对比的是,这段文字没有任何感官描述,取而代之的是对于锅炉构造和功能的简介。焚烧技术最具争议的,是其污染物的排放。这段文字正是对于焚烧厂如何控制二噁英进行的说明,这是对于垃圾焚烧的典型技术叙事。

被称为"世纪之毒"的二噁英是人类目前已知最剧毒的物质之一,可致癌,导致生殖、免疫、内分泌系统病变,还可能导致后代的畸变和突变(汪军等,2001;田爱军等,2008)。作为一种持久性有机污染物,二噁英的特征是剧毒、易积累且难消解(黄强等,2012)。中国在2001年签署了《斯德哥尔摩公约》,这个国际公约规定了人类在持久性有机污染物减排方面的共同义务。随后,环保部出台政策,将二噁英的治理及防控技术的开发提上了重要议程(中华人民共和国环保部,2013)。二噁英的可怕和怪异在于,作为痕量级的物质,其质量微小且无色无味,感官无法察觉,可谓杀人于无形。生活垃圾的焚烧可产生二噁英作为科学事实已有定论(任东华等,2010;黄强等,2012)。目前的垃圾焚烧技术致力于防止二噁英的产生,其核心技术手段主要包括:①控制燃烧温度,使其高于850摄氏度,以此阻碍二噁英的产生;而这种对温度的控制有赖于锅炉控温技术和精密的实时监测系统;②通过烟气处理设施,如布袋除尘、活性炭吸附工艺等,处理排放物,阻止已产生的二噁英排放出去(施敏芳、邵开忠,2006)。

虽然垃圾焚烧会产生二噁英是已经确立的科学事实,但相关科学知识还有很多尚不明确的地方。正是这些无法被明确回答的问题,即"未完成的科学"（undone science），给争议留下了空间，也使得不同团体的话语对二噁英有不同诠释。反焚者怀疑垃圾焚烧产生的二噁英无法被有效控制，会极大地危害周边乃至全市居民的健康。支持焚烧者则相信，反焚者是非理性的，对焚烧技术充满恐惧的想象，甚至妖魔化焚烧技术，就像近代中国人害怕照相机摄人魂魄或因为害怕火车而拆毁铁路一样。本文认为，关键问题并不在于哪一方的叙事更真实，而是在于检视双方如何建立起其自身关于环保、垃圾处理和相关技术知识的合法性。本文将二噁英视为边界物，相关争议也因此可以被看作是一个"中介"（mediation）的过程，边界物二噁英跨越多个社会世界，相关争议围绕它进行并因之在分歧中继续下去，从而不断进行知识生产。

四、社会世界之一："安全、环保、高科技"的垃圾焚烧设施

垃圾焚烧设施是技术应用的物质化实体。作为一个社会世界，垃圾焚烧技术的社会建构在这里展开。下文呈现了一次由广州市组织的市民参观市政垃圾处理设施的历程，透过普通市民的眼光观看垃圾焚烧设施。该历程一方面展现垃圾焚烧设施的空间，另一方面呈现普通市民是如何"观看"并理解焚烧技术的。

X垃圾填埋场是参观的第一站。这是世界上每天接收垃圾处理最多的填埋场之一。刚接近填埋区，酸臭刺激的气味就扑面而来。填埋区没有任何荫蔽，夹杂着恶臭的热浪铺天盖地地袭来，令人流泪作呕。在不见边际的垃圾海洋上面作业的铲车小得像玩具。一个工程师穿着全套严实的防护服指着垃圾海洋说道，"这就是广州市的垃圾"。

L垃圾焚烧发电厂是参观的重要一站。园区整洁干净、井井有条、没有异味，令人难以与肮脏恶臭的垃圾联系起来，和填埋场对比鲜明。这座巨大的设施汲取了现代建筑设计灵感，是一个银灰色的巨大椭圆，不时有市民赞叹"好靓啊"。园区入口处有一块黄铜金属铭牌，铭刻着"AAA级无害化焚烧厂"字样，宣告着国家对其安全性的权威认定。

市民被引入一个光洁明亮的大厅后，尚未明白过来，就已经置身于垃

坂焚化炉内部了。两个干练的年轻女性拿着喇叭,引导人群参观的路线,像导游一样,其流利的讲解中夹杂了专业的科学术语。大厅最显著的是墙壁上的一块LED显示屏,荧幕上报告着焚化炉排放物的实时检测数据。最右一栏是"国标小时均值"(国家规定合法排放标准),通过比对不难发现,现实的排放数据远比国家规定的有害标准低得多。焚烧厂的内部装饰充斥着环保的符号。走廊上装点着儿童环保题材的画作,还有大型的巨幅海报"节能减排、低碳环保、可持续发展"。大量地面被刷成绿色,似乎都在无声地宣称其绿色环保的特性。

焚化炉二楼的展厅格局类似博物馆。入口处的墙上是焚烧厂概况的大幅图文介绍。玻璃橱窗里陈列着锅炉部件,如压力表。锅炉的炉渣也被装进玻璃容器里做成样本,上方有射灯打下光束,配以文字说明,其陈列方式就像是博物馆展品。这些展品还包括焚化厂的锅炉模型和俯瞰沙盘模型等。有一些对于垃圾焚烧污染略知一二的参观者询问是否会产生二噁英,讲解员的回答是:本厂的技术可以确保不会产生二噁英。讲解员指着模型的相应位置讲解:垃圾会在车间放置几天,干燥发酵,随后再进入焚烧系统,焚烧系统后端连接着排放处理系统。这首尾两步都是阻止污染物生成的关键,再加上严密的实时监控系统,足以保证安全性。讲解员精心设计的讲述不仅深入浅出地科普了垃圾焚烧的运作,同时还宣传了其安全性,这正是焚烧技术论证其安全性的经典技术叙事方式。

焚化炉的最高层是其中央控制室,这里是焚烧厂的"大脑",工作人员在这里操作、监控着锅炉。这里虽然是办公场所,但也是开放式的,可以游览,还可与工人互动。该层的大厅有一面钢化玻璃制的透明墙壁,参观者可以观看工人如何操作机械臂,同时看到在巨大的锅炉内部垃圾是怎样被焚烧的。大厅中间就是锅炉的核心——中央控制台。五六个工人坐在台前,一边盯着眼前的显示屏,一边在键盘上操控着,不时拿起对讲机说一两句话,显得专注而高效。他们面前最大的一块屏幕是一个繁复的电路系统图,密密麻麻的数值在上面闪烁。参观人群走到这里时交谈的声音逐渐变小,连脚步都不由自主地放轻,还会互相提醒道,"不要咋住人哋做嘢"（广州方言，意指不要妨碍别人的工作）。

回程车上，参观者议论着填埋场如此令人难受，而焚烧厂是这样的高级。参观的效果通常是，市民们建立了新的认识——本市的垃圾产量巨大得超乎想象，不过焚烧厂既高科技又很环保，可以有效地处理本市垃圾。市民们带着这样的新知识回归日常生活，这种认知也成为他们常识的一部分，这种见闻还会被他们传播到更为广泛的受众当中。焚烧作为垃圾处理的主流技术在当地被广泛接受，公众几乎不会再质疑。只有当自家周边即将修建焚烧厂或者接收到反焚的信息时，市民才会再一次产生对垃圾焚烧技术的疑虑。

事实上，不仅仅是焚烧厂内部，整个观光路线也是精心设计的。民众先是被填埋场海量的垃圾所震惊，然后再参观焚烧厂。这种对比本身也帮助合法化了焚烧技术。填埋场越是显得肮脏、恶臭，焚烧厂就越是显得洁净、环保。但这一过程中没有被展现的是，垃圾焚烧技术事实上还存在着巨大的争议。例如，一位反焚人士这样比喻道：

> 听过灰姑娘的故事吗？大女儿长得丑，先看了大女儿，再看二女儿，会觉得特别美。可是三女儿呢，根本就没让出来见人。（访谈日志2013年5月）

五、社会世界之二：辩论垃圾焚烧技术风险

本小节展现垃圾处理技术的另外一个社会世界：反焚人士针对此项技术与专家的辩论，尤其是围绕边界物二噁英的争议。在这场争论中，焚烧技术的支持者主要包括①当地政府中的主烧派官员及专家；[①]②环境

---

① 由于当地政府立主要通过大力发展垃圾焚烧项目来解决垃圾污染问题，因此可以说作为政策制定者的政府其主要立场是支持焚烧的。垃圾治理实际上由市城管委负责，具体事务又由固体废弃物办公室承担。城管委、固废办内均有工程师任职，其领导班子中亦包括总工程师一职，总工是工程和技术方面的总负责人。而城管委的工程师即政府身份的专家。总工在这场争论中常常扮演政府专家发言人的角色。

科学、锅炉技术等领域的专家;③焚烧设备的运营商及其专家。反焚者则由焚烧厂周边居民及当地环保组织组成。L焚烧厂周边的村民们组成了监察队,专门监督焚烧厂的运行和排放情况。

> 我在二噁英实验室,手里拿着这小小的东西,心里想,原来我一直的敌人就是这个……我还真有点紧张,怕怕的,生怕失手打碎了。
>
> (访谈日志2013年6月)

这是一位反焚人士描述自己参观二噁英实验室过程中第一次亲眼看到二噁英时的内心感受。对于这不可见、不可感又异常危险的"敌人",反焚者是如何理解、如何表述的呢？下文将对两个核心争议进行分析。

(一)二噁英形成的风险:垃圾充分燃烧?

痕量级的二噁英无色无味、无法感知。因此,证明其存在与否,对于论辩的双方来说都非常困难。焚烧技术专家指出,垃圾焚烧要形成二噁英,一个必要的条件是垃圾的不充分燃烧,其界限温度为850摄氏度,只要高于这个温度,二噁英就无法生成。这样一来,会不会产生二噁英的问题,就转化成垃圾是否可以充分燃烧的问题。专家指出,炉温控制在850度以上在技术上是可实现的,焚烧锅炉的预热系统、第二燃烧室等设计就是为了确保充分燃烧。此外,焚烧厂有着严密全面的监控系统,对于焚烧温度足以精确掌握和实时调控。

然而在通过自学和请教专家之后,反焚者认为当前锅炉技术并不能确保温度始终达标。[1]反焚者难以直接证明炉温不达标,却找到一个好

---

[1] 根据反焚人士的说法,这是因为燃烧的全过程还包括起始的点燃、升温和最后的熄灭、降温。如果降温不能在两秒之内迅速完成,那么二噁英还是有充足的时间生成。另外,尽管理论上高温充分燃烧可保证二噁英不产生,但在现实中这个过程需要同时满足很多苛刻的条件才能达成,包括柴油投放量、烟气温度、氧气浓度、停留时间等。这些条件不仅缺一不可,还要确保其在每一次的燃烧中、持续不断地被满足。

的办法来把论断具象化,即通过查看焚烧厂排出来的灰烬来检验垃圾是否被充分燃烧。他们发现,灰烬里面竟然不时出现未被燃尽的物体,如塑料管,甚至还有橡胶鞋底。这些证据非常有力:如果这些物品都没能被烧尽,可见燃烧肯定是不充分的。

最绝妙的是,反焚者通过提出当地垃圾的独特性来论证其难于被充分燃烧。他们说,"我们不像外国人,只吃汉堡和牛排"。独特的料理方式,包括大量喝汤的习俗和复杂多变的食谱,都使得当地垃圾当中厨余所占的比例偏高。此外,广州地处东南沿海,属于亚热带海洋性气候,潮湿的气候并不利于垃圾的干燥。尤其是每年春季的"回南天"①,空气中的含水量极大,会加剧垃圾的潮湿。根据城管技术研究中心的数据,广州的厨余占垃圾总量的60%。其结果是,一方面,垃圾中的水分过高、不易燃,影响到燃烧温度,导致二噁英产生;另一方面,大量水分蒸发容易导致排放控制设施的失灵。

(二)对二噁英排放的监控:排放标准与国际惯例?

焚烧技术人员认为,外行人与其保持怀疑,不如关注排放结果。对于污染物的排放自有国标规定,符合国标就意味着是安全的。L焚烧厂宣传,其二噁英的排放一直优于国标,②甚至达到了欧盟指标。这样的说法没有获得反焚者的信任。村民用一种非常朴素的说法表达其疑虑,"人造电脑,电脑造人",意思是,计算机都是人造出来的,那么人为更改数据也是可能的。他们宁可相信自己的眼睛。每天,他们都会留意观察焚烧厂的烟囱冒出来的烟气。如果烟囱排放出来的是黑烟,他们就怀疑当天的排放有问题。专家则回应说烟气的颜色发黑有很多种可能,跟当

---

① 每年春夏交接之际,海洋的暖空气与大陆的冷空气交汇,导致地处东南沿海地区的广东有两个月异常潮湿,雨雾极多,这种极端潮湿的天气,被当地人称为"回南天"。

② 当时,我国的国家标准为1ng/m³。目前,在多方推动下,我国的二噁英排放标准已经作出了修改,根据现有《生活垃圾焚烧污染控制标准(GB18485-2014)》,二噁英排放标准已经改为0.1 ng/m³。可以说,排放标准的修改恰恰是反对派在技术争议中不断质询的结果之一。

天的温度湿度、所参照的天空颜色皆有关系，仅凭颜色判断并不能说明排放物当中有毒害物质，就好比乌云是黑色的，但这并不能证明乌云是有害的。

双方关于焚烧厂排放物是否达标的争议最终升级到了对簿公堂的地步。反焚人士C向环保局申请公开L焚烧厂历年的排放数据信息，结果发现环保局并不能提供完整的数据。2013年，C将环保局告上广州市越秀区人民法院，指控其没有依法公开焚烧厂的排放信息，尤其是环保局所提供的污染物检测数据的品项不全，根本没有二噁英的检测资料。环保局代表当庭辩护说，这是因为对于二噁英的检测需要很高的技术且成本高昂，环保局及焚烧厂自身没有相应能力，所以仅委托有能力的机构一年一次地进行检测，目前还没有拿到2012年的结果。这个回答令在场者错愕。两个月后，法院判定广州市环保局违法，但是并没有强制环保局公开完整的排放数据。于是，C继续上诉到广州市中级人民法院。一年后，环保局终于公开了二噁英排放的检测资料。在这份报告中可以看到，该焚烧厂的二噁英排放量确实达到了国标，但并没有像其在宣传中所声称的那样，持续达到欧标（见附表1）。

反焚人士通过这场官司向公众展示，焚烧厂虽然致力于给公众建立其严格规范监控排放的印象，但实际上由于二噁英的监测成本高昂、对技术要求极高且间隔长、程序烦琐，因此根本没有被实时监测。目前的做法是每年抽样检验一次。即使排放数据准确无误且被及时公开，该厂能拿到的结果也是一年多前的数据。也就是说，假如排放超标，人们也要一年多以后才能发现，而此时，居民也已经暴露在其中一年多了。另外的一个问题来自于抽检的方法。如附表1中所呈现，对于一年的二噁英排放量的抽检，只是对两个焚化炉分别抽样一天。抽样法对于其他设施或许有效，但对垃圾焚烧厂则未必。这是因为垃圾并不是成分稳定不变的"一种"物质，其每天的成分、含水量都不尽相同。更为重要的是，排放标准本身也值得推敲。反焚者质疑：中国规定的二噁英排放的国家标准为什么比欧盟标准高十倍？[①]这个标准是如何制定的，制定时是否充分考虑了本地的环境、人口健康情况和长远影响？

在主烧派的叙述中，焚烧已经是国际上公认的安全技术。他们以日本、北欧为例，证明垃圾焚烧技术在发达国家被广泛使用且运作良好。这样的论述基于一种潜在的认识，即如果一项技术在国际上被使用，就可以应用于中国。对此反焚者回应，中国和上述国家存在国情上的不同，即那些采用垃圾焚烧的国家在国土面积、自然资源、产业类型等方面都与中国存在差异。其中，最大的不同在于：第一，如前所述，那些国家有着良好的垃圾分类系统，焚烧的是经过高度分类的、成分单纯的垃圾，而中国焚烧的却是混合的、成分复杂的垃圾；第二，在中国的一些地区，环境污染本来就较为严重，人体已经承受着来自不同污染源的污染物，增加二噁英的污染不啻雪上加霜。反焚者强调，如果考虑到这些本土的情况，对于排放的监控及标准制订就不应仅仅依照国际惯例，而是应该更加严格。

六、垃圾焚烧技术论域中的知识再生产

（一）边界物二噁英：呈现与见证

二噁英是垃圾焚烧技术饱受争议的一个根本原因。争议双方想要直接证明垃圾焚烧厂是否正在产生二噁英，都是极其困难的。因此，对于二噁英的呈现成为关键。双方都力图不断生产可视的证据，同时通过生产证人来制造共同见证，从而生产关于二噁英的合法的知识。

垃圾焚烧发电厂同时兼具处理垃圾的功能性和对公众科普焚烧技术的展示性。其通过具体的展览和演示展示其焚烧过程的安全性和对于污染的可控性。这种展示性包括数据化、展览化、表演性三个策略。首先，被重点展示的证物是排放物的实时监控数据，如大厅的实时排放数据电

---

① 当时，我国的国家标准为 $1ng/m^3$。目前，在多方推动下，我国的二噁英排放标准已经作出了修改，根据现有《生活垃圾焚烧污染控制标准（GB18485–2014）》，二噁英排放标准已经改为 $0.1\ ng/m^3$。可以说，排放标准的修改恰恰是反对派在技术争议中不断质询的结果之一。

子屏和开放式的中控室。其次,展示的是设备和排放物的实物样本,如炉渣。最后,自动化的模型展示锅炉的工作流程。导览服务、真人互动、操作演示加上精美设计的装潢、模型和交互体验区,这座焚化炉像是一个博物馆。人们在其中确实看见了先进精密的处理和监控设备,也"看见"了燃烧过程。

呈现,是科学论域中当中常见的一种知识生产技术。正如科学实验室,正是由于其创建了增强型环境,才使得不可见的真理变得可见(Knorr Cetina,1999)。垃圾焚烧设施通过呈现燃烧过程以及本不可见的污染物,不断宣称着技术的安全性,生产着"安全的垃圾处理技术"的见证人。另外,呈现的策略不仅在于如何展示,还在于展示什么和隐匿什么。在物理上使知识变得能见的机制也同时是一个排斥机制,即将特定的群体排除在特定的知识领域之外(Ophir & Shapin,1991)。焚化炉当中的数据和工作人员工作的展示令观者感到信服甚至敬畏。虽然他们并未真正进入其工作内容、接近其核心数据,但仍会感到这项技术是透明的、开放的。事实上,焚烧厂展示的安全性,仅仅是垃圾焚烧技术的复杂知识的一部分。还有更多民众无法看见的部分,例如焚烧的争议性、风险和可能的污染,是被隐而不彰的。特别是,这些设施呈现了对排放的严密检测,但并未提及二噁英检测工作存在的实际困难。

另一方面,反焚者也在积极地制造人证和物证,以呈现不可见的二噁英。焚烧炉的灰烬当中未被充分燃烧的残留物,以及村民报告说亲眼所见的黑烟,就是没有充分燃烧的铁证。此类证据被广泛应用于反焚者的叙事中。在各种公开的和私下的、实体的、网上的讨论,以及公共宣讲和法庭对峙当中,残留物的照片和村民的证词被不断地展示和引用。有学者在香港的反焚运动中也观察到了证人和证言在听证会等场所被使用的情况。他发现,专家作为证人,被反焚者引入和呈现在很多场合当中,这些专家的证言的作用是生产一种联结关系,把专业的知识和常民的知识联系起来(Timothy Choy,2011)。反观广州市的案例,反焚者大量展示来自常民的证据,也是为了建立一种联系——常民的知识、资料与技术的联系。他们试图把常民的知识和信息引入技术讨论,作为对专业监测仪器和专家知识的漏洞的挑战。

对于反焚者提供的证据,焚烧专家试图以科学的语言加以解释,以便把自己的回应变成像是专家对常民的解答疑问。例如,对于村民看见黑烟的证言,他们解释说烟雾的颜色不能说明任何问题。通过这种回应,他们把村民裸眼观察的证据降级了,指出感官的证据不如设备的监测数据可靠。由于这些数据经过精密的仪器测量,又经过专业训练的人士解读,所以更具真实性和权威性。在科学论域里,见证对于科学知识生产具有不可替代的重要作用。一项科学实验的结果不仅仅要被科学家本人,还要被其同侪所共同见证,其知识才能作为事实被接受;而共同见证的众人应该是受过科学训练的,受过科学训练的眼睛的见证被认为会比普通民众的观察更有合法性和事实性(Shapin & Schaffer, 2011)。在垃圾焚烧技术争议中,争论双方都认可见证的效力,制造见证人的技术亦被大量使用。不过专家认为,见证的可信度是有等级的,科学仪器和专业人士的见证更具优越性,常民应该在专家的指导下进行见证。而反焚者则试图把常民的见证合法化,他们同样认可见证的效力,同样接受科学的逻辑,特别是实证主义,只是反对专家对于证据的提供及其解释的独断权威。

(二)合法性知识生产的策略:去地方化与地方性

在两个社会世界围绕二噁英的知识生产过程当中,各方都使用了不同的策略将自身的知识合法化。不同的策略都与技术应用与知识生产场所的地方性密切相关。焚烧技术的应用及其设施的设计,极大地采取去地方化的策略,以此重申此技术的科学性与普遍适用性。科学生产空间的去地方化的策略,即对于标准化、公共性以及可见性的操作(Henke & Gieryn, 2008),这在垃圾焚烧厂的设计当中均有体现。

首先,是对空间的标准化设计。其外观类似一个科学研究所,内部设计极大化地仿照了实验室的标准化特征。包括突出图表和数据、强调整洁和秩序等在内的所有安排也都宣示着技术的精密,显得一切皆在控制中。焚烧技术知识的核心是：通过温度控制技术、排放控制设备和严密的排放监测系统，防止二噁英的产生。在其技术叙事当中，作为焚烧的原材料的垃圾之特殊性以及技术应用环境之地方性被隐而不显，取而代之的是基于二噁英理化特性的普遍技术以及标准化的排放指标系统。

其次，垃圾焚烧设施还努力增强其公共性及可见性。常年与反焚运动博弈的一个重要结果是，全国兴建的焚烧厂越来越注重强化其公共性和展示性，以应对质疑。例如，L厂的第二座锅炉为了让参观者可以亲眼观看焚烧的全过程，采取了环形的、全开放式的设计，比第一座厂的半开放式设计更为直观。广州和北京两地的垃圾焚烧厂都有面向公众的开放日以及类似的导览安排，接待市民参观。这都与科学实验室用以增强公共性的策略类似，即在可供大众参观的地方生产公共知识，借此强调其生产研发的知识或技术是普遍适用的。

最后，焚烧技术在应用和推广中不断地采取超越本地的叙事，链接起更为普遍和广阔的信息和经验。首先，焚烧厂在最为显著和核心的地方，通过一块屏幕将焚烧厂的实时排放数据与国标相比较，使用国家标准来支持其合法性。另外，技术的支持者强调国际经验，以先进发达国家为范例，由此论证我国应该采用此技术。

反焚者则反其道而行之，批评标准化的、超越地方性的技术叙事，通过强调地方适用性和引入地方性、情境性知识来挑战垃圾焚烧技术。首先，针对标准化的焚烧技术，反焚者指明垃圾成分是复杂的。技术把垃圾当成是"一种"物质来处理，但实际上由于市民季节性的生活和饮食的差异，垃圾的成分每天都会变化，其内容可能千差万别。其次，反焚者强调地方性。他们通过指出当地垃圾的管理状况（无垃圾分类）、气候特征以及因生活饮食习惯造成的垃圾成分特性（含水量更高）来强调当地的特殊性，从而论证在其他国家被广为使用的技术并不一定适用于当地。最后，反焚者强调地方的环境特征，例如本地既存的污染等，以此说明统一的排放标准并不能够保障当地的环境健康。

尽管策略相异，但双方都努力通过对"地方"的论证来合法化自身的话语：一方试图证明，焚烧设施可以创造一种具有科学性的空间环境，有效控制二噁英的形成和扩散；而另一方则用地方性质疑普遍性知识的有效性，指出焚烧设施并不具有通用性。双方都致力于论证自己知识的有效性和可信度高于对方。可见，有效性总是来自于"谈判秩序"的建立（Maines，1982），物质场所授权知识声明的能力从来就不是自动或永久的，其合法性来自于不断的物象化。技术应用的场所尤其如此。科学技术的普适性边界，以及在技术应用当中地方性知识的引入，总是在争议当中被不断协商的。

七、结论

本研究聚焦技术的争议本身，通过论域分析，展示相关科技知识是如何在技术应用当中及其反对者发动的争论当中被再生产的。在争论的过程中，双方建构了各自版本的对于垃圾焚烧技术的知识。焚烧技术的支持者谨守着科学的话语权。针对反焚运动的挑战，技术的应用和传播采用了去地方性的策略，通过营造科学客观性的空间场景，将垃圾焚烧设施对二噁英的有效控制及安全性呈现出来。与此同时，反焚者却在不断生产着挑战垃圾焚烧科学技术的反话语。他们也积极制造见证，以呈现此技术的风险；还通过引入地方性知识来建立自己的有关风险和毒性的表述，挑战全球性的科学技术的地方适用性。

当下环保运动风起云涌，从空气污染、核电技术的应用到转基因农作物的种植与消费，环境污染以及技术风险持续地成为中国乃至全球性的重要议题。这类问题复杂而综合，尤其是它们都涉及自然科学领域的知识以及技术。本研究仅是一个探索的开始，尝试在以下两个方面对环境治理/技术争议研究做出贡献。

第一，本研究试图从科技知识生产的角度为环境运动研究提供新的进路。通过对两个社会世界的分析，本文再现了焚烧争议中知识与社会事实共同生产的过程。一方面，垃圾焚烧设施的建设兼具处理垃圾的功能性和面向公众传播知识的展示性；另一方面，反焚运动不仅仅在形式上是群体性行动,同时也是针对此科技的挑战以及反话语的生产。针对科技知识的论辩构成了反焚行动的核心,相关的技术与环境知识在应用设施中与科技争议中被不断再生产。作为常民的技术反对者正是通过知识再生产的策略性行动,参与到环境治理当中来。在作为知识生产的论域的环境运动中,常民的地方性知识被带入科学探讨,影响了科学技术研发和应用的方向、推动技术的改进。

这场论战已经极大地改变了社会现实,既推动了焚烧厂的设计和技术升级以及相关国家标准和政策的修订,也持续塑造了公众对于生态正义、技术风险以及环境健康的认知。在科技知识被再生产的同时,相关的社会事实也在不断地被再生产。由此,本研究呈现了技术、知识、设施、空间以及相关社会事实在生产与再生产中相互建构的过程。通过对这一过程的论域分析,本研究还进一步说明,技术与社会的互构并不是自然而然地发生的,知识的合法性是在谈判和争议当中建立的,普适性与地方性的边界总是在协商当中被不断划定和建构的。

第二,本研究试图为环境治理、科技争议研究提供一个理论/方法包。本文将论域分析的框架引入了对环境治理和抗争的探讨,从而打开技术的“黑箱”。对于当前诸多涉及公共利益的技术应用以及大型设施,尤其是带有争议性、风险性的技术,论域分析都可以成为有力的工具,分析科技知识生产与应用所涉及的各种工作,阐释其中各方参与者的实践和话语。作为包括一系列场景化概念的理论/方法包(见附表2),此进路有几个重要优点:第一,适合分析多元化观点,特别是动态分析随着时间演化的复杂争议,包括还在演化中的社会事件(Clarke,2005);第二,通过跟踪边界物,有利于研究所处社会世界中容易被常规研究忽视的社会行动者和权力关系;第三,超越了社会学常规的集体行动者的框架(如组织、机构甚至社会运动),跳出以制度化群体为分析单位的思路,转用一种互动论的思路分析权力关系(Clarke & Star,2008),该思路尤其适用于研究知识生产和社会事实共同生产的过程。

焚烧技术争议中所产生的两套知识的对战至今仍未落幕,本文对其中的话语进行动态分析,尤其强调双方对话和辩论的动态关系。在这个论域上,我们将聚焦灯从原来的舞台中心,即专家与政府对于垃圾焚烧技术的官方科学论述,更多地转向以往不被关注的人与物上,包括争议技术应用的实体设施本身、民间的技术反对者等。本研究还尝试拓展论域分析的方法应用。本文将大型设施、技术应用的物质空间本身视为一个社会世界,对这个空间的视觉设计尤其是其呈现、展示、合法化的策略作出详尽探讨,并进而指出,正是这些策略使空间成为生产合法性知识的场所。将设施的物理空间纳入论域分析是对此种理论框架的一个尝试性的应用,这应和了近年来人类学研究对于大型设施、物质空间的关注,也丰富和拓展了论域研究的应用界限。将对设施本身的分析纳入对一项技术的论域分析,也有助于进一步打开争议性技术的"黑箱",为社会科学理解科技争议提供以往缺乏的视角和解释路径。

附表1　广州市环保局提供的2012年L垃圾焚烧发电厂二噁英数据

监测日期	排污口	采样点	I-TEQ (ng/ Nm³)
2012.12.14	1#焚烧炉	1#炉1	0.075
		1#炉2	0.067
		1#炉3	0.059
2012.12.31	2#焚烧炉	2#炉1	0.194
		2#炉2	0.196
		2#炉3	0.225

资料来源:反焚人士C提供的"广州市环保局对于其垃圾焚烧厂排放数据信息公开的回复"

附表2　论域分析的核心概念及研究案例

概念	释义	STS研究案例	本研究涉及章节
社会世界(social world)/话语宇宙(universes of discourse)	社会世界是对某些活动共同承诺的团体,共享多种资源以实现其目标,并就如何开展业务构建共同的意识形态(Clarke & Star, 2008)。围绕同一问题的社会世界都将可以被分析为一个论域。	1)Mead (1917); 2)Shibutani (1955); 3)Strauss (1978);	1)垃圾焚烧技术应用的社会世界(第四节); 2)反焚争议的社会世界(第五节)。

概念	释义	STS研究案例	本研究涉及章节
边界物(boundary object)	边界物是存在于不同社会领域交界面上的、可供不同行动者施展转移策略,维系一种跨越不同社会世界的对话(共识或争议)的事物;作为开发和维护跨越社会世界的聚合性的连接接口,可以促进相关知识的生产(Star & Griese-mer,1989)。边界物可以是实物、组织,也可是概念上的空间或程序。	1)Star & Griesemer (1989); 2)Bowker & Star (1999)。	二噁英(第三节)。
潜在相关社会行动者/物(implicat-ed actors/ actants)	有两种潜在相关社会行动者/物:在社会世界或论域中实际存在,但通常被权力占主导者消声、忽略、透明化的人/物;实际不存在,而被话语构造出来的相关社会行动者/(Christensen & Casper,2000;Star & Strauss,1999)。	1)Clarke (2005); 2)Christensen & Ca-sper (2000); 3)Star & Strauss (1999)。	1)垃圾焚烧设施(第四节); 2)技术的民间反对人士(第五节); 3)公共见证人(第五节)。

参考文献：

1. 卜玉梅、周志家:《政治机会、话语机会与抗争空间的生产——以反对垃圾站选址的集体抗争为例》,《社会发展研究》2016年第1期。

2. 曾繁旭、黄广生、刘黎明:《运动企业家的虚拟组织:互联网与当代中国社会抗争的新模式》,《开放时代》2013年第3期。

3. 陈晓运、段然:《游走在家园与社会之间:环境抗争中的都市女性——以G市市民反对垃圾焚烧发电厂建设为例》,《开放时代》2011年第9期。

4. 光头的阿加西:《李坑垃圾焚烧厂参观游记》,2013年,http://blog.sina.com.cn/s/blog_635b8e1601018i06.html。

5. 郭巍青、陈晓运:《风险社会的环境异议——以广州市民反对垃圾焚烧厂建设为例》,《公共行政评论》2011年第1期。

6. 郭巍青:《我们的垃圾在他们那里烧》,《时代周报》2009年11月25日。

7. 何艳玲、陈晓运:《从"不怕"到"我怕":"一般人群"在邻避冲突中如何形成抗争动机》,《学术研究》2012年第5期。

8. 黄强、李晓、曾锦波:《垃圾焚烧发电中二噁英的形成》,《工程设计与研究》2012年第6期。

9. 零废弃联盟、合一绿学院:《中国民间垃圾议题环境保护组织发展调查报告(2015)》,2015年,http://www.hyi.org.cn/research/case/2195.html。

10. 任东华、武超、沈建康、高蓓蕾:《生活垃圾焚烧烟气中的二噁英对大气环境影响评价》,《科技信息》2010年第29期。

11. 施敏芳、邵开忠:《垃圾焚烧烟气净化和二噁英污染物的控制技术》,《环境科学与技术》2006年第9期。

12. 世界银行:《东亚基础设施部,城市发展工作报告——中国固体废弃物管理:问题和建议》,2005年,http://www.docin.com/p-35920185.html。

13. 田爱军、李冰、张新玲:《生活垃圾焚烧烟气排放中二噁英对人体健康的风险评价》,《污染防治技术》2008年第6期。

14. 汪军、朱彤:《二噁英类物质污染问题及其治理技术》,《能源研究与信息》2001年第3期。

15. 于达维:《垃圾焚烧大跃进》,《新世纪》2012年第2期。

16. 张劼颖:《从"生物公民"到"环保公益":一个基于案例的环保运动轨迹分析》,《开放时代》2016年第2期。

17. 中华人民共和国环保部:《二噁英污染防治技术政策(征求意见稿)》,2013年,http://www.zhb.gov.cn/gkml/hbb/bgth/201301/t20130111_245024.htm。

18. Becker, Howard S., *Art Worlds*, Berkeley: University of California Press, 1982.

19. Becker, Howard S., *Outsiders: Studies in the Sociology of Deviance*, New York: Free Press, 1963.

20. Bowker, Geoffrey C. & Susan Leigh Star, *Sorting Things Out: Classification and Its Consequences*, Cambridge, MA: MIT Press, 1999.

21. Bowker, Geoffrey C., *Science on the Run: Information Management and Industrial Geophysics at Schlumberger, 1920–1940*, Cambridge, MA: MIT Press, 1994.

22. Bucher, Rue & Anselm L. Strauss, "Professions in Process," *American Journal of Sociology*, 1961, 66.

23. Bucher, Rue & Joan Stelling, *Becoming Professional*, Beverly Hills, CA: Sage, 1977.

24. Choy, Timothy K., *Ecologies of Comparison: An Ethnography of Endangerment in Hong Kong*, Durham: Duke University Press, 2011.

25. Christensen, Vivian & Monica J. Casper, "Hormone Mimics and Disrupted Bodies: A Social Worlds Analysis of a Scientific Controversy," *Sociological Perspectives*, 2000, 43 (4).

26. Clarke, Adele E. & Susan Leigh Star, "Science, Technology, and Medicine Studies," in Larry Reynolds & Nancy Herman–Kinney (eds.), *Handbook of Symbolic Interactionism*, Walnut Creek, CA: Alta Mira Press, 2003.

27. Clarke, Adele E. & Susan Leigh Star, "The Social Worlds Framework: A Theory/Methods Package," in Hackett, E. J. (ed.), *The Handbook of Science and Technology Studies*, MA: MIT Press, 2008.

28. Clarke, Adele E. & Theresa Montini, "The Many Faces of RU486: Tales of Situated Knowledges and Technological Contestations," *Science, Technology & Human Values*, 1993, 18 (1).

29. Clarke, Adele E., "Controversy and the Development of American Reproductive Sciences," *Social Problems*, 1990, 37(1).

30. Clarke, Adele E., "Social Worlds/Arenas Theory as Organization Theory," in David Maines (ed.), *Social Organization and Social Process: Essays in Honor of Anselm Strauss*, Hawthorne, NY: Aldine de Gruyter, 1991.

31.Clarke, Adele E., *Situational Analysis: Grounded Theory After the Postmodern Turn*, Thousand Oaks, CA: Sage, 2005.

32.Clarke, Lee, "Explaining Choices among Technological Risks," *Social Problems*, 1988, 35(1).

33.Cunningham, Andrew & Perry Williams, *The Laboratory Revolution in Medicine*, Cambridge: Cambridge University Press, 1992.

34.Dierig, Sven, Jens Lachmund & J., Andrew Mendelsohn, "Introduction: Toward an Urban History of Science," *Osiris*, 2003, 18.

35.Fearnley, Lyle, "Wild Goose Chase: The Displacement of Influenza Research in the Fields of Poyang Lake, China," *Cultural Anthropology*, 2015, Vol.30(1).

36.Frickel, Scott, "Just Science? Organizing Scientist Activism in the U.S. Environmental Justice Movement," *Science as Culture*, 2004, 13(4).

37.Friese, Carrie, Rachel S. Washburn & Adele E. Clarke, *Situational Analysis: Grounded Theory after the Postmodern Turn*, Thousand Oaks, CA: Sage, 2017.

38.Galison, Peter, *Image and Logic: A Material Culture of Microphysics*, Chicago: University of Chicago Press, 1997.

39.Gieryn, Thomas F., "Biotechnology's Private Parts and Some Public Ones," in A. Thackray (ed.), *Private Science: Biotechnology and the Rise of the Molecular Sciences*, Philadelphia: University of Pennsylvania Press, 1998.

40.Gieryn, Thomas F., "A Space for Place in Sociology," *Annual Review of Sociology*, 2006, 26.

41.Goldman, Mara, Paul Nadasdy & Matt Turner (eds.), *Knowing Nature: Conversations at The Intersection of Political Ecology and Science Studies*, Chicago: University of Chicago Press, 2011.

42.Golinski, Jan, *Making Natural Knowledge: Constructivism and the*

History of Science, Cambridge: Cambridge University Press, 1998.

43. Henke, Christopher R., "Making a Place for Science: The Field Trial," *Social Studies of Science*, 2000, 30.

44. Henke, Christopher R., "Changing Ecologies: Science and Environmental Politics in Agriculture," in S. Frickel & K. Moore (eds.), *The New Political Sociology of Science: Institutions, Networks, and Power*, Madison: University of Wisconsin Press, 2006.

45. Henke, Christopher. R. & Gieryn, T. F., "Sites of Scientific Practice: The Enduring Importance of Place," in Hackett, E. J. (ed.), *The Handbook of Science and Technology Studies*, MA: MIT Press, 2008.

46. Jasanoff, Sheila, *State of Knowledge: The Co−Production of Science and the Social Order*, London: Routledge, 2004.

47. Knorr Cetina, Karin, *Epistemic Cultures: How the Sciences Make Knowledge*, Cambridge, MA: Harvard University Press, 1999.

48. Kohler, Robert E., *Landscapes and Labscapes: Exploring the Lab−Field Border in Biology*, Chicago: University of Chicago Press, 2002.

49. Kuklick, Henrika & Robert E. Kohler, "Introduction," *Science in the Field*, H. Kuklick & R. E. Kohler eds., Osiris, 1996, 2 (11).

50. Latour, Bruno & Steve Woolgar, *Laboratory Life: The Construction of Scientific Facts*, New Jersey: Princeton University Press, 1979.

51. Law, John & Annemarie Mol, "Situating Technoscience: An Inquiry into Spatialities," *Environment and Planning D: Society and Space*, 2001, 19.

52. Livingstone, S., "The Challenge of Changing Audiences: Or, What Is the Researcher To Do in the Age of the Internet?" *European Journal of Communication*, 2004, 19.

53. Maines, David, "In Search of Mesostructure: Studies in the Negotiated Order," *Urban Life*, 1982, 11.

54. Marcus, George E., "Ethnography in / of the World System: the Emergence of Multi—Sited Ethnography," *Annual Review of Anthropology*, 1995, 24.

55. Mead, George Herbert, "Scientific Method and the Individual Thinker," in John Dewey (ed.), *Creative Intelligence: Essays in the Pragmatic Attitude*, New York: Henry Holt, 1917.

56. Mead, George Herbert, "The Objective Reality of Perspectives," in A.J. Reck (ed.), *Selected Writings of George Herbert Mead*, Chicago: University of Chicago Press, 1964.

57. Mead, George Herbert, *The Philosophy of the Act*, Chicago: University of Chicago Press, 1972.

58. Mead, George Herbert, *Mind, Self and Society*, Chicago: University of Chicago Press, 2009.

59. Naylor, Simon, "Introduction: Historical Geographies of Science—Places, Contexts, Cartographies," *British Journal for the History of Science*, 2005, 38.

60. Nowotny, Helga, Peter Scott & Michael Gibbons, "Introduction: Mode 2 Revisited: The New Production of Knowledge," *Minerva*, 2003, 41 (3).

61. Ophir, Adi & Steven Shapin, "The Place of Knowledge: A Methodological Survey," *Science, in Context*, 1991, 4.

62. Palmlund, Ingar, "Social Drama and Risk Evaluation," in S. Krimsky & D. Golding (eds.), *Social Theories of Risk*, Westport, CT: Praeger, 1992.

63. Pickering, Andrew, *Constructing Quarks: A Sociological History of Particle Physics*, Chicago: University of Chicago Press, 1984.

64. Pickering, Andrew, "From Science as Knowledge to Science as Practice," in Andrew Pickering (ed.), *Science as Practice and Culture*, Chicago:

University of Chicago Press, 1992.

65. Rabinow, Paul, *Making PCR: A Story of Biotechnology*, Chicago: University of Chicago Press, 1996.

66. Renn, Ortwin, "Concepts of Risk: A Classification," in S. Krimsky & D. Golding (eds.), *Social Theories of Risk*, Westport, CT: Praeger, 1992.

67. Schwartz, Astrid & Wolfgang Krohn, "Experimenting with the Concept of Experiment: Probing the Epochal Break," in A. Nordmann, H. Radder & G. Schiemann (eds.), *Science Transformed? Debating Claims of an Epochal Break*, Pittsburgh: University of Pittsburgh Press, 2011.

68. Secord, Anne, "Science in the Pub: Artisan Botanists in Early Nineteenth-Century Lancashire," *History of Science*, 1994, 32, pp. 269–315.

69. Shapin, Steven & Simon Schaffer, *Leviathan and The Air-Pump: Hobbes, Boyle, and The Experimental Life*, Princeton: Princeton University Press, 2011.

70. Shibutani, Tamotsu, "Reference Groups as Perspectives," *American Journal of Sociology*, 1955, 60.

71. Star, Susan Leigh & Anselm Strauss, "Layers of Silence, Arenas of Voice: The Ecology of Visible and Invisible Work," *Computer-Supported Cooperative Work: Journal of Collaborative Computing*, 1999, 8.

72. Star, Susan Leigh & James R. Griesemer, "Institutional Ecology, 'Translations' and Boundary Objects: Amateurs and Professionals in Berkeley's Museum of Vertebrate Zoology, 1907–1939," *Social Studies of Science*, 1989, 19.

73. Star, Susan Leigh, "Simplification in Scientific Work: An Example From Neuroscience Research," *Social Studies of Science*, 1983, 13.

74. Strauss, Anselm L., "A Social World Perspective," in Norman Denzin (ed.), *Studies in Symbolic Interaction 1*, Greenwich, CT: JAI Press,

1978.

75.Strauss, Anselm L., "Social Worlds and Legitimation Processes," in Norman Denzin (ed.), *Studies in Symbolic Interaction 4*, Greenwich, CT: JAI Press, 1982.

76.Strauss, Anselm L., *Continual Permutations of Action*, New York: Aldine de Gruyter, 1993.

77. Tesh, Sylvia Noble, *Uncertain Hazards: Environmental Activists and Scientific Proof*, Ithaca, NY: Cornell University Press, 2000.

78.Thomas, William Isaac, "The Polish—Prussian Situation: An Experiment in Assimilation," *American Journal of Sociology*, 1914, 19.

79. Wiener, Carolyn, *The Politics of Alcoholism: Building an Arena Around a Social Problem*, New Brunswick, NJ: Transaction Books, 1981.

80. Wynne, Brain, *Risk Management and Hazardous Waste: Implementation and the Dialectics of Credibility*, London: Springer Verlag, 1987.

81. Wynne, Brian, "Sheep farming after Chernobyl: A Case Study in Communicating Scientific Information," *Environment*, 1989, 31.

从自治到共治：
城市社区环境治理的实践逻辑
——基于上海M社区的实践经验分析[*]

王芳　邓玲[**]

摘　要： 城市社区环境治理议题是创新城市环境治理和社会治理双重实践中一个重要社会问题。共治作为实现社区环境善治的一种重要理念，在实践中面临着诸多困境。基于对上海M社区环境治理实践的梳理分析，探讨了M社区从自治走向共治的实践逻辑，其主要体现在社区认同、柔性动员、组织赋权及主体互嵌四个方面。该实践逻辑是多重主体往复互动、不断互构的过程，有助于摆脱社区环境治理的"共同体困境"，为当前城市社区环境治理实践提供了一定的借鉴。

关键词： 社区环境治理　自治　共治　实践逻辑

一、问题的提出

随着中国以工业化和城市化为核心的现代化进程的加速推进，各类环境风险和环境问题不断滋生和爆发，环境保护与治理已成为全面建成小康社会的三大攻坚战之一。城市社区作为人、空间和活动互动的基本

---

　* 原文发表于《北京行政学院学报》2018年第6期。

　** 王芳，华东理工大学社会与公共管理学院教授、博士生导师；邓玲，华东理工大学人文科学研究院博士研究生。

场域,也深受现代化进程和市场化机制的影响,城市社区环境问题业已成为社区建设与城市发展的突出短板。能否实现社区环境的有效治理不仅关系到社区环境状况的改善,也关系到社区和城市的可持续发展。由此,城市社区环境治理议题已成为创新城市环境治理和社会治理双重实践中一个亟待关注的重要社会问题。

本文的社区环境主要指带有公共属性的生态环境。社区环境治理则是指以社区为基础,依托政府组织、民营组织、社会组织、居民自治组织以及个人等各种网络体系,应对涉及日常居民生活的环境问题,共同完成和实现诸如生活垃圾分类、环境综合治理、河道整治、绿化保护、绿色空间营造,以及能源节约和环境教育等在内的社区环境保护相关公共事务的服务和管理。

目前国内围绕城市社区环境治理的研究主要涉及三个方面:一是社区环境问题的主要类型及形成机制,认为社区环境问题可以分为生产型、生活型,以及生产与生活混合型,政府、企业、公众等行动者及其环境行为的博弈互动,推动着社区环境问题的产生、演变和处理;二是社区环境治理的现实困境分析,指出社区碎片化、治理资源匮乏、不确定性事件的发生、网格化管理下的"弱网络"等,是当前城市社区环境治理面临的主要困境;三是社区合作开展环境治理机制的探讨,认为应根据中国具体国情建立政府组织、社区党组织(居委会)为主导的社区治理结构,搭建多元主体与社区对接的平台与合作网络,以实现社区、非营利组织、政府之间在环境治理中的资源和决策信息共享等。

尽管社区基础上的环境治理理论与实践研究正在日益成为环境治理创新发展的一个独特且重要的研究领域,但从取得的研究成果来看,已有研究大都是对城市社区环境问题成因、治理困境等方面的单向研究,无论是多样化社区情境下社区参与和社区合作开展环境治理案例的实证分析,还是适合中国国情的社区环境治理模式的理论研究,都还有待进一步深入。为此,本文在吸收和借鉴既有社区环境治理研究的基础上,结合社区环境治理创新实践具体案例的深入阐释和分析,力图为突破城市社区环境治理困境提供可参考的解决方案。

二、共治对社区环境治理两种模式的整合

自世界银行提出"治理危机"以来,治理理论在学界逐渐兴起并广为传播,推动了环境治理的现代化进程。我国的社区环境工作开展相对较晚,起步于1991年民政部提出的"社区建设",并经历了建设、管理、治理多个发展阶段。基于国家与社会关系的维度,既有的社区环境治理一般沿着两种路径展开:自上而下的管控路径和自下而上的自治路径,由此形成了"政府主导"和"居民自治"两种社区环境治理模式。在政府主导模式下,政府及其基层治理代理人凭借其掌握的行政资源和个人魅力,主要通过行政命令、行政动员等管控措施来主导社区环境治理实践。而居民自治模式则是以改善社区环境为出发点,以居民公约、居民会议、居民论坛等作为协商互动的平台,以居民自发成立的环保自治组织作为绿色社区营造和社区环境保护行动开展的基础和载体。

上述两种模式,不论是自上而下的政府主导治理还是自下而上的居民自主治理,都具有时空特性,即都是基于一定的时间和空间而形成的,故二者自身都存在不可回避的局限性。具体而言,自上而下的政府主导治理意在用政府的行政力量来提供基层公共服务、推动社区公地环境建设,一定程度上确实能够克服集体行动的困境,避免"公地悲剧"在社区的发生。但该模式过于强调政府的主导性,忽视了基层社会的自主性和其他主体参与的重要性,致使社区活力不足、公共性弥散、自治力量薄弱,也就容易产生"政府失灵"现象。当然,自下而上的居民自主治理同样存在不足,比如,当前民间力量多数发育不成熟、社会资本不充裕,特别是随着新型商品房小区的增多和快速的社会流动,社区异质性不断增强、公共性日趋衰落,依靠社区领袖和居民自有资源的社区环境居民自治,在实践中同样面临诸多挑战。

随着工业化、城市化和现代化的持续发展,自上而下的管控路径和自下而上的自治路径由于本身固有的缺憾,而难以达到社区环境善治的效

果。在总结和反思过往单一治理理念与路径的基础上,共治理念"应运而生"。其实质是在市场原则、公共利益和彼此认同之上建立合作,在治理主体之间进行协调,以合作网络的权威而非政府的权威增进公共福祉。围绕共同治理这一话题,一些学者从党组织领导和社会网络等视角展开了对社区环境整治和低碳社区建设中合作治理的探讨,不过这些研究仍未跳脱自上而下或自下而上的思维模式,未能深入挖掘合作治理的本质特征和内在逻辑。本文认为,合作共治作为实现社区环境善治的一种重要路径,是自上而下和自下而上的有机结合。

所谓合作共治,是指政府、市场、社会和居民之间就社区环境治理事宜结成合作伙伴关系,并为改善社区环境质量采取集体行动。当前社区情境下的合作共治具有三个特征:一是制度结构的复合性,既有条例、章程等正式规制,也有居民公约、议事会等非正式制度;二是主体行动的双向性,在突显基层社会自主性基础上,促进居民自发参与和主导者推动下的多方参与有效结合;三是推进策略的多维性,包括命令动员、重塑意识形态、环境奖励等"刚性"与"柔性"融合在一起的一整套治理策略,而非单纯的强制措施和"发送—回应"方式。不过,由于环境资源的公共性,在治理机制不完整或运行不畅的情况下,不同利益主体的合作容易流于形式,而难以凝聚成有效的治理合力。此外,受现代化带来的人们生活和交往方式变化的影响,社区共同体的价值内涵日趋模糊、基本功能基本消逝,当政府力量缺失、社会发育不成熟时,合作共治的局面同样难以出现。这些都要求创新社区环境治理实践路径,以适应转型期的城市基层社会发展的要求。

本文即将展现的社区环境治理案例,是一个合作共治的典范。当然,这种治理形态对于该社区来说,并非天然的存在,而是从社区少数居民自发成立环保行动小组开展环境自治活动开始,在经过长期的"生产实践"之后,才最终走向多主体合作共治的。

三、M社区环境治理实践：一个从自治到共治的典型案例

(一)M社区基本概况

M社区位于上海市徐汇区凌云街道，1991年成立居委会，管辖3个自然小区，共2390余户，6500多名居民。社区党委下设有6个党支部，236名在册党员，其中绝大多数为退休老党员。M社区在空间上呈现出鲜明的特征：其一，作为一个典型的"90初"老旧社区，老年人口多、建筑物老旧、公共基础设施旧而不全；其二，M社区是一个较为开放的"陌生人"社会，社区成员结构极其复杂，异质性较强，有大量拆迁户，还有许多外来流动人口；其三，M社区经历过两次动迁，环境基础较差，社区资源相对匮乏。M社区因环境卫生"脏乱差"，过去是当地有名的"垃圾社区"，许多年轻人因此纷纷往外搬迁。后来，在多方共同努力下，M社区人居环境逐渐改善，并获得了"全国科普示范小区"、首批"上海市低碳示范社区""中国美好社区实践创新基地"等荣誉，成了生态社区的典范。

(二)M社区的环境治理实践

1.成立居民环保自治组织

2010年，上海举办了第41届"世博会"，这对于M社区而言，意味着社区环境治理工作的正式开启。为了迎接会议，M社区不仅开展了"清洁家园"行动，而且由856个利乐包制作而成的一把"世博"环保椅，更触发了社区家庭主妇"变废为宝"、循环利用的想法。刚开始，她们只是想把社区内废弃的利乐包、易拉罐等物品回收起来，通过手工加工将回收的废旧物品制作成长椅、圆桌、购物袋等日常用品。之后在环保人士的建议和指导下，社区10名家庭主妇自发成立了"绿主妇，我当家"环保行动小组，尝试以"组织"的名义在社区开展生活垃圾分拣工作，以及对绿化带、休闲场地等公共环境的维护活动。

为了实现"社区更新"，在行动小组的带动下，社区其他居民不断地参

与进来，行动小组规模扩大了，其活动范围也渗透到了社区其他公共事务（如进驻物业公司的选用、小区业主委员会的选举等）。即便如此，行动小组此时的活动空间、行动能力也极其有限。主要原因是其没有法人地位和独立账户，不能承接社会公共服务，组织缺乏运转的资金。为此，环保行动小组到当地民政局注册成立了民办非企业组织——绿主妇环境保护指导中心（简称"绿主妇"），由此获得了合法性身份，并承接了"生态社区建设"、SEE基金会"创绿家"等服务项目。这为其行动能力的改善及健康运行提供了资金和技术支持。转型为民间环保组织后，"绿主妇"获得了更大的发展空间，以"一平方米菜园""厨余堆肥"为代表的生态社区营造活动在社区全面展开。这些环保活动唤醒了社区环保共识，参与社区活动的居民越来越多，为社区环境治理工作的深入推进奠定了群众基础。

2.组建社区环保志愿队伍

社区环保自治组织成立后，M社区相当于有了环境治理的抓手，但要充分发挥其应有的功能，还需要自治组织自身的发展和壮大。因此，M社区从人力着手，组建了一支年龄结构与知识结构合理的环保志愿队伍，充实了组织的人力资源。M社区在吸纳退休老党员、老干部之时，积极发动楼组长、社区工作者，并邀请在校学生等志愿者的加盟，结合他们的实际情况，组织他们参与环保活动的策划与开展、网络平台的建设与维护等环保行动。比如M社区开展的垃圾减量活动，志愿者协助"绿主妇"将生活废旧物品分类称重、回收，并把物品换算成相应的积分，居民凭借积分数可换取相应的奖品。近5年来，M社区仅回收的食品塑料外包装、软包装和废旧衣物就超过300余吨。在社区环境综合改造中，为规范处置建筑垃圾、减少施工时对公共环境的损坏，志愿者们组成了"红帽子巡逻队"，把发现的问题及时反馈给社区和施工单位。M社区的环保志愿者人数累计达千余名（包括长期的和临时的），他们的积极融入，不仅弥补了治理主体单一性的不足，也激发了居民参与的积极性。

3.营造社区微观生态文化

社区有无生态文化氛围及其是否浓厚，均会影响到环境治理的成效。

M社区在绿化家园的实践中,非常注重微观生态文化的营造。一是以"党建+"形塑社区生态文化理念。所谓"党建+"就是将社区环境保护与治理纳入到基层党建工作中,通过党组织促进生态社区的"共建共治共享"。M社区前后与20余家单位(包括政府、企业、学校等)开展了党建联建活动。比如与Y公司党总支开展了以"绿色产业发展"和"生态社区营造"为主题的社区活动,不仅加强了基层党组织间的日常交流,而且在活动中展现出的"低碳、绿色、环保、高效"的文化理念,也增进了企业、社会组织、居民对生态社区建设的了解和认同。

二是以社区学校为基地,向居民传播生态文化知识。通过向居民宣传低碳环保的制度理念以及生态社区营造的科普知识,将生态社区思想渗透到居民衣、食、住、用、行等日常社会生活。利用学校资源,M社区还邀请高校学者、环保专家等到社区讲课:一方面向居民普及"家文化",让他们了解本社区的由来与发展,提高了居民的归属感;另一方面向居民传播环境知识,使之明白生态社区建设的重要性,以及这一共同目标的实现不只是居委会、物业的事情,更需每位社区人的参与。

三是强化社区环境意识和参与意识。M社区以丰富的环保活动,如"环保回收卡"宣传申领活动、"垃圾去哪了"知识竞答活动、"物物交换"活动等,不仅要让居民知道垃圾是什么、从哪里来,还要让他们明白垃圾将要到哪去,而居民的环境意识和参与意识正是在这种往复的实践中得以培育和形成的。现在,每个月最后一个星期五是M社区的垃圾定点回收日和"零废弃积分卡"兑换活动日,累计领取垃圾减量积分卡的居民已超过1500户。如今"垃圾分类投放""有机种植"逐渐变成了社区居民的一种生活习惯,正如他们自己所说的,"心灵垃圾清除了,环境垃圾自然减量了"。

4.合作开展社区生态环保项目

M社区在探索环境治理的道路上,不仅重视"内修"——挖掘社区内在资源,提高社区公共意识;还十分注重"外化",积极拓展同外界在社区环保项目方面的互动合作,以此增强社区社会资本,提高社区环境治理能力。一是与政府部门合作。结合市政府出台的《上海市城市更新实施办法》，M社区大力推进以生态社区营造为目的的社区空间微更新，并得到了政府的支持。比如，社区以当地政府试点"生态家"项目为契机，积极开展同街道、市区的合作，开发了垃圾减量回收、低碳居家生活场景营造、"1户+1校+1区"社区生态项目，使有机生态社区从理念走向了实践。二是与环保企业合作。为解决厨余垃圾问题，M社区与上海PY公司合作，公司在M社区设立"厨余品"工作站，并将收集起来的厨余加工处理成为农场基地需要的生物有机肥，而农场基地则会将部分农产品定向平价供给参与厨余回收的居民。这不仅打通了"厨余循环链"，也培育了居民绿色的生活方式。2017年，M社区还与有专业技术和资源回收资质的MB公司合作，创新开展了"上海市再生资源回收与生活垃圾清运体系"的"两网协同"项目，构建了技术生态链与自下而上的供求体系。三是与环保社会组织合作。通过与环保组织合作（如北京地球村、上海绿梧桐等），在增强自身环境治理能力的同时，起到了平衡协调多重主体关系的作用。M社区充分发挥社区、社会组织和社会工作者（"三社"）的合力，开展了许多生态社区营造的实践活动，这也是其成为全国"美好社区计划创新实践基地"的重要原因。此外，M社区还同上海部分高校进行交流合作，实现了"社校"之间的资源共享、优势互补。

到目前为止，M社区先后申请到了各类项目20多项，受助资金超过150余万元。社区环境治理的项目化运作，使居委会从烦琐的事务性工作中得以"松绑"，有利于他们深入到群众生活中去，加强"官民"互动。正如S书记所说："自治组织成立以来，我们可以以社会组织的名义同政府、企业及其他组织打交道，进行合作往来。这是'绿主妇'得以发展的关键，也使我们与居民有了更多的交流机会，由此增进了彼此间的感情。"

四、从自治到共治：社区环境治理的实践逻辑

M社区从一个老旧的"垃圾社区"成功迈向了"生态示范社区"，很大程度上归因于其在环境治理实践中形成的合作共治微体系。面临社区环

境治理实践中的困境与挑战,合作共治跳脱出传统政府、市场、社会之间不平衡不协调的力量博弈关系,从社区居民自治着手并以其为基础,挖掘、拓展、整合社区内外资源,进而形成了社区环境治理的合力。

(一)社区认同:社区环境自治的基础

社区环境治理的大量实践表明,构建社区环境治理微体系首要的是培育和提高居民的社区认同意识。居民作为在社区居住生活的"当事人",对身边环境状况有最深刻的感受,对宜居社区环境有最强烈的诉求,是改善社区环境的基础和内动力。但只有在社区认同的前提下,这一基础性力量才能充分展现出来,即居民才有可能在环境治理中实现自我选择、自我决策,并承担相应的责任和义务。在共同居住和生活而形成的地域性共同体中,居民的社区认同不仅有经济利益的考虑,也包含了情感和文化认同。M社区尽管是一个动迁型社区,但由于其优越的地理位置(上海中心地段),住房的价值自然昂贵,而住房的地理位置和价值在某种程度上又与居民的社会阶层密切相关。在社区环境质量成为衡量社区档次重要指标的背景下,因环境卫生的"脏乱差"而被称之为"垃圾社区",这显然与M社区的位置和价值是不相称的。因而对于居民来说,优化环境具有提高生活质量和创造经济利益的双重功效。此外,M社区作为一个老旧小区,老年人占了绝大多数,且自入迁以来就一直在这里生产、生活,社区对于他们而言是一个充满情感寄托和生活记忆的空间,这也是他们参与社区环境治理的内在动因。

通过对社区居民的访谈得知,大多居民内心愿意为社区环境建设和改善做出自己的努力,但由于没有"领头羊",也没形成明确的公共议题,参与社区活动仅停留在思想觉悟层面。因而,基于居民自发意愿的社区认同,若要转化为社区环境治理的实际行动,还需要组织者和公共议题才行。组织者的出现能够将"原子化"的居民个体团结在一起,从而实现个人的私利与集体公利间的紧密结合,而社区公共议题则为社区集体行动的开展指明了方向,有助于治理行动的常态化。自S担任M社区党总支书记后,如何将"垃圾社区"转变成"花园社区"很快成了社区建设的一个重要议题。后来在一把世博环保椅的启发下,社区几位家庭主妇率先自发地成立了"绿主妇"环保行动小组,以此撬动了社区环境自治的"大门"。

居民为了建设自己的生活家园,在并未受到外力推进的情况下,自发成立了环保行动小组,由此折射出来的是居民对于参与社区公共事务治理的强烈愿望。当然,刚成立的行动小组对于居委会而言,或许只是一个"小打小闹"、无足轻重的松散团队;对于社区其他居民来说,更多的是一个打发时间、难以长久的兴趣小组。由于"绿主妇"还处于创设阶段,组织结构不完整,加之居民之间的利益分歧,起初参与小组活动的并不多。不过行动小组转型为民间社会组织后,随着运行机制的不断完善,其推动环境治理的能力日益显现。在社区环境的自治实践中,居民的主体性和环境意识得到了培育和增强,尤其是在往复的沟通、互动、互助的过程中表现出来的合作精神,又重塑着社区的共同体意识,增进了居民的社区认同。正如学者指出的,通过增加归属感来扩大传统"家"的范围,在日常生活实践中提高居民的社区认同感,是解决环境问题的一种有效方法。

(二)柔性动员:居民主体性作用的激发

居民的社区认同在某种程度上意味着他们有参与社区环境治理的意愿,但这种意愿能否转化成有效的实践行动,以及这种行动能否形成集体规模并富有持续性,还需要对这一基础性动力进行引导和激发。谁来引导?如何激发?若依然采取自上而下的动员逻辑,可能导致参与的被动性、应付性,难以发挥居民的主体性作用。因此,要实现有一定程度的自主性的、组织化的集体参与行动,就需要寻找合适的动员主体,实施有效的动员策略。动员主体应该来自社区自治的骨干力量,他们在社区中要有一定的威信,且有充分的精力、足够的耐心以及较强的奉献精神。中国特色社会主义制度的最大优势是坚持中国共产党的领导,无论是否在职,中共党员都是值得信赖的精英群体,对于社区环境治理而言,那些离退休的老党员无疑是社区动员的重要骨干。在城市社区情境下,感召、诱导、奖励等柔性策略是一种有效的动员方法,有助于居民从"要我参与"走向"我要参与"。而开展类似的思想政治工作,也是中共党员所擅长的,他们在党组织的长期引导下,早已形成了丰富的动员思想。经验研究也表明,以社区党员为动员骨干,采取恰当的策略,能够有效激发居民参与的热情。

随着自组织"绿主妇"的不断发展和社会影响力的提升,参与的志愿者越来越多,志愿者的骨干主要由党员组成,且大部分是来自本社区的退休老党员。在M社区的6个党支部中,退休老党员占了3个支部,人数占了整个社区在册党员总数的一半以上,因此成为参与社区动员的重要主体来源。这些老党员大都曾经长期在体制内的教师、管理等岗位上工作,有较强的思想觉悟和集体观念,在平时的生活中与党组织、居委会、邻里保持着良好的关系,尤为重要的是,他们愿意为绿化家园发挥自己的余热。尽管如此,以退休老党员为代表的社区骨干也只是参与动员的一种潜在力量,要转化为现实,首先需要对他们进行动员,才能进一步发挥他们的动员和模范作用。以S书记为首的社区党总支和居委会充分利用"熟人社会"下形成的社会关系,如面子、人情、声誉等,将社区环境的公益和退休党员的特性结合在一起,使之从内心深处感受到自己对于改善环境的重要性,从而形成强烈的社区责任感。值得一提的是,"社区关系网"后来还成了M社区环境保护制约和监督的重要途径。

"绿主妇"陈老师就是被S书记动员过来的一个典型。她之前是某中学的老师,退休后在家有布艺、易拉罐等手工制作的兴趣爱好,S书记多次上门动员,请她加入"绿主妇"团队。当然,这一方面是由于自组织成立初期,一度缺乏宣传和推广社区环保知识的载体,而她恰好有此兴趣和特长;另一方面在于其长期从事教育工作,思想觉悟高、表达能力强,又具有一定的亲和力,符合动员其他居民参与进来的条件。陈老师加入自组织之后,亲自动员楼组长,再让楼组长动员居民户对小区楼道进行了整治,后来,在居委会的支持下,与社区居民一道将易拉罐、利乐包、旧衣物等废旧物品进行回收、利用。她通过自己的能力和行动赢得了S书记和其他居民的尊重和好评,自身社会价值在实践活动中得以进一步体现。

当然,退休老党员只是参与动员的骨干之一,随着自治活动的持续开展,业委会、物业、社区民警也都逐渐加入到动员的队伍中来,成为社区动员的主要力量。社区骨干进行环保动员能够起到良好的示范效应,不过,现实中面向普通居民的动员工作会遇到许多想象不到的困难。为激发广大居民参与的积极性,M社区一是通过社区骨干的思想引导、行动示范以及环境奖励,向居民传导绿色环保的正能量;二是捕捉居民的兴趣点和共同点,以此激发他们参与的好奇心,强化社区共同体意识;三是抓"关键少数",发挥家庭主妇、儿童的关键作用,用个体带动一个家庭,进而辐射到一个楼组,逐层拓展。如此一来,不仅参与社区环保行动的多了,"不负责任的邻里"现象少了,还提升了党组织和居委会在居民中的声望。

(三)组织赋权:社区资源的活化

社区是居民的社区,居民是参与社区环境治理的最重要主体。如若纯粹是自发性参与,容易出现"碎片化",难以实现常态化,即便像M社区这样,在一些家庭主妇的努力下成立了自治小组,但初期受到制度、资金、人力等方面的限制,自治小组其实并未有效运转起来,实践活动的有序开展难以保障,这反过来又会影响到居民参与的积极性。社区环境善治以居民参与为前提,居民参与自然离不开政府和社会的互动。为促进居民参与的常态化、组织化,推动社区环境自治效果的最大化实现,政府向社会组织赋权显得既必要又重要。那么,政府应向社会组织让渡何种权力,又该如何让渡呢? 这是社区环境治理实践中关于赋权的两个关键问题。有学者将政府权力分为基础性权力和强制性权力,基础性权力对社会组织具有扶持功能,有助于社会资源活化、实现"共赢",可以让渡;强制性权力对社会组织具有管理功能,以实现社会良性运行,因而不可让渡。整体而言,社会组织赋权主要体现在组织建设、组织增能及组织嵌入三个方面。

第一,组织建设。组织建设主要是为培育和发展社区自治组织,解决居民参与的碎片化问题,实现社区环境治理的组织化。2011年"绿主妇"环保行动小组成立后,由于未能取得合法性身份,其行动能力是有限的,还不足以挑起社区环境整体性改善的重任。2012年7月,行动小组成功注册为民办非企业单位,获得了正式社会组织运转的资格。而整个过程是在凌云街道的支持下完成的,包括作为"绿主妇"挂靠的业务主管部门(在当时如果没有业务主管部门支持,申请注册就通不过),以及为其提供办公场地和运转资金等。此外,由街道牵头,M社区还成立了"绿主妇议事会",议事会成员从社区骨干中产生。为推动自治实践的深入开展,街道党工委还下派了一位专业的环保社会工作者到M社区,指导"绿主妇"开展活动。这样,M社区的居委会、"绿主妇议事会"和"绿主妇环境保护指导中心"初步形成了"三位一体"的环境治理组织架构。

第二,组织增能。合法化、规范化社区社会组织的形成,使M社区相当于有了环境治理的抓手,有利于实现社区环境治理的组织化参与。然而要持续发挥社区社会组织的环保功能,还需增强其治理能力。增强社会组织的能力,一是要对组织人员进行培训。区党工委会定期开展辖区内社会组织的交流会,"绿主妇"也会对其志愿者开展业务拓展练习,如"变废为宝"手工制作、"微绿地"种植等,提高了志愿者的参与能力。二是资金扶持。政府通过购买社会组织服务的方式,对完成项目社会效果好、能够复制推广的社会组织采取奖励,以此实现对社会组织自治的引导。三是加强对社会组织的管理及监督,区民政局依据相关规定,每年都会对"绿主妇"进行检查,检查内容包括资金管理、机构人员变动、活动开展等。年度检查虽然会增添组织一定的工作量,但整理材料的过程也就是规范组织内部管理秩序的过程,有利于组织的持续发展,督促其自身的规范化运行。

第三,组织支撑。提升社区社会组织的能力,并不能保证以其为载体就能够切实提升社区的环境质量。作为一家以退休家庭主妇为主体的自治组织,她们并没有强大的"阵容"、厚实的基础,有时候在治理实践中主要扮演"发动机"和"助推器"的角色。而要将社会组织的作用在实践中充分体现出来,政府不仅要对其进行赋权、增能,还需要为其提供有力的支撑。为了协同开展社区环保工作,凌云街道成立了社区社会组织联合会,联合会由街道社区党办、社区自治办及社会组织服务中心共同管理,既是为了加强对社区自治组织的监管,也是为组织之间的交流互动、资源共享搭建服务平台。而在M社区内部,无论是生态社区营造,还是文明社区创建,社区的党总支、居委会、业委会、学校、民警、物业公司均紧密结合在一起,并形成了分工明确、权责清晰、相互协作的聚合反应,在社区环境治理工作中起着重要支撑作用。

(四)主体互嵌:治理力量的互动融合

官民共治、社会共治是通向善治的途径,社区环境治理也不例外。如果没有居民的主动参与,就没有环境治理的现代化;没有共治,就没有环境善治。M社区由少数家庭主妇发起的环保行动,在经历社区认同、柔性动员及组织赋权等环节之后,在某种意义上已经形成了社区环境治理的"集体行动"。即便如此,要真正实现社区环境质量的提高,仅有社区的力量是远远不够的,特别是面对一些棘手问题,如生活垃圾的处置、河道的整治、环境综合治理等,还需要借助其他主体的力量资源才能应对,也只有不同利益主体的互动融合,才能为社区环境治理的持续推进注入源源不断的动力。为便于分析,本文将治理主体分为社区自有力量和以政府、企业及外来社会组织为代表的外来力量。

其一,社区与政府。社区环境作为一种公共资源,有非排他性的一面。社区虽然开展了自治活动,但没有政府力量的渗入和保障,很难获得持续性效果。而为了克服自上而下的单向治理模式的缺憾,提升治理效能,政府也会加强同社区之间的合作。凌云街道充分利用M社区"绿主妇"的组织资源,履行自己的部分职能和工作,且成本较低。而为了与街道建立友好的政社关系,"绿主妇"也都愿意参与街道安排的相关活动。与此同时,M社区在环境整治过程中,也得到了政府的支持。政府将方针政策和治理理念嵌入M社区,以此对其环境治理走向进行引导和干预。

比如,结合市政府出台的关于"生态之城"建设文件,区政府和街道将M社区作为一个"生态小城"的示范性社区来建设,并鼓励社区外在力量积极参与到社区建设中来。此外,政府向M社区投入了大量资金,用于生态社区软硬件设施建设,如"节能路灯改造""家庭一平方米小菜园"课程建设。

其二,社区与企业。随着新型商品房小区的出现,市场便走上了社区治理的舞台,与政府相比,市场在资源配置方面拥有天然优势。作为市场主体的企业,无论是直接参与生态社区营造的物业公司、环保企业,还是未直接参与但与社区环境质量改善密切相关的周边其他企业,从整体的角度来看,它们与社区开展合作对于双方来说都是有益的。为解决社区的生活垃圾处置问题,探索"厨余垃圾内循环"的实践方法,M社区与多家环保公司展开了合作。公司为小区修建了两座垃圾库房,并安装了垃圾粉碎机,如今居民只需将分好类的垃圾投放到专用垃圾桶,公司负责后续工作。与之前相比,M社区的厨余垃圾体积减小了60%、重量减少了30%。更为重要的是,在与企业的互动中,居民的环保意识、合作意识明显增强了,而企业参与社区环境治理,既是在履行社会责任,又能创造经济价值,提高市场占有率。

其三,社区与外来社会组织。相对于社区,抑或是社区社会组织,参与社区环境治理的外来社会组织属于一种"增量型"的社会力量。借助这类组织资源,既能助力社区环境改善,还能提升社区社会资本,实现社会生产与再生产。在许多实践案例中,由于忽视了这种力量,以致无法真正达到共治的效果。以M社区成功创建的"绿色示范社区"为例,"创绿"工作开展初期,主要是依靠"绿主妇"的力量在推动,不仅进程缓慢,效果也不理想。后来,M社区联合北京地球村教育中心、上海长三角人类生态科技发展中心等环保社会组织共同行动,使局面得以改观。他们首先就"绿色社区"的评价标准以及"创绿"的社会意义在社区进行了广泛宣讲,继而通过组织引导、环保工作者示范等方式,向社区表达了"绿色家园,共建共享"的理念,得到居民的理解和认同。其间,为了实现生活垃圾的资源化和减量化,发展中心T主任长期深入M社区,指导居民进行垃圾分类。"三社"之间既"联"又"动",盘活了社会力量,整合了跨界资源,是目前生态社区营造和社会治理创新的一种重要路向。

五、小结和讨论

受现代化进程和市场化机制的影响,城市社区环境问题已成为社区建设与城市发展的突出短板。如何将社区自有力量和社区外来力量充分整合成治理合力,是推动实现社区环境善治、提升社区环境质量的关键。党的十九大报告提出加强社区治理体系建设,其基本目标就是要增强居民的认同感和幸福感,而创新社区环境治理,营造生态宜居社区则是实现这一目标的一个重要切入口。本文以上海M社区为例,通过梳理M社区环境治理的具体做法,着重探讨了其从自治走向共治的实践逻辑,这是其从过去的"垃圾社区"成功迈向"绿色社区"的关键所在。M社区环境治理实践的过程,也是社区、政府、企业及社会等多重力量互动的建构过程,从中显现了"强国家、强社会、强公民"的微观场景,这对创新城市环境治理和社会治理双重实践具有导向意义。

不过,城市的社区环境治理实践并非均能够实现自治和共治,而且从自治走向共治,也是需要具备一定的实施条件的。对此,有学者持悲观态度,认为我国社区社会资本不充裕、民间自发性弱,无私且有能力的"自治代理人"缺乏,故以自治为基础的社区环境共治难以实现和推广。然而通过对社区环境共治成功案例的系统考察,我们发现,即便社区资源不足、民间力量薄弱,社区环境的"自治式共治"模式或曰从自治走向共治的路径依然能够实现。问题的关键在于社区的治理结构,以及从不同的社区背景出发而选择的推进社区环境治理的行动策略。因此,对于具体社区实践来说,如何通过组织培育、制度设计和项目化运作,尤其是如何以"共同体"为价值导向的生态社区建设,激发社区能量,整合外界力量,是实现共治需要重点解决的问题。

参考文献:

1.黄珺、孙其昂:《城市老旧小区治理的三重困境——以南京市J小区环境整治行动为例》,《武汉理工大学学报(社会科学版)》2016年第1期。

2.纪晓岚、王世靓:《城市低碳社区建设的多元行动系统及其解释基于理性行动理论的分析》,《湖湘论坛》2016年第6期。

3.汤妤洁:《地方政府环境治理社区合作模式的中外比较分析》,《中南林业科技大学学报(社会科学版)》2014年第1期。

4.唐文玉:《政府权力与社会组织公共性生长》,《学习与探索》2015年第5期。

5.唐有财、王天夫:《社区认同、骨干动员和组织赋权:社区参与式治理的实现路径》,《中国行政管理》2017年第2期。

6.王芳:《行动者及其环境行为博弈:城市环境问题形成机制的探讨》,《上海大学学报(社会科学版)》2006年第6期。

7.王泗通:《"熟人社会"前提的社区居民环境行为》,《重庆社会科学》2016年第4期。

8.夏建中:《基于治理理论的超大城市社区治理的认识及建议》,《北京工业大学学报(社会科学版)》2017年第1期。

9.杨君、徐永祥、徐选国:《社区治理共同体的建设何以可能?——迈向经验解释的城市社区治理模式》,《福建论坛(人文社会科学版)》2014年第10期。

10.张虎祥:《社区治理与权力秩序的重构:对上海市KJ社区的研究》,《社会》2005年第6期。

11.张振洋、王哲:《有领导的合作治理:中国特色的社区合作治理及其转型——以上海市G社区环境综合整治工作为例》,《社会主义研究》2017年第1期。

压力传导及其非预期性后果

——以霾污染治理为中心的讨论*

陈涛**

摘　要： 中国的环境治理呈现出自上而下的压力传导和层层加码逻辑,这是具有中国特色的环境治理机制。随着排名与限批压力、约谈压力、问责压力和民意压力的增强,地方政府的环境治理力度明显增强。从纵向历史变迁的角度看,当下的压力传导格局发生了深刻变化。自上而下的压力传导破解了常规治理中无法解决的体制机制障碍,对推动环境治理进程产生了实质性影响,但同时产生了很多非预期性后果,必须引起高度重视。要实现标本兼治,需要按照治理体系和治理能力现代化的要求,推进科学治理与精准治理。

关键词： 环境治理　压力传导　非预期性后果　治理焦虑　精准治理

一、导　言

1973年,中国召开了首届全国环境保护会议,国家层面的环境保护与环境治理事业由此开启。随后,中国开始加强环保立法和组织机构建

---

* 原文发表于《中国地质大学学报(社会科学版)》2018年第1期。

** 陈涛,社会学博士,河海大学社会学系／江苏高校哲学社会科学重点基地培育点长三角环境与社会研究中心副教授。

设,并实施了"三同时"制度等一系列环保制度。40多年过去了,中国的环境问题并没有得到根本解决,有些环境问题甚至更加严峻。当然,这并不意味着早期的环境治理举措没有发挥作用——如果没有这些举措,中国的环境危机无疑会更加难以想象。

由于历史上环境问题的积累以及当下经济发展中的诸多问题,中国的生态破坏与环境污染形势异常严峻。无论是内陆水污染、海洋污染、大气污染、固体废弃物污染还是土壤污染,在很多地方都达到了令人触目惊心的程度。相比较内陆水污染等问题在21世纪初期就已经产生广泛社会影响的状况而言,我国霾污染是最近几年才被"问题化"的——2012年被称作中国的"灰霾元年",引起了媒体、学界、政界和社会公众的高度关切。当下,霾污染催生了很多形态的霾经济,比如设有内置风扇的口罩、防霾药茶、防霾香、防霾纱窗以及雾炮车等,但其中也有不少让国人感到无所适从。需要指出的是,虽然公众对霾污染有着深刻的感受,但在概念使用层面仍存在一些问题。媒体与公众习惯于使用"雾霾"这一表述,但雾与霾有着本质的区别——雾是一种自然现象,而霾则是一种环境灾害。在2013年"雾霾"成为日常用语之后,可能是"为了避免认知和责任归属上的误区",习近平主席和李克强总理都曾要求国家环保部和中国气象局"分清雾和霾"。一般而言,"灰霾"或"霾污染"等称谓是规范性表述。

与其他类型污染相比,霾污染影响的普适性更强。2016年12月,超过20%的国土面积遭遇灰霾,公众正常的生产与生活秩序受到严重影响。近年来,媒体常用"沦陷"一词形容灰霾的肆虐,出现了"京津冀沦陷""华北沦陷""中原全部沦陷"等表述。重霾之下,没有人可以独善其身,企业生产、交通出行、体育赛事以及户外锻炼等,都受到了重大影响。在近几年的全国"两会"上,霾问题都是新闻发言人的"必修课"。此外,霾污染及其治理成效也影响着社会稳定和政治稳定。由于$PM_{2.5}$常常"爆表",公众对心肺之患高度关切,具备相应经济条件的居民容易产生"迁出意愿"。同时,重霾容易导致民众滋生焦虑和怨恨心理,致使谣言肆意传播,给社会治理带来了新挑战。因此,霾污染不单是环境问题,也不仅是社会问题,已经成为重大的政治问题。

在过去很长一段时间内,中国的环境治理存在"文本法"与"实践法"的分离,地方政府将"发展是硬道理"简单化为"增长是硬道理",重经济发展轻环境保护。社会学、政治学和管理学等学科就此开展了大量研究,其焦点可以概括为"环境政策执行失败"或"治理失灵"(Governance Failure)等维度。而霾污染对中国的环境治理进程产生了深刻的倒逼机制,推动了中国的环境立法与执法进程。当前,环境治理比历史上的任何时候都更加紧迫,地方政府的环境意识比历史上的任何时期都更高,国家的环境治理投资更是前所未有。2014年,李克强总理在全国人民代表大会上宣布要"像对贫困宣战一样向污染宣战",随后启动了一系列治霾攻坚战。随着"史上最严"的环保法的出台以及环保问责机制的启动,我国环境治理态势发生了深刻变化,"壮士断腕"已经不再是标语。

环境治理格局的调整与变化,与其背后的压力传导机制密切关联。为推动环境治理,国家强化了"党政同责""离任查责""终身追责"等话语体系,并出台了一系列刚性举措,强化环境治理的压力传导机制。压力传导是一种通过自上而下的方式,逐层签订目标责任状,逐层明确责任清单与任务清单,逐层分解考核指标,逐层传递排名压力、限批压力、约谈压力以及问责压力。压力传导机制之所以能够运转,是"压力型体制"使然。"压力型体制"最初指的是地方政府在发展经济方面的体制性特征,但事实上反映了中国政府运行的一般逻辑。本研究探讨的是地方政府环境治理的压力传导,它指的是地方政府根据中央政府和国家环保部门的指标考核要求,逐层明确环境治理的责任单位,逐层落实并压实环境治理的主体责任和属地责任,然后将来自上级政府和部门的治理指标和考核压力逐层向下分解和传递。自上而下的压力传导过程,往往不是压力平行传递或对等传递过程,而是层层加码过程。当前,我国的政绩考核机制已经出现了明显变化。在环境议题方面,虽然环境治理的"政治激励"效应尚未看到明显变化,但政治惩戒则体现得非常明显。根据中央环保督察组在全国23省(自治区、直辖市)督查反馈的信息,从2016年7月到2017年

7月,被约谈和被问责人数都已经超过1万人,其中,被约谈13499人,被问责11203人。在此背景下,地方政府面临的环保压力出现了根本性的变化,环境治理的态度和动力机制发生了转向。

压力传导机制深入推动了中国环境治理进程,但也出现了不少始料未及的后果。默顿(Robert K. Merton)在社会行动研究中指出,有意图的社会行动会产生非预期性后果(unanticipated consequences)。他还从功能角度对非预期性后果开展了进一步分析。诚如默顿所言,非预期性后果并非总是产生不良效应,压力传导机制所揭示和暴露的腐败与弄虚造假等大量"黑洞",也是这一机制本身未曾预期的。为研究主题聚焦起见,本研究重点对非预期性后果中的问题与矛盾加以检讨。当前,多种非预期性后果,与环境治理理念和政策设计初衷相悖。探讨非预期性后果,既是对环境治理中的问题与困境加以检讨与分析,更是为了推进压力精确传导,推动精准治理。本研究以霾污染治理为中心就此展开研究,着重探讨以下问题:地方政府在环境治理中面临哪些压力? 其中,刚性压力是什么? 压力传导机制诱发了哪些非预期性后果? 从纵向的历史变迁维度看,当前的压力传导具有怎样的特征? 环境污染"标本兼治"的关键是什么?

二、环保压力与治理倒逼

(一)排名与限批压力

2004年,环保部开始公布86个重点城市的空气污染指数(Air pollution Index,简称API),即环保部"全国城市空气质量日报"。但是,这一指标并没有对$PM_{2.5}$进行监控。2012年,国务院常务会议通过新修订的《环境空气质量标准》,中国由此首次将$PM_{2.5}$纳入空气质量标准。自2013年1月开始,京津冀、长三角和珠三角等重点区域及直辖市、省会城市和计划单列市共74个城市按照《环境空气质量标准》开展监测和评估,每月公布后十名(第74名到第65名)和前十名(第1到第10名)。为加大排名考核力度,2017年2月12日,环保部在《关于印发〈城市环境空气质量变化程度排名方案〉的通知》中,要求实施城市环境空气质量变化程度排名,并明确规定,该方案"适用于国家对全国地级及以上城市半年度和年度环境空气质量变化程度的排名"。排名靠后的就要被"点名",还会向全国"通报",环保部希望通过排名机制创新增强地方政府环境治理力度。

除了国家层面的排名,各省(自治区、直辖市)分别制定了排名标准和考核机制。比如,河南省自2015年开始实施18个省辖市和10个省直管县(市)城市环境空气质量月排名制度。在2016年省辖市城市空气质量排名中,H市①除了4月和8月,其余10个月都位列全省后50%。其中,2月、3月、7月和11月位列倒数第三,12月则位列倒数第二,这让市政府和环保部门倍感压力,进而促使其向下级政府和单位传递压力时进一步加码。但是,这种绩效排名与实际空气质量可能并不完全匹配。比如,H市被称作是全省"蓝天次数最多"的城市,但正因为"底子好",省里在进行指标分解的过程中,对其拔高了指标标准和基数,从而对其绩效排名产生了不利影响。因此,当地环保部门对此都颇有感慨,认为市政府没有掌握评估和排名技巧,从而陷入被动位置,在绩效排名中吃了很多亏。

如果说排名影响的是"面子"的话,那么,限批影响的则是"里子"了。《国务院办公厅关于印发大气污染防治行动计划实施情况考核办法(试行)通知》明确提出,对未通过年度考核的地区,"暂停该地区有关责任城市新增大气污染物排放建设项目(民生项目与节能减排项目除外)的环境影响评价文件审批,取消国家授予的环境保护荣誉称号"。随后,地方政府沿着"省→市→县→镇"这样的自上而下逻辑,逐层分解任务指标,逐层传递压力机制。比如,河南省在实施的"蓝天工程"考核中,将考核结果分为良好、合格和不合格三个层次,其中,不合格的城市会被约谈和限批。如果整改不到位,"限批令"则会一直保留。在省政府文件精神下,各市实施了类似的逻辑规则,并在压力传导时予以加码。比如,H市将环境保护

---

① 根据学术规范要求,H市进行了匿名处理。

纳入县(区)经济社会发展目标考核评价体系,除了实施省政府的"年度考核不合格"标准,还自我加压,将"月排名连续5次排名后3位"纳入考核体系,进入其中任一标准的县(区),都会被暂停相关建设项目的环评审批。而各县(区)同样灵活地将指标向下进行了传递。

当前,中国经济下行压力依然很大,并面临着防患结构性风险的任务。因此,各级政府在"稳增长"方面都面临着重大压力。一旦出现限批,地方的"保增长"压力无疑会陡增。故而,地方政府对限批压力非常重视,纷纷要求相关部门立下"军令状",逐层传递考核压力,规避限批惩戒。由此,这种压力也促使地方政府将霾污染视为"抬头看天、低头看表、时刻高度关注"的重大问题。

(二)约谈压力

环保约谈的最初对象是企业负责人。2014年5月,环保部印发《环境保护部约谈暂行办法》,赋予了环保部对"未履行环境保护职责或履行职责不到位的地方政府及其相关部门有关负责人"进行约见并依法进行告诫谈话的权利。2014年9月,环保部正式拉开了对地方政府约谈的序幕。

当前,环境治理强调落实"一把手"负责制,因此,如果没有特殊情况,环保部直接约谈地方政府行政首长。根据环保部和媒体披露的信息,从2014年9月到2017年7月,至少有35个地级市市政府主要领导被环保部约谈,其中包括多个省会城市(见表1)。

表1 环保部约谈地方政府一览表(2014年9月—2017年7月)

序号	时间	被约谈方	备注
1	2017年7月10日	河北省衡水市、河南省荥阳市、山东省淄博市、吉林省四平市和公主岭市、江西省景德镇市以及山西省长治市高新区等地方政府主要负责人。	河北、河南、山东和山西是因"大气治理强化专项督查中,被发现对存在的污染问题整改不力"而被环保部约谈。

序号	时间	被约谈方	备注
2	2017年4月1日	北京市大兴区,天津市北辰区,河北石家庄赵县、唐山开平区、邯郸永年区、衡水深州市以及山西运城河津市政府主要负责人。	因"环境质量形势十分严峻甚至大气质量出现明显恶化"被集中约谈。
3	2017年1月19日	山西省临汾市市长	
4	2016年12月15日	山西省吕梁市市长	
5	2016年11月	山西省阳泉市市长	
6	2016年11月	陕西省渭南市市长	
7	2016年4月	山西省长治市市政府主要负责人	
8	2016年4月	安徽省安庆市市政府主要负责人	
9	2016年4月	山东省济宁市市政府主要负责人	
10	2016年4月	河南省商丘市市政府主要负责人	
11	2016年4月	陕西省咸阳市市政府主要负责人	
12	2016年1月4日	河北省委书记和省长	首例省级领导正职被约谈。
13	2015年12月10日	山东省德州市市长	首例因为重污染天气应对不到位被约谈的城市市长。
14	2015年9月	甘肃省张掖市市长	
15	2015年8月28日	广西壮族自治区百色市市长	华南地区地市政府首个被约谈。
16	2015年8月23日	河南省南阳市市长	
17	2015年7月28日	河南省郑州市市长	首例被环保部约谈的省会城市市长。从约谈之日起,当地连迎9天"约谈蓝"。
18	2015年6月	四川省资阳市市长	
19	2015年6月	安徽省马鞍山市市长	
20	2015年5月	江苏省无锡市市长	
21	2015年4月	河北省沧州市市长	
22	2015年4月	河北省保定市市政府主要负责人	
23	2015年3月25日	河南省驻马店市市政府主要负责人	
24	2015年2月26日	河北省承德市市长	
25	2015年2月25日	山东省临沂市代市长	
26	2015年2月	吉林省长春市市政府主要负责人	
27	2015年1月	云南省昆明市市政府主要负责人	
28	2014年12月30日	辽宁省沈阳市市政府负责人	
29	2014年12月30日	黑龙江省哈尔滨市市政府负责人	
30	2014年11月	河南省安阳市市长	

序号	时间	被约谈方	备注
31	2014年10月	贵州六盘水市市长	
32	2014年9月	湖南衡阳市长	地级市市长首次被环保部约谈

资料来源:根据环保部网站(http://www.mep.gov.cn/zjhb/)和有关媒体资料进行的整理。

上表统计发现,被约谈最多的地级市主要分布在河南(6个),其后是山西(4个)、河北(4个)、山东(4个)、吉林(3个)、陕西与安徽(分别2个)。另外,甘肃、广西、贵州、湖南、辽宁、黑龙江、云南、江苏和四川省被约谈的城市分别为1个。在京津冀重污染成为媒体聚焦点的背景下,这似乎与公众认知中的"河北省被约谈的应该最多"形成了反差,但其实这也并不奇怪。河北是被约谈规格最高的省份。2016年1月4日,河北省党政一把手被中央环保督察组约谈。迄今为止,这在全国既是首例,也是唯一一例。此外,环保部在河北省约谈的省部级领导干部数量也位居全国首位。约谈被称作"一剂猛药",很多约谈的场景都会在央视新闻联播播出,它对地方政府的触动可想而知。

除了环保部的约谈,各级地方政府也实施了相应的约谈机制。比如,河北省环保厅对市和县区政府的约谈还在新闻联播中播出,以突显重视力度。在当前的大环境下,谁不都愿意拖后腿,谁都不想排名倒数,更不愿意垫底。在约谈现场,被约谈者就纷纷表示不会被"约谈第二次",回去后随即开展"刮骨疗毒式"的整改,以此进行政治宣誓。被约谈的一般都是行政领导正职,在被上级约谈之后,相关领导回来后就会组织召开职能部门会议,部署工作。在对环境状况进行研判和总结教训的过程中,不可避免地要拿环保部门问责。此外,地方政府既会进行任务分工和治理指标分解,更会强化并签署"目标责任状"。综观地方政府的行为逻辑,环保约谈之后无一例外地都会出现"誓师大会",层层签订责任书和"军令状"。有的地方被约谈之后,空气质量实现了短期好转,被民众称作"约谈蓝"。

（三）问责压力

2015年7月，中央全面深化改革领导小组会议审议通过了五份文件，其中四份是环保主题，包括《环境保护督察方案（试行）》《关于开展领导干部自然资源资产离任审计的试点方案》《党政领导干部生态环境损害责任追究办法（试行）》和《生态环境监测网络建设方案》。其中，前面三项文件都明确提到或直接涉及问责机制。《环境保护督察方案（试行）》则明确提出了环境保护"党政同责"和"一岗双责"，这标志着环保督查实现了由"督企"向"督企"和"督政"并重的转型。随后，地方政府纷纷出台相应的《环境保护督查方案》。这种地方版的方案既是为了与国家方案进行对接，更是问责压力传导的配套机制。

抓住了问责机制这个指挥棒，往往就掌握了地方政府环境治理的"牛鼻子"。问责机制与官员仕途升迁和乌纱帽直接挂钩，无疑能更加径直地倒逼地方政府进行环境治理。近一年来，我国从中央到地方都掀起了环保"问责风暴"，刷新了人们对于环保问责的认知。自2016年7月开始，中央环保督查组开始在全国范围内开展环保督查，省级党委和政府及其有关部门均为督察对象。到2017年8月，共计督查23个省（自治区、直辖市），其中，首批督查8个省（区），第二批督查7个省（市），第三批督查8个省（市）（见表2）。

表2　三批中央环境保护督查约谈与问责一览表　　　　单位：人

序号	省（自治区、直辖市）	约谈	问责	备注
1	河南	148	1231	该8省（区）为首批中央环保督查单位，共计问责3422人，约谈2176人。其中，河南省被问责人数最多，占比达到36%。
2	黑龙江	32	560	
3	江苏	618	449	
4	内蒙古	238	280	
5	江西	220	124	
6	广西	204	351	
7	宁夏	35	105	
8	云南	681	322	

序号	省（自治区、直辖市）	约谈	问责	备注
9	北京	624	45	该7省（市）为第二批中央环保督查单位。共计问责3121人，约谈4666人。其中，陕西省被问责人数最多，占比达到20%。
10	上海	545	56	
11	重庆	64	40	
12	湖北	945	522	
13	广东	1252	684	
14	陕西	492	938	
15	甘肃	744	836	
16	辽宁	581	850	该8省（市）为第三批中央环保督查单位。共计问责4660人，约谈6657人。其中，湖南省被问责人数最多，占比达到29%。
17	山西	1589	1071	
18	福建	991	444	
19	安徽	637	476	
20	天津	307	139	
21	湖南	1382	1359	
22	贵州	1170	321	
总计		13499	11203	

资料来源：根据《北京青年报》以及新华网和人民网等网站数据进行的汇总。

近年来，地方官员因为环保问责被免职的不在少数。2017年，河南安阳市1名镇长和1名乡长被免职，这是全国首次出现基层行政领导正职因为重污染期间"企业不停产"而被免职的情况。在环保系统中，全国已经有十多名市级和县级环保局局长因环保不力而被免职。2017年，陕西省户县环保局领导班子在电视问政结束后被"集体免职"，引起舆论广泛关注。需要指出的是，环保局诚然是环境治理的主体责任单位，但"冰冻三尺，非一日之寒"，很多环境问题是长期积累形成的，有些问题的整治需要环卫、市政、市容、城建等部门通力协作，并不完全是环保部门的问题。地方政府在遭遇舆论压力或问责压力后，如果简单地将板子打到环保部门身上，事实上回避了人们对当地长期以来发展模式的追问，存在转移公众视线和怨气的嫌疑。当然，笔者并非为地方环保部门叫屈，而是强调具体问题具体分析。

(四)民意压力

民意是地方政府开展环境治理的社会压力。在自媒体时代,公众对政府的监管能力、信息发布机制、治理能力和环保政策等展开了很多批评。当前,微信和微博等自媒体力量成为民众表达利益诉求的传声筒和扩音器,网络调侃和谩骂鞭策着地方政府的环境治理。

就来源而言,民意压力主要来自三个行动主体。一是利益受损者。最近10多年来,环境污染/风险引发的群体性事件此起彼伏,利益受损者的环境抗争和权益诉求行动推动了环境治理进程。霾污染虽然尚未导致大规模群体性事件,但对人体健康具有严重影响,引起了很多利益诉求行动——既有作为"全国首例"的河北市民状告环保局行动,也有北京和山东等地的环境公益诉讼,还有不胜枚举的环境投诉,他们的利益诉求行动是推动环境治理的重要力量。二是普通公众。一方面,霾污染不仅影响了民众的正常生产生活秩序、身体健康、社会心态,还引起了国际舆论的广泛关注,大气污染成为中国当下社会舆论中最核心的议题之一。在冬春季节,它所受到的舆论关注度甚至比反腐等国家政治生活中的重大议题还要高。高强度的社会舆论压力,成为政府开展环境治理的重要推动力。另一方面,环境治理的"定量结果"与民众的"心理感知"差别甚大,环保部门公布的治理绩效有时得不到民众认可,出现了"国标"与"民标"的矛盾。民众关于"霾是帝都醇"的舆论调侃以及谩骂同样是推动环境治理的重要因素。三是民间环保组织。民间组织开展了很多环保行动,特别是"我为祖国测空气"等活动刺激着政府的敏感神经,倒逼着政府的环境治理进程。

三、非预期性后果

压力传导之下,地方政府常常用"破釜沉舟""背水一战""壮士断腕"等词汇表达治理决心,环境治理由此具备了重要话语权,也占据了道德的制高点。在治理的名义下,一些急功近利、"病急乱投医"和违背规律的治理措施容易具有市场。整体上看,决策、执行和影响等层面都存在非预期性后果。

(一)决策层面

治理实践中存在很多"短命政策"。大部分"短命政策"源自某些领导干部"想当然"和"拍脑袋",它不但"忽视了决策的科学性和民主性",也"严重影响了公共政策的权威性、有效性和政府公信力"。为了应对刚性压力和上级检查,有的地方政府既没有开展深入调研,也没有科学评估将要出台的环保政策或禁令,更没有充分听取公众意见,就仓促出台相关举措。这往往既难以达成令行禁止的目标,还会产生恶劣的社会影响。舆论压力之下,地方政府往往旋即宣布政策失效,而这种朝令夕改则会加剧政府公信力和政策权威性的双重受损。

2017年1月12日,河南省环境污染防治攻坚战领导小组办公室成立(以下简称攻坚办)。1月14日,距离2017年农历除夕已经不到2周,攻坚办发出《关于扩大烟花爆竹禁止燃放区域的紧急通知》,明确要求"按照省领导的最新要求,在'禁燃禁放烟花爆竹目标责任书'基础上,要进一步扩大禁止燃放烟花爆竹区域范围,实现市县域全覆盖,包括乡镇和农村,坚决杜绝全省范围内燃放烟花爆竹现象"。文件同时强调了禁燃禁放工作的问责机制。当日,很多市级和县级政府纷纷"以文件落实文件",并出台具体要求和问责细则。这份紧急通知被称为是"史上最严的禁炮令",但是,它旋即引起了轩然大波。

一方面,普通民众对此有异议,他们认为节日氛围受影响事小,不少居民已经购买了烟花爆竹以及如何处理则事大。他们认为,当时临近年关,烟花爆竹积压容易产生安全隐患(访谈编号:HB20170218)。另一方面,反响最大的是经销商,他们是直接利益相关者。禁令出台前,他们已经与生产商签订了销售合同,并且购置了大量烟花爆竹。如果实施禁令,既面临着经济损失,也存在安全隐患。1月16日上午,近百名烟花爆竹经销商到郑州聚集,要向省政府反映诉求。同日下午,《河南省全体烟花爆竹经营公司请愿书》(以下简称《请愿书》)被放置于互联网。《请愿书》从安全隐患和经济损失等角度表达了利益诉求。就经济损失而言,他们已经预付约25亿元,至少还有25亿元尾款未付,他们认为这笔巨大损失不能不考虑。在安全隐患方面,《请愿书》指出"80%的花炮需要农历的小年至次年的正月十六销售。目前,每一个经营公司仓库少则数万箱,多则数十万箱花炮,禁令后没有消化渠道,常年放在仓库会有巨大的安全隐患"。最终,在舆论压力和烟花爆竹经销商的请愿之下,攻坚办于1月16日(文件出台的第三天)宣布收回并停止实施《关于扩大烟花爆竹禁止燃放区域的紧急通知》。禁令的最终实施方案是建成区禁燃禁放,即农村地区可以燃放烟花爆竹。

当地的环保系统官员不愿意就此事件进行评论,他们认为自己并没有决策权,并声称"我们也想得到答案"。禁令的滑稽谢幕,引起了很多争论。归根结底,这份禁令操之过急,缺少前期调研,也没有考虑其潜在的社会反响。一方面,禁令出台距离除夕不到半个月,但销售商已经储备了大量商品,不少居民已经购置了烟花爆竹。操之过急的方案,没有给销售商和居民留下缓冲时间,因而不具有实施的可操作性。另一方面,政策出台过程中没有公众参与,这种基于文本主义和拍脑袋做出的决定,不但让政策流产,也损害了政策的严肃性和科学性。

(二)执行层面

虽然各地都吹响了环境治理的"集结号"和"冲锋号",但在政策执行层面,存在不能精准识别污染源和违背规律蛮干等现象。其中,以下两个问题尤为突出。

首先,"一刀切"问题。"一刀切"是通过标准化的方式进行整齐划一式的治理,没有做到从实际出发,也没有对不同区域和不同类型的环境问题进行具体考量。"一刀切"是一种简单化治理范式,并不关心实际效果以及治理方式的可持续性,有时不但达不到预期目标,还会导致事与愿违的后果。

受此波及的主要是话语权不足的企业和产业,这反映了环境问题中的"比例失调"现象。随着环境监管力度和问责力度的加大,弱小产业容易在特定环境议题"问题化"后被"株连"。在压力传导机制下,有些地方的环境治理表现出了"完成任务"逻辑以及"拼凑应对"特征。比如,有的地方政府得知上级来进行环保督查或检查时,要求所有工地一律停工,这事实上违背了科学治理和精准治理原则。有的地方政府为了应对上级环保检查,甚至导演了"吃饭难"问题,引起民众不满。2016年5月,商丘市在全省城市环境空气质量排名中位列倒数第三,压力随之而来。2个月后,适逢中央环保督察组进驻河南。双重压力面前,商丘市内的饭店纷纷被勒令关门停业,就连包子店和馍店都被关停,"市区2500家饭店被通知停业改造",以至于"整条街上的餐饮店全停业了"。这种整顿行为因为影响过大而成了"公共麻烦",中央环保督察组的后期反馈专门点到了这种奇葩行为:"在中央环保督察组进驻河南期间,商丘市城管部门曾下发通知,要求市内所有大排档、烧烤店等饭馆全部关门",这让"吃饭成了商丘市民的一大难题"。第四批中央环保督察组进驻四川后,成都等地也出现了居民"吃饭找不到地方""提着脏衣服找不到洗衣店""洗车找不到洗车店"等现象。随着事件发酵和舆论压力的增强,当地才叫停污染治理的"一刀切"乱象。①

压力传导和急于解决问题的期望"所催生的'简单化'的政策逻辑在具体实践中必然受到现实复杂性的挑战"。环保名义下产生的"好经念歪"现象,影响了民众对治理绩效的期待。2017年以来,环保部通过新闻发布会等多种形式公开批评"一刀切"乱象,认为这既是"严重的不负责任",也是"滥作为"的表现。地方政府随后纷纷发文,要求按照"因地制宜、因行业制宜、因企业制宜"原则治污,坚决反对"一刀切"。在某种程度上,发现、反思以及批评"一刀切"现象并不难,但在刚性压力之下,有的地

---

① 参见《成都禁止治污"一刀切"背后原因发人深省》,http://www.hbzhan.com/news/detail/119392.html。

方政府疲于应付上级检查,这可能是"一刀切"屡禁不止的重要原因。

其次,形式治理问题。形式治理是一种治理假象,它是地方政府在"向上看"逻辑支配下的行为反应。它不但达不到"治本"绩效,还会导致资源浪费等问题。

中央环保督察组向天津市进行督察反馈时明确指出,该市存在"一系列污染治理走过场、做表面文章的问题"。比如,为了让监测数据好看一些,滨海新区、武清区分别"出台空气质量自动监测站周边大气环境保障方案,明确在监测站周边区域采取控制交通流量、增加水洗保洁次数等功利性措施"①。类似行为并非天津一地所独有,其他地方同样存在不同程度的形式治理问题。

我们在 H 市调查发现,当地在大气污染治理中存在着高强度使用雾炮车和洒水车问题。该市 Q 区园林局的刘队长讲述了当地雾炮车数量和用水情况:

> 我们区现有大型雾炮车一辆,购买价83万,能装15吨水。中型雾炮车4辆,购买价是每辆40多万,每车能装8吨水。小型雾炮车2辆,购买价是每辆10万,分别能装1吨水。另外,洒水车有16辆,高压清洗车3辆。每天洒水在1500吨到1600吨。在重污染天气,只要温度在零摄氏度之上,也就是不结冰的情况下,就会启动洒水车和雾炮车。一般情况下,洒水车从早上七点到下午四点,基本不停歇式地作业。此外,即使天气优良,仍然会大面积洒水,只是频率降低些而已(访谈编号:HB20170220)。

按照当地居民生活用水每吨2.75元的价格计算,该区每天仅由政府部门(不包括工地和酒店等)组织的洒水,耗费就达4125元到4400元,每

---

① 详见《中央环保督察怒斥:天津,别再做表面文章!》,http://news.ifeng.com/a/20170730/51529814_0.shtml。

月则达到13万元左右。这还不包括油费、车辆维护费以及工资等费用。但这不在园林局的考虑范围内。原因有两个方面,一是他们使用的是地下水(深井水),因此,所用之水不是直接购买。二是即使购买,也与他们没有关系,因为这是领导考虑的事情。他们只是办事员,是执行者,不需要为此操心(访谈编号:QB20170220)。另据调查,在该市其他地区,所用之水包括河水、南水北调水以及中水。

H市的洒水行为来自对省会城市的学习。2015年上半年,后者在全国74个城市空气质量排名中位列倒数第三,市长被环保部华北督查中心约谈。虽然是"闭门约谈",但央视等各大媒体都对此进行了深度报道。重压之下,当地迫切需要在短期内拿出"看得见"的治霾业绩,扭转排名倒数的尴尬位置。为了尽快看到实效,当地不但加大了环境监管和问责力度,同时高强度地使用了雾炮车和洒水车,而所用之水大部分来自南水北调水。随后,省内城市纷纷仿效这一做法。

洒水存在等级差异。城市主干道和繁华地段洒水频率非常高,而其他地段洒水频率明显要低。雾炮车和洒水车会在敏感区域和重点地带有针对性地进行洒水作业,这些地方的路面几乎全天都是湿漉漉的。2017年2月,笔者在H市的调查发现,有的雾炮车在重点路段的定点连续喷水达到40多分钟。正常的洒水是需要的,但高强度洒水则会导致严重的水资源浪费,也影响居民的交通出行。①当地市民对高强度洒水颇有反感情绪:

> 我们这里空气干燥,确实需要洒水。另外,洒水对于治理扬尘也有作用。但老百姓对频繁洒水行为已经很烦了。因为它是一天到晚地洒水,空中是雾炮车,路面是洒水车,本质上都是不断地洒水。最近几天,雾炮车停了,但洒水车始终在工作。在这样的季节,一天洒

---

① 2013年,兰州耗资3000多万元购置洒水设备。其高强度洒水行动被称作是"悲壮中的无奈",还被民众将之与当地的多起交通事故相关联,引起了央视《焦点访谈》等栏目的关注。

两三次水就可以，但洒水车根本就没有歇过。另外，冬天持续洒水容易导致路滑，影响行车和走路安全（访谈编号：HB20170204）。

雾炮车被称作"防霾神器"，在北方不少地区已经成为治霾标配。据《南方周末》报道，随着各地治霾任务层层加码，雾炮车也"顺带"有了治霾功效。除了市政园林部门，环保部门也加入了采购大军行列。①实践证明，它对治理扬尘有一定效果，但在治霾方面效果并不显著，甚至可能产生反作用。②

（三）影响层面

环境治理常常伴随着"阵痛"。地方政府对此都有预判，顶层设计阶段也都要求做好预案。但在刚性压力之下，不少地方政府对此缺少或者来不及进行系统考量，从而导致不少社会矛盾。

2015年2月，山东临沂市被环保部约谈。事实上，当地的环保问题是历史积累问题，时任代市长刚由异地过来上任，而且任期刚满半月。在约谈现场，市长明确表示"不会再接受第二次约谈"。约谈结束后，当地随即开展了铁腕治污——"限期治理412家、停产治理57家企业，停业关闭整治无望企业，全面清除土小企业"。需要指出的是，当地污染企业长期存在偷排、直排以及超标排放等问题，但这些问题一直没有得到妥善解决。上级环保部门的暗访以及约谈，暴露了当地产业结构不合理、环境监管不力以及环境执法薄弱等诸多问题。此次的刚性治污，本质上是压力传导之下的倒逼行动，而非地方政府的主动治理。这种"事件—应急"型环境

---

① 详细内容参见唐悦：《动辄数十万，效果"比不上一阵小雨"》，http://www.infzm.com/content/101215?efxh3。

② 中国工程院院士张远航认为，使用"雾炮车"洒水会使 $PM_{2.5}$ 浓度降低一点，但很快周边的 $PM_{2.5}$ 就会过来，导致浓度恢复。不仅如此，使用"雾炮车"还对微环境有干扰作用。此外，"雾炮车"会导致局部空气增湿，增湿对气态污染物二氧化硫、氮氧化物转化为二次污染物有促进作用，湿润的环境更有利于 $PM_{2.5}$ 中硫酸盐、硝酸盐等的形成，反而有可能增加空气污染。参见李禾：《"雾炮车"真是"治霾神器"？》，http://tech.163.com/17/0123/08/CBF0IKCV00097U81.html。

治理范式及其刚性治理举措,不可避免地会产生多种社会矛盾。受此影响的不少劳动者具有年龄偏大、文化水平不高、劳动技能单一以及再就业难度大等特征。短期内大规模就业岗位的流失和受影响工人的特征,决定了这不仅关乎劳动者个体及其家庭生计,还关乎区域发展和社会稳定。

临沂"刮骨疗毒"式的治理取得了积极成效,但也导致了不少问题。一时间,当地环保风暴与"6万人失业"①"债务危机"等关键词联系在了一起,引发了全国舆论的关注,有人甚至用"环保大跃进"形容当地的环保做法。关于临沂刚性治污的批评,有些不够客观与中肯,但媒体报道的相关细节也展示了"急刹车"罅隙——"企业被直接拉掉电闸,2000多吨玻璃水和锡水留在炉中。一名工人抱怨说,'连让我们出炉的时间都不给。再要复产,得用炸药把炉内冷却的锡块和玻璃废品炸开,至少要4至5个月,而且这个炉体基本废掉。'与玻璃炉子相似,钢炉、焦炉温度骤降后,也会导致炉体冷缩开裂永久性损坏,造成巨大损失。"简单粗暴地要求企业拉闸停产有时不仅达不到减排目的,还存在安全隐患。河北省环境应急与重污染天气预警中心的调查发现,简单的关停举措,忽视了钢铁、玻璃、焦化等行业生产工艺的特殊性:"焦化行业的特点是焦炉不能停产,一旦停产将导致焦炉寿命缩短,企业财产损失严重。平板玻璃行业,由于玻璃液的流动性,不能随意停产,而且已安装脱硝处理设施的玻璃窑炉停产焖炉,污染物不降反升;玻璃行业限产,易导致窑温突变引发事故。同时,限产燃料消耗变化不大,减排量也相对较小。所以,玻璃行业限产比例与减排比例不成正比。"有的省份已经注意到这方面问题,开始进行政策调适。

严峻的环境态势决定了必须实施铁腕治污。当前,要遏制污染,就必须严格执法,坚决关停肆意排污企业。同时,对肆意排污行为要做到"零容忍",不能让污染企业存有任何观望、投机以及侥幸心理。事实上,关于

---

① 中央电视台对就此展开了深度报道,详细内容参见央视报道:《山东临沂市长被约谈后大力治污 回应导致6万人失业》,http://www.chinanews.com/gn/2015/07-03/7381279.shtml。

铁腕治污,民众和学界在十多年前就开始积极呼吁了,但当时的环境执法力度有限。在环境污染严重影响可持续发展和公众健康的背景下,更需要增强环境治理力度。但与此同时,需要协调处理好长远效益与短期阵痛的关系。如果出现"脱离发展阶段搞环境保护冒进,对基层没有补偿措施,让基层接受不了"等问题,就会对环境治理进程的推进构成挑战和制约。环境治理需要坚持科学性与规范性,不能对化工等企业简单地贴标签,更不能简单地一关了之。同时,对于合法经营和守法的企业,必须保障其合法权益。此外,环境治理过程中需要考虑到企业的转型升级空间,如果必须关停的话,则需要考虑员工的再就业、生计恢复和社会保障等核心关切,妥善处置并解决好相关矛盾。简而言之,环境治理是一项系统工程,需要进行全面系统的考量,并出台相关政策和配套措施以减少和减轻"阵痛"。

四、结论与讨论

重霾对社会运行、民众的生产生活以及生命健康都产生了重大影响。当前,大气污染成为人民群众"最关心、最直接、最现实的利益问题"。在"十面霾伏"背景下,举国上下都掀起了"空气保卫战"。为了深化环境治理,国家不断传导压力机制,这对推动地方政府的环境治理进程产生了深刻影响。

在众多压力中,地方政府的刚性压力主要源自上级政府的考核与惩戒,其中,约谈压力和问责压力对地方政府的触动最为强烈。这表明,地方政府的环境治理实践秉持的是"向上看逻辑"。在"考核—应对"框架中,自上而下的压力传导过程既是层层传递过程,也是层层加码过程。面对中央政府实施的考核机制,地方政府也有配套措施,而且标准一般不会降低。诸如排名机制、流域限批机制、约谈机制和问责机制等中央政府已经实施的考核机制,地方政府都会对其下级单位逐层传递,层层签订"责任书"和"军令状",同时层层施压。而中央政府尚未实施的考核机制,地方政府也会积极创新。

我国的环境治理具有鲜明的政府主导型特征,自上而下的刚性压力对推动环境治理进程产生了实质性影响。首先,刚性压力及其传导机制破解了环境治理中的很多体制机制壁垒,破除了很多利益藩篱。地方保护主义一度严重束缚着环境治理,而刚性压力传导在很大程度上破解了地方保护主义及其利益藩篱。其次,破解了政令不畅难题。随着刚性压力的传导,地方政府的环境治理力度得到了前所未有的彰显。第三,刚性压力传导对于环保赋权产生了直接影响。随着环境治理话语格局的变化,环保执法力度大幅提升,环保部门敢于碰硬和"动真格"的行动越来越多。由此,环保部门弱势地位形象有了较大程度改善。当然,与此同时它本身也处于压力传导的风口浪尖处。第四,对于实现国家意志发挥了重要作用。当环境治理成为地方政府头上紧箍咒的时候,民众对特定时期的环境治理绩效有着特定感受。为了在特定时间段开展政治与外交活动以及体育赛事,国家通过高压政策和联防联控加强环境治理,进而出现了很多特定的"蓝"。需要说明的是,这是以运动式治理为代价的,难以具有可持续性。无论是"大阅兵"还是"APEC",无论是"奥运会"还是"青奥会",无论是"国家公祭"还是"一带一路峰会",各种"颜值爆表"的蓝都是基于联防联控机制和高压减排举措实现的。但是当这些活动结束后,联防联控机制和高压减排举措旋即取消,$PM_{2.5}$常常随之反弹,各种"珍稀蓝"也就不再"常态"。因此,如何按照科学步骤稳步推进环境治理,实现"治标"与"治本"的统一,是必须攻克的重大课题。

　　压力传导是中国治理实践中的重要特色。太湖治理中的"零点行动"、安全生产中的"大检查"、计划生育中的"一票否决"等,都存在特定的压力传导路径。从纵向历史变迁的角度看,当下的压力传导格局发生了深刻变化。首先,当前的压力传导不再是纲领性或指导性文件。对地方政府官员而言,早期的压力传导机制影响主要是仕途升迁,遭遇政治惩罚概率小。当下,国家则打破了常规治理节奏,以严厉措辞直指深层矛盾。比如,中央环保督查组直接告诫天津别做"表面文章",批评安徽环保"严重缺位",直指湖南"不作为、乱作为问题多见",等等。因此,地方政府必需突破环境问题本身,从政治高度认识环境治理的重要性和紧迫性。其次,惩戒方式发生深刻变化。"动员千遍,不如问责一次",当前的压力传导机制远远超出了"奖优罚劣"范畴,不再"以罚代管",而是从严肃问责角度进行严肃处理,更加强调实质性的行政问责。第三,问责力度发生了深刻变化。当前的问责强调的是"党政同责",而且问责对象往往都涉及地方政府主要领导,而不仅仅是政府部门负责人。同时,问责和追究对象不仅包括现任领导,而且包括时任主要领导。此外,问责规模也是前所未有的。

压力传导机制之下,地方政府环境治理呈现出了多样化状态。一方面,出现了本研究所探讨的非预期性后果,需要引起高度重视。另一方面,在"考核—应对"框架中,环境治理中依然存在着"选择性执行"、环保"土政策"甚至弄虚作假现象。因此,依然有不少沉疴痼疾需要解决。此外,也有很多地方严格执行环保政策,并为精准治理而进行积极探索。对于这些多样化的治理态势,还需要开展更为深入的经验研究和理论回应。

非预期性后果是系统性因素导致的。从政治维度来看,它与"上下分治"体制和政绩考核的指挥棒有着内在的深刻关联。环境治理遵循的是属地管理原则,地方政府承担着环境治理的具体工作。在自上而下的运动式治理过程中,地方政府本能地考虑的是上级的意见和来自上级政府的褒奖或惩罚,会本能地围绕上级政府的指挥棒开展治理实践。有些地方在政绩生产和政绩竞争过程中,呈现出了"治理锦标赛"逻辑,喊出了不切实际的口号,这是非预期性后果产生的温床。因此,如何让地方政府以环境治理规律和百姓的实际需求为出发点,对于规避非预期性后果和推进治理的精准化具有重要意义。从社会和心理层面看,无论是官员还是民众,都呈现出了焦虑型治理心态。政府与民众都具有治理焦虑,都希望环境治理追求速度,都期望能够毕其功于一役。这反映了我们对周遭环境的高度关切,对"新鲜的空气"和"蔚蓝的天空"的高度渴望。但是,环境污染的形成具有规律性和历史积累性,环境治理同样需要一定周期。从西方国家大气污染治理历程来看,无论是英国还是美国,都花了长达几十年的时间才见到治理成效。环境治理必须循序渐进,尊重规律,想取得立竿见影的效果往往适得其反。

为实现标本兼治,在继续实施压力传导机制的同时,必须按照治理体系和治理能力现代化的要求,推进精准治理。首先,精准识别污染源。这就要求突出"问题导向",根据各地的环境状况,明确环境污染的主要成分、主要成因和演化规律,进而对症下药,开展科学治污。其次,精准决策。精准治理要求推动决策机制的民主化、科学化和公开化,杜绝"一言堂"和"拍脑袋"行为。第三,注重公众参与。这就要求弥补环境治理中的公众参与不足这块短板,以公众需求和满意为出发点和落脚点,并积极借鉴和激发民间智慧,使之成为精准治理的有力抓手。最后,强调具体问题具体分析以及差异化施策。精准治理要求尊重不同区域和不同类型环境问题的特质,进而实现治理过程精细和治理手段精准等目标。

参考文献:

1.曹正汉:《中国上下分治的治理体制及其稳定机制》,《社会学研究》2011年第1期。

2.常纪文:《如何破解环境保护的形式主义》,《中国经济时报》2017年5月24日。

3.陈阿江:《环境问题的技术呈现、社会建构与治理转向》,《社会学评论》2016年第3期。

4.陈阿江:《焦虑——太湖流域水污染的社会解读》,中国社会科学出版社,2010年。

5.陈琳:《精简、精准与智慧:政府数据治理的三个重要内涵》,《国家治理》2016年第27期。

6.陈涛:《"事件—应急"型环境治理范式及其批判》,《华东理工大学学报(社会科学版)》2011年第4期。

7.陈相利:《最高规格环保督察如何出重拳?》,《北京青年报》2016年11月24日。

8.洪大用、范叶超、李佩繁:《地位差异、适应性与绩效期待——空气污染诱致的居民迁出意向分异研究》，《社会学研究》2016年第3期。

9.罗伯特·默顿：《社会理论和社会结构》，唐少杰、齐心等译，译林出版社，2008年。

10.马亮：《绩效排名、政府响应与环境治理：中国城市空气污染控制的实证研究》，《南京社会科学》2016年第8期。

11.舟舟：《"压力型体制"下的政治激励与地方环境治理》，《经济社会体制比较》2013年第3期。

12.荣敬本、崔之元等：《从压力型体制向民主合作体制的转变》，中央编译出版社，1998年。

13.吴兑：《再论都市霾与雾的区别》，《气象》2006年第4期。

14.吴柳芬、洪大用：《中国环境政策制定过程中的公众参与和政府决策》，《南京工业大学学报（社会科学版）》2015年第2期。

15.徐锦庚、刘成友、卞民德：《临沂"环保风暴"始末》，《人民日报》2016年6月24日。

16.荀丽丽、包智明：《政府动员型环境政策及其地方实践——关于内蒙古S旗生态移民的社会学分析》，《中国社会科学》2007年第5期。

17.杨雪冬：《压力型体制：一个概念的简明史》，《社会科学》2012年第11期。

18.余嘉熙、张彦婷：《商丘多次"奇葩治污"为哪般?》，《工人日报》2016年8月21日。

19.张玉林、司开玲、李德营：《从"雾霾"到全球气候变化——2016中国人文社会科学环境论坛研讨综述》，《南京工业大学学报（社会科学版）》2017年第1期。

20.张玉林：《政经一体化开发机制与中国农村的环境冲突》，《探索与争鸣》2006年第5期。

21.赵红旗：《改变传统民俗不宜匆匆"一刀切"》，《法制日报》2017年1月18日。

22.周迎久：《停产限产不再"一刀切"》，《中国环境报》2016年1月20日。

23.Freudenburg, W. R., "Environmental Degradation, Disproportion-ality and the Double Diversion," *Rural Sociology*, 2006, 17(1).

24.Freudenburg, W. R., Privileged Access, "Privileged Accounts: To-ward a Socially Structured Theory of Resources and Discourses, " *Social Forces*, 2005, 84(1).

25.Merton R. K., "The Unanticipated Consequences of Purposive So-cial Action," *American Sociological Review*, 1936, 1(6).

26. Zhou X. G., Lian H, et al., "A Behavioral Model of 'Muddling Through', in the Chinese Bureaucracy: The Case of Environmental Protec-tion," *China Journal*, 2013, 70(1).

西部民族地区的"压缩型现代化"及其生态环境问题

——以内蒙古阿拉善为例*

刘敏　包智明**

摘　要： 在内蒙古西部阿拉善,由于自然生态环境脆弱,传统"靠天吃饭"的农牧业生计虽然有其合理性,但也存在不可持续发展的内在危机,发展工业成为现代化建设与生态环境保护的重要途径。然而西部大开发以来,由于赶超心理和追求"跨越式发展",阿拉善的现代化建设走上了一条时空高度压缩、主要依靠矿产资源开发和重化工企业入驻来实现工业发展的"压缩型现代化"道路。"压缩型现代化"在实现工业发展和经济增长的同时,也带来了沙漠污染、草原破坏及水资源短缺等生态环境问题,影响了现代化建设的可持续发展。为此,在生态环境脆弱的西部民族地区,需要反思以牺牲环境为代价的现代化建设模式,需要协调资源开发、环境保护与社会发展之间的关系,进而建设人与自然和谐共生的现代化。

关键词： 西部大开发　工业化　"压缩型现代化"　生态环境问题

---

* 原文发表于《云南社会科学》2019年第1期。

** 刘敏,中国海洋大学国际事务与公共管理学院讲师;包智明,云南民族大学社会学院教授,博士生导师。

一、引言

与西方发达国家相比,中国是世界现代化进程的后发者与追赶者。如果说1840年鸦片战争标志着中国现代化进程的开端,那么其所指也主要局限在中国东部沿海地区。中国民族地区,尤其是西部民族地区真正意义上的现代化建设肇始于20世纪五六十年代的三线建设,[①]在时间上滞后东部沿海地区百余年。为了赶超中国现代化进程,实现"跨越式发展",民族地区的现代化建设在时间上的压缩性更为明显,并在实践过程中体现出"资源开发导向型工业化"发展模式。[②]这样一种现代化追赶模式在带来民族地区经济增长奇迹的同时,也产生了一系列的生态环境问题与社会问题。笔者在内蒙古西部阿拉善[③]的长期社会调查发现,西部大开发以来,由于过度依赖矿产资源开发和引进重化工企业来推动现代化建设,致使当地面临突出的沙漠污染等生态环境问题,反过来制约了现代化的可持续发展。

何谓现代化? 不同的理论流派对其有不同的解释和界定。一般认为,现代化是一场社会变革,并特指人类社会从传统农业社会向现代工业社会转型的社会变迁过程。[④]与西方社会自工业革命以来花费将近三个世纪才完成现代化进程不同,东亚新兴工业国家或地区仅仅用了30年左右的时间便基本完成了这一发展进程。为此,韩国社会学者张庆燮(Chang Kyung-Sup)运用"压缩型现代化"(compressed modernity)这一概念,来对这东亚地区快速的经济社会变迁过程进行阐释,并认为这种"压

---

① 三线建设与西部地区工业发展及新兴工业城市建设的相关研究,参见徐有威、陈熙:《三线建设对中国工业经济及城市化的影响》,《当代中国史研究》2015年第4期。

② 胡鞍钢、温军:《中国民族地区现代化追赶:效应、特征、成因及其后果》,《广西民族学院学报(哲学社会科学版)》2003年第1期。

③ 作为地区概念,"阿拉善"泛指内蒙古自治区阿拉善盟所下辖的地理区域。本文除需特别注明行政区域时使用"阿拉善盟"(如阿拉善盟统计局)外,均使用"阿拉善"来指称本文研究的地理区域。

④ 马敏:《现代化的"中国道路"——中国现代化历史进程的若干思考》,《中国社会科学》2016年第9期。

缩型的现代化"充满了意想不到的成本和风险,威胁着东亚社会的可持续发展。①张庆燮认为,"压缩型现代化"是指一种文明状态,在这种文明状态中,经济、政治、社会与文化变迁都以时间和空间高度压缩的方式发生,不同的历史与社会文化因素在这一文明状态里动态共存,建构了一个高度复杂和流动的社会系统,同时也产生了高度的政治、经济、环境与社会系统风险。②

　　"压缩型现代化"是一个基于对东亚社会现代化建设及其问题研究而产生的社会学概念。尽管该理论目前还不成熟,但其问题意识与分析框架对于理解东亚社会的现代化进程及其问题仍然十分富有启发性。在关于中国现代化进程及其问题的分析中,相关学者也借鉴了这一概念。例如,有学者研究了20世纪八九十年代珠三角地区"压缩型现代性"过程中的社会文化变迁,认为香港的市场经济文化对珠三角地区的社会文化形态产生了重要影响,出现了工人阶级的生活世界与正在崛起的中产阶级消费主义生活方式等多个社会文化形态彼此并置并相互影响的社会现象。③亦有研究视富士康企业为中国"压缩型现代化"的典型例子,认为富士康的快速资本积累过程,不仅重塑了全球生产和消费结构的时空性,而且通过生产体制具体地影响到了工厂的新生代农民工。由于重复性动作以及计件计时算工资等所带来的多重压力,新生代农民工的生活世界受到严重影响和挤压,进而产生劳资冲突和员工自杀悲剧。④此外,还有学者使用"压缩型工业化"这一概念对中国现代化进程中的生态环境问题

---

① Chang Kyung-Sup, "Compressed Modernity and Its Discontents: South Korean Society in Transition," *The British Journal of Sociology*, 2010, Vol. 61, No. 3, pp.444-464.

② Chang Kyung-Sup, "The Second Modern Condition? Compressed Modernity as Internalized Reflexive Cosmopolitization," *Economy and Society*, 1999, Vol. 28, No. 1, pp.30-55.

③ Eric Kit-wai Ma, "Compressed Modernity in South China," *Global Media and Communication*, 2012, Vol. 8, No. 3, pp. 289-308.

④ Ngai Pun and Huipeng Zhang, "Injury of Class: Compressed Modernity and the Struggle of Foxconn Workers," Temporalités. *Revue de Sciences Sociales Et Humaines*, 2017, Vol. 26, URL: http://journals.openedition.org/temporalites/3794, DOI:10.4000/temporalites.3794.

进行了系统地分析和阐述。①

　　作为自然资源丰富、生态环境脆弱、少数民族聚居的欠发达地区，西部民族地区是中国现代化过程中生态环境保护与经济社会发展内含矛盾和冲突最集中、最剧烈的交汇点。②实施西部大开发战略以来，少数民族地区的工业化进程加快，工业化带动区域经济快速发展的同时，也引起民族经济关系的新变化，如城乡差距进一步扩大、少数民族群众转产就业困难、资源开发造成生态环境破坏等问题。③换言之，相比中东部地区，在生态环境脆弱、经济社会发展落后、工业体系尚不完善的现实背景下，西部民族地区的现代化建设任务更艰巨，其所受到的资源和环境约束也更显著。

　　现代化的基础与核心是工业化，即经济的现代化。本文研究使用"压缩型现代化"这一概念来分析和理解2000年西部大开发以来，西部民族地区从传统农牧业社会到现代工业社会转型的快速社会变迁过程，以及在这一过程中所产生的生态环境问题。由于生态环境脆弱，以及工业化建设的时间高度浓缩，西部民族地区的生态环境问题在一定程度比东部地区现代化进程中的环境污染问题在空间上更为集中和复杂，既包括与当地人传统生计生活方式相关联的毁林开荒、过度放牧、草原退化与沙漠化等生态环境破坏问题，也涉及东部地区工业化进程中出现的空气、水、固体废弃物污染等现代工业污染问题。

　　本文研究的实证资料来源于笔者自2011—2017年在内蒙古自治区阿拉善盟的阿拉善经济开发区、腾格里经济技术开发区等地进行的长时段、追踪性社会调查，资料收集方式主要有深入访谈、参与观察。本文作为个案研究，并不希望对西部民族地区的现代化本身达成整体性评价，而

---

　　① 李建新:《中国经济高速发展的"压缩型"环境问题特征》,《社会科学》2000年第4期;王文军、李蜀庆:《压缩型工业化社会中的环境问题分析》,《中国工业经济》2004年第9期。

　　② 包智明:《社会学视野中的生态文明建设》,《内蒙古社会科学(汉文版)》2014年第1期。

　　③ 黄健英:《快速工业化进程中协调民族经济关系的思考》,《中央民族大学学报(哲学社会科学版)》2012年第2期。

是旨在梳理和分析阿拉善"压缩型现代性"的形成过程及其产生的生态环境问题,以期对西部民族地区现代化进程中的结构性障碍给予特定视角下的反思。

阿拉善地处内蒙古自治区西部,自然生态环境脆弱,是中国生态环境问题突出和经济社会发展水平落后地区之一。自2000年西部大开发以来,在中央的资金投入与产业政策的支持之下,阿拉善现代化建设成就显著,工业发展迅速,许多经济指标都大幅度甚至是成倍增长。该地区主要工业产品包括原盐、铁矿石、聚氯乙烯、发电量、铁精粉、石墨及碳素制品等,并基本形成了以矿产资源开发和重化工产业为基础的现代工业体系。

二、传统发展方式及其内在危机

在内蒙古地区,传统"靠天吃饭"的农牧业生计有其合理性,但也存在不可持续发展的内在危机。例如,在内蒙古东部赤峰地区的社会调查过程中,费孝通发现,传统"靠天吃饭"的农牧业生计方式中的滥砍、滥牧、滥垦、滥采等行为,不仅容易引发农牧矛盾,同时也造成人与自然关系的恶性循环,致使植被破坏和水土流失加剧,草原退化和沙化问题严峻,甚至引发了民族矛盾。[1]改革开放后,现代市场经济体制渗透到西部民族地区已成为不可逆转的趋势。随着草原产权制度改革和牧民理性的增长,牧民对待自然的态度及行为也随着市场因素的入侵逐渐发生了变化,这就进一步加剧了北方草原的生态危机。[2]

阿拉善在其境内自西向东依次分布巴丹吉林沙漠、腾格里沙漠和乌兰布和沙漠,是中国沙漠面积最大、沙漠化问题最为严重的地区之一,也是中国北方主要的沙尘暴源头区域。2000年,该地区土地沙漠化总面积

---

① 费孝通:《赤峰篇(1984年10月)》,《行行重行行——中国城乡及区域发展调查》,群言出版社,2014年,第138—168页。

② 参见陈祥军:《本土知识遭遇发展:游牧生态观与环境行为的变迁——新疆阿勒泰哈萨克社会的人类学考察》,《中南民族大学学报(人文社会科学版)》2015年第6期。

超过366万公顷,占土地总面积的15.48%。[①]除地理区位和气候变化等原因外,当地居民的传统生计方式也是造成当地自然生态环境恶化和强沙尘暴的主要原因。正如相关研究指出的,由于过度放牧、滥肆樵采和扩大农耕土地,破坏了阿拉善脆弱的生态平衡,加剧了荒漠化进程,从而为沙尘暴形成提供了丰富的沙尘物质。[②]

20世纪六七十年代,在"以粮为纲"的口号下,极度干旱缺水和当时完全不具备农业耕种水土条件的阿拉善,也曾数次掀起大规模毁地开荒的浪潮。当地政府和民众大量抽取地下水,开发了腰坝滩、查哈尔滩、格灵布隆滩、西滩等多个井灌区来发展农业种植基地。地下水灌溉导致灌区许多耕地的盐碱化与荒废,而灌区地下水位的快速下降则进一步加剧了周边草原的退化和沙化。除此之外,当地居民的生活方式也在一定程度上加剧了土地的退化和沙化。在20世纪80年代煤炭成为主要燃料之前,梭梭林及草原灌木丛一直是当地居民柴薪的主要来源,当地植被遭受着人为的破坏。[③]

到20世纪90年代,阿拉善的沙尘暴问题呈现强度加剧、破坏程度加大之势,多次席卷河西走廊、宁夏平原和华北地区。相关研究显示,到2000年春季,沙尘暴愈演愈烈,连续出现19次,其中8次影响范围广、强度大、灾情重;仅4月19日、5月10日的两次沙尘暴,在阿拉善盟境内持续时间就长达13—14个小时,造成全盟经济损失达数千万元。[④]而2000年的时候,全盟的地区生产总值还不到21.773亿元。[⑤]

随着当地环境危机加剧,地方政府和农牧民也逐渐意识到自然生态

---

① 姚正毅、王涛、朱开文:《内蒙古阿拉善盟2000年土地沙漠化遥感监测》,《干旱区资源与环境》2008年第5期。

② 刘景涛、郑明倩:《内蒙古中西部强和特强沙尘暴的气候学特征》,《高原气象》2003年第1期。

③ 参见惠小勇、包秀文:《沙漠"决口",何去何从——来自沙尘暴源头的见闻与反思》,《环境保护》2006年第8期。

④ 尤莉、王革丽、吴学宏、王国勤:《近40年来阿拉善地区的沙尘暴天气》,《干旱区资源与环境》2004年第S1期。

⑤ 阿拉善盟统计局:《阿拉善统计年鉴2004》,阿拉善盟统计局,2004年,第26页。

环境保护的重要性。为将农牧民从高度依赖自然生态资源的传统生计生活方式之中解放出来,在阿拉善,地方政府主要采取两种政策途径,一种是人口转移的生态移民与牧区城镇化,另一种则是发展方式转型的工业化建设。

阿拉善的生态移民开始于20世纪90年代初,其逻辑在于将牧民从生态环境脆弱的沙漠、戈壁等地区迁移出来,通过在新的安置地从事灌溉农业或以城镇就业的方式,来改变传统的牧业生产方式,在此基础之上解决草原生态问题,实现自然生态环境的休养生息。尽管阿拉善的生态移民取得了保护生态、反贫困、促进民族团结和经济社会发展等多方面的良性效应,[①]但生态移民的后续产业发展仍然存在着诸多问题和困难。特别是在税费改革后,地方政府财政能力有限,能够用于生态移民后续产业的专项扶持资金十分有限,其结果是生态移民后续产业带动能力弱,经济效益不明显。[②]有鉴于此,通过工业化来实现"靠天吃饭"的传统发展方式转型,成为阿拉善现代化建设的现实需要。

三、"压缩型现代化"的地方实践

阿拉善是少数民族聚居的边境地区,由于该地区基础设施建设滞后、生态环境脆弱、产业结构单一,因此相比中东部地区,阿拉善的工业化发展并不具备优势。在很长一段时间里,阿拉善都是内蒙古乃至全国经济条件较为落后的地区之一。如何在偏远边疆地区发展现代工业和建设现代化,成为阿拉善经济社会发展进程中的现实难题。

早在1988年7月18日召开的阿拉善盟干部座谈会上,费孝通曾指出当地农牧民依靠抽取地下水来发展灌溉农业的不可持续性,并强调发展工业才是阿拉善现代化建设的可行出路。"你们依靠电抽地下水,开发了

---

① 焦克源、王瑞娟、苏利那:《民族地区的生态移民效应分析——以内蒙古阿拉善移民为例》,《西北人口》2008年第5期。

② 张丽君、吴俊瑶:《阿拉善盟生态移民后续产业发展现状与对策研究》,《民族研究》2012年第2期。

腰坝,这就是很好的例子。但地下水抽干了怎么办？所以必须工业跟上去,你来原料我制造,工业不容易有限制,农牧业限制很大,今年靠雨水可以多养一些羊,明年雨不来就吃不了饲料了。需要把自然的局限打开,就要抓工业,搞原料加工,原料自己没有可以从外边引进来。这样,这里的经济就稳了。"①

费孝通还指出,因为商品经济观念差,为此,少数民族地区不能发展得太快。阿拉善要建设现代化,可以在发展牧业的基础之上发展多层次、多种类的加工业,同时紧紧抓住盐煤等矿产资源,对其开发利用,最终形成有民族特色的现代经济体系。②然而与费孝通所建议的渐进式、有民族特色的现代化发展思路不同,在阿拉善,地方政府秉持现代主义的观点,走上了一条通过矿产资源开发带动地方经济快速发展的道路,将现代化建设的标准放在了实现工业化等一系列指标上。③

进入21世纪以来,与西部大开发同时进行的是东部沿海地区的产业结构调整。"长三角""珠三角"等地区受土地、融资、劳动力成本以及能源原材料价格逐年增加和环境容量指标逐年削减等因素的制约,资本、产业向西部民族地区转移的规模不断扩大,速度逐渐加快。通过承接东部发达地区的产业、产能转移,来实现外来工矿企业的落户和发展,成为西部民族地区现代化建设的重要途径。

在具体实践过程中,阿拉善地方政府主要依靠两种途径推动工业化发展。第一,大量引入各类矿产资源开发企业,进行境内矿产资源开发。阿拉善原盐、煤、铁矿石、石墨等矿产资源丰富,因此在工业化发展过程中,吸引外来企业进行矿产资源开发成为招商引资的"重中之重"。第二,建立境内经济技术开发区和工业园,重点发展重化工产业。依托矿产资

---

① 费孝通:《阿拉善之行(1988年7月18日)》,《行行重行行——中国城乡及区域发展调查》,群言出版社,2014年,第403页。

② 费孝通:《阿拉善之行(1988年7月18日)》,第410—411页。

③ 麻国庆、张亮:《进步与发展的当代表述:内蒙古阿拉善的草原生态与社会发展》,《开放时代》2012年第6期。

源开发与重化工产业发展,阿拉善经济发展迅速,工业体系也逐步完善。据阿拉善盟统计局的统计数据显示,相比国家启动西部大开发的2000年,2014年阿拉善地区生产总值增长了近20倍,工业增加值翻了近44倍。①根据腾格里经济技术开发区一位政府官员的说法,"我们是在沙漠中建工厂",并创造了所谓的"沙漠工业奇迹"。

正是依靠这些从东部地区转移过来的资源开发和重化工企业,阿拉善逐渐成为西部地区新兴大型能源重化工基地。然而地方工业的快速发展大大压缩了传统农牧业的生存与发展空间,农牧民的现代化发展又该如何实现? 在工业发展实践中,为了促进人口、资源等生产要素向工业集中,地方政府针对农业、牧业出台了一系列政策措施,目的在于加快资源转移与工业化的原始资本积累,推动农牧业经济形态向工业经济形态转换。

> 我们这个地方(指阿拉善),农业、畜牧业,还有工业发展都在一起。现在牧民和农民共同存在的问题是他们需要更加富裕,这对我们来讲也是一个新课题。我们现在的做法就是改变农牧民获得收入的方式,这个方法就是工业。所以我们现在农民也好,牧民也好,都在让他们积极转产,转到工业上去,成为产业工人,让农牧民在发展工业的过程中产生大量经济效益。(地方政府官员访谈,编号KDR-20130730)

---

① 2000年,阿拉善盟地区生产总值(GDP)为21.4323亿元,三次产业结构比例分别为18:41:41;其中工业增加值7.65亿元,占地区生产总值的35.7%。2014年,阿拉善全盟实现地区生产总值456.03亿元,三次产业结构比例为3:80:17;其中工业增加值达到345.13亿元,同比上年增长9.7%,对经济增长的贡献率为87.95%,占地区生产总值的75.7%。2014年以后,随着环境治理的推进,阿拉善经济下行压力较大。2015年地区生产总值增速为322.58亿元,2016年为342.32亿元,2017年为355.67亿元,增速放缓。工业增加值2015年下降迅速,仅为197.85亿元,2016年为203.84亿元,2017年则为220.15亿元。到2017年,阿拉善盟三次产业结构的比例为7:60:33,工业所占比重下降。数据来自阿拉善盟统计局《阿拉善统计年鉴2004》,以及2014年、2015年、2016年、2017年《阿拉善盟国民经济和社会发展统计公报》。

值得注意的是,尽管地方政府能够有效组织和动员农牧业资源投入到工业建设中,如通过水权转换将稀缺的水资源从农业配置到工业领域,以实现工矿企业落户,①但在资源利用效率、产业技术水平及工业体系完善方面,尤其是引导少数民族农牧民向企业工人转型上,仍然面临很大挑战。一方面,外来矿产资源开发和重化工企业无法有效解决当地农牧民转产就业问题。这些外来企业大多将工厂建在移民搬迁后的草原或沙漠腹地等偏远区域,距离农牧民居住地远;加之企业劳动强度大、工作时间长、薪酬待遇低、污染问题重等原因,农牧民自身并不愿意去这些企业上班。此外,依靠西部民族地区较低的污染成本和人力资本投入来实现快速盈利,本就是外来资源开发企业的经营策略。②因此,这些外来企业大多从外省贫困地区招聘工人,对当地农牧民劳动力吸收有限。另一方面,虽然地方政府寄希望于建立农牧民产业园来实现工业的内生发展,进而实现农牧民向企业工人的转型,但在当地农牧民看来,工业项目投资风险大,因此参与积极性并不高,农牧民产业园建设同样面临困境。

> 农牧民产业园不行,那个弄不成。上次开会说让投资那个风积沙造纸厂,让老百姓一户出 10 万入股,以后厂子赚钱了再分红给我们。但我们这里没有人愿意去投资工业项目,一家子羊全卖了,卖个十万八万,投资到那里面,最后全都赔掉了,你说怎么办?再一个问题是造出来的纸往哪里销?没有现成的销售渠道。政府说是让我们自己找销售点,我们这些人连汉话都说不溜,去哪里去找?(牧民访谈,编号 SLD-20170715)

景天魁认为,在西欧的现代化过程中,传统性、现代性和后现代性基

---

① 参见刘敏:《"准市场"与区域水资源问题治理——内蒙古清水区水权转换的社会学分析》,《农业经济问题》2016 年第 10 期。

② 参见邵帅、齐中英:《西部地区的能源开发与经济增长——基于"资源诅咒"假说的实证分析》,《经济研究》2008 年第 4 期。

本上是一个取代另一个的过程,不存时空压缩问题。与之不同,改革开放后,中国由传统社会急剧地转变为现代社会,以及计划经济快速地转化为市场经济、农业社会急骤地转化为工业社会,前一过程尚未结束,后一过程业已开始,传统性、现代性与后现代性等不同时代的特征都挤压在一起,从而形成了时空压缩的现代化建设格局。①在阿拉善,西部大开发后,传统农牧业社会向现代工业社会的转型过程加快,少数民族农牧民难以在短时间内实现传统生计方式的转型,进而也就难以适应现代工业生产方式和实现由农牧民身份到企业工人身份的转型。由于时间的高度浓缩,当地农牧民并没有参与到工业化的发展过程之中来,而是成为现代化建设的旁观者。无论是农牧民个体,还是农牧区村落,仍然保留着与现代工业社会所不同的传统的生计方式,使得传统性与现代性,甚至是后现代性等不同的时代特征在同一空间或地域中挤压。为此,阿拉善的现代化建设不仅呈现时间的高度压缩性,同时也呈现出空间的挤压性。

基于时空的高度压缩,虽然阿拉善的工业化进程明显加快,地方政府的财政收入也得到成倍增长,但当地农牧民却没有得到相应的发展成果,一种"富饶的贫困"现象在该地生成。不仅农牧民"靠天吃饭"的传统发展方式及农牧区社会建设落后的状况没有得到根本改观,因资源开发和重化工业所引发的生态环境问题和环境抗争事件也在该地区大量地集聚。

四、"压缩型现代化"进程中的生态环境问题

随着西部大开发的推进,中东部和西部地区经济联系日益紧密,东部地区向西部地区进行污染转移的现象也更为突出。相关研究指出,从目前政府主导的东部地区环境治理政策及其实践情况来看,主要以控制东部煤炭消费、东部污染产业转移,以及向西部购买电力、煤制气等治理措施为主,极有可能加速西部地区的环境污染进程。②在阿拉善长期的实

---

① 参见景天魁:《时空压缩与中国社会建设》,《兰州大学学报(社会科学版)》2015年第5期。
② 参见林伯强、邹楚沅:《发展阶段变迁与中国环境政策选择》,《中国社会科学》2014年第5期。

地调查过程之中,笔者也发现,随着东部地区工业污染问题治理力度加大,污染企业在东部地区的生存空间越来越小,许多重化工企业转移到西部民族地区,在推动当地工业化发展进程的同时,制造了严重的生态环境问题。

(一)企业违规排污与沙漠污染

进驻阿拉善的资源开发及重化工企业在生产过程中会制造大量的废水和残渣,因此必然面临排污问题。中国中东部地区人口稠密,企业违规排污不仅极易对周边居民的生产生活产生影响,同时,环境监管者的存在也使得污染问题很容易被发现、被举报与被治理。阿拉善地广人稀,长期的生态移民和牧区城镇化,使得牧民大量移居城镇,牧区常住人口的减少使得当地的环境监管者进一步缺乏,这也在一定程度上使得企业的环境污染行为毫无顾忌。

在内蒙古和宁夏交界之处的阿拉善盟腾格里工业园区,荒无人烟的腾格里沙漠更是为重化工企业的违规排污行为提供了天然的隐蔽场所。一方面,沙漠渗水能力相对强,污水渗漏速度快,加之沙漠地区风沙大,排污现场很容易被风沙掩盖,形成监管盲区;另一方面,沙漠周边生活的居民非常少,与其他地区相比,违规排污及其造成的环境污染问题对居民的直接影响少,一般也难以被发现、被举报。正是因为具备高度的隐蔽性,腾格里沙漠及周边地区成为重化工企业的天然排污场。

为了减少成本与方便排污,这些企业在沙漠腹地修建了许多巨大的化工污水池,并通过一根根插入沙漠里的排污管道将不经处理的工业污水直接排放到沙漠里,然后挖坑将污染沉淀物直接填埋入附近沙漠。随着时间推移,污水慢慢渗入地下土层,对附近的土壤和地下水资源造成严重污染。沙漠污染不仅影响周边荒漠草原植被的正常生长、造成土地退化,而且也影响到周边牧民的基本生产生活,牧民只能额外花钱从农区购买饮用水,以满足自身生活和牲畜饮水之需。

(二)矿产资源开发与草原生态破坏

许多来阿拉善投资建厂的企业其本意并不是进行固定资产投资,而是希望以"投资"来获得矿产资源的开采权。根据内蒙古自治区《关于进一步完善煤炭资源管理的意见》规定,装备制造项目、高新技术项目固定资产投资每20亿元可以配置煤炭资源1亿吨,一个项目主体配置煤炭资源最多不超过10亿吨。此外,经批准符合国家产业政策的PVC项目(包括电石),由自治区经济委员会协调组建1—2个配套兰炭合资企业,根据内蒙古自治区政府确定的生产规模,按1:1的比例配置煤炭资源。①换言之,许多企业是靠"固定资产投资"之名,来行"矿产资源开发"之实。

正是因为"以资源换投资"的政策,使得许多前来阿拉善投资建厂的企业大多集中在矿产资源开采及精细化工等能源化工下游产业。诚如相关研究中指出的,在资源开发过程之中,由于国有的矿产资源所有权事实上由地方政府和各级资源管理部门来行使,这些政府部门会利用资源开采的许可权来谋求局部利益或集团利益,可能导致寻租活动和腐败现象的盛行;而矿产资源开发企业为尽快获得收益,以及弥补寻租过程中的各种损失,会选择通过急功近利的开采行为和不遗余力地加大开采力度来实现利益最大化。②在阿拉善矿产资源开发过程中,同样面临这样一种开矿逻辑,并在这一过程中产生了生态环境破坏问题。

综合看来,在阿拉善进行矿产资源开发的企业,其矿产开发形式主要有深井钻探、大中型露天矿及小型露天矿三种类型。三种采矿类型中对草原破坏最大的是小型露天矿,这也是该地区最为常见的一种开矿形式,被当地农牧民称之为"鸡窝矿"。之所以叫"鸡窝矿",是因为这种采矿形式零星、分散、规模小,能否勘探到矿藏具有较大的不确定性。矿企通常

---

① 参见内蒙古自治区人民政府:《内蒙古自治区人民政府关于进一步完善煤炭资源管理的意见》(内政发〔2009〕50号),2009年6月12日。
② 参见徐康宁、王剑:《自然资源丰裕程度与经济发展水平关系的研究》,《经济研究》2006年第1期。

循着露头的矿脉在草原上到处挖掘、爆破,但却并不能保证每次都能获得理想的矿藏。因此,矿企通常遍地撒网,在草原上东一个、西一个地进行爆破挖坑,一旦发现某处没有矿藏,便继续更换地点重新采挖。

在阿拉善广袤无垠的荒漠草原上,矿企这种通过增加采挖数量来获取矿藏的开发形式,其效率非常低下,不仅造成资源的严重浪费,而且带来自然生态的直接破坏。撒网式勘探和破坏性开采在荒漠草原上留下一个个大型的坑洞,破坏了草原地形与地质结构,坑洞周边植被无法生长,这不仅严重影响草原生态,也时常发生牧民和牲畜跌落受伤的情况。同时,开矿过程中散落的土石、灰尘堆积、飘散在草原上,进一步加剧了草原退化和生态环境破坏问题,同时也影响到了周边牧民的生产生活。

此外,值得注意的是,随着矿产资源开发和重化工业的发展,阿拉善的水资源短缺问题也日趋严峻。阿拉善地处亚欧大陆腹地,为干燥的非季风区,降水稀少,年降水量在200毫米以下。水资源以地下水为主,除过境黄河外,基本无地表径流。矿产资源开发及重化工业都是高耗水产业,需要消耗大量的水资源进行洗矿、降温、印染等。在阿拉善,火电和重化工企业成为继农业灌溉之后的第二大用水部门,产能持续扩张和农业灌溉水权的转换,直接造成工农业之间的水资源竞争日益加剧。例如,相关研究指出,在水权转换过程中,由于农民的用水权益在一定程度上被忽视,灌溉水资源由农业向工业转换损害了农户的利益,使其陷入生计困境,引发水事纠纷。①此外,许多重化工企业由于没有用水指标,私自抽取地下水维持生产,导致腾格里沙漠地区地下水位下降和周边生态退化严重。

五、总结与讨论

自2000年西部大开发战略提出以来,西部民族地区的大开发、大发展已经走过了近20年的发展历程。无论是从经济意义上的工业体系形

---

① 参见石腾飞:《灌溉水权转换与农户利益的关联度》,《重庆社会科学》2015年第1期。

成,还是从社会意义上的人民生活水平改善来看,当下西部民族地区的现代化建设较之过往均有了较大进步。随着现代化建设的速度加快,西部民族地区与东部沿海地区的"边缘—中心"关系也在发生着深刻变化。在中国的经济版图之上,西部民族地区迅速崛起,并开始扮演越来越重要的角色。

相比于东部沿海地区,中国西部民族地区现代化建设所面临的情况更为复杂和多元。除了生态环境脆弱之外,西部民族地区原有的工业基础薄弱,缺乏长期的资本原始积累过程。面对这种情况,地方政府主要通过发展资源密集型和资本密集型产业来推动原始资本的快速积累。然而在西部民族地区农牧民人均收入水平较低的情况下,过度追求经济赶超发展极易造成产业结构偏差。以资源开发和重化工企业为主导的产业结构通过扭曲社会发展成本和环境成本的方式,使得西部民族地区越来越多地承接了中东部地区"腾笼换鸟"所淘汰下来的重化工企业,逐步沦为中东部地区工业建设的原料地与产业升级的"废料场",从而加剧了西部民族地区现代化进程中的环境负担。在内蒙古西部地区的阿拉善,由于赶超心理和追求"跨越式发展",现代化建设走上了一条时空高度压缩、主要依靠矿产资源开发和重化工企业入驻来实现工业发展的"压缩型现代化"道路,并由此造成了沙漠污染在内的生态环境问题。

学者的研究指出,以牺牲生态环境为手段的发展观念和发展方式,不仅不符合现代化建设的要求,更扭曲了人与自然、人与人、个体与社会、社会与国家、民族与民族的关系,最终会使个体、社会、自然、民族和国家都付出惨重代价,造成现代化的不可持续。[1]阿拉善"压缩型现代化"的实践案例也表明,片面追求快速的工业发展和经济增长,忽视民族地区生态环境的脆弱性,会导致当地的生态环境问题高发。因此,如何在稳中求进的基础之上走具有民族特色的现代化发展道路,并妥善处理好西部民族

---

① 参见张海洋、包智明:《生态文明建设与民族关系和谐——兼论中华民族到了培元固本的时候》,《内蒙古社会科学(汉文版)》2017年第4期。

地区资源开发、环境保护与社会发展之间的关系,不仅是中国经济社会转型的重要任务之一,也是中国经济社会转型的重要突破口。

近年来,阿拉善"压缩型现代化"过程中引发的生态环境问题已经引起中央政府、各级地方政府、相关企业及当地农牧民的关注。在当地农牧民、新闻媒体、环保非政府组织等社会力量的参与和组织下,腾格里经济技术开发区的沙漠污染问题被曝光,并引起中央层面的高度关注和重视。从2014年起,在中央政府的督导和社会力量的监督下,地方政府开始着手推进相关区域的环境污染治理工作,重污染企业的生态转型也逐步展开。在这一污染治理过程中,推动企业采取清洁技术、加快清洁能源开发、建立生态工业园、进行绿色工业结构调整成为地方政府采取的主要治理措施。因为时间尚短,暂时无法对地方政府主导的环境治理实践及其效果进行客观评价,但在环境治理与重污染企业的生态转型过程中,一种绿色发展取向的现代化模式也逐步建立起来,生态环境保护的重要性得以彰显,"压缩型现代化"进程中所产生的生态环境问题也在一定程度上得到治理和解决。

十九大报告指出,"我们建设的现代化是人与自然和谐共生的现代化"。在时空高度压缩的条件下,生态环境脆弱的西部民族地区的现代化建设,需要反思以牺牲生态环境为代价来盲目追求发展速度的"压缩型现代化"建设模式,需要协调资源开发、环境保护与社会发展之间的关系,进而减少长期以来形成的对资源开发产业和重化工企业的工业发展路径依赖。更为重要的是,西部民族地区的现代化建设要充分挖掘民族地区的经济特色,朝着产业的多元化、多样化和民族特色化的方向发展,进而建设人与自然和谐共生的现代化。

第四单元
环境抗争与环境风险

环境风险感知的影响因素和作用机理

——基于核风险感知的混合方法分析*

王刚　宋锴业**

摘　要： 关注影响环境风险感知的因素,既是实现有效环境风险治理的迫切需要,也是社会治理领域的一个基础性、前沿性的议题。在质化研究和已有文献基础上,本文提出了影响众环境风险感知的"双因素理论假说",并对这一假说进行验证。通过"扎根理论"发现了影响公众环境风险感知的四个维度:环境亲和感、系统信任感、信息丰富性和利益趋向性。前两种属于情感因素,后两者属于情境因素。通过结构方程模型进一步证实:情感、情境因素都对公众环境风险感知具有显著影响。同时发现了信息丰富性与环境风险感知的倒"U"型关系,利益趋向性对公众的环境风险感知具有决定性影响等结果。

关键词： 环境风险　风险感知　作用机理　混合方法

一、问题缘起:一种背离现象的出现

一些特殊的科技项目的兴建往往会带来环境风险,公众由此产生对立心理,并出现强烈,有时甚至是高度情绪化的集体反对或抗争行为。从厦门反 PX 项目开始,由环境风险引发的重特大社会风险(事件)在中国

---

　　* 原文发表于《社会》2018年第4期。

　　** 王刚,中国海洋大学法政学院公共管理系,中国海洋大学海洋发展研究院;宋锴业,中山大学政治与公共事务管理学院公共管理学系。

东、中、西部经济发达或发展中地区屡屡出现,比如,浙江杭州反垃圾焚烧项目(2014)、广东深圳抵制垃圾焚烧项目(2015)、江苏连云港大规模抗议核循环项目(2016),等等。可以说,环境风险已成为现代风险链条(科技风险—环境风险—社会风险—政治风险)的一个重要环节。令人感到吊诡的是,作为环境风险的一种特殊形式,洪水是我们这个时代最危险的环境风险之一(Miceli,et al.,2008;Mysiak,et al.,2013),然而对于洪水、台风等自然灾害带来的环境风险,人们似乎对其只有短期的记忆,其"预期损失"往往会被低估(Baan and Klijn,2004;Terpstra,et al.,2006)。

即使专家或者政府认为这类环境风险可能比PX、核电、垃圾焚烧等项目造成的环境风险的危害更大,但人们依然更愿意采取积极的行为,所以,这类环境风险往往不会演变为社会风险(Covello,2003;Dominicis,et al.,2015;王刚、宋锴业,2017)。

从上述现象的描述中,我们可以发现一种"背离"现象在某种程度上的存在:某些环境风险可能演变为社会风险,甚至是政治风险,而某些环境风险则不会演变为社会风险,甚至是政治风险。环境风险究竟是否会演变为社会风险,并非因为其现实的风险大小,而在很大程度上根源于公众"环境风险感知"(environmental risk perception)的差异。所谓环境风险感知,是指"在信息有限和不确定的背景下,个人或某一特定群体对环境风险的直观判断"(Slovic,1987)。尽管一些研究根据研究需要的不同提出不同的概念界定。但大都强调环境风险感知是公众面对客观环境风险的主观判断和直接感受(Sjöberg,2003;Klos,et al.,2005;Williams and Noyes,2007;Taroun,2014)。

由于公众的环境风险感知会直接影响他们的风险行为反应,较高的环境风险感知可能带来上访、"街头散步"、暴力群体性事件等高风险反应行为,进而可能导致项目延迟或政策失败(Glaser,2012;黄杰等,2015)。也就是说,在环境风险与社会风险间大体存在"环境风险感知—风险反应行为—社会冲突动荡"这样前后相续的链条。大量研究也都强调探究环境风险感知及其影响因素的重要性(El-Zein,et al.,2006;Gattig and Hendrickx,2007;李华强等,2009)。鉴于此,从实践层面来看,关注影响公众环境风险感知差异的因素,既是实现有效环境风险治理的迫切需要,也是社会治理领域重要的现实课题。

从经验观察来看,核风险的独特之处是深入分析环境风险感知最好的窗口。政府与公众之间对核电这一特殊环境风险的态度呈现极为显著的差异与分化:一方面,政府和技术专家呈现明显的"挺核"态度。为应对气候变化的压力,核能作为低碳能源成为中国发电的重要战略选择。自1998年起,中国核电的运行机组数量从3台迅猛增长至2016年的35台。而中国民众却表现出明显的"反核"倾向。2007年,拟建的威海乳山核电站遭到外地置业者联名反对,成为中国第一个因民众反对而被长期搁置的核电项目。此后,江西彭泽(2012)、广东江门(2013)、中国台湾(2014)、江苏连云港(2016)相继爆发了反核事件。而民众对核电的高环境风险感知是产生高风险反应行为并引发社会风险的关键(Goodfellow, et al., 2011;Venables, et al., 2012)。因此,本文以公众对核环境风险的感知为分析视角,探究影响公众环境风险感知的因素及其内在机理。

二、文献回溯与研究思路

(一)文献回溯:环境风险感知的解释逻辑

20世纪60年代末,由于科学界和公众对核能的风险和收益的看法存在分歧,环境风险感知逐渐成为焦点议题。经过40余年的密集研究,针对环境风险感知产生了各种不同的理论认知(刘岩、赵延东,2011;Keller, et al.,2012)。回顾学界对环境风险感知影响因素的研究历程,可以甄别出具有继起关系的三种解释逻辑:"风险决定论""个体自主论"和"文化影响论"。

1.风险决定论

早期研究倾向于认为,风险特征(发生概率、危害程度、后果的不确定性与持续性)是影响公众环境风险感知差异的决定性因素(Bauer,1964;

Cox，1967）。在对气候变化和自然灾害等广义环境风险的感知研究中，研究者同样关注环境风险发生的概率与环境风险后果的严重性（Mcdaniels，et al.，1995；Lazo，et al.，2000）。比如，有实证研究发现，由于人为活动与自然活动引发的环境风险特征的差异，某些特定的社会群体对人为活动导致的环境风险（比如，臭氧空洞、核能）具有强烈的环境风险感知，对自然因素导致的灾害类环境风险（比如，暴风雪、洪水）的感知则处于较低水平（Kahan，2012；Xue，et al.，2014）。费拉里-拜黑（Fleury-Bahi，2008）同样指出，公众对环境风险的感知由风险的类别（技术和化学灾害、生物多样性丧失）决定。同时，"风险决定论"的解释逻辑也延续到对核电这一特殊环境风险感知的研究中，斯洛维奇等（Slovic，et al.，1991）就曾指出，环境风险感知差异的形成是因核电的特殊性所致，其风险特征决定了民众会对其产生更高的环境风险感知。

2.个体自主论

"个体自主论"认为，个体特征的差异是影响公众环境风险感知最重要的因素之一（Dominicis，et al.，2015）。有研究认为，不同个体一方面会因为性别、年龄、种族、教育程度、居住地区、收入水平等外在特征的不同而产生差异化的环境风险感知（Flynn，et al.，1994；Adeola，2007；Macias，2016；Roder，et al.，2016；Wang，et al.，2016）。比如，与其他种族相比，白人对环境风险的感知更低（Laws，et al.，2015）；教育程度较低的个体更容易产生高环境风险感知（Rundmo and Nordfjærn，2017）。另外，不同个体也会因为情感、人格特质（Jani，2011）等内在心理特征差异而产生不同的环境风险感知。例如，查尔文等（Chauvin，et al.，2007）发现，具有亲和性人格的个体对环境风险感知产生正向影响。里欧贝克尼和朱肯斯（Liobikienė and Juknys，2016）则指出，有自我超越价值取向的个体对环境风险的感知更强。而在核电这一特殊环境风险感知的研究中，"个体自主论"的解释逻辑也被研究者普遍认同。例如，亚姆和维格挪威（Yim and Vaganov，2003）指出，教育水平更高的个体对核环境风险的感知往往较低。

3.文化影响论

社会文化特征对公众环境风险感知的影响肇始于道格拉斯和维达维斯基（Douglas and Widavsky，1982）所提出的"风险文化理论"。该理论基于不同的信仰和文化世界观，将社会群体划分为平等主义者、宿命论主义者、等级主义者和个人主义者，不同社会群体对环境风险的感知并不相同，其中"宿命主义群体"（Fatalism）对环境风险的感知最弱（Dake，1992）。值得注意的是，社会信任作为一种社会文化特征，对公众环境风险感知的影响也得到国内外学界的普遍认同（Poortinga and Pidgeon，2003；Siegrist，et al.，2005；Bronfman，2016）。例如，有部分实证研究发现，对政府部门的监管具有更高信任的公众对环境风险的感知往往处于较低水平（Lee，et al.，2005；Carlton and Jacobson，2013）。而在核风险感知研究中，多数研究认为，核风险感知受社会文化特征，尤其是社会信任的影响（Mah，et al.，2013）。比如，弗莱恩等（Flynn，et al.，1992）指出，信任对核风险感知具有显著影响。怀特菲尔德等（Whitfield，et al.，2009）也发现，可通过提高信任降低民众的环境风险感知。

已有研究对理解环境风险感知的影响具有重要的理论意义，但综合看来，还存在三方面的问题：

第一，已有研究的解释逻辑大都是聚焦于一个侧面，同时也是一种静态分析，即把可能产生"高环境风险感知"的某些既有条件作为归因的起点，并将其视为一成不变的要素，进而试图在某一结构性因素与民众的环境风险感知之间建立一种机械、程式化的因果联系，缺乏对情境因素的考虑（陈超、蔡一村，2016）。更重要的是，三种解释逻辑都存在一定局限性。比如，"个体自主论"往往会将性别等外在特征作为归因的起点，鲜有对个体的内在特征，尤其是环境情感特征的考察。即使有研究关注到情感在环境风险感知中的重要性（Bourassa，et al.，2016），比如，斯乔伯格（Sjöberg，2007）指出，具有消极情感的个体对环境风险的感知更强，但这些研究大多停留于愤怒、害怕等情绪特征，尚未有专门针对环境风险感知的情感塑成的系统研究。事实上，环境情感在内涵和外延上不同于一般情感(王建明,2015),它对环境风险感知是否存在显著影响,影响效果如何,还有待于进一步探究。而"文化影响论"的解释逻辑也缺乏来自中国语境下的实证研究。

第二,纵览已有文献,学界虽然从三个独立视角进行了较为深入的探讨,但融合三种解释逻辑的系统性研究鲜见。换言之,环境风险感知的影响因素的三种解释逻辑没有实现有效融合。究竟哪一些因素塑成公众的环境风险感知差异,还没有形成定论。事实上,环境风险感知的形成是各种主客观因素及风险、个体、社会文化特征等综合作用的结果。只有将多种解释逻辑结合起来,系统地考察不同影响因素在形塑民众环境风险感知中的角色,才能获得更为逼近现实的理论认知。此外,每一种解释逻辑的理论饱和尚未进行系统的检验,还可能存在对解释要素的疏漏,这也是本文力图进行弥补和突破之处。

第三,即使有研究指出,公众的环境风险感知是个体特征、风险特征和社会文化特征等多变量共同作用,但已有的对环境风险感知影响因素的研究还缺乏一个科学、系统的分析框架,尤其是对环境风险感知各个影响因素之间复杂的交互关系、内在影响机理,以及不同因素对民众环境风险感知"贡献"的概率等,都还没有深入探讨。比如,柴永进(音译)(Cha,2004)指出,核知识水平等个体特征,潜在灾难性和可控性等风险特征,以及管理信任等社会文化特征是影响环境风险感知的关键因素。但是,仍然侧重于不同因素与环境风险感知之间各自的实证检验,并未揭示各因素发挥作用的整体影响机制。而有的学者已经对交互作用对风险、抗争影响做了卓有成效的研究(卜玉梅,2015)。鉴于此,采用多重解释逻辑融合的视角,进行环境风险感知的整合性研究成为一个重要的理论命题。

(二)研究思路与方法选择

本研究的基本思路是将核风险感知作为环境风险感知的主要分析视角探讨影响公众环境风险感知的因素。为获得更为科学、系统的理论认知,我们采用质性与量化分析相结合的混合方法,以克服研究深度和代表性等方面的不足,从而为全方位、多层次的理论分析提供依据(Lieberman,2005)。具体研究思路是:①采用作为质性研究技术之一的"扎根理论"①提炼并范畴化影响公众环境风险感知的因素;②基于质性研究结果归纳环境风险感知的影响因素模型,再依据已有文献和经验研究对影响公众环境风险感知的归因模型进行发展,构建出本研究的理论假说;③采用作为量性研究技术之一的结构方程模型(SEM),进一步检验影响公众环境风险感知的不同因素对环境风险感知的影响效应,包括影响的方向、影响强度与特征等,从而对研究假设进行证实;④根据质性和量化研究结果提炼出基本命题,并试图发现不同影响因素之间存在的关系,形成系统的机理。

三、质性研究:环境风险感知影响因素的维度结构

(一)质性研究设计:基于"扎根理论"

本文主要采用质性研究方法中的"扎根理论"来探索影响公众环境风险感知因素的内容与维度结构。在进行探索分析时,通过对文本资料进行开放式编码(open coding)、主轴编码(axial coding)和选择性编码(selective coding)来抽取素材中所隐藏的本质性理念和命题。文本分析过程中采用了持续比较(constant comparison)的分析思路,不断提炼和深化理论,直至达到理论饱和,即新获取的资料不再对理论建构有新贡献。

原始资料的选取途径主要有两个:一是笔者的课题组于2016年7月通过半结构化问卷对S省的HY市、RS市两个在建或曾拟建的核电站附近的普通民众进行访谈收集的第一手资料;②二是笔者的课题组于2017年4月通过半结构化问卷对J省的L市已建的TW核电站附近民众、核电站的内部技术人员等的访谈所获得的一手资料。而对于访谈对象的选

---

① "扎根理论"最早由格拉斯和斯特劳斯(Glaser and Strauss,1967)提出,是在经验资料的基础上自下而上建构实质性理论的质性研究方法(Strauss,1987:5)。

② 按照学术惯例,文中的关键地名、人名等均进行匿名化处理。

择,我们采取了"理论抽样"(theoretical sampling)的方法,按分析框架和概念发展的要求抽取访谈对象。最终受访者共68位,我们分别进行一对一的面对面访谈(10~60分钟)或一对一的电话和网络访谈(10分钟)。对于面对面的访谈者,我们在征求被访谈者同意后进行全程录音,并在访谈结束后对录音进行整理,完成访谈记录和备忘录。电话和网络访谈时,直接根据在线资料进行汇总。最终形成68份访谈记录,共计12万字(编号记为A1—A68)。我们随机选取了其中的55份访谈记录(A1—A55)进行编码分析,另外的13份访谈记录(A56—A68)留作理论饱和度检验。

(二)质化研究过程

1.开放式编码①

在开放式编码时,我们对原始资料逐字逐句分析以进行初始概念化。为尽量减少研究者个人主观意见的影响,我们尽量使用被访谈者的原话作为标签,以从中挖掘初始概念。当然,鉴于初始概念的层次相对较低,且存在一定的交叉,由此需要进一步提炼以将相关的概念聚拢与集中,实现概念的范畴化。进行范畴化的同时,我们剔除了出现频次较少(出现频次低于两次)的初始概念,仅仅保留出现频次在三次以上的初始概念。另外,因篇幅所限,对每个范畴我们仅报告了三条原始语句。影响环境风险感知因素的范畴化过程如表1所示。

表1　开放式编码及其范畴化

范畴	原始语句(初始概念)
一般环境态度	A19:平时对环境比较关注,因为我们就是生活在大自然中,当然要关注。(环境关注)
	A24:中国现在正在快速发展,肯定会造成环境污染的吧,我平时就是在手机上关注这方面的新闻的。(环境关注)
	A35:我平时对环境还是非常关注的,我们这里的环境就挺好。(环境关注)
环境影响态度	A03:这个地方搞(核电站)太浪费国家的环境资源了。(负面环境影响)

① 开放式编码是对原始资料所记录的任何可以编码的句子或片段给予概念化标签,实现将资料概念化。它是一个将资料打散、赋予概念,然后再以新方式重新组合的过程。

316

范畴	原始语句(初始概念)
	A21:自从核电站建了,这个地方就乌烟瘴气的,我们以前水沟里的水很干净,村里人都在这儿,现在的水都不能喝了,有股味儿。(负面环境影响)
	A27:核电对缓解全球变暖能起个好作用。(正面环境影响)
政府信任	A02:国家既然建了核电。那么,这么大的核电肯定是能负责它的安全的,所以会信任政府,所以支持核电。(政府信任)
	A14:政府哪能保证得了(核电)运行,哪个都保证不了。(政府不信任)
	A36政府也就那么回事,要我说,当官的十个九个贪。(政府不信任)
市场信任	A04:最大风险就是核电的管理上,切尔诺贝利、福岛都是这个引起的。(市场不信任)
	A23:我还是比较相信企业能够保障核电的安全的。(市场信任)
	A31:核电企业的管理参差不齐,上面制定下来,下面不一定执行。(市场不信任)
专家信任	A05:政府里面各种专家和人才都有。他们了解核电的程度要比我们普通老百姓了解的十倍多都不止,应该能避免运行过程中的问题。(专家信任)
	A34:就算专家们说没有危险,那他又能够保证啊,所以没用。(专家不信任)
	A41:我还是相信专家的评估,否则他们也不敢干这一行。(专家信任)
媒体信任	A01:新闻里的不一定是真的。前两天还说造出了四倍超音速飞机!(媒体不信任)
	A16:信什么媒体?他们都是宣传好的,还能有坏的宣传啊,不可能的,什么时候哪个国家的媒体都不可能宣传坏的,他们只宣传好的。(媒体不信任)
	A17:我觉得媒体可信度不高,因为他们说谎惯了。(媒体不信任)
信息了解程度	A11:我们对核电不了解,但就是觉得它不好。(信息不丰富)
	A18:对核电不是特别了解,反正觉得它对老百姓没好处。(信息不丰富)
	A20:主要是对环境会产生危害吧,我也不是特别了解。(信息不丰富)
工作相关程度	A38:因为我们是技术人员,所以我们才知道核电到底有没有风险。(工作相关)
	A40:因为我们一直在核工业系统里,几十年了。所以对核电还是比较了解的,不会像他们那种"谈核色变"的。他们根本就不懂,无知导致恐惧。(工作相关)
	A43:我在乡政府工作,对核电还是比较了解的。(工作相关)
正向—短期利益	A09:核电里很多打工的人,都是我们的村的人。没有核电,这里也不可能有这么多人流,这里的饭店,宾馆也不能有这么多客人。(短期积极利益感知)
	A28:自从建了核电站以后,周围市场上人就多了一点,人多了的话,经济应该也带动了一点。(短期积极利益感知)

范畴	原始语句(初始概念)
	A42:核电站来了以后,最起码解决了一部分人的就业问题。(短期积极利益感知)
正向—长期利益	A06:核电站修建以后,老百姓生活会更好。经济肯定带动起来。(长期积极利益感知)
	A08:建核电的话,这边修道路、旅游业,整个经济都好。(正向长期利益)
	A25:这个(核电站)建设确实给本地人带来了很大的利润。本地人以前没有这么富裕,以前这里根本没啥企业,这都是核电来了带动经济。(正向长期利益)
负向—短期利益	A12:核电主要就是不方便,路不好走,环境也没搞得利索。(负面短期利益感知)
	A30:这个地方建了核电站以后,我们一点好处也没有,让我们没有饭吃,也没有钱补偿我们。(短期消极利益感知)
	A37:这个核电站对老百姓的生活影响太大了,这个海里的鱼虾都变大了,我们都不敢吃,所以我们的个人收入也不行了。(短期消极利益感知)
负向—长期利益	A29:核电站建了以后,小孩的毛病比较多,而在没建核电那个时候,就从来就没有这种情况,更何况现在医疗条件以前强多了。(长期消极利益感知)
	A32:核电肯定对身体有影响,我们无所谓,就是影响下一代。(长期消极利益感知)
	A33:我们这有好多年轻人,二三十岁就得癌症死了。(长期消极利益感知)

注:A**表示第**份访谈记录中的原始语句。每段语句末尾括号中内容表示该语句的初始概念。

2.主轴编码

开放式编码的主要任务是发现范畴,而主轴编码的主要目的则是更好地发展主范畴。其具体做法就是发展原始范畴的性质和层面,使范畴更为严密。同时将各独立的范畴联结,通过提炼、调整和归类等手段,发现和建立范畴之间的潜在逻辑联系。通过分析,我们发现在开放式编码中得到的各个不同的范畴在概念层次上确实存在内在联结。根据不同范畴之间的相互关系和逻辑次序,我们进行重新归类,共归纳出环境亲和感、系统信任感、信息丰富性和利益趋向性四个主范畴。各范畴代表的意义及对应的开放式编码范畴如表2所示。

表2 主轴编码形成的主范畴及副范畴

主范畴	副范畴	范畴的内涵
环境亲和感	一般环境态度	个人对环境的基本知觉、态度与情感认知
	环境影响态度	个人对某些环境行为或风险可能对环境造成的影响的认知
系统信任感	政府信任	公众对政府的可靠度评价及其信心
	市场信任	公众对市场(核电企业)的可靠度评价及其信心
	专家信任	公众对技术专家的可靠度评价及其信心
	媒体信任	公众对正式媒体的可靠度评价及其信心
信息丰富性	信息了解程度	对环境风险信息的认知、了解和熟悉程度
	工作相关程度	与环境风险设施(项目)的工作相关程度
利益趋向性	正向—短期利益	个人对环境风险的短期和对自己有利的感知
	正向—长期利益	个人对环境风险的长期和对自己有利的感知
	负向—短期利益	个人对环境风险的短期和对自己不利的感知
	负向—长期利益	个人对环境风险的长期和对自己不利的感知

3.选择性编码

选择性编码的核心目的是进一步系统处理范畴与范畴的关联。它是从主范畴中发掘"核心范畴"（Core Category），分析核心范畴与主范畴及其他范畴的联结，并以故事线的形式描绘整体行为现象，从而确立实质性的理论。本研究所确定的核心范畴为"影响公众环境风险感知的因素及其影响机理"，它由环境亲和感、系统信任感、信息丰富性和利益趋向性四个主范畴组成。其中，环境亲和感和系统信任感两个主范畴可以选择性编码为"情感因素"，而信息丰富性和利益趋向性两个主范畴可选择性编码为"情境因素"。

所谓情感因素，是指公众在特定时期内所固有的情感态度，而情境因素则是指民众针对外在的特定环境风险在特定时期的主观认知。情感因素与情境因素的不同之处在于：在相同或近似的情感因素的作用下，不同的公众可能因为情境因素的感知不同而产生高低不同的环境风险感知。比如，某些个人或群体可能环境亲和感较低且系统信任感较强，本应该具有较低的环境风险感知，但在一些情境因素的影响下，仍可能导致高环境风险感知。此外，已有研究所呈现的"风险决定论""个体自主论"及"文化影响论"与情感因素、情境因素之间也存在联结关系，比如，情感因素与

"个体自主论"中的情感以及"文化影响论"中的信任，情境因素与"风险决定论"中的风险特征及"个体自主论"中的教育与知识水平等。这说明，本研究所选取的两个主范畴具有一定的理论依据。

（三）质化研究结果

根据对原始访谈资料的开放式编码和主轴编码的过程后，我们发现，环境亲和感、系统信任感、信息丰富性、利益趋向性等会对公众的环境风险感知产生影响。再通过选择性编码对上述四个主范畴进一步关联后发现，影响公众环境风险感知的因素可以概括为情感因素与情境因素。同时，我们还通过对A56—A68访谈记录的重新编码和概念范畴化后，进行了理论饱和度（Theoretical Saturation）的检验。未发现明显新颖的初始概念、范畴和关系，这表明质性研究得到的环境风险感知的"双因素"有较好的理论饱和度。换言之，质性研究阶段可以确认，影响公众环境风险感知的因素主要包括环境亲和感、系统信任感等情感因素，以及信息丰富性、利益趋向性等情境因素。

四、研究假设：影响环境风险感知的"双因素"假说

在质性研究阶段，我们提炼了影响公众环境风险感知差异的情感因素与情境因素，为完整描述公众环境风险感知差异化的形成提供了一个基本认知框架。在以上基础上，我们进一步提出了"公众环境风险感知的双因素理论模型"（简称"双因素模型"）。在该模型中（见图1），影响公众环境风险感知的因素包括情感与情境两个基本维度。其中，情感因素解释了公众的环境风险感知差异为什么产生（why），而情境因素则可以解释环境风险感知差异在核风险的特定情境下如何产生（how）。

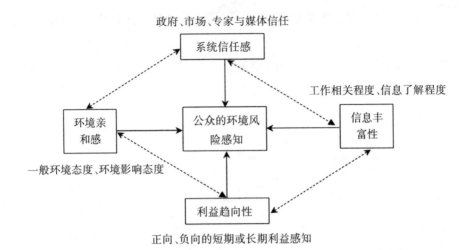

图1 情感—情境双因素模型

注:单箭头实线表示自变量对因变量的影响;双箭头虚线表示自变量之间的相互影响。

需要说明的是,"情感—情境双因素模型"的提出是在质性研究基础上借鉴美国心理学家赫兹伯格(Herzberg)的"双因素理论"(Two Factor Theory)后提出的。在"双因素理论"中,驱动员工满意的因素包括保健因素与激励因素。前者属于工作本身或责任、成就方面的因素,拥有它,职工会感到满意,但不拥有它,职工也不会有不满;后者属于工作环境或工作关系方面的因素,拥有它,职工不会感到满意,但不拥有它,职工会有不满(Herzberg,1968;Hyun and Oh,2011)。在本研究中,影响公众环境风险感知的因素包括情感因素与情境因素。前者包括对环境的情感与对系统的情感,后者包括风险信息或利益相关(如图1所示)。因此,本研究的"情感—情境双因素模型"并不完全等同于赫兹伯格的"双因素理论"。

当然,"双因素模型"仅能说明情感与情境因素可能会对公众的环境风险感知产生影响。而情感与情境因素中的不同变量究竟对公众的环境风险感知是否产生显著性影响,影响的方向、强度和特征如何,都还有待通过量化研究进一步证实。本节在质性研究所得出的"双因素模型"基础上,依据已有文献和实践经验,提出了"影响公众环境风险感知的双因素理论假说"(简称"双因素假说")。在"双因素假说"中,影响公众环境风险感知的因素存在两个基本维度(见图2),即"情感因素"与"情境因素",而每一个因素都包含两个基本的影响变量。

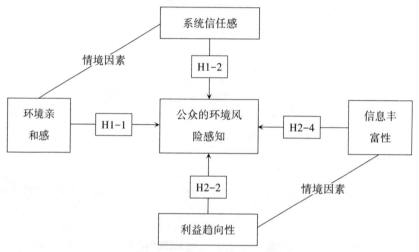

图2　环境风险感知的"双因素"理论假说

(一)假设因素1:情感因素与环境风险感知

情感因素主要包括环境亲和感与系统信任感。在情感因素的作用下,公众会产生高低差异的环境风险感知。具体而言,所谓环境亲和感,主要是指个体的情感理念中具有稳定、持久地环境保护意愿,以及对生态保护的支持情感,表现为对破坏环境的"环境行为"或"环境风险"的抵触情绪。在已有研究中,个体特征是影响公众环境风险感知最重要的因素之一,但大多聚焦于年龄、性别、教育程度、人格特质等外在因素,忽略了对微观的个体情感的考察。在质性研究结果和已有文献梳理的基础上,我们认为,个体的环境情感是影响环境风险感知的重要因素。进一步而言,具有很高环境亲和感的个体会具有更强的环境风险感知。与之相反,具有较低环境亲和感的个体对环境污染具有更强的容忍度,因此也具有较弱的环境风险感知。由此,我们提出如下假设:

H1-1:环境亲和感与公众的环境风险感知呈正相关关系。

其次,系统信任感①作为情感因素的一个重要维度,也会对公众的环境风险感知产生重要影响。在已有研究中,信任对环境风险感知的影响已得到证实(Whitfield, et al., 2009;Mah, et al., 2013)。但不同研究者的侧重点并不相同,且大多是政府信任、社会信任等单一维度与环境风险感知的影响探究,或用政府信任、社会信任解释基层治理等其他领域的议题(陈捷等,2011)。而在实践情境中,核电作为国家的重大能源政策布局项目,事实上涉及技术专家、核电企业、中央政府与地方政府等多个主体。公众只有对整个系统都信任的时候,才会产生低环境风险感知。因此,本研究提出如下假设:

H1-2:系统信任感与公众的环境风险感知呈负相关关系。

(二)假设因素2:情境因素与环境风险感知

情境因素包括信息丰富性与利益趋向性。具体而言,所谓信息丰富性,是指在环境风险感知中,公众对环境风险信息的熟悉、了解与掌握的程度。质性研究结果和实践经验表明,对特定风险信息匮乏的个体(或群体)容易产生很高的环境风险感知。他们通过电视、报纸、网络对环境风险可能已经形成了"污名化"感知,核电企业、地方政府等即使再次输入"环境风险"的正面信息,也难以改变已有的负面认知。与之相反,对于信息了解比较丰富的个体(或群体)而言,他们更容易形成对某一环境风险的理性认知,从而将环境风险的感知维持在较低的水平。由此,本文提

---

① 所谓"系统信任感",指在环境风险感知中,公众对多方利益相关者的可靠度评价和信任,包括政府信任、市场信任、专家信任与媒体信任(龚文娟,2016)。

出如下假设:

H2-1:信息丰富性与公众的环境风险感知呈负相关关系。

作为情境因素的一个维度,利益趋向性也对公众的环境风险感知差异产生重要影响。所谓利益趋向性,是指公众面对环境风险时的利益感知。通过质性研究结果和实践经验,我们认为,当公众认为,引发环境风险的项目或设施可能给自身带来正向的短期利益(如现金补偿)或正向的长期利益(如经济发展和带动就业等非现金补偿)时,公众更容易产生较低的环境风险感知。而当公众认为引发环境风险的项目或设施可能带来负向的短期利益(比如房价回落等)或负向的长期利益(比如子孙后代的健康损害等)时,公众更容易产生很高的环境风险感知。由此,本研究提出如下假设:

H2-2:利益趋向性与公众的环境风险感知呈负相关关系。

五、量化研究:环境风险感知的影响证明

(一)量化研究设计:基于结构方程模型

采用量化研究是为了进一步验证"双因素模型"中情感因素和情境因素对公众环境风险感知影响的效应,包括影响的方向、强度、特征等。

1.数据的收集与验证

量化研究过程主要采用分层抽样的方法,以公众与核电站的空间距离为基本特征划分成四个群体,即"核电站5公里以内人群""核电站5—10公里人群""核电站10—20公里人群""核电站20公里及以上人群"。然后在四个层次的群体中采用简单随机抽样等方法抽取子样本。

对上述四个不同群体的样本数据收集主要通过两个途径。首先,课

题组于2017年4月在J省L市已建设的TW核电站附近对公众进行面对面现场问卷调查并现场回收,问卷主要针对三类人:一是核电站内部工作人员,包括在核电站内从事基建工作的普通工人以及核电站内部的技术专家和管理人员等;二是核电站附近5—10公里以内的DYW村、BS村、GZ村、XZ村、LH村等村的村民;三是核电站附近10—20公里的J省L市市民。对于上述调查对象都采用调查者与受访者一对一的方式进行调查,由调查者依据问卷内容逐题询问并填答,共发放问卷400份,有效样本为373份(核电站内部工作人员98份、核电站附近村民136份、核电站所在市区市民139份)。需要说明的是,之所以选择J省L市作为获取前三个群体的样本来源,是因为该地民众曾抵制核废料项目在该市兴建,该市也有已经建成运作的核电站,民众对核电具有鲜明的环境风险感知,从而使得样本具有较强的代表性。其次,则是通过网络进行问卷调查。以"调查派"对生活在核电站20公里及以上的无关人群发布网络问卷,共回收有效问卷418份。两种途径针对四类人群共回收有效问卷791份。从有效样本的性别分布来看,男性394人,女性397人。同时,采用内在信度指标(internal reliability)对量表进行信度检验,通过检验后发现,所有变量的Cronbach's Alpha系数均在0.8以上,可以认为本次问卷量表及各组成部分建构度良好。

2.变量的测量与描述

对于影响环境风险感知差异的两种因素,本研究基于前文"扎根理论"的研究结果,分别设计了量表,每个维度依据内涵的不同设计了不同题项(见表3)。

因变量"公众的环境风险感知"是通过两个问题答案得分的累加生成一个新变量,取值范围是2—10分,得分越高,表示公众对环境风险的感知程度越高。

自变量"环境亲和感"通过3个问题答案得分的累加生成一个新变量,取值范围是3—15分,得分越高,表示公众的环境亲和程度越高;"系统信任感"通过5个问题答案得分的累加生成新的变量,取值范围是5—

25分,得分越高,表示公众的系统信任程度越高;"信息丰富性"通过3个问题得分的累加生成新的变量,取值范围是3—15分,得分越高,表示公众关于项目的信息越丰富,反之信息则越匮乏;"利益趋向性"通过4个问题答案得分的累加生成新的变量,取值范围是4—20分,得分越高,表示公众的利益感知越正面,反之则越负面。

表3　因变量和自变量的测量和设计

因变量	测量问题	答案选项	赋值	量表的Cronbach's Alpha值
公众的环境风险感知	您对核电的态度是?	"非常支持""比较支持""不支持不反对""比较反对""非常反对"	1—5分	0.832
	您认为生活在核电站附近是否有风险?	"完全没风险""不太有风险""一般""比较有风险""风险特别大"		
环境亲和感	您平时对空气污染、全球变暖等环境问题的关注程度是?	"完全不关注""不太关注""一般""比较关注""非常关注"	1—5分	0.801
	您认为核电会对生态环境产生影响吗?	"完全没影响""不太有影响""一般""比较有影响""非常有影响"		
	您认为经济发展和环境保护哪个更加重要?	"经济特别重要""经济比较重要""二者大致相同""环境比较重要""环境特别重要"		
系统信任感	在核电项目上,是否信任地方政府	"完全不信""不太相信""一般""比较相信""非常相信"	1—5分	0.905
	在核电项目上,是否信任中央政府			
	在核电项目上,是否信任正式媒体			
	在核电项目上,是否信任技术专家			
	在核电项目上,是否信任核电企业			

因变量	测量问题	答案选项	赋值	量表的Cronbach's Alpha值
信息丰富性	您对核电站的熟悉或了解程度？	"完全不熟悉""不太熟悉""一般""比较熟悉""非常熟悉"	1—5分	0.893
	您对核电相关知识的了解或掌握程度？	"完全不了解""不太了解""一般""比较了解""非常了解"		
	您所从事的职业（或行业）与核电的相关程度是？	"完全无关""不太相关""一般""比较相关""非常相关"		
利益趋向性	您认为,在您家附近建设核电站会促进您的个人收入或家庭收入增长吗？	"完全不会促进""不太促进""一般""比较促进""非常促进"	1—5分	0.855
	如果在您居住周边建设核电,给予足够的现金或实物补偿,您会同意建设吗？	"完全不会同意""不太同意""不确定""比较同意""非常同意"		
	您认为,在您家附近建设核电站会导致您的日常生活或人际交往的不便吗？	"非常会""比较会""一般""不太会""完全不会"		
	您认为,在您家周边建设核电站会导致自己及子孙后代的健康损害吗？	"非常损害""比较损害""一般""不太损害""完全不损害"		

本研究的控制变量主要包括性别、年龄、居住的社区类型、居住地距离核电站的距离、教育程度以及家庭年收入等。在已有研究中,性别等因素对公众环境风险感知的影响已得到证实。为更准确地反应环境亲和感等情感因素以及利益相关性等情境因素对环境风险感知的影响,量化研究控制了性别等因素对公众环境风险感知的影响。就变量而言,性别、社区类型、居住地与核电站的距离、教育程度、家庭综合年收入为虚拟变量。表4详细地描述了因变量、自变量的取值情况,包括各变量的性质、均值、标准差等。

表4 量化研究中各变量的取值情况

变量	变量性质	均值(E)	标准差(S.D.)	最小值(M)	最大值(X)
环境风险感知(Y)	连续	6.8685	2.13361	2	10
环境亲和感(X1)	连续	10.1492	2.47222	3	15
系统信任感(X2)	连续	15.1150	4.21578	5	25
信息丰富性(X3)	连续	6.1606	2.81960	3	15
利益趋向性(X4)	连续	10.3085	3.79219	4	20
年龄	连续	36.6220	13.55915	16	82
性别	虚拟	–	–	1	2
社区类型	虚拟	–	–	1	2
与核电站的距离	虚拟	–	–	1	4
教育程度	虚拟	–	–	1	5
家庭年收入	虚拟	–	–	1	5

(二)量化研究过程

首先,采用相关分析大致描绘各变量间的相互依存关系。各变量相互间的皮尔逊相关系数(Pearson correlation coefficient)矩阵如表5所示。可以看到,在0.01的显著性水平下,各变量都与公众的环境风险感知显著相关,且大多呈现强相关关系。具体来说,环境亲和感与公众的环境风险感知呈现强的正相关关系(相关系数0.706)。系统信任感与公众的环境风险感知呈现强的负相关关系(相关系数-0.732)。利益趋向性与公众的环境风险感知也呈现强的负相关关系(相关系数-0.807)。只有信息丰富性与公众的环境风险感知之间呈现中度的负相关关系(相关系数-0.471)。

表5 各变量间的相关系数矩阵

变量	X1	X2	X3	X4	Y
均值(E)	9.8454	15.1250	6.2253	10.6891	6.7386
标准差(S.D.)	2.54691	4.27060	3.05634	3.83650	2.22013
环境亲和感(X1)	1				
系统信任感(X2)	−0.587**	1			
信息丰富性(X3)	−0.350**	0.396**	1		

变量	X1	X2	X3	X4	Y
利益趋向性(X4)	−0.705**	0.707**	0.485**	1	
环境风险感知(Y)	0.706**	−0.732**	−0.471*	−0.807**	1

注:**p<0.01

其次,上述相关分析虽然可以考察环境亲和感等变量对公众环境风险感知差异的独立影响效应,但尚未考察各自变量之间可能存在的交互作用。因此,本研究采用结构方程模型(SEM)进行路径分析,[①]并采用Amos21.0进行模型建构和数据分析。从优化后的结构模型的拟合指数来看,整个模型的拟合效果较好(见表6)。且从原始结构方程模型来看,绝大多数观测变量与对应潜变量的标准化载荷系数都在0.7以上(见图3),这表明各观测变量可以较好地测量所属的潜变量。结构方程模型的具体路径系数检验如表7所示。可以看到,在0.01的显著性水平下,环境亲和感、系统信任感、信息丰富性和利益趋向性都对公众的环境风险感知具有显著影响。而从标准化路径系数来看,除环境亲和感与环境风险感知呈显著的正相关关系,其他三个自变量都与环境风险感知呈显著的负相关关系。从决定系数,也即拟合优度来看,环境风险感知变量的决定系数很高(R^2=0.733)。可见,本研究所假设的情感与情境变量的四个维度对公众的环境风险感知的解释程度较高,影响度也较大。

表6　结构方程模型的拟合指数

模型	拟合指数				
	C^2	DF	P	C^2/DF	RMSEA
结构模型	615.775	109	0.000	5.649	0.077
	NFI	RFI	IFI	TLI	CFI
	0.938	0.922	0.948	0.935	0.948

---

① 该方法可以有效地反应自变量与因变量、自变量与自变量之间的关系,以更好地分析情感与情境因素中的各个变量维度对公众环境风险感知的影响。

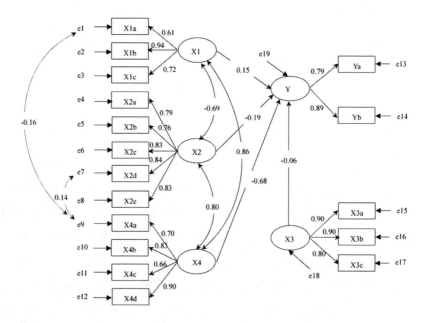

图3　原始结构方程模型及其标准化载荷系数

表7　结构方程模型的路径系数检验结果

作用路径	标准化路径系数	非标准化路径系数	标准误（S.E.）	临界比（C.R.）	显著性（P）
Y←X1（环境亲和感）	0.152	0.226	0.077	2.929	0.003
Y←X2（系统信任感）	−0.190	−0.201	0.044	−4.597	***
Y←X3（信息丰富性）	−0.061	−0.061	0.024	−2.613	0.009
Y←X4（利益趋向性）	−0.676	−0.799	0.087	−9.163	***
X1 ↔ X2	−0.695	−0.355	0.028	−12.637	***
X2↔ X4	0.796	0.511	0.039	13.110	***
X1↔ X4	−0.858	−0.391	0.031	−12.571	***

注:(1)"←/↔"表示发生效应的方位,***p<0.001。

　　(2)由于信息丰富性(X3)这一自变量与其他自变量之间只具有统计相关,实际上不具有相关关系,因此本文并没有将X3与其他自变量进行路径检验。

(三)量化研究结果

　　根据结构方程模型的分析结果,情感与情境诸变量与环境风险感知变量间的标准化路径系数如图4所示。

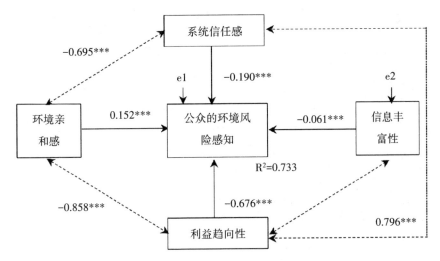

图4 研究假设证实后的逻辑关系示意

注:其中,单箭头实线代表通过验证的机制,无箭头虚线表示潜在变量之间的关系,数字代表变量间关系的系数,1、2则代表变量对应的误差值,***代表显著性水平为0.001,**代表显著性水平为0.01。

为保证研究结果的稳健性,我们还要对结构方程模型做进一步验证分析。全部样本按分析框架和概念发展的要求划分为四个样本。其中,核电站内部工作人员(包括在核电站内从事基建工作的工人以及核电站内部的技术专家和管理人员等)构成样本A,核电站附近5公里以内的村民构成样本B,J省L市的当地市民则构成样本C,通过网络途径所获取的问卷构成样本D。我们对上述四类样本用相关性分析以及结构方程模型分别进行验证,并对结果进行比较(见表8)。可以看出,尽管基于不同样本或者不同分析方法所得到的结果并不完全一样,但主要研究结果是一致的。

表8 情感、情境变量对公众环境风险感知影响的验证分析

验证方法	自变量X1 环境亲和感	自变量X2 系统信任感	自变量X3 信息丰富性	自变量X4 利益趋向性
PCC(全样本)	√(+)**	√(−)**	√(−)**	√(−)**

验证方法	自变量X1 环境亲和感	自变量X2 系统信任感	自变量X3 信息丰富性	自变量X4 利益趋向性
SEM(全样本)	√(+)**	√(−)***	√(−)***	√(−)***
PCC(样本A)	√(+)**	√(−)**	√(−)**	√(−)**
SEM(样本A)	√(+)***	√(−)***	×	√(−)***
PCC(样本B)	√(+)**	√(−)**	√(−)*	√(−)**
SEM(样本B)	√(+)***	√(+)***	√(−)*	√(−)***
PCC(样本C)	√(+)**	√(−)**	√(−)**	√(−)**
SEM(样本C)	√(+)***	√(−)***	×	√(−)***
PCC(样本D)	√(+)**	√(−)**	×	√(−)**
SEM(样本D)	√(+)***	√(−)***	×	√(−)***

注:1.√(+)表示存在显著的正向影响,√(−)表示存在显著的负向影响,×表示不具有显著影响。

2.***p<0.001,**p<0.01,*p<0.05。

六、研究结论

作为一项探索性研究,本文对情感、情境因素与公众环境风险感知的相互关系进行了质性和量化的研究,结果证实,影响公众环境风险感知的"双因素假说"的成立。

通过质性研究发现,影响公众环境风险感知的因素包括环境亲和感与系统信任感等情感因素,也包括信息丰富性与利益趋向性等情境因素。通过量化研究中的相关性分析发现,环境亲和感、系统信任感、信息丰富性和利益趋向性都对公众环境风险感知具有显著影响。通过结构方程模型的进一步验证发现,环境亲和感与公众的环境风险感知呈显著的正相关关系(假设H1−1得到验证)。系统信任感与公众的环境风险感知呈显著的负相关关系(假设H1−2得到验证)。利益趋向性与公众的环境风险感知呈显著的负相关关系(假设H2−2得到验证)。为证明结果的稳健性,在对四类单样本(A、B、C、D)进行分析验证后发现,信息丰富性对于距离风险源较近的公众具有显著的负相关影响(假设H2−1部分得到验证),对于距离风险源较远的公众则不具有显著影响(见表8阴影部分)。

基于以上发现,本研究发展环境风险感知的影响因素研究,在检验研究假设的基础上,对其进一步拓展,并总结出以下基本结论。

(一)影响公众环境风险感知的因素包括环境亲和感与系统信任感等情感因素,以及利益趋向性与信息丰富性等情境因素

根据对访谈资料的编码分析,本文探索发掘了大量本土化的情感与情境的初始概念。例如,情感因素的初始概念包括环境关注、环境影响、政府信任等。对这些初始概念进一步范畴化可以将影响公众环境风险感知的情感因素分为环境亲和感和系统信任感两个维度;而情境因素的初始概念包括"正向—短期"利益、"正向—长期"利益、信息了解程度等。对这些初始概念范畴化可将影响公众环境风险感知的情境因素分为信息丰富性和利益趋向性两个维度。从上述四个维度的强度来看,任一维度的情感或情境因素都可以进一步划分为双强度:较低强度与较高强度。因此,公众环境风险感知影响因素的维度结构及其表征如表9所示。

表9 影响公众环境风险感知的双因素及其表征

双因素	内在维度	较低强度	较高强度	影响效应
情感因素	环境亲和感	环境漠视	环境亲和	(+)
	系统信任感	系统疏离	系统信任	(-)
情境因素	信息丰富性	信息匮乏	信息丰富	(-)距风险源较近
				(×)距风险源较远
	利益趋向性	负向利益	正向利益	(-)

注:"+"表示正向影响,"-"表示负向影响,"×"表示无显著影响。

(二)环境亲和感对公众环境风险感知的影响效应较弱,且这种影响往往与个体的环境注意力有关

从量化研究中的相关系数和标准化路径系数来看(见表5和表7),环境亲和感会影响公众的环境风险感知。这一发现印证了已有研究中"情感对公众的环境风险感知具有显著的影响"的论断(Bourassa, et al.,

2016），但本文进一步发现，这种"情感"主要是指环境亲和感，且其干预效应较弱。此外，研究还发现，核能对于应对气候变化的压力，走绿色低碳发展之路具有积极意义，对环境持亲和态度的个体反而具有较高的环境风险感知。究其原因，"环境情感—风险感知"之间的联结关系受个体的环境注意力所影响，更关注核电对周边环境可能带来负面影响的个体容易产生较高的环境风险感知。且由于信息吸收的选择与偏向性，当人们更关注核电对周边环境可能的负面影响时，其往往注意接受核负面信息（如核泄漏、核污染等），因此，则更容易引发民众负面的环境风险感知。

（三）系统信任感对环境风险感知呈现较强的负向干预。在一定程度上，较差的系统信任会大幅增加公众的环境风险感知

根据相关分析与模型建构可以发现，系统信任感对公民的环境风险感知具有显著的负向干预作用。那么，培养公民对系统（政府、社会、专家与媒体等）的高度信任感就有利于促进民众环境风险感知的降低。这一结论印证了在中国现在的社会情境下，信任对公众的环境风险感知具有显著影响。值得注意的是，虽然系统信任感对公众的环境风险感知具有显著的影响，但要降低民众的环境风险感知，仅仅靠培育和提高公众的系统信任感是不够的。因为这种负向的干预作用很可能被情境因素的作用所抵消，比如，当民众感知到负向利益时，系统信任感再高，仍会产生较高的环境风险感知。

（四）信息丰富性对环境风险感知的相关性不高，但是将其修正为"关系密切性"（由信息丰富性与区域趋近性关联构成）后，发现其与民众的环境风险感知是一种近似"倒U型曲线"的非线性相关，它对公众的环境风险感知具有显著的影响

在原始的"双因素理论假说"中，我们假设信息丰富性对公众环境风险感知具有显著的负向影响。但是，通过结构方程的检验发现其标准化路径系数较低（-0.061），不足以有效支撑原始假设。进一步分析发现，信

息丰富性虽然会影响公众环境风险感知,但是却受风险距离,即风险受体与环境风险源的直线距离的影响(至少存在部分影响)。它们之间并非是单纯的线性相关,而是呈现近似于倒"U"型曲线的关系(见图5)。这种倒"U"型关系可以从量化结果中得到证明:一方面,从稳健性分析(表8)结果可以发现,样本D(距离核电站20公里及以上人群)的信息丰富性对环境风险感知无显著影响,而A、B、C三类样本(距离核电站20公里以内的人群)的信息丰富性对环境风险感知具有显著影响,这在一定程度上说明,以20公里线为分界,只有当公众与环境风险源的距离较近时,信息丰富性才会产生显著影响,反之,则不具有显著影响。由此,也就形成了倒"U"型曲线的右半边。另一方面,距离核电站20公里以内的人群的信息丰富性虽然会影响公众的环境风险感知,但其影响具有典型的由内而外感知渐趋增强的特征。笔者分别将样本A、B、C进行描述性统计后发现,样本A(核电站工作人员以及5公里以内的村民)具有最低的环境风险感知,该样本中66.3%的个体具有较低的环境风险感知,样本B(核电站周边5—10公里的村民)的环境风险感知上升,样本C(核电站所在区域的市民,距离10—20公里)的环境风险感知最为强烈,达到最高。该样本中59.7%的个体具有较高的环境风险感知。由此,也就形成了倒"U"型曲线的左半边。鉴于对量化证明的修订,本文对原始假说做了进一步修正。即由信息丰富性与区域趋近性关联构成新的范畴概念——"关系密切性",它对公众的环境风险感知具有显著的影响(见图6)。

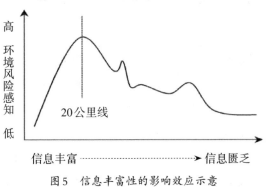

图5　信息丰富性的影响效应示意

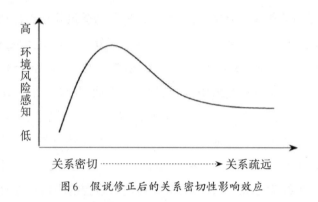

图6　假说修正后的关系密切性影响效应

（五）利益认知的差异化是影响公众环境风险感知的决定性因素

本文首次发现,利益趋向性对公众环境风险感知具有显著的负向影响。这一结论在一定程度上弥补了已有研究对"情境"的忽视。更重要的是,依据情感与情境四个维度的相关系数与标准化路径系数的对比(见表5和表7),可以发现,在情感与情境的四个影响维度中,利益趋向性对环境风险感知具有决定性影响。如果政府宣传沟通和教育的重点仅仅是提高选址地民众对环境风险的安全性或经济性认知而忽略了个体或者群体的利益诉求,那么其有效性往往会大幅度降低,几乎不会改变民众已有的环境风险感知。

（六）"情感—情境"双因素是形塑公众环境风险感知差异的作用机制

不同影响因素都可能对公众环境风险感知产生影响,但影响的作用点和内在机制并不相同。一方面,环境亲和感和系统信任感对环境风险感知的作用效应较弱,且两者之间还存在着交互作用,即当个体的环境亲和感较高时,系统信任感往往较低(两者的标准化路径系数为-0.695)。此时,便会显著增强公众的环境风险感知,反之,则会降低公众的环境风险感知。另一方面,情境因素中的利益趋向性和关系密切性是造成公众

336

环境风险感知差异的决定性和关键性的因素——利益趋向性对环境风险感知的影响具有决定作用。当公众感知到环境风险可能带来负向利益时，一定会产生高环境风险感知。关系密切性则是影响环境风险感知的关键，它既会直接影响到公众的环境风险感知，同时又会反作用于利益趋向性，继而增强或者减弱公众的环境风险感知。

总体来看，上述结论在某种程度上回应与发展了已有的研究范式。例如，与弗勒里-巴希(Fleury-Bahi, 2008)等"风险决定论"者的结论一致，风险特征是公众环境风险感知差异的决定性因素，但本文进一步发展了这一研究——风险特征的决定性影响是由于不同类型的环境风险使公众产生的不同利益感知；"个体自主论"与"文化影响论"的研究者从不同角度论述了人格特质、社会信任等要素对环境风险感知的影响。本文间接地验证了已有研究结论，但同时也发现，这些因素对环境风险感知的干预效应较低。此外，对于信息这一因素在环境风险感知研究中的争论，本文发现信息因素的干预作用并非线性关系，而是一种特殊的倒"U"型关系。

当然，本研究仍然存在一定局限性。首先，本文聚焦环境风险感知的分析，但在调研中发现，民众对相关项目的环境风险感知与其他方面的风险感知很难完全剥离，例如科技风险、社会风险甚至政治风险。全部样本中82.3%的个体认为核电会带来环境风险，但也有小部分个体(8.6%)认为核电还可能存在着政治风险以及其他风险。其次，本文虽然对一些相关因素的相关性进行了研究，但没有对其因果性进行更深层的分析。例如研究发现，在核电站工作的员工具有很低的环境风险感知度，不过，这是由于他们在核电站工作接触了大量的信息才具有较低的环境风险感知，还是由于这些员工本身就具有很低的环境风险感知，才聚集在核电站工作？何为因果，本文还没有深入探讨。再次，"关系密切性"这一对原假设进行修正的判断是否成立，如何从数理实证层对其进行更为科学、充分的验证，这一结论需要更多的统计和数据支撑。在这方面，对情境因素的研究还有更多的探究空间。最后，虽然本文的"双因素"理论假说和模型是针对环境风险感知这一特定变量所得出的结论，但对一般性的环境风险感知研究也具有一定的启发意义。那么,在一般性的环境风险感知研究领域,情感、情境变量影响的延展性、适用性、有效性和稳健性效果究竟如何,这也有待于进一步的数理探讨和经验辅证。

参考文献:

1.卜玉梅:《从在线到离线:基于互联网的集体行动的形成及其影响因素:以反建X餐厨垃圾站运动为例》,《社会》2015年第5期。

2.陈超、蔡一村:《以"互动"为中心的社会运动演化分析——对中国台湾的个案观察》,《公共管理学报》2016年第4期。

3.陈捷、呼和·那日松、卢春龙:《社会信任与基层社区治理效应的因果机制》,《社会》2011年第6期。

4.龚文娟:《环境风险沟通中的公众参与和系统信任》,《社会学研究》2016年第3期。

5.黄杰、朱正威、王琼:《风险感知与我国社会稳定风险评估机制的健全》,《西安交通大学学报(社会科学版)》2015年第2期。

6.李华强、范春梅、贾建民、王顺洪、郝辽钢:《突发性灾害中的公众风险感知与应急管理——以5·12汶川地震为例》,《管理世界》2009年第6期。

7.刘岩、赵延东:《转型社会下的多重复合性风险:三城市公众风险感知状况的调查分析》,《社会》2011年第4期。

8.王刚、宋锴业:《放大与衰减:环境风险的路径歪变及其内在机理——以两类环境风险事件的比较为例》,《新视野》2017年第4期。

9.王建明:《环境情感的维度结构及其对消费碳减排行为的影响——情感—行为的双因素理论假说及其验证》,《管理世界》2015年第12期。

10.Adeola, Francis O., "Nativity and Environmental Risk Perception: An Empirical Study of Native-Born and Foreign-Born Residents of the USA," *Human Ecology Review*, 2007,14(1), pp. 13–25.

11.Baan, Paul J.A. and Frans Klijn., "Flood Risk Perception and Implications for Flood Risk Management in The Netherlands," *International Journal of River Basin Management*, 2004, 2(2), pp. 113−122.

12. Baucer, Robert A., "Consumer Behavior as Risk Taking: Dynamic Marketing for a Changing World, " proceedings of the 43rd National Conference of the American Marketing Association, 1964, pp. 389−398.

13. Bourassa, Maureen, Kelton Doraty, Loleen Berdahl, Jana Fried and Scott Bell, "Support, Opposition, Emotion and Contentious Issue Risk Perception, " *International Journal of Public Sector Management*, 2016, 29(2), pp.201−216.

14. Bronfman, Nicolás C., Pamela C. Cisternas, Esperanza López-Vázquez and Luis A. Cifuentes, "Trust and Risk Perception of Natural Hazards: Implications for Risk Preparedness in Chile, " *Natural Hazards*, 2016, 81 (1), pp.307−327.

15. Carlton, Stuart J. and Susan K. Jacobson, "Climate Change and Coastal Environmental Risk Perceptions in Florida, " *Journal of Environmental Management*, 2013, 130(1):32−39.

16. Carmen Keller, Ann Bostrom, Margot Kuttschreuter, Lucia Savadori, Alexa Spence, and Mathew White, "Bringing Appraisal Theory to Environmental Risk Perception: A Review of Conceptual Approaches of The Past 40 Years and Suggestions for Future Research, " *Journal of Risk Research*, 2012, 15(3):237−256.

17. Cha, Yong−Jin, "An Analysis of Nuclear Risk Perception: With Focus on Developing Effective Policy Alternatives, " *International Review of Public Administration*, 2004, 8(2), pp. 33−47.

18. Chauvin, Bruno, Danièle Hermand, and Etienne Mullet, "Risk Perception and Personality Facets, " *Risk Analysis*, 2007, 27(1), pp. 171−185.

19. Covello, Vincent T., "Best Practices in Public Health Risk and Crisis Communication, " *Journal of Health Communication*, 2003, 8(Sup1), pp. 5−8.

20. Cox, Donald F., *Risk Taking and Information Handling in Consume Behavior*, Boston: Harvard University Press, 1967.

21. Dake, Karl, "Myths of Nature: Culture and Social Construction of Risk," *Journal of Social Issues*, 1992, 48(4), pp.21−37.

22. Dominicis, Stefano De, Ferdinando Fornara, Uberta G. Cancellieri, Clare Twigger−Ross, and Marino Bonaiuto, "We Are at Risk, and So What? Place Attachment, Environmental Risk Perceptions and Preventive Coping Behaviours," *Journal of Environmental Psychology*, 2015, (43), pp. 66−78.

23. Douglas, Mary Tew and Aaron B. Wildavsky, *Risk and Culture: An Essay on The Selection of Technical and Environmental Dangers*, University of California Press, 1982.

24. El−Zein, Abbas, Rola Nasrallah, Iman Nuwayhid, Lea Kai, and Jihad Makhoul, "Why Do Neighbors Have Different Environmental Priorities? Analysis of Environmental Risk Perception in a Beirut Neighborhood," *Risk Analysis an Official Publication of the Society for Risk Analysis*, 2006, 26 (2), pp. 423−435.

25. Fleury−Bahi, Ghozlane, "Environmental Risk: Perception and Target with Local Versus Global Evaluation," *Psychological Reports*, 2008, 102 (1), pp. 185−193.

26. Flynn, James, Paul Slovic, and C. K. Mertz, "Gender, Race, and Perception of Environmental Health Risks," *Risk Analysis*, 1994, 14(6), p. 1101.

27. Flynn, James, William Burns, C. K. Mertz, and Paul Slovic, "Trust as a Determinant of Opposition to a High−Level Radioactive Waste Repository: Analysis of a Structural Model," *Risk Analysis*, 1992, 12(3), pp. 417−429.

28. Gattig, Alexander and Laurie Hendrickx, "Judgmental Discounting

and Environmental Risk Perception: Dimensional Similarities, Domain Differences, and Implications for Sustainability, "*Journal of Social Issues*, 2007, 63(1), pp. 21–39.

29. Glaser Barney G. and Anlelm Strauss, *The Discovery of Grounded Theory: Strategies for Qualitative Research*, Chicago: Aldine Press, 1967.

30. Glaser, Alexander, "From Brokdorf to Fukushima: The Long Journey to Nuclear Phase–Out, "*Bulletin of the Atomic Scientists*, 2012, 68(6), pp. 10–21.

31. Goodfellow, Martin J., Hugo R. Williams, and Adisa Azapagic, "Nuclear Renaissance, Public Perception and Design Criteria: An Exploratory Review, "*Energy Policy*, 2011, 39(10), pp. 6199–6210.

32. Herzberg, Frederick, "One More Time: How Do You Motivate Employees?" *Harvard Business Review*, 1968, 40(1), pp. 53–62.

33. Hyun, Sungmin and Haemoon Oh, "Reexamination of Herzberg's Two–Factor Theory of Motivation in The Korean Army Foodservice Operations, "*Journal of Foodservice Business Research*, 2011, 14(2), pp. 100–121.

34. Jani, Arpan, "Escalation of Commitment in Troubled It Projects: Influence of Project Risk Factors and Self–Efficacy on The Perception of Risk and The Commitment to A Failing Project, "*International Journal of Project Management*, 2011, 29(7), pp. 934–945.

35. Jennifer, E. C. Lee, Louise Lemyre, Pierre Mercier, Louise Bouchard, and Daniel Krewski, "Beyond the Hazard: The Role of Beliefs In Health Risk Perception, "*Human & Ecological Risk Assessment*, 2005, 11(11), pp.1111–1126.

36. Kahan, Dan M., "Cultural Cognition as a Conception of the Cultural Theory of Risk, "*Social Science Electronic Publishing*, 2008, pp. 725–759.

37. Klos, Alexander, Elke U. Weber, and Martin Weber, "Investment

Decisions and Time Horizon: Risk Perception and Risk Behavior in Repeated Gambles," *Management Science*, 2005, 51(12), pp. 1777-1790.

38. Laws, M. Barton, Yating Yeh, Ellin Reisner, Kevin Stone, Tina Wang, and Doug Brugge, "Gender, Ethnicity and Environmental Risk Perception Revisited: The Importance of Residential Location, " *Journal of Community Health*, 2015, 40(5), pp. 948-955.

39. Lazo, Jeffrey K., Jason C Kinnell, and Ann Fisher, "Expert and Layperson Perceptions of Ecosystem Risk, " *Risk Analysis*, 2000, 20(2), pp. 179-193.

40. Lieberman, Evan S., "Nested Analysis as aMixed-Method Strategy for Comparative Research, " *American Political Science Review*, 2005, 99 (3), pp. 435-452.

41. Liobikienė, Genovaitė and Romualdas Juknys, "The Role of Values, Environmental Risk Perception, Awareness of Consequences, and Willingness to Assume Responsibility for Environmentally-Friendly Behavior: The Lithuanian Case," *Journal of Cleaner Production*, 2016, 112(4), pp. 3413-3422.

42. Macias, Thomas, "Environmental Risk Perception among Race and Ethnic Groups in the United States, " *Ethnicities Forthcoming*, 2016, 16 (1), pp. 1-19.

43. Mah, Ngar-yin Daphne., Peter Hills, and Julia Tao, "Risk Perception, Trust and Public Engagement in Nuclear Decision-Making in Hong Kong," *Energy Policy*, 2013, 73(13), pp. 368-390.

44. Mcdaniels, Tim, Lawrence J Axelrod, and Paul Slovic, "Characterizing Perception of Ecological Risk, " *Risk Analysis*, 1995, 15(5), pp. 575-588.

45. Miceli, Renato, Igor Sotgiu, and Michele Settanni, "Disaster Preparedness and Perception of Flood Risk: A Study in an Alpine Valley in Ita-

ly,"*Journal of Environmental Psychology*, 2008,28(2), pp. 164–173.

46. Michael Siegrist, Heinz Gutscher, and Timothy C. Earle, "Perception of Risk: The Influence of General Trust, And General Confidence," *Journal of Risk Research*, 2005, 8(2), pp. 145–156.

47. Mysiak, J., F. Testella, M. Bonaiuto, G. Carrus, S. De Dominicis, U. Ganucci Cancellieri, K. Firus, and P. Grifoni, "Flood Risk Management in Italy: Challenges and Opportunities for The Implementation of The EU Floods Directive," *Natural Hazards & Earth System Sciences*, 2013, 13 (11), pp. 2883–2890.

48. Paul Slovic, Mark Layman, and James H. Flynn, "Risk Perception, Trust, and Nuclear Waste: Lessons from Yucca Mountain," *Environment: Science and Policy for Sustainable Development*, 1991, 33(3), pp. 6–30.

49. Poortinga, Wouter and Nick F. Pidgeon, "Exploring the Dimensionality of Trust in Risk Regulation," *Risk Analysis*, 2003, 23(5), pp. 961–972.

50. Roder, Giulia, Tjuku Ruljigaljig, Ching–Weei Lin, and Paolo Tarolli, "Natural Hazards Knowledge and Risk Perception of Wujie Indigenous Community in Taiwan,"*Natural Hazards*, 2016, 81(1), pp. 1–22.

51. Rundmo, Torbjørn and Trond Nordfjærn, "Does Risk Perception Really Exist?"*Safety Science*,2017,(93):230–240.

52. Sjöberg, Lennart, "Distal Factors in Risk Perception," *Journal of Risk Research*,2003,6(3):187–211.

53. Sjöberg, Lennart, "Emotions and Risk Perception," *Risk Management*,2007,9(4):223–237.

54. Slovic, Paul, "Perception of Risk," *Science*, 1987, 236(4799), pp. 280–285.

55. Strauss, Anselm L., *Qualitative Analysis for Social Scientists*, Cambridge University Press,1987.

56. Taroun, Abdulmaten, "Towards a Better Modelling and Assessment of Construction Risk: Insights from a Literature Review," *International Journal of Project Management*, 2014, 32(1): 101−115.

57. Terpstra, Teun, Jan M. Gutteling, G. D Geldof, and L. J. Kappe, "The Perception of Flood Risk and Water Nuisance," *Water Science & Technology*, 2006, 54(6−7): 431−439.

58. Venables, Dan, Nick. F. Pidgeon, Karen A. Parkhill, Karen L Henwood, and Peter Simmons, "Living with Nuclear Power: Sense of Place, Proximity, and Risk Perceptions in Local Host Communities," *Journal of Environmental Psychology*, 2012, 32(4): 371−383.

59. Wang, Chun Mei, Bing Bing Xu, Su Juan Zhang, and Yong Qiang Chen, "Influence of Personality and Risk Propensity on Risk Perception of Chinese Construction Project Managers," *International Journal of Project Management*, 2016, 34(7): 1294−1304.

60. Whitfield, Stephen C., Eugene A. Rosa, Amy Dan, and Thomas Dietz, "The Future of Nuclear Power: Value Orientations and Risk Perception," *Risk Analysis*, 2009, 29(3): 425−437.

61. Williams, Damien J. and Jan M. Noyes, "How Does Our Perception of Risk Influence Decision−Making? Implications for the Design of Risk Information," *Theoretical Issues in Ergonomics Science*, 2007, 8(1): 1−35.

62. Xue, Wen, Donald W. Hine, Natasha M. Loi, Einar B. Thorsteinsson, and Wendy J. Phillips, "Cultural Worldviews and Environmental Risk Perceptions: Ameta−Analysis," *Journal of Environmental Psychology*, 2014, (40): 249−258.

63. Yim, Man−Sung and Petr A. Vaganov, "Effects of Education on Nuclear Risk Perception and Attitude: Theory," *Progress in Nuclear Energy*, 2003, 42(2): 221−235.

"互联网+"环境风险治理：背景、理念及展望[*]

董海军[**]

摘　要：当今环境风险呈现出复杂性和不确定性，环境群体性事件频发，传统环境管理方式已无法满足公众对环境质量的期盼。随着"互联网+"其他行业的践行，"互联网+"环境风险治理逐渐走进人们的视野。利用互联网技术治理环境风险需具备五大理念，即绿色意识、平台思维、迭代观念、群众路线思想和细微服务理念。同时，要求治理主体突破互联网+环境风险治理困境，完善环境风险治理顶层设计，通过贯彻"互联网+"环境风险治理思维，进一步提高公众环境风险感知度以及环境决策科学性和准确性，最终实现环境治理模式转型发展，构建政府为主导、企业为主体、社会组织和公众共同参与的环境智慧治理体系。

关键词："互联网+"　环境管理　环境风险　大数据　多元治理

一、研究背景

随着经济的快速发展，环境风险种类越来越多，环境风险呈现出复杂性和不确定性。目前我国面临的环境风险主要有水污染风险、大气污染风险、土壤污染风险、噪声污染风险、固体废物污染风险、化学品环境污染

---

　　* 原文发表于《南京工业大学学报(社会科学版)》2019年第5期。

　　** 董海军，中南大学公共管理学院副院长，博士生导师，中南大学社会调查与民意研究中心主任。

风险和农村环境污染风险。随着人们环保意识和维权意识的提高,他们对于环境风险做出的反应也越来越多样化。根据我国2011—2015年环境信访工作情况的统计,从2011年到2015年,环境信访来信数量和来访人数变化不大,但是5年里电话和网络投诉件数逐年递增的趋势非常明显,电话和网络投诉总数从2011年的852700件剧增到2015年的1646705件,年均增长11.6%。党的十九大报告提出,要在21世纪中叶把我国建成富强民主文明和谐美丽的社会主义现代化强国。建设美丽中国的首要任务就是解决突出的环境污染问题,而环境污染的出现往往是环境风险演变而成的现实,环境群体性事件若不能有效处理,就很容易激化矛盾,不利于国家的长治久安。因此,有效治理环境风险成为重中之重。习近平总书记在十九大报告中提到未来三年内我国的三大挑战分别是:防范化解重大风险、精准脱贫、污染防治,其中的两大挑战都与本文研究主题密切相关。

当前我国社会正处于经济、政治、文化的快速转型期,环境风险治理要求越来越高。虽然我国一直在探索和创新环境风险治理模式,但目前我国政府对环境风险的治理能力仍较薄弱,其中存在的问题主要表现在以下三个方面。

第一,治理主体间信任缺失。当前我国环境风险治理正逐渐走出政府主导的一元治理模式,开始强调多主体、多中心、多样化的治理模式。治理主体既包括中央政府及各级地方政府,又包括各类企业,还包括各类社会组织、民间团体以及人民群众。目前由于环境信息不对称、信息公开程度不一致、复杂的利益纠葛、资源纠纷等原因,这些治理主体之间出现信任缺乏、严重对立的问题。公众对政府信任的缺失导致公众不愿与政府沟通,这在一定程度上又加剧了信息不对称,使得双方陷入一个恶性循环过程。

第二,风险沟通机制不够健全。随着公民社会的发展,公众参与社会治理的意识越来越强,大众对环境风险存在一定的感知,并且对环境风险事件的处理也开始保持持续的关注度。由于环境风险具有专业性,各个主体对同一种类环境风险的危害程度存在认知偏差。只要处理得当对人体健康就毫无影响的污染物,公众却可能认为它十分严重甚至危及生命。近年来各种环境冲突事件的发生正是由于治理主体间产生了认知偏差,而风险沟通机制却又不健全所导致的。因此,环境风险信息的发布、风险信息公开可查询等沟通机制亟待完善。

第三,政府主导惯性仍然存在。自20世纪70年代以来,我国环境保护一直是以国家为中心、政府为单一主体、以事后治理为主要目的自上而下的一种环境管理模式。在这一模式中,环境治理工作主要由中央政府及地方政府机关领导,极少有民间环保团体与非政府组织的参与,"先污染,后治理"也是我国过去环境管理的真实写照。传统的一元管理已显现出效率低下的弊端,政府的环境治理出现失灵,无法满足公众对环境质量的期盼。到目前为止,我国的环境治理还未完全走出政府"一元主导"的模式,这可能导致政府出现一味追求政绩的执政思维,使得相关部门忽略了其他主体的权益和事情发展的过程,在环境风险治理上处于"一抓就死,一放就乱"的尴尬境地。近几年我国政府大力推崇的"煤改气"运动,在某些地区出现了政府强迫性的"煤改气",手段粗糙甚至粗暴,这种主导惯性在一定程度上抑制了环境风险治理的效率,使得环境风险治理流向运动式治理。

面对现阶段我国环境风险治理存在的问题,创新风险治理模式成为必然。随着个人移动终端、大数据、云计算等技术不断发展,"互联网+"——互联网思维与传统行业的有机结合——如今也已成为影响、创新甚至改造各行业十分热门亦至关重要的路径选择。李克强总理在2015年政府工作报告中首次提出"互联网+"的概念,如今互联网已展开了与商务、交通、金融、医疗等传统产业的联合,并取得了一定成果。随着这些成效的显现,人们开始把关注焦点放在了互联网对于环境风险治理的功能上。通过互联网寻求治理环境方案,可以有效改善传统环境治理的弊端,使之转型到合作治理模式。贵州省政府建立了"环保云平台",对监控区域指标数据进行挖掘和分析,及时发现污染源和污染苗头,为环境治理与突发性污染事故处置提供相应科学依据。广州、辽宁和上海等城市都相继成立了大数据中心,以使当地精准地进行环境治理。

"互联网+"促进了环境风险治理的转型,它使得环境风险从治理理念到治理方式都得到了创新,互联网时代下社会治理主体由一元管理变为多元协同,治理方式从被动性到前瞻性、从粗放式到精细化、从碎片化到整体化和网格化治理。尽管我国有不少城市已经开始探索"互联网+"环境风险治理,但在实践发展仍处于初级水平阶段,管理认识、工作理念以及目标趋向仍亟须深入研究来梳理突破。

二、文献回顾

从理论研究来看,学界对于环境风险治理主题的探索由来已久。环境风险治理就是将环境风险作为治理的核心对象,通过政府、企业、非政府组织、个人等社会不同主体的多元治理,降低环境风险发生的概率以减少对社会带来的损失。随着环境问题的显现,学者们纷纷开始采用环境风险治理模式对环境污染问题进行探究,环境风险治理这一理念已得到学界、专家和行政领导的一致认同。雷恩(Renn)等提出包容性风险治理(inclusive risk governance)的概念,提倡通过让相关参与者贡献相关知识以及必要的价值观念,民主讨论参与决策过程,以图制定高效、公平和符合道德的风险治理决策。陈晓钢等提出可利用西方国家的环境风险治理模式而非传统管理模式来治理我国土壤地下水污染。屠骏以上海金山化工区规划环评事件为案例研究指出,可以通过媒体间不同声音的良性互动、政府及其官员的公信力建设、政府和企业与公众的坦诚交流、生态补偿机制完善等多种方式共同治理环境风险事件,降低其转变成社会风险的概率,推动公共治理和决策的现代化。中国环境风险治理转型的动力机制只有依赖于外部动力与内部动力的有效对接与耦合,才能实现合法性与有效性的统一,"科技民主化和生态民主化"对科技专家的权威地位形成了各种不确定性的挑战,为"政府主导、企业担责、公众参与、社会监督"的综合治理体系提供了有益的借鉴。已有研究虽指明了目标,但并未提供可行的路径手段,究竟如何来促进环境治理各方参与到治理中来呢?如何实现我国环境风险的有效治理呢? 因此,仍需进一步研究讨论来促进环境风险治理手段的转变。

大数据、"互联网+"与经济治理、政府变革、公共服务、城市管理、教育革命、公共外交、公共安全等方面相结合的研究确有不少,李娜等也提出了大数据的思想和方法在环境预警、环境政策、环境目标设定和综合管理方面提供的帮助。网络社会下我国的环境风险的网络治理主题研究由此兴起。环境风险治理能力是一个国家整体治理能力的有机部分,互联网与大数据时代的来临,使得环境风险治理模式产生了重大变化。但从总体上看,关于"互联网+"环境风险治理的文献并不多见,且内容还不够完善。关于利用"互联网+"实现治理思维和治理方式转变的价值意义、发展困境、推进策略等问题还未能给予具体的回答。

本文认为,"互联网+"环境风险治理是实现包容性环境风险治理的途径手段。"互联网+" 环境风险治理旨在将移动互联网、云计算、大数据、物联网等信息通信技术运用到环境风险治理之中,改变原来传统的环境管理模式,创造一种更高效的环境治理新模式。因此,继续讨论"互联网+"与环境风险治理仍具有重要理论和现实意义。本文拟在大数据的背景下,探索"互联网+"环境风险治理的价值、治理困境、治理理念等内容,展望智慧治理,推进当今环境治理体系重构的研究。

三、"互联网+"对环境风险治理的价值背景

"互联网+"是把互联网的创新成果与经济社会各领域深度融合,推动技术进步、效率提升和组织变革,提升实体经济创新力和生产力,形成更广泛的以互联网为基础设施和创新要素的经济社会发展新形态。当前我国环境风险的治理是一种复合型治理,而互联网正是使这种复合型治理变得高效的一种技术方式。"互联网+"对环境风险治理的作用就在于通过对海量数据的快速收集与挖掘、及时研判与共享,帮助决策者对环境风险治理进行科学决策和准确预判,以改进传统社会治理存在的群众参与积

极性不高、治理主体单一、决策不科学等问题。

（一）激发公众参与环境风险治理的积极性

过去公民参与政治的方式，比如选举人民代表表达群众的意见或是听证会、信访等方式，因为参与成本高（时间成本、经济成本等）造成"政治冷漠"现象。互联网的经济便捷性则能成为公民参与社会运动最重要的工具，使公众积极主动参与环境风险治理成为可能，做到"公众不出门，能知环境天下事"。《第44次中国互联网络发展状况统计报告》显示，截至2019年6月，我国网民规模为8.54亿，互联网普及率达61.2%，较2018年底提升1.6%。我国手机网民规模达8.47亿，网民中使用手机上网的比例达到99.1%，由此可见手机上网已成为网民最常用的上网渠道之一。通过一台手机终端，公众能够得知各种环境参数的实时变化。环保机构通过建立自己的官网和官方微博，能够及时更新各项环境数据和环境事故处理进度实况，这有利于公民对各种环境问题进行长期跟踪关注。2006年，马军及其团队开发了中国水污染地图和中国空气污染地图，这两张地图记录了几万条关于企业违规超标的记录，在其影响下许多企业都纷纷进行了改进。以互联网为代表的数字技术正在加速与环境生态各领域的深度融合，大幅减少了公众参与我国环境风险治理的成本，提高了公众参与的积极性。

（二）增进环境风险治理主体间的协同治理能力

环境风险治理是一项系统工程，并非仅靠任何单一政府部门或组织就可以解决，它需要全社会的广泛参与。邻避事件、环境群体性事件发生的诱因大多数是因为民众获取信息渠道少，加之与政府部门缺乏沟通，从而产生环境危机感。运用大数据平台可以让群众准确了解地方的生态状况和环境信息，减少环保治理主体间的信息不对称问题。大数据与互联网、微信、微博等新媒体的深度融合，打破了时间和空间的限制，从更深层次、更广领域促进政府与民众之间的互动，形成多元协同治理的新格局。

政府部门、社会组织、企业应开放更多数据,通过利用跨部门、跨区域和跨行业数据,最大限度地开发、整合和挖掘环境风险数据,从而构建政府为主导、企业为主体、社会组织和公众共同参与的环境治理体系。

(三)提高环境风险治理决策科学性和效率性

大数据的大不是绝对意义上的大,它是指不用随机分析法这样的捷径,而采用所有数据分析的方法。大数据技术是基于全体数据做相关分析,不同于过去的由部分推论总体的方法,因此误差更小。在一定程度上,大数据技术帮助决策者改变以往凭借经验、直觉或拍脑袋决策的做法。生态环境是一个复杂多变的巨型系统,大数据对相关性、混杂性和整体性数据的关注,能给决策者提供更精确、更全面的参考信息。众所周知,在传统的环境管理中,环境决策者与决策执行者间的行动往往难以实现有机统一,而引入大数据技术,通过对城市环境各方面进行整合、挖掘与深度开发,可以指导环境治理主体更科学更高效地决策。

四、"互联网+"环境风险治理的发展困境

"互联网+"给治理环境风险指明了一条道路,但是这条道路并不是一帆风顺的,在推广"互联网+"技术治理环境风险时存在一些局限和障碍。我们试图从制度、理念和应用三个层面分析困境。首先,从制度层面看,环境风险治理缺乏系统的顶层设计,导致治理主体和数据管理呈现碎片化。其次,从理念层面看,各环保主体的"互联网+"环境风险治理意识淡薄。最后,从应用层面看,大数据领域的应用人才十分欠缺。

(一)环境风险治理主体与数据管理碎片化

互联网的发展给人们的生活和工作带来了极大的便利,但是利用其治理环境风险的情况却不太理想。一方面是治理主体的碎片化。政府在环境风险治理中发挥着非常重要的功能,府际关系则是直接关系到政府效能发挥的主要因素。我国现有的环境风险管理体制在政府间横向关系

和纵向关系上都有一定的缺陷,造成一定程度上的"政府失灵",应急管理部与生态环境部等政府部门都有涉及环境风险管理,本应由政府、企业与社会公众等多元主体协同治理的局面还未形成,各治理主体之间缺乏有效整合和沟通,并且公众和专家间对于环境风险治理方式也存在较大的分歧。因此如何实现政府、公众、专家等多元治理主体的有效弥合,成为"互联网+"环境风险治理亟待解决的问题。

另一方面是环境数据管理的碎片化。我国环境数据的收集、使用标准不一,不同单位和部门掌握着不同的数据信息,各级地方政府的环保部门将数据信息收集之后束之高阁,庞大的数据信息没有得到充分的挖掘和应用。刘奕伶以我国最发达的北京、上海、广州三市的政府环境数据开放平台为研究对象,分析得出当前政府环境数据开放存在数据准确性与使用度偏低,平台双向沟通与末端参与缺位,管理规则缺乏与"数据孤岛"三个主要问题。拥有最先进治理理念和治理技术的发达城市都是如此,其他地方就更加存在数据信息"孤岛"状态。一些部门对要求开放部门数据的做法普遍抱有抵触情绪,仅仅是被动地公开一些无关痛痒的信息。不同职能部门之间没有积极合作的动力,条块分割,致使政府部门间的数据共享难以实现。更有一些工作人员认为,数据公开程度增加,政府工作更加透明,会加重上级对自己的监督压力,于是,有些部门和单位为了不让权力接受监督,把数据资源严格限制在本部门之内。部门之间这种为了一己私利而拒绝数据公开的现象,严重影响到社会治理所需要的数据共享,使得各个部门之间产生了信息鸿沟和信息壁垒。

(二)环境风险治理主体意识淡薄

民众、地方政府与企业是环境风险多元协同治理主体中最主要的三个主体,而这三者的风险治理意识亟待提升。

第一,民众对环境风险感知不足。由于风险本身具有高度的不确定性,当人们面对环境风险时,对事情的接收、解读和决策常常依靠自身主观的感觉,这种单靠本身的主观感受对事情做出判断的过程就是"风险感知"。王丹丹等基于对CGSS2010数据的因子分析得出中国民众的一般性环境风险感知、污染性环境风险感知和技术性环境风险感知的百分化分数分别为73.6076、71.4259和54.6025。因此,提高公民的环境风险感知意识还十分重要。

第二,地方政府的环境风险治理动员与推进不到位。绿色发展观要求地方政府履行生态职能并承担起生态环境治理的重任。中央对地方政府的环保考核持续保持高压态势,在"政治锦标赛"制度语境下地方政府生态环境治理取得一定成效的同时,但地方政府在环境治理中面临了公共价值冲突。在财政压力作用下,在环境治理中"重发展,轻环保"的现象仍然屡见不鲜。除此之外,还存在着政府生态职能履行不到位、生态环境治理动员不足、合作不力、监管不完善等问题,阻碍着生态环境问题的解决。地方政府逐底的税收竞争显著也加剧了本地环境污染,对邻近地区具有正向溢出效应,抑制了环境治理政策的效果。上述问题的解决迫切需通过转型环境风险治理模式,破解环境治理悖论,督促地方政府和公民社会从等待走向环境治理的行动,塑造地方政府核心行动者的生态治理意愿与合理生态治理行为,从而有效保障政府生态治理的持续性绩效。

第三,社会企业对于治理环境风险积极性不高。一方面,企业作为"经济人",考虑的是如何用最小的成本获取最大价值的回报,因此他们在进行各项活动时通常会进行成本和收益分析。控制环境风险需要企业采取先进工艺,进行绿色生产,提高对环境风险控制以及对突发环境事件的应急处置能力,这无疑要增加企业的投入,而这些投入短期内很可能不会收到实效。因此一些企业认为这会导致成本增加而利润减少,因而也就缺乏主动采取措施消除和防范潜在环境风险和隐患的积极性。另一方面,相关法律法规不健全,监管部门缺乏监管与惩罚措施。因此相当一部分企业会选择铤而走险,选择在不符合安全生产条件下冒险生产,使得企业累积大量环境风险,而这极易演变成环境突发事故,如紫金矿业在多次环境隐患排查治理不力的情况下最终导致了2010年铜酸水渗漏事故的发生,致使汀江部分河段污染及大量网箱养鱼死亡。

（三）大数据技术应用人才欠缺

由于我国大数据人才培养起步较晚，因此大数据专业应用人才总量欠缺，供不应求。清华大学经管学院2017年11月发布的《中国经济的数字化转型：人才与就业》报告显示，目前全国的大数据人才总数只有46万，未来的3—5年内我国大数据领域人才缺口高达150万，到2025年将达到200万。《中国经济的数字化转型：人才与就业》报告同时显示，现有的大数据人才行业分布不均，约50%的数字人才分布在互联网、信息通信等信息技术基础产业，其余分布在以制造、金融和消费品为首的传统行业，较少分布在政府相关机构。"互联网+"技术是信息、科技发展的产物，也是最近几年才开始流行，就专业人才的聚集和知识的渗透程度来说，企业和社会组织的情况要好于政府机构。

从政府内部看，在一些地区，政府工作人员自身对互联网数据库使用不够熟练。有些地方政府只是为了响应上级倡导而建立环境数据管理平台，环境数据仅仅只是从纸上转移到了电脑上，缺少能够进行整体指导和带领环境治理工作的专业应用人才。在政府部门内部处理信息的多是政府管理人员，而非大数据技术人员。他们面对着大量的数据信息而又无法科学有效地分析出数据背后的社会价值。另外，由于大数据信息的来源多元化，数据挖掘和处理是一个需要与大数据技术专家合作的过程，不仅要求大数据技术人员对政府部门的办事流程有着清晰的认识，还要求其具备相关的专业知识，这就需要一种基于专业知识的大数据技术应用人才，因而对于大数据技术人才的需求更加的多元化和专业化。

五、"互联网+"环境风险治理需具备的理念

意识指导人的行为，要突破"互联网+"环境风险治理的瓶颈，首先要实现治理理念的转变。环境风险治理理念是对传统环境管理理念的一次变革和创新。为了突破"互联网+"环境风险治理困境，构建"互联网+"环境风险治理模式，基于环境治理的主体实践的自身平台及其行动逻辑，需

要具备五大治理理念,即绿色意识、平台思维、迭代观念、群众路线思想和细微服务理念。总的说来,绿色意识是环境治理自身所具有宏观性质的核心要求,平台思维与迭代观念是"互联网+"环境风险治理中观层次的平台建设要求,而群众路线思想和细微服务理念为环境治理模式在微观层次满足社会需要动员社会参与的保障。

(一)绿色意识

绿色意识是环境风险治理的核心,其是指人与自然、环境与社会和谐共生的发展意识,以效率、和谐和持续为目标,是一种对环境风险源头进行预判和前端控制的宏观意识,它不同于以往传统环境管理中经济发展至上、对环境污染进行末端治理的理念。习近平总书记在十九大报告中提出要像对待生命一样对待生态环境,统筹山水林田湖草系统治理,实行最严格的生态环境保护制度,形成绿色发展方式和生活方式,坚定走生产发展、生活富裕、生态良好的文明发展道路,建设美丽中国。"绿水青山就是金山银山",绿色意识的提出,有利于培养公民环境意识,使政府、企业和社会各主体牢记环境治理的初衷和目标,推动全社会形成绿色发展自觉。

(二)平台思维

智慧环保平台是环境风险治理的载体,它是拓宽社会公众参与环境治理的一种有效途径,它可以以某个企业、某个区域、某个时段等作为分析对象,依靠数据的相互印证和补充实现准确分析。各种物联网传感器、投诉系统和人工测量结果的自动综合可以及时发现环境危险信号,将危险消灭在萌芽状态中。依靠云计算平台的海量存储能力,不断积累历史数据,可以对监测对象和整体环境趋势进行长期的跟踪和分析。平台思维是指环境风险的治理要依托各种智慧环保平台。目前许多地方的环保部门已经陆续建立起"污染源在线监测系统""环境空气质量监测系统""危险固体废弃物管理系统""核与辐射管理系统"等多套业务系统,但目前系统间尚难以有效共享与集成,缺乏统一的数据管理模式,最终导致环境治理碎片化。因此政府需要依靠云计算、物联网和信息网格技术,构建"智慧环保云"平台。具备平台思维有利于促进大数据等技术与智慧环保平台的高度融合,使治理方式打破时空的限制,实现环境全体数据的准确分析以及对环境的长效管理。

(三)迭代观念

迭代观念是"互联网+"环境风险治理平台的服务保障。"迭代"这个词最先出现于商业,传统企业做产品的路径是,不断完善产品,等到商品完美的时候再投向市场,而修改完善就要等到下一代产品了。迭代观念讲究的是快,通过与用户不断的参与沟通不断修改产品,实现快速迭代,日臻完美。在环境风险治理中,迭代观念的重点同样在于"快"。一方面是技术的迭代,即环保智慧平台要对海量环保数据进行智能化提取、迭代分析,另一方面是指环保主体对于预测出来的风险要具备快速、准确、不断地对风险作出反应以及时提出对策的能力。对于环境风险治理,环保数据的迭代可以预测风险的发生以及验证环境决策是否正确。

(四)群众路线思想

群众路线思想是环境风险治理模式的基层效果保障,确保环保主体要时刻重视人民群众,充分利用群众力量。近年来,随着人们对环境问题的关注和公民意识的觉醒,公众已经成为环境管理的重要组成部分。公众所产生的环境数据也是环保大数据的重要来源之一,越来越多的社会力量开始进入环境治理领域。"互联网+"时代的到来,使得企业、社会与个人都能参与到环境风险治理中来。利用人民群众智慧治理环境风险有利于降低治理成本,在一定程度上还能缓解社会阶层之间的矛盾。北京警方通过"朝阳群众",破获了多起明星吸毒等大案。北京警方官微"平安北京"对朝阳群众如是评价:"警方工作离不开大家的支持和配合,不论是案件线索收集还是交通、消防、治安隐患排查,大家都可以来做朝阳群众。"

对于环境风险治理,政府部门也可以开发公民环境治理软件,使得人人都是一个传感器,人人都产生数据,通过一个终端,人们可以随时随地分享环境数据,在一定程度上,整个社会就编织成了一张环境监测网。

(五)细微服务理念

迭代观念和群众路线思想的贯彻落实最终体现在环境风险治理的细微服务理念。人民群众的需求就是政府、企业服务的方向,具备细微服务理念,才能服务好人民群众,赢得人民群众的信任和好感,人民群众持续参与才具有保障基础。细微服务的重点在于“微”,即从小处着眼,进行微创新。在环境风险治理中,细微服务理念体现在通过设置全面、微小的功能,使环境服务更便捷、更高效,以“互联网+”用户为中心,用户体验第一,积极与人民群众互动,提供参与式服务,提高“群众黏性”。例如,开发满足社群社交需要的功能,带动公众参加;在环保平台中设置风险识别、风险分析、风险评价、风险预警、风险处置和风险监控等功能区域,让浏览者对环境数据“了如指掌”,这有利于环保主体对环境变化做出快速的应对措施,提高环境决策的高效性和前瞻性。

六、“互联网+”环境风险智慧治理展望

“互联网+”等信息技术与政府治理深度融合日趋深入,智慧治理作为一种新型的政府治理模式正在推动新一轮政府转型。现阶段我国在环境风险治理方面的压力不容小觑,有效提高环境治理能力才能规避和应对风险。在社会变迁的背景下,我们需要采取措施,利用“互联网+”治理环境风险,推进我国的环境治理走向智慧治理阶段,实现环境治理模式转型发展。

(一)进一步提高公众环境风险感知度,贯彻“互联网+”环境风险治理思维

政府应利用互联网平台普及环境风险的相关知识和传播信息。环境

风险治理一直强调多元主体的协同努力,但现实状况是由于我国环境应急管理体系建设存在严重的不平衡现象,基层环境应急管理工作相对薄弱。同时,公众由于对环境风险知识了解不足,往往对此提不起兴趣,也就不会关注环境保护的相关数据,导致大数据的实际利用率较低。因此,首先应让公众充分了解国家目前面临的各类风险灾害和威胁,大力开展全民生态环境风险教育,培养公众应时而动的风险观。其次,要让公众意识到利用互联网技术进行环境保护的优越性和必要性,利用互联网宣传推广。最后,激发公众自身对环境数据进行挖掘分析的能力,使之参与到环境风险的识别、分析、评价甚至是环境决策中来。

与此同时,政府应利用"互联网+"建立大数据监督管理体系。目前我国的环境污染监督多是行政内部监督,这种监督体制对行政机关的约束较小,难以实现环境决策的有效监督和责任追究。因此政府应在监督体系上进行改革创新,利用社会监督的力量。公众通过政府或企业公布的环境监测数据,可以时刻关注到空气污染、水污染、噪声污染、垃圾污染、雾霾等环境污染的变化和异动,实现真正意义上的全面监督。比如,公众意识到了雾霾的危害,于是有越来越多的人开始关注雾霾形成的原因和影响,人们开始形成每天在手机应用上查看空气中$PM_{2.5}$含量的习惯,也有越来越多的人参与到空气污染物的治理中来。只有环境意识提高了,环保行为才能潜移默化地形成。环境保护的行为需要群众基础,只有让大众去认知和参与,才能提高全社会的环境风险治理意识和处理能力。

(二)完善环境风险治理制度的顶层设计,构建"互联网+"环境风险治理平台

环境风险具有动态性和不确定性,其治理也应是一个连续不断地动态过程,因此政府应从国家层面出发建立一套宏观风险治理体系。

第一,加强地方政府各职能部门之间的合作机制,包括环境数据、信息、资源、人员及设备的共享与合作,同时注重环境治理的信息安全与敏感信息的脱敏发布。当环境风险出现苗头时,职能部门之间及时通气,以

快速有效地采取应对措施。国外研究证明,如果公共部门对大数据使用的规划不足,即使引入大数据技术也没有能力使用大数据。这说明没有强有力的权威领导,"互联网+"技术也无法发挥改善环境的作用。

第二,建立大数据标准体系及共享平台。政府应利用互联网技术做好环境数据库的统一规划,改变数据壁垒和"数据孤岛"现象,扭转政府单一治理、效率低下和成效不彰的局面,实现环境决策对公众参与逐渐开放并赋权的制度变迁。

第三,大力培养大数据应用人才。信息科学技术更新速度快,政府应提供相应的平台,使治理主体不断进行知识的更新学习,比如定期举办大数据、云计算与环境风险知识的讲座与培训,或是设置相应的奖励机制,给予这方面素养较高的人才相应奖励,使体制内工作人员的素质与"互联网+"环境风险治理目标相匹配。

(三)提高环境决策科学性和准确性,实现多元协同治理目标

环境风险越来越复杂,对环境风险治理的技术提出了相应挑战。专业的治理技术和水平是环境风险治理的有效保证。传统环境管理崇尚基于"常规科学方法"的技治主义模式,期望寻求关于环境风险的确定性、真理性的科学结论。部分环境污染事件的确会涉及化学品、水、大气、土壤等专业知识,因此需要具备环境科学知识的专家参与决策的制定,但同时也不可忽略存储了众多数据的互联网工具,环境风险决策正趋向于较少的"技术统治论"。政府应大力建设环境资源动态监测平台,通过收集全体环境数据做最终环境决策。国外研究表明,与大数据相关的工具更容易侦测和量化到诸如毁林、荒漠化和气候变化等环境风险。例如,全球森林观察(GFW)是运用大数据、云技术和众包等技术,近距离实时测绘森林相关的大数据信息平台,每隔几周更新一次数据和图像,并会发出火灾警报,有助于研究森林采伐、植树造林、火灾和森林退化等方面。分析师、决策者、环境保护者和其他人就可以利用这些数据来跟踪森林保护工作的进展情况。同时,社会组织、非政府组织也应积极参与到环境风险治理

中来,实现政府、社会、公民多元主体协同治理的局面。

日益复杂的环境风险对治理机制提出了更高的要求,生态环境部发布的《生态环境大数据建设总体方案》提出了环境治理目标,未来五年内生态环境大数据建设要实现生态环境综合决策科学化、生态环境监管精准化、生态环境公共服务便民化。环境风险治理恰逢大数据时代,给我们提供了机遇,也面临着挑战。与传统环境管理相比,"互联网+"环境风险治理模式的最大创新之处在于动员社会各个主体实现环境风险的复合型包容性多元治理,实现我国从"数据大国"到"数据强国"的转变,为"互联网+"与其他社会问题治理打下坚实的基础,为其他社会风险治理总结良好的实践经验。

参考文献:

1. 包国宪、关斌:《财政压力会降低地方政府环境治理效率吗——一个被调节的中介模型》,《中国人口·资源与环境》2019年第4期。

2. 蔡文灿:《环境风险治理中公众与专家的分歧与弥合》,《华侨大学学报(哲学社会科学版)》2017年第6期。

3. 曾润喜、郑斌、张毅:《中国互联网虚拟社会治理问题的国际研究》,《电子政务》2012年第9期。

4. 陈海嵩、陶晨:《我国风险环境治理中的府际关系:问题及改进》,《南京工业大学学报(社会科学版)》2012年第3期。

5. 陈炼钢、武晓峰:《基于环境风险的土壤地下水污染治理》,《环境保护》2005年第10期。

6. 陈煜波:《中国经济的数字化转型:人才与就业》,2017年,https://www.sohu.com/a/217498244_468714。

7. 董海军、郭岩升:《中国社会变迁背景下的环境治理流变》,《学习与探索》2017年第7期。

8. 黄娟、石秀秀:《互联网与生态文明建设的深度融合》,《湖北行政学院学报》2016年第4期。

9. 蒋一可:《论风险导向型决策和我国环境治理》,《科技与法律》2016

年第1期。

　　10.李娜、田英杰、石勇:《论大数据在环境治理领域的运用》,《环境保护》2015年第19期。

　　11.李万新:《中国的环境监管与治理——理念、承诺、能力和赋权》,《公共行政评论》2008年第5期。

　　12.李宇:《"互联网+政务"解决社会治理问题——贵州省政府大数据应用经验的启示》,《中国党政干部论坛》2015年第6期。

　　13.刘奕伶:《环境数据开放视阈下的公众参与环境治理——基于对国内三市政府环境数据开放现状的维度分析》,《安徽行政学院学报》2018年第4期。

　　14.马文亮、靳雪城、李霞:《加强基层环境应急管理工作对策探讨》,《甘肃科技》2018年第9期。

　　15.上官绪明、葛斌华:《地方政府税收竞争、环境治理与雾霾污染》,《当代财经》2019年第5期。

　　16.屠骏:《新媒体传播中环境风险的话语权争议、权力运作和治理路径》,《新媒体与社会》2017年第2期。

　　17.王丹丹:《环境风险感知对环境友好行为的影响机制分析》,《云南行政学院学报》2019年第2期。

　　18.王芳:《合作与制衡:环境风险的复合型治理初论》,《学习与实践》2016年第5期。

　　19.王芳:《转型加速期中国的环境风险及其社会应对》,《河北学刊》2012年第6期。

　　20.王国华、杨腾飞:《社会治理转型的互联网思维》,《人民论坛·学术前沿》2016年第5期。

　　21.王山:《大数据时代中国政府治理能力建设与公共治理创新》,《求实》2017年第1期。

　　22.维克托·迈尔-舍恩伯格:《大数据时代:生活、工作与思维的大变革》,周涛译,浙江人民出版社,2013年。

23.薛桂波:《从"后常规科学"看环境风险治理的技治主义误区》,《吉首大学学报(社会科学版)》2014年第1期。

24.杨振华:《环境风险治理中科技专家的责任》,《南京林业大学学报(人文社会科学版)》2016年第2期。

25.叶伟春:《大数据与国家治理》,《中国信息界》2015年第2期。

26.詹承豫:《转型期中国的风险特征及其有效治理——以环境风险治理为例》,《马克思主义与现实》2014年第6期。

27.张英菊:《环境风险治理主体、原因及对策》,《人民论坛》2014年第26期。

28.郑石明、吴桃龙:《中国环境风险治理转型:动力机制与推进策略》,《中国地质大学学报(社会科学版)》2019年第1期。

29.周利敏:《迈向大数据时代的城市风险治理——基于多案例的研究》,《西南民族大学学报(人文社科版)》2016年第9期。

30.周全、汤书昆:《媒介使用与中国公众的亲环境行为:环境知识与环境风险感知的多重中介效应分析》,《中国地质大学学报(社会科学版)》2017年第5期。

31.朱狄敏:《公众参与环境保护:实践探索和路径选择》,中国环境出版社,2014年。

32.朱正威、刘泽照、张小明:《国际风险治理:理论、模态与趋势》,《中国行政管理》2014年第4期。

33.Hansen H K, Porter T., "What Do Big Data Do in Global Governance," *Global Governance*, 2017, p.23.

34.Klievink, B., et al., "Big data in the public sector: Uncertainties and readiness," *Information Systems Frontiers*, 2017. 19(2), pp. 267–283.

35. Marmura S., "A net advantage? The internet, grassroots activism and American Middle-Eastern policy," *New Media & Society*, 2008, 10 (2), pp. 247–271.

36.Power M, McCarty L S., "Peer reviewed: a comparative analysis of environmental risk assessment/risk management frameworks," *Environmental science & technology*, 1998, 32(9), 224A–231A.

37. Renn O, Schweizer P J., "Inclusive risk governance: concepts and application to environmental policy making," *Environmental policy and governance*, 2009, 19(3), pp 174–185.

"关系圈"稀释"受害者圈"：
企业环境污染与村民大多数沉默的乡村逻辑[*]

孙旭友[**]

摘　要：基于山东N村手套加工厂及其环境影响的调查发现,村落内生企业的关系嵌入与乡村社会分化的叠加效应,是大多数村民面对环境危害而保持沉默的乡村逻辑。乡村作为兼具乡土底色与经济理性的生活共同体,被企业污染建构为具有统合性的整体受害者圈。"同住一个村"的共同体意识形塑大部分村民的环境沉默行为与少数积极分子环境抗争的自我克制,而企业生产建构的获利者群体进一步分化了受害者圈层,村落"双重圈层"互嵌式关系格局阻隔村民通过集体行动制止企业污染的底层路径。农村内生污染企业的嵌入属性加深了村落社会分化、侵蚀了农村环境治理的社会基础,更提醒关注农村污染企业的社区嵌入与村民环境行为选择的复杂性关联。

关键词：乡村内生企业　关系嵌入　受害者圈　环境抗争

一、问题提出

环境污染与环境抗争之间是一种复杂的实践关系,并不是所有的环境污染都能够引发集体抗争。面对污染企业对村庄环境破坏和个人日常生活的干扰,大多数村民为何选择沉默(Quiescence)？这是一个与"环境

---

* 原文发表于《中国农业大学学报(社会科学版)》2018年第2期。

** 孙旭友,山东女子学院社会与法学院副教授。

抗争何以发生"同等重要的学术议题。学者对此问题的分析主要涉及以下维度：

（1）坚持经济理性分析视角的学者认为，污染企业对当地经济发展和居民生活满足的控制力导致受害居民对污染企业的"经济依赖"，迫使受害群体为了生存需求和生活需要，不愿意或没能力维护自我权益而去抗争污染企业。例如古尔德（Gould）指出，环境污染的负外部性或许是当地社区经济来源之所，而居民收入的经济依赖弱化了社区抗争的可能性。另外，污染企业对居民经济来源控制即为权力生成的过程，而企业借助政府、社区精英等外在力量的"去权力化"的权力机制运作结果之一，即社区居民面对环境污染而不得不保持沉默。

（2）环境污染的认知框架指出，只有当企业环境污染及其危害具有可见性，并为居民个体或社区集体所认知，才有可能促成环境抗争，否则村民就会保持沉默。这一分析视角，一方面坚持"污染危险的认知差异"是能否引发集体抗争的重要机制。如刘春燕的研究发现，农民环境抗争的发生既与人们所实际体认到的物理性的客观环境遭到污染、破坏乃至生态危机的事实直接相关，也与民众对资源利益与环境后果的分配与承担的制度安排与操作是否公平的感受及认识密切相关。另一方面社区居民面对同样的环境污染，不同的认知框架会导致不同的环境行为和社区分化。例如洛拉·温赖特（Lora-Wainwright）对四川村民"癌病"认知的人类学分析，提出有的村民把癌症看作个人卫生导致的，有的却认为是环境污染的结果。

（3）社区文化分析视角把污染受害者与污染来源的现实关联所形塑的价值观念、态度倾向以及关系认知等作为研究重心，提出关系粘连的文化认同是塑造村民沉默的内在机制。持这种视角的学者从"差序格局的网络以及该网络的疏通能力""差序礼仪"以及居民与企业在"需求—满足"逻辑下形成类似中国单位制的"父爱关联文化"等本土概念出发，提出村庄集体沉默是村民基于社区/传统文化考量而做出的主动或无奈的环境选择。例如邓燕华和杨国斌的分析指出，面对本村人开办企业带来的环境污染，村民基于"自己人"的我群意识表现出了更大的容忍度。

已有研究对村民沉默行为的多维度分析为后续研究提供了基础,但是也缺乏对类如村庄类型、污染企业类型、乡村社会分化、居住格局等因素及其关联效应,如何影响受害村民环境抗争意愿和环境行为选择的分析。面对中国乡村所呈现的集体式微与个体凸显、现代文明与传统习惯并存、乡村分化与秩序重建、环境意识增强与粗放式生活方式等转型特征与混合状态,需要提出更具统合性和切合乡村复杂现实的分析框架,解读"面对企业污染村民为何沉默"的理论议题。本文以山东N村内生的手套加工厂及其环境影响为切入点,分析企业类型、乡村分化与关系嵌入影响大多数村民环境沉默行为的乡村逻辑。具体而言,本研究认为N村自己村民建设的手套加工厂对整个村庄造成的环境危害而塑造的受害者圈,在自己人理念和熟人关系的社区文化消解下,被村庄居住格局与利益关系等乡村社会分化维度的叠加效应进一步"稀释",导致大部分村民无法对企业采取环境抗争而制止企业污染,反而巩固了乡村"小散乱污"型企业存活的社区基础。

二、从建厂生产到污染感知:N村受害者圈形成过程

就N村手套厂环境污染的社区影响而言,整个村庄包括企业系统都是受害者圈里的一部分,手套厂环境污染的负外部性需要整个村庄来承担。这是一个"建厂生产→环境污染与日常生活困扰→受害者圈形成"的村庄日常生活建构过程。

(一)建厂生产

N村地处鲁西南沂蒙山区。山地丘陵的地质地貌使得整个村庄只能种植地瓜、花生、玉米等粮食作物,以及果树、金银花等经济作物。地少人多的现实和多山地丘陵的地理生存环境,决定整个村都过着靠天吃饭、以地为生、可以吃饱没有闲钱的小农经济生活。伴随改革开放、城乡流动以及村内省道、乡道公路的畅通,N村的生产生活方式发生了重大改变。村民开始走出大山和村庄,有的买了货车跑长途,有的去外地卖糖葫芦,有

的在家开办厂子。N村的手套加工厂就是在"要致富先修路""让一部分人先富起来"等市场经济话语鼓动下建立的。

2010年左右,在N村"下庄"的西边新居住地带,由葛姓村民建立起一家手套加工厂,后来多家手套加工厂陆续建立起。截至2016年底,大约有8家手套加工厂和1家鸭子养殖场在此集中。虽然这些"小散乱污"类企业原先的选址都建在N村西边的边缘地带,远离村民集中区域,但是随着农村宅基地随意扩展和村庄联结合并,厂房周围的住户越来越多,其环境影响也越发延展。聚集在N村边缘地带的手套加工厂带有农村手工作坊的痕迹:厂房就建在自家院子里,生产与生活二合一,企业主自己也参与手套生产的各个工序。每一家大概雇佣3到5个工人,从事烧锅炉、看编织机器、值夜班或接手套棉线头等工作。编织白色棉线手套的机器,每一家从二十几台到上百台不等,24小时不间断地作业,源源不断的手套被机器生产出来,送往远离N村上百公里外的市里批发市场去售卖。

(二)环境污染与日常生活困扰

"日常生活的困扰"是斯诺(Snow)研究集体行动发生动力学提出的概念。在斯诺的研究视野,"日常生活"即为人们习以为常的、无须思考的生产生活方式和生活态度。斯诺认为当人们不能再按照以往的方式从事日常实践活动,当人们认识到"事情应该是这样,但现在它却不是这样"的时候,就出现"日常生活的困扰"。村庄西边几家手套加工厂对整个村庄环境的污染,的确对全体村民的日常生活和惯常出行路线等造成了困扰,也被村民所认知。就像村民王大爷所说:"影响肯定有。别的咱不说,就说我出去干活,气味真难闻,每次从那边走(路过企业),都难闻的要死。整个庄的人多多少少都会受影响。""日常生活的困扰"是因外界力量的干扰和伤害而呈现长期性或暂时性的反常状态,涉及从一种习以为常的生活状态及其态度,向另一种非常态化生活状态的转变及其过程。这种转变既是一种现实境遇或可预期的后果,也是一种心理困扰和负面生活体验。

手套加工厂刚生产的那几年,村里人都很羡慕他们发财致富的能力和捕捉经济收入增长方式的眼光。但是没过多久,村民们慢慢发现自己的日常生活逐渐深受其害,手套加工厂对整个村庄的环境污染和村民日常生活的困扰逐渐显现。N村手套加工厂及其环境污染对村庄的危害方式主要有四种:一是厂房夜晚照明灯的强光刺眼。手套加工企业出于安全和生产的需要,厂区几千瓦的照明灯到晚上会一直亮着,覆盖范围几百米,所到之处如白昼一般,严重影响周围村民的睡眠质量。二是手套生产机器噪声。手套编织机器24小时不间断的运行,机器噪声辐射企业周边几百米,机器发出的"沙沙"声吵得周围的村民睡不好觉,失眠多梦、神经衰弱早已困扰着离企业较近的村民。三是浓烟和灰尘污染。手套加工厂用煤烧制粘胶而产生的浓烟,不经过任何处理直接排入空中,而且每过几天就需要人工清理烟囱,很多带着黏性的灰尘随风飘动,影响了村民的用水和生活环境。四是工厂废旧垃圾。煤渣、线头、废胶等工业垃圾和生活垃圾一起,随时倾倒在路边的沟壑。

(三)受害者圈形成

"受害者圈"是由日本学者舩桥晴俊在新干线公害研究中提炼形成的,是指在新干线这样的项目中,形成不同的受益空间和受害空间。受益圈/受害圈理论的核心即是分辨哪些群体为受益人群,哪些为受害人群;受益人群和受害人群处于怎样的格局当中,受益圈与受害圈属于"分离型"还是"重叠型"。其理论旨趣主要关注环境问题带来的社会影响及其在不同空间与群体的分布状况,带有"受益—受害"双方二元对立和边界划分的内在特征。N村环境污染受害者圈的建构基于两种认知逻辑:一是村民作为朴素的环境社会学家,他们对环境污染的危害、影响群体和范围,具备自然认知和评价能力;二是包括个别村民的激烈抗议与矛盾冲突,县环保局与基层政府等在内的外在力量对环境污染的干预、受害者范畴的认定和国家惩戒力度等,所引发的村庄环境担忧气氛与村民集体感知。

N村手套加工企业环境污染所建构出的受害者圈,既坚持一种利益相关性和环境危害的共担,也突出村庄居住环境的整体性。N村的每个村民包括企业场主与职工都是环境污染受害者,因为只要生活于村庄之内,每个村民都需要承受污染之苦,受害者圈覆盖整个村落。

倘若从环境污染的社区影响和村民真实的生活体验上看,日常生活困扰的被感知和被认知,无论是否会引发个体或集体的环境抗争,都把所有深受日常生活困扰的人建构成了深受环境污染之苦的受害者,进而建构出因环境污染而具有共同基础的受害者圈。

三、共同体意识与利益分化:N村"双重圈层"对受害者圈的稀释

伴随着N村逐渐对外开放和人口流动性加大,在乡土逻辑依然可以塑造村庄整合性而形成共同体意识的同时,职业、身份、学历、财富等已经成为构建具有重叠性圈子的重要依据。村落集体的共同体意识与村民个体的利益考量,构成N村社会秩序和个体行动的双重逻辑,共同主导着村庄日常生活和人际关系。这种现代乡村与传统乡村并存的村庄现实,构成N村手套加企业存活的社区基础。村落共同体意识与个体(家庭)理性构成村民解读村落手套加工厂及其污染问题的认知框架,也形塑着分化村民的环境行为的分化。

(一)"同住一个村":共同体意识对受害者抗争行为的制约

传统乡村的地缘血缘关系互嵌及其建构的共同体意识,依然对当下众多村落中的人际关系建构和行动导向影响明显。从N村田野经验来看,无论是村民个体抗争,还是大多数的怒而不斥、视而不见和沉默不语,由污染企业引发的村民环境行为差异及其诉求,既带有某种乡土版的"邻避抗争"意味,也被囊括在集体性共同体意识之下。这就使得大多数村民不会/不愿选择环境抗争的方式去应对"一个村的自己人"开办的企业,而少数环境受害者的环境抗争也较为克制,并带有把环境冲突向邻里矛盾转向的自我认识和现实表征。

首先是大多数村民积极对待环境污染而消极对待环境抗争。大部分村民在认同"自己人"的概念里,把开办企业的村民及其企业都划归为扩展性自我范畴,需要遵从"自己人"的行动逻辑,更需要把情感、血缘关系和人情、面子等乡土因素,编织进由环境污染引发的社区人际关系建构进程。就像邵大嫂跟笔者聊天时所言:

影响肯定有,经常有烟灰过来,很讨厌,也没办法。为啥? 都是一个村的,哪好意思啊(找说法)。再说了,环保局的都来查了,也罚款了,还不照样! 还能怎么办,自己多注意。把水池子的水盖住,多打扫院子。

N村作为长期共同生活而形成的血缘地缘共同体,"共同体意识"不仅带有滕尼斯"荣辱与共、息息相关和亲密不见、默认一致"的亲密关系,也呈现出涂尔干"机械团结"和费孝通"差序格局"等概念内在表征的理性缺失、权利禁锢和关系冲突。村民们"都是一个村的"的共同体意识,把社区情感和村庄人际关系和谐,放置于环境权利追求之上,消解了环境抗争意愿,不愿意或不好意思去抗议手套加工厂的环境污染及其对自己的生活干扰和身体危害。

大多数村民在"同住一个村"的关系处理逻辑下,积极对待环境污染而消极对待环境抗争,采取了非抗争但是比沉默更为复杂的环境态度或行为表达方式:一方面,面对企业环境污染及其危害,个体采取了更具个体性和艺术化的生活实践。对生活在村庄环境和具备主体能动性的村民而言,除了抗争或沉默,环境行为的选择有更为丰富的表达方式,例如私下抱怨、与企业主保持适当社区交往距离、暗中破坏企业主家庭财产以泄私愤等日常抗争形式,以及绕开手套厂的活动空间、搬离居住地、购买饮水设施等自我补救措施或个体自我隔离手段。另一方面,作为身处N村关系场和正在编织关系网的村民,面对少数村民的环境抗争,他们可能正在旁观,把因环境权利追求而导致的冲突矮化成村庄内部正常的人际矛盾，而不适合插手和参与；或许怒而不斥地准备搭环境抗争分子的便车，因为村民们感受到了环境污染带来的危害和内在的不满，但基于村落熟人关系而无法"出头"；他们或许感觉抗争没有意义，因为手套加工厂环境污染给村民生活带来的干扰和不便而引发的个别村民的抗议冲突和环境主管部门的干预性后果，如停工、罚款等行政手段，都无法彻底禁绝污染企业的存活和继续生产。这给沉默村民的潜在抗争设置了一种"抗争无意义"的消极情绪和扮演"睿智的沉默者"以自我说服理由。

其次是少数积极分子环境抗争的自我克制与邻里化转向。N村手套加工企业的环境危害与对村民日常生活的干扰程度以及村民环境行为选择，受到企业驻地及其与村民家庭距离的影响。虽然环境污染带有负面扩散和跨界性，但是企业污染及其环境危害是否会引发环境抗争以及受害者抗争卷入程度，受到污染范围和影响空间的限制。靠近污染企业的村民及其家庭，由于受到环境污染更大的伤害，其抗争意愿更强烈，抗争的可能性更大。例如现代社会频发的"邻避冲突"类的环境运动，就是当地社区对邻避设施的环境危害的抗争，人们反对的不是邻避设施而是建设地点，而且邻避抗争者更多是受影响的地方社区民众。

按照企业污染及其影响延展的逻辑，环境污染及其危害以污染企业厂址为中心向四周扩散而呈递减趋势和边际效应。N村整个村庄的受害者圈可化约为三个圈层，即重受害者圈、中度受害者圈和弱受害者圈。从重受害者圈到弱受害者圈，随着受环境污染影响程度的递减，其抗争的可能性也逐渐弱化，环境受害村民也呈现出差异化的环境行为。重受害者圈由于靠近污染企业，其邻避情节更强，邻避冲突的可能性更大。这一圈层主要是指围绕手套加工企业，周边范围在300—500米以内的个人和家庭，由于居住点临近手套加工厂，其受到环境污染的危害及其可能性最为严重。重受害者圈内的家庭和村民所承受的环境危害大体相同且极为严重，他们最有抗争的动力和意愿。但是令人意外的是，只有少数村民采取了实际行动：一是通过市长热线12345的制度化渠道来投诉，让县环保局来查；二是直接采取对话或冲突等个体化方式来解决。

G(男,50岁)是为数不多的敢于向环境部门投诉,甚至直接与手套加工企业进行交涉、发生冲突的抗争积极分子之一:

> 也可能有别人打(投诉电话)吧。我偶尔也打,我也跟他们(手套加工厂)明说了,也偶尔去找他们理论,还起过冲突。他们这样,日子没法过,搞得我们一家睡不好觉,机器响个没完,烟灰满院子都是。但是没什么效果,还要天天忍着……环保局下来查作用也不大,顶多停几天又开始了。最后也是没办法,都是一个村的,也不好太过分,抬头不见低头见的,总不能打得头破血流,让大家都没法活。

即使是重受害者圈内、居住在污染企业附近的个别村民抗争,也是较为克制和去政治化的。个别的重受害者爆出的冲突和争吵,也被看作需要保持一定克制的"邻里矛盾"而非因环境公民权诉求的正义抗争。因为世代同住一个村的村民不可能老死不相往来,还需要长期的在一个地方居住和人情来往。N村个别村民的环境抗争,虽受到权利受损、利益争取的自我动员,但更多是基于邻避情节的影响:即企业可以建,但是不要建在我家旁边;污染可以有,最好不要干扰我的生活。这是一种基于乡土人情关系、利益考量和个体环境公民权等多种行为动机的混合心理状态。而这种乡村邻避抗争及其后果带来的消极情绪和"住得近、伤得深、闹得凶"的行动逻辑,在村落关系网的文化认知和向邻里矛盾转化的实践中,更加稀释了受害者圈。

(二)获利者默许:利益关系对受害者圈的分化

在现代社会,由于污染所具有的地方空间性特征,如弗里曼认为,基于环境污染危害是在特定地理空间内表现出来的这一特点,一个社区往往就是一个环境保护的利益群体。这种由污染而带来的环境保护的利益群体所具有的社区整体性,在某种程度上忽视了社区内部或环境保护利益群体内部的分化。N村社区环境保护利益群体和受害者圈的整体性,因职业行为引起的经济依赖和利益关联而受到分化，形成"获利者—受害者"和"非获利者—受害者"两个圈层。这两个利益群体都是环境污染的受害者，也有环境保护的需求和意愿，但是他们对污染企业的态度和环境行为选择具有极大不同。如果说更多的"非获利者—受害者"村民是一种沉默和怒而不争的态度，那么"获利者—受害者"群体呈现出默许甚至支持的意愿。

N村受害者圈内的获利者，如企业主、在企业打工的村民、借钱/高利贷给企业的村民以及有业务往来的村民等。这些获利村民围绕污染企业形成了受益者群体，他们对污染企业和企业污染的态度和行为，更加带有经济理性的利益取向，在环境权利与利益获得之间偏向后者，进而带有宽容甚至纵容企业污染的意味。经常给手套加工厂运送原材料和手套的运输司机翟师傅：

> 我是经常给他们厂子送手套到市里，也帮拉棉线、胶这些东西。要说有影响，肯定有，要不然县环保局来罚款？我管不了别人，但是对我来说，我不会投诉的，毕竟有时候靠这个吃饭，一个月好几千，要不然怎么办？这也算是"拿人家手短，吃人家嘴短"，不好说什么。

企业污染及其环境危害程度虽然影响获利群体的日常生活，但是他们的关注点已经从生活环境移向了经济收入。在某种程度上，经济依赖甚至是经济支持也减少了环境抗争甚至关注的可能。就像古尔德（Gould）的研究所指出，污染企业所提供的生活资源可以有效弱化甚至阻碍居民个体抗争的可能性。即使是获利者深受其害，他们也不会采取投诉或者抗议的方式来解决企业环境污染及其对自己的伤害，他们只会采取"主动性隔离"的方式达成自我保护而非保护环境，以事不关己的姿态继续保持沉默。

彭大哥曾经在手套加工厂里面帮着烧锅炉，一个月1500块钱，干了不到一年就干不下去了。据他自己说，天天烟熏火燎的，胶水刺鼻，自己

的身体受不了,得了肺病,不能再干了。他还压低声音给笔者说:

> 这不是人干的活,给多少钱都不去了。我也没跟老葛家(企业主)说因为身体问题,就说不想干了,太熬时间。更没跟庄子里任何人说,只能自己受着。不去就完了。(当被问及原因时,彭大哥颇为无奈)都是一个村的,咱们是去干活赚钱,想赚就去,不去就算了,不能断了他们的财路啊!现在村里很多人也对他开厂子有意见,也被罚了很多钱,我再说这些话不好!毕竟人家也是好心,自己做好自己就行了!

手套加工企业污染及其危害在形构出N村整个受害者圈的同时,也建构了内部识别度颇高的获利群体。这些获利村民,是环境受害者,也是环境污染的"制造者或协助者",更是环境污染的获益者。与此相对应,那些无法或者没有从企业获利的村民,就成为纯粹的污染受害者。正是基于"是否从企业获利"的自我认知和社区现实,N村受害者圈被划分为"获利者—受害者"和"非获利者—受害者"两个圈层。如同蒂尔特(Tilt)在研究职业群体与环境认知之间的关系时提出,不同群体之间对环境污染及其危害的认识存在差异,进而影响了各自环境行为的选择。N村划分的这两个圈层或群体对环境污染的关注、污染企业的态度及其环境行为选择,呈现出较大的差异性。与"非获利者—受害者"圈层内的沉默村民相比,"获利者—受害者"圈层因渗透进利益相关和经济依赖因素,对企业的环境污染更加沉默甚至默许。

四、结论与讨论

手套加工企业的生产污染对N村环境危害和村民日常生活的干扰,建构出的整体性受害者圈覆盖于N村关系圈之上,而受害者村民"同住一个村"的共同体意识消解了大部分村民环境抗争意愿和行为。与此同时,村民居住点与企业的空间距离、村民是否跟企业有经济关联又进一步分化了受害者圈。对整个村落的受害者圈而言,受到整个村庄弥散性的"自己人—价值理性"和部分村民特殊性的"自己人—经济理性"两种行为逻辑的双重稀释。N村的环境受害者圈被"同住一个村"的社区意识和乡村社会的分化及其叠加效应所稀释,导致了大部分村民即使认识到环境污染的危害,也没有抗争的意愿和行动表征,使得借助社区公共参与来制止企业污染成为不可能。农村内生企业的内生逻辑和嵌入属性,不仅加深了村落社会的社会分化、人际隔阂与关系碎片化,而且侵蚀了基层治理单元和农村环境治理的社会基础,阻隔了通过提升村落环境和村民生活,带来美丽乡村建设和农村环境综合治理、生态文明等目标实现路径。

面对"小散乱污"等乡村内生型企业的环境危害,当地村民何以容忍或者为何屡禁不止,一直是环境保护和环保执法的难题。而能够防止企业污染的路径有三种:一是国家行政力量执法力度和精准度;二是企业社会责任感和环保意识自我提升;三是受污染影响者抗议或抗争的有效性。这三种环保力量的治理效力及其合作治理路径,受到实践情境和农村具体情况的影响,如何在国家环境执法、企业环境保护和村民抗争三者中达成一致,是一个需要实践情景分析的议题。而农村污染企业类型与治理对策、污染企业的关系嵌入以及环境维度对农村分化的叠加效用,提醒需要对治理企业污染以及农村环境治理工作的复杂性加深认知:

一是在对乡村污染企业类型化区分的基础上,做出应对性的环境治理对策。村庄外来的污染企业更多受到国家政策和基层政府的支持,可以通过自下而上的村落集体的力量去改变。而村落内生的"小散乱污"类企业,由于村民的分化和企业关系的社区嵌入,这就需要借助国家自上而下的力量来整治,进而切断企业与社区的嵌入关系。

二是乡村分化已成事实,需要在关注原本利益差别、阶层分化的同时,考查环境维度导致的乡村分化后果以及与其他分化维度的叠加效应。在村落内是否具备环境保护意识、环境抗争意愿和能力的人员分布,以及环境权利诉求、乡土关系对环境抗争的作用认知等,都成为当下乡村社会结构复杂化的事实和分化维度。

三是农村环境治理和美丽乡村建设是一个复杂的实践过程。这不仅需要国家自上而下的政策宣传、力量推行和资源支持，也需要关注村落社区类型、文化传统和生活空间的社区影响，更需要把村民日常生活的经济关联、生活便利性和人际交往逻辑等因素，纳入农村环境治理范畴而加以考量。

参考文献：

1.冯仕政：《沉默的大多数：差序格局与环境抗争》，《中国人民大学学报》2007年第1期。

2.刘春燕：《中国农民的环境公正意识与行动取向——以小溪村为例》，《社会》2012年第1期。

3.罗亚娟：《差序礼义：农民环境抗争行动的结构分析及乡土意义解读——沙岗村个案研究》，《中国农业大学学报（社会科学版）》2015年第4期。

4.鸟越皓之：《环境社会学：站在生活者的角度思考》，宋金文译，中国环境科学出版社，2009年。

5.孙旭友、芦信珠：《从"边界冲突"到"关系自觉"——论费孝通如何用"场"修正"差序格局"》，《中国农业大学学报（社会科学版）》2016年第1期。

6.谭宏泽、Geir Inge Orderud：《地方性环境保护政策的未预后果：以天津水源保护措施为例》，《广东社会科学》2017年第1期。

7.Andrew Szasz, *Shopping Our Way to Safety: How we Changed from protecting the Envirnment to Protecting ourselves*, University of Minnesota Press, 2007.

8.Freeman, M.R., "Issues Affecting Subsistence Security in Arctic Societies," *Arctic Anthropology*, 1997(34), pp.7-17.

9.Gaventa, J., *Power and Powerlessness: Quiescence and Rebellion in an Appalachian Valley*, Chicago: University of Illinois Press, 1980.

10.Gould, Kenneth A., "Pollution and Perception: Social Visibility and

Local Environmental Mobilization," *Qualitative Sociology*, 1993(16), pp. 157-178.

11.Gould, Kenneth A., "The sweet smell of money: economic dependency and local environmentalpolitical mobilization," *Society & Natural Resources*, 1991 (4), pp. 133-150.

12. Lora-Wainwright, Anna, "An anthropology of 'cancer villages': villagers' perspectives and the politics of responsibility," *Journal of Contemporary China*, 2010(19), pp. 79-99.

13. Snow, D. A., "Disrupting the Quotidian: Reconceptualizing the Relationship between Breakdown and the Emergence of Collective Action, Mobilization," *An International Journal*, 1998(1), pp. 1-22.

14.Solecki, William D., "Paternalism, pollution and protest in a company town," *Political Geography*, 1996(1), pp.5-20.

15.Tilt, Bryan, "Perceptions of risk from industrial pollution in China: a comparison of occu-pational groups," *Human Organization*, 2006(2), pp. 115-127.

16. Yanhua Deng and Guobin Yang, "Pollution and Protest in China: Environmental Mobilization in Context," *China Quarterly*, 2013(214), pp. 321-336.

"缺席"抑或"在场"?
我国邻避抗争中的环境非政府组织
——以垃圾焚烧厂反建事件为切片的观察*

谭爽**

摘　要： 围绕"我国邻避抗争中环境非政府组织究竟是'缺席'还是'在场'"这一理论与实践争议,对五家垃圾议题非政府组织在垃圾焚烧厂反建事件中的行动进行持续观察与剖析,认为可将其策略解读为"缺席的在场"。即有异于西方邻避运动中环保组织的激进角色,我国大部分环境非政府组织的确"缺席"了对抗争的直接组织与推动,尚未成为公民环境维权的引领者和动员力量,但若放眼邻避所依存的整个环境治理链条,很多组织则已具有显著"在场性"。其经过"获得—拓展—展演"三个阶段,成功实现从抗争中的"孕育"与"脱胎",并依循"直接"和"间接"两条路径完成对冲突治理的"反哺"。这一发现对于我国邻避风险应对、环境困局破解以及社会组织的培育等均提供了有益启示。

关键词： 邻避抗争　环境非政府组织　垃圾焚烧厂反建事件　垃圾治理

---

* 原文发表于《吉首大学学报(社会科学版)》2018年第2期。

** 谭爽,中国矿业大学(北京)文法学院行政管理系副教授。

一、问题意识与文献回顾

(一)"缺席"抑或"在场":邻避抗争中的环境非政府组织

邻避设施兴建、公众权利意识觉醒及政治开放性增强,带来了一场"不要在我家后院"的区域环境抗争。而抗争治理作为一种特殊公共物品,存在显著的"政府失灵"和"市场失灵",故作为第三部门的环境非政府组织在其中扮演何种角色始终备受关注。发达国家环保组织经过多年实践探索,已找到有效的参与策略,即作为地方抗争团体的"支持者",帮助居民解决土地使用纷争,并有组织地将事件所暴露出来的环境风险推向国家政策议程。

以之为参照,国内学者从规范视角展开探讨,一致认为社会组织具有介入邻避事件的必要性,并使用"预警者""代言人""宣传者""澄清者"等来廓清其角色。对于如何扮演好这些角色,学者进一步通过探讨政府、民众、社会组织间的博弈关系、利益平衡点及相对稳定的利益格局,搭建了"诉求—承接"的治理模式和协商平台,建议在公共决策前开放"社会组织参与"的民意沟通渠道,建立代议机制,促使社会组织与公民之间责任一致化、统一化,以培育公民的合作与责任意识,引导其成为冲突治理中的合作者,而不是谈"邻"色变的抗争者。

从理论视角来看,环境非政府组织的确具有独特功能与优势,可成为公民表达环境诉求的良好载体。但着眼现实,在我国邻避抗争多年的演变历程中,环境非政府组织究竟"缺席"抑或"在场"? 发挥了何种效用? 对该问题的判断尚存争议。

一方面,环境非政府组织在邻避事件中被批评为"集体失语",饱受来自公众与学界的诟病,如阿苏卫反焚事件的主要成员曾说:"当我们在行动中最需要非政府组织时,他们既没有敏感性,也没有给予专业上的指导和道义上的支持。"厦门反PX项目、江门反核燃料项目、番禺反垃圾焚烧项目等具有全国性影响的运动中,虽能捕捉到环境非政府组织的身影,但其参与及组织公民集体行动的力度显然不够,这与西方公民社会理论中非政府组织的角色相去甚远。故学者在对我国近十年环境群体性事件的分析中指出:我国环境抗争高发于城市居委会和农村村镇一级的基层社区,底层参与明显,组织化程度很低。其中,环保非政府组织的参与非常少,只在十余起事件中有出现,不到总数的5%。这使得本应具有紧密联系的民间组织和社区公众经常呈现出彼此分割和各自为战的尴尬状态,以至于抗争议题难以拓展,抗争动员出现无序化、自发性甚至是街头政治现象,社会秩序屡屡失控,陷入恶性循环,民间非政府组织的参与作用尚待加强。

但另一方面,也有学者为环境非政府组织辩护。或是立足现实的制度环境,指出中国环保组织因受制于注册合法性、工作敏感性的约束,才倾向于借助“政治风险”这一盾牌将自身置于环保宣教和政策游说团体的范畴之内,“有意采取谨慎的、循序渐进的方式,侧重于倡导性而不是行动性”,其在邻避冲突中的保守姿态可以理解。抑或从环境非政府组织的宗旨与愿景出发,认为其理念在于立足长远保护生态,但邻避抗争多聚焦眼前利益,二者存在短期诉求与长期目标间的矛盾,故环保组织对此类事件常常表现出旁观态度。

可见,现阶段各方对这一议题的认知呈现矛盾图景:多数人认可发达国家环境非政府组织对于邻避治理的积极功能,同时诟病我国环境非政府组织的缺席;但亦有部分学者解释环境非政府组织并无投身其中的义务,或者已在个别事件中发挥力所能及的作用。这种分歧该如何解释?目前学术界对此的经验观察与知识增长都很有限。其原因有二:首先,大部分研究以西方文献为蓝本,关注环境非政府组织是否直接组织了邻避抗争,而缺乏在我国政治社会背景下的叙事,以至于该领域诸多环保团体的多元化工作方式未受关注。其次,已有结论多停留在“理论推演”或“经验判断”层面,缺乏实证研究和对环境非政府组织行动的长期追踪与深入挖掘。有鉴于此,本研究将以邻避抗争背景下持续活跃却又被忽视的环境非政府组织为考察对象,系统分析其行动起点、策略与效果,进而回应“在场”与“缺席”的学术论争。在此之前,考虑到不同国家非政府组织的生存环境迥异,须对"在场"这一状态进行本土化、适应性的界定。

(二)何谓"在场"?研究问题廓清

何谓"在场"? 如果仅仅将其解读为环境非政府组织参与或动员邻避抗争,不甚合理。因为一方面,在我国当前的政治环境中,该动作很难完成;另一方面,近些年邻避风险治理的实践也充分表明,仅仅将眼界框定于冲突本身,无益于问题解决,只有以之为抓手导向环境治理,方能带来破局的根本动力。

基于此,本研究将邻避抗争嵌入环境治理链条,将其作为环境治理效果不彰的社会反馈。在判断环境非政府组织"在场性"时,以邻避为原点,关注各组织如何涉入其中并进一步跨入更广阔的环保场域。具体而言,将回答三个问题:第一,环境非政府组织"何以在场"? 即从过程—机制层面揭示邻避背景下环境非政府组织存续的缘由、行动的挑战及其不断调整"在场"目标的过程。第二,环境非政府组织"如何在场"? 即立足全局,检视环境非政府组织通过何种"在场"策略,对邻避冲突缓解持续施力。第三,环境非政府组织的"在场"对我国邻避风险应对、环境困局破解等提供何种启示?

(三)垃圾焚烧厂反建事件:邻避抗争的典型切片

本研究以我国反垃圾焚烧厂的维权抗争为切片进行观察,因为此类行动现已成为我国邻避冲突中最为多发的类型。据统计,以2006年北京六里屯事件为滥觞,迄今已有30多个城市发生过反焚事件,无论从数量、频率还是烈度而言,均具有代表性。但学术界对其中环境非政府组织的关注几乎都落笔广东番禺事件,叙述其如何直接催生了本土的环保组织"宜居广州"。实际上,"宜居"并非唯一。以反焚运动为起点,我国逐渐萌生出大量垃圾议题环境非政府组织,它们从各个角度发力,对抗争缓和及根治起到不可忽视的作用,不仅成为环境非政府组织介入邻避的成功样本,同时也展现出我国环境公民社会的生长潜力。遗憾的是,其发展历程与深层机制尚未得到关注，这为本文的书写提供了足够的激情与意义。

二、研究设计与案例简述

（一）研究方法与案例选择

我国现阶段对邻避抗争中环境非政府组织功能与行动的研究并不多见，理论解读亦不清晰，故本文采用探索式质性研究，尝试在多案例的剖析过程中寻找规律性。

案例选取时使用典型抽样法，遵循如下条件选出五个环境非政府组织作为研究对象：①各非政府组织均以垃圾治理为议题，且都位于中大型城市，所在区域均发生过反垃圾焚烧厂的邻避抗争，确保其所处政治社会背景的基本一致。②各非政府组织的核心业务分布于垃圾治理链条的不同环节，其行动目标、理念与方式各异，具有代表性与覆盖性。③各非政府组织所能获取的资料完善，可为研究提供详尽参考。组织简介如表1所示①：

表1　垃圾议题环境非政府组织简介

名称	核心业务	成立时间	核心业务简介
Z组织固废团队	垃圾治理宣教	2009年	通过科普教育与行动倡导，帮助人们正确认识垃圾围城问题，引导其养成有环境责任感的行为习惯。
A组织	社区分类培力	2012年	扎根社区，为居民提供垃圾分类培训与咨询，推动城市垃圾分类进程。
W组织	焚烧设施监督	2009年	通过信息公开申请与公众监督的方式，敦促全国垃圾焚烧厂的清洁运行。
D组织	反焚抗争引导	2009年	为邻避抗争群体提供专业知识及制度内的行动援助。
Y组织	垃圾政策倡导	2012年	推动政府出台并落实相关政策，助力城市完善固废管理体系。

（二）资料来源与搜集

资料搜集时采用三角检定法，通过多种数据相互核实与检验，提高信

---

① 制定研究计划前征得了所有研究对象的同意，并遵循田野调查惯例，对涉及机构名以及人名做了匿名化处理，以首字母代替。

度与效度。具体包括:①一手文献资料。首先,笔者通过参与各非政府组织所举行的活动,获取内容记录4万余字;其次,笔者在各非政府组织集结而成的联盟型组织LM中担任实习生与志愿者,参与日常工作,形成观察笔记若干;最后,笔者对各非政府组织的负责人、工作人员等进行深度访谈,整理10万余字的录音文稿。②二手文献资料。主要来自新浪、腾讯等各大门户网站对反焚事件和非政府组织行动的有关报道;各非政府组织的官方网站、微博、微信客户端等自媒体推文以及相关微信群的聊天记录;中国知网上的学术论文等。

三、资料分析与研究发现

(一)孕育于邻避:环境非政府组织"在场性"的获得

以2006年北京市六里屯垃圾焚烧厂反建事件为滥觞,我国进入"反焚"时代。此前,本土环境非政府组织对垃圾议题并不敏感,相关机构屈指可数,其数量恰是伴随着反焚抗争的愈演愈烈而逐步增加的。据统计,目前40家左右的垃圾议题环境非政府组织中,有近30家成立于2006年之后(图1),同时还有一些老牌非政府组织加入该行列,组建了专门的固废团队。具体而言,其"在场性"的获得以邻避为驱动,依循三条路径:

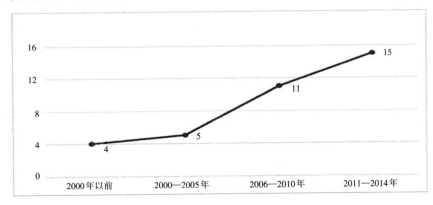

图1　2000—2014年间中国新生垃圾议题环境非政府组织数量

资料来源:零废弃联盟中国民间垃圾议题环保组织发展报告(2015)

1.路径一:居民求助

我国邻避抗争刚刚兴起时,反建者维权经验欠缺,往往尝试向知名环境非政府组织求助。外来需求成为部分组织直接介入邻避议题的肇始。如Z组织工作人员说:

> 最开始是接到六里屯周边居民的举报电话,说他们那要建焚烧厂,很愤怒,希望得到帮助。借这个契机我们去做了一些功课,发现垃圾焚烧是个比较复杂的问题,于是建立了固废组,从六里屯开始,展开了相关工作。(2016年1月12日,Z组织工作人员XZ访谈记录)

无独有偶,D组织也因在六里屯、阿苏卫等事件中为公众提供专业咨询而获得了一定"知名度",成为全国各地反焚者持续求助的对象。这使其工作激情与使命感得以维系,坚定了"在场"的信念,逐渐蜕变为邻避维权的援助型团队。

2.路径二:热点聚焦

随着反焚运动此起彼伏,社会对环境非政府组织"缺席"的诘问也越来越多。这提醒环保人士,在该议题上非政府组织没有退路,必须采取行动。于是,他们着手建立团队,从自身擅长之处发挥作用。A组织是一个典型的例子,其负责人坦言:

> 我们最初的业务并没有定位在"垃圾"上,后来转变主要是因为反焚烧这一社会大氛围使该问题成为热点……现在回过头看,可以发现无论是垃圾议题的非政府组织还是一些非政府组织的垃圾议题,基本都是在2006—2009年之间出现的。(2016年7月11日,A组织负责人LQ访谈记录)

W组织亦遵循同样路径:

> 当时发生了好几起影响很大的反焚运动,这令我们开始思考如何从民间角度去监督中国现有垃圾焚烧厂的运行状况,为污染受害者提供一些帮助,所以才有了W组织的雏形。(2017年5月5日,W组织负责人DJ访谈记录)

3.路径三:冲突内孕

除了间接推动环境非政府组织聚焦垃圾议题,邻避抗争还直接孕育了利益相关者的环保行动,Y组织便是焚烧厂反建人士自发组建的环境非政府组织。

> 中国是需要变化的,整个公民社会是需要变化的……公民并不是说一味去反对,去批判,而应该是做一系列建设性的事情……番禺事件让我觉得自己已经回不去了,所以决定做公益,和几个反建的"战友"一起建立了Y组织。(2016年11月11日,Y组织创始人BS访谈记录)

从Y组织创始人的叙述中,可以捕捉到一条清晰的脉络,即以抗争为契机了解垃圾的相关知识与困境后,部分公众从NIMBY(Not in my backyard)者转型为NIABY(Not in anybody's backyard)者,从维护自身权益的"环境难民"蜕变为关心垃圾治理的"环境公民",最终通过成立环境非政府组织正式迈入环保领域。

综合对五家环保组织萌芽期的回顾,不难发现是系列反焚事件使垃圾焚烧从小众的技术问题跃升为大众的公共话题,进而为既存及新生的环境非政府组织建构了"在场性"。这些组织在帮助反焚者的同时,也网罗并培养出一批关心垃圾治理的居民,为后续工作开展奠定了社会基础。因此:

可以说没有邻避抗争，就没有我国垃圾议题非政府组织的快速成长与发育，也不可能对垃圾问题的解决起到如此迅速的推进作用。（2016年12月10日，LM负责人TQ访谈记录）

（二）脱胎于邻避：环境非政府组织"在场性"的拓展

经过几年的运营，五家非政府组织成为资金稳定、领域专精、活动丰富的组织，获得了政治合法性、社会认同与媒体关注，"在场性"基本稳定。但"源自邻避、聚焦邻避"的特征在为之赢得生存空间的同时，也对其成长造成约束：一方面，如W组织工作人员所言"注册之后，当地政府的管理变多了"（2017年4月21日，W组织工作人员XW访谈记录），难以再自由地对污染受害者提供援助；另一方面，非政府组织也意识到仅仅着眼"反焚"，效果局限且短暂。

从理性角度来看，邻避运动就像暴风骤雨一样，不会长久。作为环保力量，必须从根源思考问题如何解决。（2017年4月25日，A组织项目负责人LQ访谈记录）

必须为组织寻求一条可持续的发展道路。这条道路的开掘经历了两个阶段：

1.阶段一：定位调整

出于组织本身"作风温和"的定位，我们逐渐退出对邻避抗争的直接支持，而将工作重点集中在垃圾分类宣教和政策推动两方面。（2016年1月12日，Z组织工作人员XZ访谈记录）

大规模的运动出现之后，问题已经得到暴露。我们意识到自己可以接着做点事情，而且必须要回到中国的现实中寻求方案。最终，

社区垃圾减量与分类成为我和我的伙伴们认可的选择。(2017年7月18日,A组织创始人XL访谈记录)

Z组织与A组织的声音代表了大部分垃圾议题非政府组织的转型初衷,它们先后从邻避运动脱胎,在不断摸索与磕磕碰碰中调整自身定位。虽然仍以反焚抗争为工作落脚点之一,但其业务领域不断分化,拓展到企业生产责任介入(Z组织)、公众援助(D组织)、垃圾末端监督(W组织)、政策倡导(Y组织)、社区垃圾减量(A组织)等多个领域(图2),并趋于稳定。这一"多元性"特征与2006年前相比有很大变化。此前,我国环保组织对垃圾议题的着眼点比较单一,集中在宣传教育领域。如今受到反焚抗争的触动,新生非政府组织涌现、谱系拓展,基本实现了对垃圾生命链条从"源头"至"末端"的全覆盖。

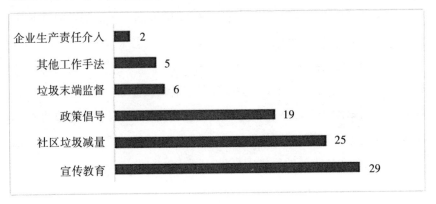

图2　中国垃圾议题环境非政府组织业务领域分布(2009—2014)
资料来源:零废弃联盟中国民间垃圾议题环保组织发展报告(2015)

"脱胎"是为了更好地"在场"。跳出邻避抗争,不仅使环境非政府组织赢得了更广阔的活动空间,也为邻避本身的走向提供了另一种可能,即邻避情绪理性化和问题源头化解。正如Z组织工作人员XZ所说:

居民自己搞(邻避)很容易搞得特别的利己和激进,他们不善于使用法律武器,也不会想到还能通过垃圾的有效减少来阻止焚烧厂建设,或者通过垃圾分类或是日常监管等方法来保障焚烧厂安全。

作为非政府组织,只要接到求助,我们都会本着全局的观点,给他们提一些更加合理的建议,既完成他们的目标,也尽量不把风险转移到别处。(2017年4月25日,Z组织固废组工作人员XZ访谈)

但在这一阶段,非政府组织针对垃圾治理战略并不完善,职能存在重合,常常陷入"各自为政、被动应对"的窘境。直到2011年末LM的成立,从根本上改变了各组织的行动状态。

2.阶段二:相互联结

非政府组织数量不断增多以及各组织工作内容的交叉性,促使相互间频繁交流,联系越发紧密。在此基础上,2011年12月10日,由Z组织、D组织、A组织、W组织、Y组织共同发起的联盟型非政府组织LM成立,旨在将垃圾链上、中、下游的组织联结起来,共同推动中国垃圾危机的解决。至今,LM已有现有58个成员(41个机构成员,17名个人成员),分布于18个省25座城市。在其牵头举办的多样化活动中,一个以"垃圾治理"为核心议题的环境公共领域逐渐成熟,非政府组织从业者、政府部门、社区管理者、媒体、学术研究团队等在此实现对话与交流,凝聚合力达成协作,编织成一张稳定的"零废弃网络"。

其效用从LM成员的反馈中可见一斑:

做垃圾议题的组织和个人,大家可以在同一个议题上发力,相互之间会形成很重要的鼓励与支持。(2017年5月23日,LM工作人员CX访谈记录)

联盟会从更高的层次和视角去思考垃圾治理的推进问题。这样,我们每一个组织就在链条上有了定位,并实现了非常深度的合作。(2017年4月25日,A组织项目负责人LQ访谈记录)

我觉得现阶段需要更大的一个力量,代表中国民间来推动垃圾

问题做整改,LM恰好承担了这样的角色。(2017年4月21日,W组织工作人员XW访谈记录)

萨拉蒙曾诟病"当项目被分解为狭小碎片,则很难采用综合方法处理复杂的社会问题",LM的存在有效克服了这一挑战。其整合力量不仅将各个非政府组织串联起来,同时也将原本分割的垃圾链条重新拼接为一条通路,使每个组织都寻找到了属于自身的行动场域(图3)。它们各司其职,或是在社区各场域中进行垃圾减量、分类与循环利用的倡导与推进,或是在设施监管场域对筹建、在建、运营阶段的垃圾焚烧设施进行实时监管与整改督促,或是在宣传教育场域摸索适合不同人群的零废弃理念与知识传播,或是在冲突化解场域为反焚者提供理性引导和法律援助,或是在政策倡导场域对国家垃圾治理规划进行追踪与反馈……在这一完整链条中,邻避抗争被视作为垃圾治理策略失当的末端表现,其不仅仅是维权与维稳的问题,更是环境污染与治理问题,必须依赖各个环节的行动完善,方能最终化解。

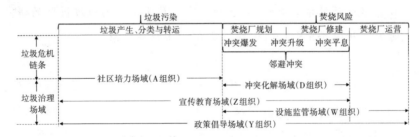

图3　垃圾危机链及环境非政府组织行动场域

(三)反哺于邻避:环境非政府组织"在场性"的展演

"孕于邻避、跳出邻避"之后,"反哺邻避"成为各垃圾议题环境非政府组织的宗旨之一。经历了"初步产生""议题拓展""凝聚合力"等阶段,各组织对于邻避抗争的本质、自身在其中的角色等形成了更深刻的认知。相较于最初对抗争者求助的分散式、被动式回应,如今的"反哺"呈现出非常成熟的双重策略选择。

1. 策略一：直接反哺

反焚事件此消彼长,非政府组织逐渐掌握了个中规律,不再是"临阵磨枪"的应急式处理,而将其作为常规性的工作内容。比如 D 组织正与 LM 联合,尝试推出包括"焚烧科普""政策法规""律师资源"等在内的"线上工具包",专门用于焚烧厂周边污染受害者援助,以减少"就事论事"的工作成本。但无论采用何种策略,介入邻避时,各组织都非常注意其态度与手法。

> 我们确立了"保持理性"的基本原则。会鼓励居民通过申请信息公开、公众参与、行政诉讼等手段合理表达诉求。但不会支持,也不会去主动参与到事件的组织和推动中。(2016 年 12 月 10 日,LM 负责人 TQ 访谈记录)

> 我们会为焚烧厂周边的污染受害者做知识科普,使之能客观认识焚烧这项技术。在这个过程中,有些居民就成为垃圾议题的研究专家。(2017 年 5 月 5 日,W 组织负责人 DJ 访谈记录)

> 我们最担心"为反对而反对"的情况。会尝试稳定公众的情绪,劝告他们不要采取过激手段。即便达不到效果,也会保持作为环保组织的立场。(2017 年 7 月 21 日,A 组织项目负责人 LQ 访谈记录)

"谨慎"态度和"中立"角色的确立,一方面源自我国社会组织管理的制度约束,使非政府组织最大程度避免激进行为带来的政社对抗;另一方面,也与其自身愿景有关:

> 一个焚烧厂的落马并不是我们的目标。借这个契机让更多人认识到焚烧背后的垃圾治理问题,或是学会有礼有节地维护自身环境权利,是我们想要做的事。(2017 年 5 月 5 日,W 组织负责人 DJ 访谈记录)

当抗争目标实现,一些焚烧厂改建或者缓建,居民就失去了反对的目标。怎么才能将他们对垃圾议题的热情维持下去,并进入良性发育的轨道? 这是(非政府组织)进一步思考的问题。(2015年7月14日,D组织工作人员LW访谈记录)

立足于此,除了对反建者的直接援助,部分非政府组织还尝试通过"借势"的办法,将邻避抗争导向环境治理。显著的案例是Z组织在六里屯事件中所做的努力:

借着居民的反焚热情,我们在六里屯的几个小区做了四年的垃圾分类实验,取得一定效果,并且倒逼政府建设了厨余垃圾清运体系。这其实也是对邻避运动的一种应对,而且是更长远的、根本性的。(2016年1月12日,Z组织工作人员XZ访谈记录)

总而观之,环境非政府组织并未完全回避对邻避抗争的直接介入,但也并非与反焚者形成同盟,为其振臂高呼。作为长期扎根于环保领域的工作者,他们明白摇旗呐喊绝非良方,只有提供理性引导,才能在政府与社会之间搭建一座可以跨越的桥梁;只有给予专业支持,才能使公众有能力与政府和企业对话;只有塑造公共领域,才能为多方协商提供一个自由、宽广的平台。在他们的不断努力下,过去以激烈对抗为主要形式的邻避抗争正逐渐被理性的、体制内的诉求所替代,公众的"维权意识"正悄然转变为公民的"参与精神"。

2.策略二:间接反哺

除D组织至今仍活跃在邻避抗争一线外,更多环境非政府组织退居"幕后",在垃圾治理链条各场域中不懈努力,旨在立足长远,通过对垃圾危机的有效治理,间接反哺于冲突化解。

Z组织将目光聚焦至于宣传教育,联合教师志愿者共同研发针对中小学生的《废弃物与生命》选修课,帮助学生建立正确的生态观,引导其认识、思考进而着手改善垃圾围城问题,养成有环境责任感的行为习惯。

A组织发挥社区工作的优势,对所在地各区、街道提供垃圾分类减量的培训、咨询和指导。经过几年摸索,打造了独树一帜的"三期十步法",帮助近百个居民小区成功实现了垃圾减量与分类,借此来提高焚烧技术的安全性。

W组织持续申请我国生活垃圾焚烧厂的污染物数据信息,并在网上搭建了"生活垃圾焚烧信息平台",通过社会监督推动焚烧厂清洁运行,做厂区周边居民的"环境卫士",降低公众的焚烧焦虑。

Y组织以帮助政府部门进行调研、宣传,提供人大、政协撰写议案过程中的咨询等方式,推动垃圾治理相关政策的出台与落实,为焚烧厂建设进行合理规划,助力完善城市固废管理体系。

而各非政府组织常常在LM组织下,聚集在一起,发挥合力效应。比如针对国家发布的《"十三五"全国城镇生活垃圾无害化处理设施建设计划(征求意见稿)》《生活垃圾焚烧污染控制标准》等政策法规形成民间版建议书,并递交给住建部和发改委;或是共同筹办一年一度的"全国零废弃论坛",结合当年垃圾治理中的突出问题与社会各主体进行对话与协商;或是组建零废弃讲师团,对环保兴趣人进行赋能培训,吸引社会各界对垃圾问题的关注等。上述行动并不直接于邻避抗争场域,但诚如前文所言,反焚烧厂建设只是垃圾处置末端环节运作不良导致的社会负效应,其折射出的是整个垃圾体系的彼此割裂与管理不善。而环境非政府组织立足反焚运动这一关节点,把握机遇,通过自身谱系的拓展和形式多样的"间接式在场",努力唤醒政府、企业以及每一位公众的环境责任与环保行动,对缺陷进行矫正,以正本清源。

四、结论与启示

受制于国家维稳战略和社会组织管理制度约束,在邻避抗争初期,环境非政府组织未能即刻寻找到适宜的行动方式。但持续追踪则不难发现,其很快便识别到嵌入其中的政治机会结构,经过"获得—拓展—展演"

三个阶段,成功实现抗争中的"孕育"与"脱胎",并依循"直接"和"间接"两条路径完成对冲突治理的"反哺"(图4)。

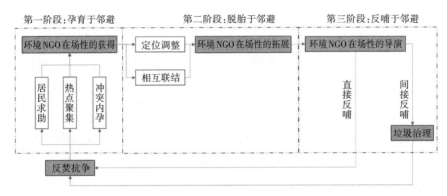

图4　邻避抗争中环境非政府组织"在场"的微观机制

　　笔者将这种战略命名为"缺席的在场"。即有异于西方邻避运动中环保组织"高调介入"的激进角色,在我国威权体制下,大部分环境非政府组织的确"缺席"了对抗争的组织与推动,尚未成为公民环境维权的引领者和动员力量,但并不能就此断言其持"观望"或"划清界限"的态度。因为放眼邻避所依存的整个环境治理链条,非政府组织已具有显著"在场性"。作为维权抗争的"承接者",它们用"克制"的情绪和"冷静"的思维,力求将一起事件从具体性的、转瞬即逝的问题(Problem)转变为普遍性的、值得探讨的议题(issue),将短暂的环境冲突导向全社会对环境风险、环境伦理与环境治理的省思与行动。这是适应于我国本土特征的"在场"方式,也更具全局性、长远性及可持续性。通过非政府组织的不断倡导与推动,将邻避抗争所沉淀下来的声音与公众行动相结合,有利于构建区域性的环境公民社会,进而实现环境治理结构由政府一元向政府、市场、民间组织、公民等多元整合的转化。

　　这个发生在"反焚"领域的故事具有其独特性,原因或与垃圾治理的性质相关:焚烧厂的功能在于处理快速增长的垃圾,焚烧产生污染的源头是垃圾分类的缺失,而"减量"与"分类"恰恰是个体生活方式的可循选择,这给环境非政府组织提供了"开疆拓土"和"大展拳脚"的空间。相较而言,核电站、PX等邻避项目是否具备这样的"抓手",还有待考察。因此,我们无意要将本研究的结论进行普遍性拓展,但其中所呈现的机遇与变化,仍然给我国邻避风险治理、环境困境破局,甚至社会组织的培育等提供了启示与可探讨之处。

首先,有必要调整冲突治理理念,意识到"就邻避论邻避"之局限性。近些年我国在环境影响评价、社会稳定风险评估、环境保护公众参与等方面出台并完善了政策法规,以确保个体环境权利的正常表达。这虽有助于暂时缓解冲突,却无法有效抑制源头污染。根据环保非政府组织芜湖生态中心与自然之友连续3年(2013—2015)对我国两百多座已运行焚烧厂的信息公开核查,发现排放超标、低价中标、监控疏漏等诸多隐患,这是导致公众产生安全焦虑进而反焚的根本原因,同类现象在化工厂、核电站等邻避设施的运营中也不乏例证。因此,政府有必要树立更为全局与长远的环境风险治理理念,将维权维稳问题置换为环境治理、安全管理等议题,加强对邻避设施规划与生产环节的监管,通过降低前端"环境风险"来削减末端"社会风险"。同时面向全社会,告知环境风险、争取同盟、共担责任,敦促公众迎接生活方式的绿色变革,化邻避的"治理难点"为"治理拐点"。

其次,应赋予环境非政府组织介入邻避抗争的空间,建构政社合作机制。本研究中,"环保组织直接塑造了垃圾管理这个公民议程,推动反焚运动朝着公共化、理性化和组织化方向转型",其灵活、多元的"在场"策略将抗争的怪圈撕开一条出口,不仅将维权纳入合法轨道,而且推动议题从单纯追求利益的"环境维权"拓展为关乎全社会的"环境保护"。但从另一个角度看,环保组织在邻避抗争中的淡出与脱胎也实为"无奈之举"。因为即便垃圾议题非政府组织已凝聚为具有相当力量的集群,却依然面临发声空间狭窄、沟通渠道不畅、行动受限等障碍,致使其"桥梁"功能难以有效发挥。正如学者指出,当前我国的环境抗争抑或治理陷入了无解之地,其根源不在于发展主义的幽灵而在于"社会"的缺席。这提醒未来政府在冲突治理时,不仅应考虑如何尽快"止损",还应在可控范围内给社会力量的表达和参与保留一定的时间与空间,尤其应着力建立社会组织参与邻避危机化解的长效机制。一方面,从政策层面给予其身份认同,使之能抛开顾虑,扮演好冲突中的"居间者"和绿色发展的"推进器"。另一方面,在法律层面赋予其行动保障,明确环境非政府组织在邻避设施规划、建设、运行等各阶段中的参与路径与程序,保证非政府组织和其他主体在冲突治理时有效协同,避免各自为战甚至零和博弈。

最后,应抓住时机,善用抗争所集聚的社会能量,促进环境非政府组织的健康发展。正如学者所言:"公共福利状况的改善常常被情势或时间所驱动与触发。"对于我国蓬勃发展的垃圾议题非政府组织而言,正是持续的邻避抗争触碰了开关,赋予其生存机遇与激情。但"催化效应"之后,各组织必须依靠"稳定剂"的支撑才能继续壮大。因此,政府及社会组织孵化器可以透过本研究来理解非常态下草根非政府组织生长的微观机制,制定更加科学、完善的政策与战略,从整体上促进环境公益领域的健康发展。环保组织自身则必须不断反思其管理理念与行动模式,寻求突破,找到在邻避冲突与环境治理中贡献力量的最佳策略,稳定并优化"反哺效应"。

此外,本研究所给出的答案也期待唤起学术界对邻避抗争中环境非政府组织角色的持续关注与谨慎再思,如:我们应该对非政府组织报以何种期待才属恰当? 其在场或缺席究竟是价值取向抑或只是权宜之计? 从长远评估,这种行动逻辑的效果如何,是否具有可拓展性? 该如何看待邻避抗争对环保组织的触发效应,为"后邻避时代"的到来做好准备? 如上种种亦是笔者未来进一步探索的方向。

参考文献:

1. 包智明、陈占江:《中国经验的环境之维:向度及其限度——对中国环境社会学研究的回顾与反思》,《社会学研究》2011年第6期。

2. 陈宝胜:《从"政府强制"走向"多元协作":邻比冲突治理的模式转换与路径创新》,《公共管理与政策评论》2015年第4期。

3. 陈红霞:《英美城市邻避危机管理中社会组织的作用及对我国的启示》,《中国行政管理》2016年第2期。

4. 崔晶:《中国城市化进程中的邻避抗争:公民在区域治理中的集体

行动与社会学习》,《经济社会体制比较》2013年第3期。

5. 高芳芳:《环境传播:媒介公众与社会》,浙江大学出版社,2016年。

6. 郭巍青、陈晓运:《风险社会的环境异议——以广州市民反对垃圾焚烧厂建设为例》,《公共行政评论》2011年第1期。

7. 何平立、沈瑞英:《资源、体制与行动:当前中国环境保护社会运动析论》,《上海大学学报(社会科学版)》2012年第1期。

8. 郇庆治:《"政治机会结构"视角下的中国环境运动及其战略选择》,《南京工业大学学报(社会科学版)》2012年第4期。

9. 霍伟亚:《环保组织的策略窘境》,《青年环境评论》2011年第1期。

10. 霍伟亚:《邻避运动如何改变中国?》,2014年1月3日,http://news.ifeng.com/a/20140403/40000582_0.shtml。

11. 霍伟亚:《中国将告别环保英雄时》,2012年9月5日,http://forum.gsean.org/simple/? t55961.html。

12. 莱斯特·萨拉蒙:《公共服务中的伙伴》,田凯译,商务印书馆,2008年,第13页。

13. 刘海英:《重回垃圾议题之尴尬与期待?》,2011年5月20日,http://www.chinadevelopmentbrief.org.cn/news-13468.html。

14. 卢思骋、霍伟亚:《卢思骋谈青年环境运动》,《青年环境评论》2010年第1期。

15. 彭小兵:《环境群体性事件的治理——借力社会组织"诉求-承接"的视角》,《社会科学家》2016年第4期。

16. 舟舟:《民间组织与邻避运动》,2013年5月20日,http://green.sohu.com/20130520/n376487866.shtml。

17. 时和兴:《复杂性时代的多元公共治理》,《人民论坛·学术前沿》2012年第4期。

18. 谭成华、郝宏桂:《邻避运动中我国环保民间组织与政府的互动》,《人民论坛》2014年第11期。

19. 谭爽、胡象明:《邻避运动与环境公民的培育——基于A垃圾焚烧厂反建事件的个案研究》,《中国地质大学学报(社会科学版)》2016年第5期。

20.谭爽:《邻避运动与环境公民社会建构——一项"后传式"的跨案例研究》,《公共管理学报》2017年第2期。

21.伊恩·道格拉斯:《城市环境史》,孙民乐译,江苏教育出版社,2016年。

22.张劼颖:《从"生物公民"到"环保公益":一个基于案例的环保运动轨迹分析》,《开放时代》2016年第2期。

23.张萍、杨祖婵:《近十年来我国环境群体性事件的特征简析》,《中国地质大学学报(社会科学版)》2015年第2期。

24.张铁志:《环境运动也是一种民主实践》,2010年5月14日,http://view.news.qq.com/a/20100514/000019.html。

25.赵昂:《中国可持续发展回顾和思考1992—2011:民间的视角》,2014年2月22日,http://www.doc88.com/p-0008019206058.html。

26.Benjamins M P., "International actors in NIMBY controversies: Obstacle or opportunity for environmental campaigns?" *China Information*, 2014, 28(3), pp. 338-361.

27.Diani M. & Donati P., "Organisational change in Western European Environmental Groups: A framework for analysis," *Environmental Politics*, 1999, 8(1), pp. 13-34.

28.Hermansson H., "The Ethics of NIMBY Conflicts," *Ethical Theory & Moral Practice*, 2007, 10(1), pp. 23-34.

29. Joann Carmin, "Voluntary associations, professional organisations and the environmental movement in the United States," *Environmental Politics*, 1999, 8(1), pp. 101-121.

30.Lang, Graeme&Ying Xu, "Anti-Incinerator Campaigns and the Evolution of Protest Politics in China," *Environmental Politics*, 2013 (5), pp. 311-336.

31.Sze J., "Asian American activism for environmental justice," *Peace Review*, 2004, 16(2), pp. 149-156.

隔离型自保：
个体环境健康风险的市场化应对*

耿言虎**

摘　要：中国已进入环境健康高风险期，公众的健康焦虑感愈发强烈。在多样化的环境健康风险应对策略中，个体通过市场化手段把自身同污染源隔离，进而实现自我保护的隔离型自保日益增加。居民健康焦虑的持续增加、购买力的增强以及环保产业的发展是隔离型自保措施增加的原因。市场化的隔离型自保产生了严重的潜在后果，表现为环境不平等的再生产、污染漠视和精英抽离、环境问题的加剧、社会资源的浪费等。隔离型自保仅是应对环境健康风险的权宜之计，还需要政府和社会多方努力从根本上消除环境健康风险。

关键词：健康焦虑　隔离型自保　环境健康风险　市场化应对　环境共同体

一、风险时代的健康焦虑

德国社会学家乌尔里希·贝克在《风险社会》一书中写道："19世纪，掉到泰晤士河里的水手并不是溺水而死，而是因吸进这条伦敦下水道上的恶臭和有毒的水汽窒息而死的。"贝克进而指出，后工业社会是"风险社

*　本文发表于《河北学刊》2018年第2期。
**　耿言虎，安徽大学社会与政治学院副教授。

会"，风险社会的逻辑已从"财富的分配逻辑"转移到"风险的分配逻辑"上，从"我饿"变为"我怕"。在众多的现代性风险种类中，环境健康风险由于直接关系到健康和生命安全，已成为公众关心的焦点话题。现代社会系统性的环境健康风险正日益威胁着每个个体。随着工业化和城市化的快速推进，近年来中国的空气质量、水环境、土壤环境、食品安全等状况日益严峻，公众面对越来越多的环境健康风险已是不争的事实。中国国家环保部2014年公布的中国人群环境暴露行为模式研究显示，我国有1.1亿居民住宅周边1公里范围内有石化、炼焦、火力发电等重点关注的排污企业，有5.9亿居民在室内直接使用固体燃料做饭，4.7亿居民在室内直接使用固体燃料取暖，2.8亿居民使用不安全饮用水。[①]

中国已进入环境健康高风险期。主要表现在两方面：首先，环境事件频发，海上石油泄漏、化学品爆炸、水污染、重度雾霾、土壤污染等事件严重威胁公众的生命和健康。环保部通报信息显示，2013—2015年全国共发生突发环境事件分别为712、471和330起，[②]虽然总体数量呈下降趋势，但是基数依然很大。最近几年代表性的环境事件有渤海湾蓬莱19-3油田漏油事故（2011年）、8·12天津港特大火灾爆炸事故（2015年）、汉江武汉段氨氮超标事件（2014年）、中国中东部严重雾霾事件（2013年）、常州外国语学校"毒地"事件（2016年）等。其次，由环境污染导致的"环境公害病"呈现迅速增加的趋势。改革开放以来，中国环境疾病负担（burden of disease）的主要相关因素已从贫困转变为污染。环境污染导致相关疾病的发生率增加，环境流行病学已有大量的研究。殷永文等人研究发现雾霾与呼吸系统疾病具有明显关联。以上海为例，PM_{10}日均浓度每增加$50\mu g/m^3$，呼吸科、儿呼吸科日均门诊人数分别增加3%和0.5%；$PM_{2.5}$

① 数据来源：中华人民共和国环境保护部网站，环境保护部发布中国人群环境暴露行为模式研究成果［EB/OL］.（2014－03－14）.［2017－09－06］，http://www.zhb.gov.cn/gkml/hbb/qt/201403/t20140314_269210.htm。

② 数据来源：中华人民共和国环境保护部网站，环境保护部通报2014年突发环境事件基本情况［EB/OL］.（2015－01－23）.［2017－09－06］，http://www.zhb.gov.cn/gkml/hbb/qt/201501/t20150123_294725.htm。

日均浓度每增加34μg/m³，呼吸科、儿呼吸科日均门诊人数分别增加3.2%和1.9%。关于"癌症村"和"怪病村"，媒体和学界已经做了很多报道和研究。中国疾病预防控制中心团队的研究显示，淮河流域八县区消化道肿瘤(肝癌、胃癌、食道癌等)严重高发与淮河流域严重的水污染存在"时间和空间上的一致性"，具有"相关关系"。

因此某种程度上，风险社会的不确定性(Uncertainty)、不可靠性(Insecurity)和不安全性(Unsafety)共同制造了公众的风险恐惧。有学者把风险社会形容为"焦虑社会"。具体到环境健康领域，身处于日益增加的环境健康风险中的公众风险感知愈发强烈，其心态可以表述为"健康焦虑"。社会心理研究领域，焦虑多指一种群体的具有一定持续性的恐惧心理状态，如韦伯对有负罪感的新教徒被上帝宽恕前的焦虑心理的描述，陈阿江对中国现代化进程中追赶西方生怕掉队而产生的"次生焦虑"心理的阐释等。在医学中，健康焦虑被视为一种临床症状，是一个连续的症状谱，一端是对躯体感觉的轻微关注，另一端是持续的强烈的健康相关的恐惧和先占观念。在本文语境中，健康焦虑取其后部分含义，是一种持续的心理状态，而并非一种临床病症。这种心理状态表现为对环境健康风险(水、空气、食物等)可能对身体产生的健康损害的不同程度的紧张、担忧和不安全感。与医学指涉对象不同，本文中健康焦虑指涉的并非是单个个体的心理状态，而是群体表现的心理状态，具有一定的普遍性。那么公众的健康焦虑会驱动出何种行为？这些行为又会产生哪些后果呢？笔者将在下文分别述之。

二、作为风险应对策略的隔离型自保

环境健康风险的种类繁多，需要对其进行分类才可以合理分析应对策略。按照不同的分类标准，环境健康风险有不同的分类形式。按照风险的表现形式，环境健康风险可以分为集聚型环境健康风险和弥散型环境健康风险两类。集聚性环境健康风险具有明确的风险源，风险源呈点状分布，风险源的可能致害方式较为明确，发生于局部空间，受影响人群有限,主要发生于特定的工程项目如化工厂/核电站/垃圾焚烧厂等。弥散型环境健康风险具有一定的区域特征,风险没有明确的风险源和应对对象,风险具有模糊性、不确定性,发生于日常生活领域,风险大小依赖行为者自身的风险感知,如空气污染健康风险、水污染健康风险等。

人们如何应对环境健康风险呢?有研究把环境健康风险的行动类型归纳为三类:一是弱行动意愿/个体化倾向,如忍、抱怨、发牢骚等;二是强行动意愿/群体化倾向,如向网络、媒体、环保组织反映,向政府施压等;三是强行动意愿/个体化倾向,如法律手段、考虑搬迁、购买净化器或纯净水、独自向政府施压等。但实际上,这些行动策略的归类仅仅注意到集聚型环境风险的应对,而没有意识到弥散性环境风险的应对策略。集聚型环境健康风险由于风险源具体且明确,受影响对象较为明确,因而易于群体或者个体采取有针对性的行动,比较典型的如环境群体性事件、环境维权和邻避行为等方式。

但是,弥散型环境健康风险的应对策略则表现出明显的不同。美国社会学家萨斯指出,当环境风险没有明确的污染物或污染对象时,应对策略主要依赖于个体对环境风险的感知和体验以及个体的应对能力。作为一种系统地处理现代化自身引致的危险和不安全感的方式,风险包含了某种形式上的不确定性,何种物品有污染、何种物品对身体有害,污染通过何种途径引起健康问题,这些公众是不清楚的,这引起了公众某种程度的恐慌和焦虑。萨斯进而指出,在传统社会,人们通过把危险源隔离在一定封闭区域的方法解决所遭遇的问题,如麻风病人、精神病人的隔离。但是现代社会外部的环境风险是无处不在、无时不在的,他提出了一个概念"反向隔离"(inverted quarantine),即个体采取措施,主动把自己与有害的外部环境隔离开来。行为者自身成为隔离的对象,每个个体好像有一层膜将自己与外部环境隔离开。反向隔离是在人们暂时无法改变现状时的一种自我保护的措施,通过采取这一措施可以减少行动者受到的伤害。在环境健康风险的不确定性中,反向隔离成为日常生活的中心化的组织原则。

笔者提出"抗争型自保"和"隔离型自保"这样一组概念,分别对应集聚型环境健康风险和弥散型环境健康风险的主要应对方式与策略。抗争型自保指采取主动对抗,意图消灭风险源或者逼迫风险制造者主动采取措施消除风险的行为。隔离型自保指个体对环境健康风险采取自我隔离措施,以求降低或消除风险对自身影响的行为。隔离型自保是在短期内无法消除环境健康风险的情况下采取的相对"消极"的风险应对方式。随着中国公众感知的环境健康风险日益加剧,个体层面追求自我保护的趋向愈加明显。由于环境的破坏以及疾病的增加,人们越来越意识到清洁的食物、水源、空气的重要,无论是农村还是城市居民都积极采取措施应对。受污染源的多样性、不确定性以及环境治理的长周期性等因素制约,环境健康风险短期难以根本消除,因此实行隔离型自保成为较为常见的措施。隔离型自保有不同的途径与方式,按照是否借助市场化的方式,可以分为非市场化应对(如待在家中、种植室内植物、减少户外运动等)和市场化应对措施。通过市场化的方式购买服务是隔离型自保的重要途径,且在当下中国有愈加明显的趋势,本文主要关注环境健康风险的市场化应对。市场化方式的隔离型自保迅速增加主要有赖于以下三个条件:

(1)公众健康焦虑感的持续增加。健康焦虑感来源于对环境健康问题的风险感知。个体的环境健康风险感知能力与现实的环境状况、公众的环境健康知识、环境教育和宣传以及环境状况监测技术等都密切相关。无论是监测数据还是主观感受,中国的空气质量、水环境以及土壤污染等仍不容乐观。公众对甲醛、二噁英、雾霾、$PM_{2.5}$、转基因等认知程度日益加深,这些专业术语已成为日常生活的话语,迅速"常识化"。新闻媒体对环境问题的报道也加深了公众对环境健康风险的担忧。此外,随着新技术的发展,环境状况监测方式日益多样化,获取渠道也日益多元化。"空气卫士""污染地图""$PM_{2.5}$预报"等软件逐渐成为手机的"标配"。

(2)居民收入及购买力不断增强。改革开放以来中国经济快速发展,2010年经济总量已经跃居世界第二。居民对环境健康状况的关注日益增加,随着收入水平的提高,在市场中通过购买安全产品的方式应对环境健康风险的可能性大大增加。统计数据显示,我国城镇和农村人均收入都得到了迅速的增长。城镇和农村居民收入分别从1980年的739元和398元提高到2015年的31195元和11422元。居民恩格尔系数下降明显,城镇居民和农村居民恩格尔系数分别从1985年的53.3%和57.8%降到2015年的34.8%和37.1%。[1]恩格尔系数的下降意味着除基本的食品开支以外,居民有更多的经济能力进行其他方面的消费。

(3)环保健康产业的快速发展。随着环境问题的持续,嗅觉敏锐的资本已经看到了环保健康产业蕴藏的巨大商机,纷纷抢食这份市场"蛋糕"。中国家庭的净水器普及率只有5%,[2]空气净化器普及率只有1%,[3]与发达国家相比有极大的增长空间。围绕人们的环保和健康需求,相应的产品产业规模也不断扩大,这为消费者提供了更多的购买选择。高档饮用水、净水器、有机生态农产品、建筑生态环保材料等的生产、运输、销售都日渐形成完整的产业体系。环保与健康产业的发展为一部分有经济能力的人提供了可以实现规避环境健康风险的可能。

三、隔离型自保表现形式

国外学者的研究显示,环境破坏使得消费模式更加依赖购买私人物品(private goods)而非免费获取的环境产品(free access environmental goods)。中国市场化的隔离型自保措施被越来越多地采用。本文将从公众日常生活中与外部环境发生联系的主要方式阐述隔离型自保的实践和主要表现。

(1)与饮用水相关的隔离型自保。中国水污染的总体情况不容乐观,由于水体的富营养化,主要湖泊"蓝藻"事件频发,饮用水水质状况堪忧。

---

① 数据来自于相应年份的统计年鉴。

② 数据来源:中国新闻网,高增长难掩市场尴尬 净水设备普及率不足5%[EB/OL].(2014—12—18).[2017—09—06],http://finance.chinanews.com/life/2014/12-18/6889682.shtml

③ 数据来源:中国经济网,国内首份空净市场报告出炉 家庭普及率不及1%,[EB/OL].(2015—04—30).[2017—09—06],http://www.ce.cn/cysc/zgjd/kx/201504/30/t20150430_5249992.shtml

与发达国家相比,中国自来水检测指标相对较少。公众对于自来水水质的焦虑程度日益加深。针对饮用水安全问题,很多家庭安装净水器或者使用桶装水、瓶装水替代自来水,这些成为应对水健康风险的主要策略。美日等发达国家的净水器使用率达到75%。《2015年净水器行业蓝皮书》显示,2014年中国净水市场总规模约为121亿元,较2013年的72亿元增长了66.9%。2011—2014年水处理行业年复合增长率高达42.5%。①高端水消费增长迅速,市场中主打天然、富含矿物质和微量元素的高端矿泉水品牌不断涌现(参见表1)。市场上高端水消费量势头明显,2015年中国高端水市场销量达到667千吨。高端水零售额从2010年的55亿元增加到2014年的128亿元。②

表1　中国部分高端矿泉水品牌水源地、特征及价格

品牌	水源地	特征	市场零售价(500ml)
帕米尔	新疆帕米尔高原的慕士塔格峰冰川	结构化小分子簇团、氚含量低、天然弱碱、含丰富的天然微量元素、医疗特性。	15元
世罕泉	黑龙江省克东县天然苏打泉	小分子团水,弱碱性水,氚含量低。	11元
西藏5100	念青唐古拉山南	小分子团水、弱碱性、富含锂、锶、偏硅酸等丰富的矿物质和微量元素。	9.9元
依云	法国阿尔卑斯山	天然过滤和冰川砂层的矿化,注入天然、均衡、纯净的矿物质成分。	9.9元

资料来源:中商产业研究院,网址 http://www.askci.com;京东网上商城,网址 https://www.jd.com。

　　(2)与食物相关的隔离型自保。由于农产品生产过程中大量使用农药、化肥,加之土壤、水质污染,食品安全问题一直是社会关注的焦点。"民

---

　　① 数据来源:北京商报网,第二篇 净水市场回顾与展望(一)[EB/OL].(2015—08—18).[2017—09—06],http://www.bbtnews.com.cn/magazine/20150818/116591.shtml
　　② 数据来源:中商情报网,2014年中国高端瓶装矿泉水零售额达128亿[EB/OL].(2015—12—07).[2017—09—06],http://www.askci.com/news/chanye/2015/12/07/144352z9iv.shtml

以食为天"，食品农药残留、重金属超标等令人不安。在食品安全焦虑的刺激下，我国居民的消费观念开始出现转变，公众对健康食品的需求日益增加，特别是有机、绿色、无公害食品逐渐受到欢迎。一些富人甚至专门从国外进口食物。为了应对食品安全威胁，中国消费者形成了"一家两制"的消费模式以寻求自我保护：在农贸市场、大型超市普通区等主流食品消费渠道之外，开辟出替代消费渠道，如社区支持农业、农夫市集、巢状市场等。409份有效问卷调查显示，77.53%受访者因为食品安全原因在进行差别化的食品消费。有机产品一般价格较高，是普通食品价格的数倍。2016年出台的《"健康中国2030"规划纲要》为健康型食品生产提供了契机。为了迎合公众的消费需求，一些生产者敏锐地捕捉到商机，纷纷加入有机食品这一朝阳产业。2015年中国有机产品年销售额超过300亿元，生产总量以年均30%以上的速度递增，已成为全球第四大有机产品消费国。[1]

（3）与空气相关的隔离型自保。大气污染是重要的环境健康风险源。近年来，随着中国雾霾大面积的暴发，空气污染成为公众关注的焦点。由于空气污染具有扩散性的特征，生活于特定区域的人难以逃离。隔离型自保的主要措施在于把生活和工作的局部空间营造出健康的小环境。家庭空气净化器的购买人数迅速增加，采用静电吸附原理的空气净化器，能吸附空气中的粉尘，起到降尘作用。空气净化器从数千元到上万元不等。近几年国内空气净化器市场规模呈现持续扩张趋势，2013年国内空气净化器市场规模增速超过了160%，2014年市场增速超过30%，零售量、零售额分别达到510万台和115亿元。[2]一些居民尽量减少出门，高价购买防霾口罩。除了室外空气污染，室内空气污染对健康的危害也受到关注，生态型材料的绿色家具日益受到追捧。

---

[1] 数据来源：食品商务网，有机食品国内外销量年增30%或成为朝阳产业［EB/OL］.（2016—12—06）.［2017—09—06］,http://news.21food.cn/12/2771353.html

[2] 数据来源：新浪科技，空净家庭普及率不及1% 新国标即将发布［EB/OL］.（2015—04—30）.［2017—09—06］,http://tech.sina.com.cn/e/x/2015-04-30/doc-iawzuney4621222.shtml

此外,移民也是隔离型自保的表现之一。依据推拉理论(Push and Pull Theory),人口的移动是迁出地的推力和迁入地的拉力共同导致的结果。近年来,环境状况成为人口迁移越来越重要的参考因素,为了躲避日益严重的空气污染而迁移的人口呈现增加的趋势。"雾霾移民"成为一个新词汇,部分中产阶级从雾霾严重的地方移民到南方或者国外的意愿日益强烈。

四、隔离型自保的潜在后果

作为一种普遍存在的风险规避方式,隔离型自保对个体而言,可以一定程度上降低环境健康风险。但是其作为一个被越来越多采用的群体行为,会产生很多潜在后果,主要体现在:

首先,隔离型自保再生产了环境不平等。贝克指出"贫困是等级制的,化学烟雾是民主的",现代社会的环境风险表现出跨阶层,平均地影响着每一个人。但是在现实生活中,环境不平等仍然存在。隔离型自保某种程度上再生产了环境不平等。个体之间的经济能力有差异,穷人的行动能力很弱,富人则拥有较强的行动能力。据阿里巴巴对绿色消费的调查显示,绿色篮子平均溢价33%,绿色家居商品平均溢价60%。[1]隔离型自保需要经济能力作为支撑,这就导致了这样的一个结果:越是穷的人,越无法采取市场化的隔离型自保措施,遭受更多环境健康风险的可能性就越大;而越是富人,越有能力采取更多的隔离型措施,则越有可能逃脱潜在的环境危险。并不是每个人都平均地承受污染,环境风险对不同阶层、不同收入的人群影响表现出明显的差别。人们承受环境风险的大小与经济能力挂钩,人的健康水平与经济水平挂钩,这是不平等再生产的体现。围绕隔离型产品消费的阶层区隔日渐形成。据报道,一位知名度较高的"富二代"采访中表示其日常食物和饮用水全部从外国进口,甚至煮

---

[1] 数据来源:阿里研究院,中国绿色消费者报告[EB/OL].(2016—08—03).[2017—09—06],http://www.aliresearch.com/blog/article/detail/id/21025.html

饭用的水都是斐济进口,①这或许代表了部分富裕阶层的消费方式。甚至有媒体戏言,一些政府部门使用的是"特供空气""特供水""特供粮食",这种鲜明对比极有可能加大底层民众的不公平感,引发群体间的矛盾与对立。

其次,隔离型自保造成污染麻木与精英抽离。人们对环境问题的关注程度与自身所处的环境状况有很强的关联。环境隔离型自保某种程度上制造了一种优越的"小环境",一方面减少了个体可能遭受的环境危害,另一方面则客观上引起了个人对环境的冷漠和关心。在隔离型自保措施下,人与自然进一步疏远,人与自然的关系从"亲自然"转向"离自然""恐自然"。人们处于自己的安乐窝中,享受着至少看上去"优质"的水、空气和食物,而不管外面的环境是何等糟糕。对个体而言,环境"去问题化"并没有能够真正改善环境问题。另外,隔离型自保某种程度上造成精英阶层置身于环境风险之外,更加造成环境抗争的组织动员难度加大。萨斯指出,反向隔离措施容易造成"政治麻痹"。严格意义上来说,没有人可以真正逃离于环境风险之外。精英群体远离或者他们自以为远离了环境风险后,潜意识里抱着"事不关己,高高挂起"的心态,对他们参与环境抗争的负面影响是巨大的。精英群体往往在这类环境运动中担任核心角色。在一些案例中,受害者中的精英群体甚至通过移民等措施从高环境风险的地方逃离,剩下的普通民众面对强大的污染企业,抗争胜算概率可想而知。

第三,隔离型自保造成社会资源的浪费。随着环境状况日益恶化以及公众环境意识的觉醒,环境健康风险日益被"问题化",从"幕后"走向"台前",成为公众关注焦点。公众感知的环境健康风险某种程度上是"实在"与"建构"叠加的产物。英国人类学家道格拉斯指出风险本质上是"文化建构"的产物,"风险是真实的,但对风险程度的认知是社会建构的"。

---

① 人民网,王思聪食材全进口 面是进口面水是斐济的水[EB/OL].(2016—09—29).[2017—09—06].http://bj.people.com.cn/n2/2016/0929/c233082-29079861.html

除了客观存在的环境健康风险以外,媒体、舆论与个体对健康的关注等也在合力建构环境健康风险。真实的环境健康风险与居民认为和感受中的风险存在不对称的问题。例如,在雾霾恐慌的心理作用影响下,一些因为天气原因导致的大雾天气也会被认为是雾霾。由于媒体的宣传以及居民的恐惧心理,居民环境健康风险的感受通常高于真实风险,"风险的社会放大"成为现实。另外,隔离型自保的广泛使用也会造成社会群体间的"焦虑传递",民众对环境健康风险的焦虑相互传染而进一步加深。所以,隔离型自保存在过度化的趋向。如果都采取此类措施,则造成社会资源的极大浪费。如大量进口国外的水、蔬菜等,高价购买空气、水净化设备等。

第四,隔离型自保行为本身加剧环境问题。由于隔离型自保的存在,大量用于隔离的消费品被生产、消费和丢弃。美国社会学家施耐博格"生产跑步机"理论指出,现代社会的环境问题是"大量生产—大量消费—大量抛弃"这一经济模式运行的必然结果,不停地"生产—消费"符合利益相关者(政府、企业、银行、工人等)的利益,是他们"合谋"的结果,这一理论流派被认为是环境问题的政治经济学派。起隔离作用的消费品在生产和使用过程中会对环境产生一定的危害。围绕环境健康产品的生产和使用的过程本身也是一个有害物质制造的过程。社会大量需求的瓶装水在生产过程中会造成严重的环境问题。瓶子的生产和消费过程无论是对原材料的损耗还是排放的污染物,都是对环境的损害。本来是为了增加群体饮水质量的瓶装水,由于其大量生产和抛弃,导致了负面效果。当大量的人都采用隔离型自保措施时,某种程度上对环境的破坏也更加严重。

五、结论

从人群特征来看,市场化的隔离型自保措施需要一定的财力为基础,能够采取此类措施的主要人群是中产阶级以上的收入群体,他们更多超越物质需求层面而关注健康风险及其相关问题。隔离型自保建立在个体主义行为方式上,表现为一种个体理性与集体非理性的特征,环境健康风险应对的"囚徒困境"正成为事实。作为一种应对环境健康风险的被动措施的隔离型自保短期内可以被采用,但由于风险源的广泛分布性和隔离措施本身的局限性,与环境健康风险完全隔离是不可能的,大量的隔离型措施不仅很难真正消除环境健康风险,反而会产生很多的非预期后果和"负外部性",本身又在制造新的风险。个体作为健康焦虑传递者和隔离型自保的盲从者,无意中犯下汉娜·阿伦特所谓的"平庸的恶"。从根本上说,没有环境问题的根本性改善,个体化的自我保护措施只能是暂时的权宜之计。

从政府层面来说,环境健康风险需要采取积极有效的应对措施,将目标锁定于减少风险源,从源头上降低环境健康损害程度。更为紧迫的是,要积极采取措施消除公众对环境健康风险的过度焦虑心理,从而减少不必要的和过度的隔离型自保消费行为。政府要及时准确地公布真实的环境状况,进行环境健康风险的网络谣言治理,规范环境健康产业的运营。政府要鼓励和支持科学家群体积极发出声音,普及应对环境健康风险的科学知识,发挥其在环境健康风险建构中至关重要的作用。

从社会层面而言,隔离型自保反映了在环境领域个体利益与社会利益的割裂,凸显社会共同体建设的深远意义。具体而言,"环境共同体"建设势在必行。"环境共同体"有两点含义:其一,"同呼吸,共命运",环境问题的影响范围是特定国家和地区内的整个人群,严格意义上来说,没有人可以完全逃离环境健康风险;其二,在应对环境健康风险和环境问题时,需要秉持共同体的观念,承担起个体的责任,协调个体利益和整体利益、本地区利益和其他地区利益,从整体利益最大化的角度积极采取应对措施,避免资源浪费和无效率。隔离型自保的关键问题在于如何处理环境问题的公共性与个体的私利性的问题。人们更应该将行动方向转向支持直接的风险消除和环境改善的行动中。就个体层面而言,呼唤环境意识的觉醒,积极培养以追求环境问题改善为目标的环境公民,从而有效跨越个人私利和公共利益的"社会两难"困境。同时,需要大力支持环境非政府组织团体的发展,形成超越个人利益的以环境改善为目标的团体参与到环境问题的治理之中。

参考文献：

1. 芭芭拉·亚当、乌尔里希·贝克、约斯特·房·龙：《风险社会及其超越》，北京出版社，2005年。

2. 卜玉梅：《风险的社会放大：框架与经验研究及启示》，《学习与实践》2009年第2期。

3. 陈阿江：《次生焦虑》，中国社会科学出版社，2010年。

4. 陈阿江：《环境问题的技术呈现、社会建构与治理转向》，《社会学评论》2016年第3期。

5. 陈阿江：《论人水和谐》，《河海大学学报（哲学社会科学版）》2008年第4期。

6. 汉娜·阿伦特：《反抗"平庸的恶"》，陈联营译，上海人民出版社，2014年。

7. 汉尼根：《环境社会学（第二版）》，洪大用译，中国人民大学出版社，2009年。

8. 贺珍怡：《将环境与健康融入中国发展战略：新常态与新挑战》，《学海》2017年第1期。

9. 洪大用、范叶超、李佩繁：《地位差异、适应性与绩效期待——空气污染诱致的居民迁出意向分异研究》，《社会学研究》2016年第3期。

10. 郇庆治：《绿色变革视角下的环境公民理论》，《鄱阳湖学刊》2015年第2期。

11. 刘岩、张金荣：《风险社会公众面对环境风险的行动选择与应对》，《社会科学战线》2015年第10期。

12. 马克斯·韦伯：《新教伦理与资本主义精神》，于晓等译，生活·读书·新知三联书店，1987年。

13. 齐格蒙特·鲍曼：《寻找政治》，洪涛等译，上海人民出版社，2006年。

14. 乌尔里希·贝克：《风险社会》，何博闻译，译林出版社，2004年。

15. 谢海涛等：《淮河癌症》，《财新周刊》2013年第38期。

16.徐立成、周立、潘素梅：《"一家两制"：食品安全威胁下的社会自我保护》，《中国农村经济》2013年第5期。

17.殷永文、程金平、段玉森、魏海平、嵇若旭、于金莲、于宏然：《上海市霾期间$PM_{2.5}$、PM_{10}污染与呼吸科、儿呼吸科门诊人数的相关分析》，《环境科学》2011年第7期。

18.Antoci A.，"Environmental degradation as engine of undesirable economic growth via self-protection consumption choices，" *Ecological Economics*，2009，68(5)，pp. 1385-1397.

19. Bourgaultfagnou M D，Hadjistavropoulos H D.，"Understanding health anxiety among community dwelling seniors with varying degrees of frailty，" *Aging & Mental Health*，2009(2).

20.Douglas M，Wildavsky A.，*Risk and culture*，Berkeley，CA：University of California Press，1982.

21.Johnson T，Mol A P J，Zhang L，et al.，"Living under the dome：Individual strategies against air pollution in Beijing，" *Habitat International*，2017(59).

22. Schnaiberg A.，*The Environment：From Surplus to Scarcity*，New York：Oxford University Press，1980.

23.Sun C，Kahn M E，Zheng S.，"Self-protection investment exacerbates air pollution exposure inequality in urban China，" *Ecological Economics*，2017(131).

24.Szasz A.，*Shopping our way to safety：How we changed from protecting the environment to protecting ourselves*，U of Minnesota Press，2007.

第五单元
环境与社会

气候变化背景下湖平面上升的生计影响与社区响应

——以色林错周边村庄为例[*]

陈阿江　　王昭　　周伟　　严小兵^{**}

摘　要： 在全球气候变化的影响下，冰川融化速率加快，以冰川融水为主要补给源的湖泊出现湖平面上升的现象。通过青藏高原色林错的案例研究，发现湖平面上升淹没了周边地区大量的草场，畜牧业的衰退对当地牧民生计造成严重影响，贫困化程度不断加深。然而现行的草场承包责任制度弱化了牧民的应对能力，牧民自发组织与合作起来，恢复了传统的草场集体使用方式，利用原有的地方性知识以适应气候变化，在一定程度上缓解了生计与环境问题。

关键词： 气候变化　湖平面上升　生计影响　社区响应　色林错

一、导言

全球气候变暖是当今世界面临的重大环境问题。政府间气候变化专门委员会(IPCC)发布的关于全球气候第五次评估报告指出，从1880年到2012年全球地表平均温度大约升高了0.85℃，并且呈现加速升温的趋

　＊ 原文发表于《云南社会科学》2019年第2期。

　＊＊ 陈阿江，河海大学公共管理学院社会学系、环境与社会研究中心教授、博士生导师；王昭，河海大学公共管理学院社会学系博士研究生；周伟，河海大学公共管理学院土地资源管理系副教授；严小兵，常州大学瞿秋白政府管理学院、苏南现代化研究院副研究员。

势。①中国国家发改委应对气候变化司发布的《中华人民共和国气候变化第二次国家信息通报》中指出,自1901年以来中国大陆地区年平均地面气温上升了0.98℃,增暖速率接近0.10℃/10年,略高于同期全球增温幅度。②

气候是影响水资源在固态、液态与气态三种状态之间循环转换的重要因素。在全球变暖的背景下,南北两极冰川融化加速导致海平面上升的现象受到广泛关注,对于海平面上升的原因、现状、趋势、后果、对策等方面已有大量的研究。③全球变暖同样导致藏区以冰川融水为主要补给的湖泊产生湖平面上升的现象,已引起科学家的重视。④但湖平面上升淹没湖周边草场,并导致一系列的经济社会后果,这一方面的研究尚显薄弱。

草场退化通常被归因于干旱的气候因素和超载过牧的草场利用方式,其中超载过牧更被认为是草场退化的主因,最具代表性的观点就是哈丁的"公地悲剧"理论,即牧民出于经济理性的考虑会在共有草场上尽可能多地增加个人的牲畜,从而引发草原环境问题。⑤所以实施草原产权制度改革,由个人承包草场作为保护草原环境的措施,似乎有了理论依据。但是草场承包的效果并不理想,传统的游牧被"小农"方式的牧业所

---

① IPCC, *Climate Change 2013:The Physical Science Basis*, Cambridge University Publish, 2013, pp.5–8.

② 国家发展和改革委员会应对气候变化司:《中华人民共和国气候变化第二次国家信息通报》,中国经济出版社,2013年,第93页。

③ 秦大河:《气候变化对我国经济、社会和可持续发展的挑战》,《外交评论(外交学院学报)》2007年第4期;吕学都:《我国气候变化研究的主要进展》,《中国人口·资源与环境》2000年第2期;沈瑞生等:《中国海岸带环境问题及其可持续发展对策》,《地域研究与开发》2005年第3期。

④ 通过科学监测,在气候变化的影响下,青藏高原湖泊的个数与面积均呈增加的趋势。如闫立娟等人的研究发现青藏高原面积大于0.5平方千米的湖泊总面积从20世纪70年代至2010年前后增加了34.4%(闫立娟等:《近40年来青藏高原湖泊变迁及其对气候变化的响应》,《地学前缘》2016年第4期)。李均力等人的研究也得出了基本一致的结论,发现全球变暖导致1970年至2009年青藏高原0.1平方千米以上的内陆湖泊总面积增长达27.3%(李均力等:《青藏高原内陆湖泊变化的遥感制图》,《湖泊科学》2011年第3期)。

⑤ Garrett James Hardin, "The tragedy of commons", *Science*, 1968(162), pp.1243–1248.

取代,牧民的放牧空间被大大压缩,[1]"私地悲剧"式的环境问题非常突出。[2]与此同时,地方政府集"代理型政权经营者"与"谋利型政权经营者"于一身的角色特征决定了政府在草原环境保护中难以发挥应有的作用。[3]因此,如麻国庆、马戎、王建革、朱晓阳等越来越多的学者开始重新审视传统放牧方式、组织制度与地方生态知识,认识到其在保持草原生态系统平衡中的价值。[4]奥斯特罗姆在《公共事物的治理之道》中探讨了如何利用传统文化与社区规范对共有资源进行管理。[5]在这一思路的启发下,王晓毅提出了对草场进行社区共管,与此类似,杨思远提出了草场整合的管理方式,其核心做法都是解脱个体承包的束缚,推进牧户之间的合作,建立起自下而上的组织制度,延续草场共有的传统,从而实现保护草原环境的目的。[6]

　　本研究拟以青藏高原色林错为例,采用经验研究与文献研究相结合的方法,探讨在气候变化的背景下,色林错湖平面上升现象是如何发生的,呈现怎样的变化趋势,对周边地区牧民生计产生怎样的影响,而他们又是如何应对等问题。笔者的研究团队从2016年起多次参与藏区地方经济与社会发展的相关项目,对藏区社会、文化等都有较深刻的理解。在与地方各级行政部门、农牧民的接触过程中,以及查阅文献资料的基础

---

　　① 王晓毅:《被压缩的放牧空间——呼伦贝尔市图贵嘎查调查》,《环境压力下的草原社区——内蒙古六个嘎查村的调查》,社会科学文献出版社,2009年,第26—56页。

　　② 陈阿江、王婧:《游牧的"小农化"及其环境后果》,《学海》2013年第1期。

　　③ 荀丽丽、包智明:《政府动员型环境政策及其地方实践——关于内蒙古S旗生态移民的社会学分析》,《中国社会科学》2007第5期。

　　④ 麻国庆:《草原生态与蒙古族的民间环保知识》,《内蒙古社会科学(汉文版)》2001年第1期;马戎、李鸥:《草原资源利用与牧区社会发展》,潘乃谷、周星主编:《多民族地区:资源、贫困与发展》,天津人民出版社,1995年,第1—30页;王建革:《游牧圈与游牧社会——以满铁资料为主的研究》,《中国经济史研究》2000年第3期;朱晓阳:《"语言混乱"与法律人类学的整体论进路》,《中国社会科学》2007年第2期。

　　⑤ 埃莉诺·奥斯特罗姆:《公共事务的治理之道——集体行动制度的演进》,上海三联出版社,2000年,第98—110页。

　　⑥ 王晓毅:《互动中的社区管理——克什克腾旗皮房村民组民主协商草场管理的研究》,《环境压力下的草原社区——内蒙古六个嘎查村的调查》,社会科学文献出版社,2009年,第168—191页;杨思远:《巴音图嘎调查》,中国经济出版社,2009年,第69—131页。

上,发现气候变化导致色林错湖平面出现显著上升现象,对周边地区发展产生重大影响。因此,在2018年6月份,研究者前往位于色林错湖边的申扎县,针对气候变化、湖平面上升及其影响与响应等议题进行田野调查。调查所获取的研究资料包括两个部分:一是文献资料,如地方志、政策法规文本、新闻报道、已有研究文献等;二是访谈资料,笔者进行深度访谈的对象有县镇政府相关部门负责人、村委干部、当地牧民等。在丰富的研究资料基础上进行系统梳理与分析,从而形成本研究。

申扎县位于藏北高原,县域面积25546平方千米,人口16400人,平均海拔在4700米以上。申扎县是西藏自治区的一个纯牧业县,全县有将近3000万亩的草场,主要饲养牦牛、绵羊、山羊等,第二、三产业也主要是围绕牧业发展的加工业、观光旅游业等。①

笔者所研究的泽村②,在色林错湖边,海拔相对较低,相对湿润的气候条件使泽村拥有较好质量的草场。2001年实施草场承包责任制时,该村统计草场面积总共为634392亩,人均草场3000余亩。全村200余人,经济收入以畜牧业为主,除了部分村民偶尔在周边地区打打零工,村里没有人常年在外务工。

二、气候变化、冰川消融与湖面上升

在中国,气候变化导致的湖平面上升现象主要出现在青藏高原地区。青藏高原是世界上中低纬度地区最大的现代冰川分布区,除去两极地区,剩余的世界冰川面积有40%左右分布在中国,③而中国79%的冰川数量、84%的冰川面积与81.6%的冰川冰储量分布在青藏高原。④冰川融水是青藏高原众多湖泊的水量补给来源,所以湖泊水量受气候变化的影响十分显著。

---

① 西藏自治区申扎县地方志编纂委员会:《申扎县志》,中国藏学出版社,2012年,第1—20页。
② 文中的村庄名称已经做了技术处理。
③ 施雅风:《中国冰川与环境——过去、现在和未来》,科学出版社,2000年,第17页。
④ 刘宗香、苏珍、姚檀栋等:《青藏高原冰川资源及其分布特征》,《资源科学》2000年第5期。

本文选取的色林错地处藏北地区,青藏高原中部,冈底斯山北麓,位于西藏自治区那曲市申扎县、班戈县、尼玛县的三县交界处。色林错是青藏高原形成过程中产生的构造湖,是一个远离海洋的内陆湖泊,主要的入湖河流有三条:扎加藏布、扎根藏布与波曲藏布,分别于北部、西部、东部注入色林错。其中扎加藏布发源于唐古拉(6205米)、各拉丹冬(6621米)、吉热格帕(6070米)等雪山,扎根藏布发源于甲岗雪山(6444米),波曲藏布发源于巴布日雪山(5654米)。因此,色林错水源补给属于冰川融水补给类型,水量的多少直接受冰川融化的程度、速率等因素影响。

色林错所在区域气候变化与全球气候变化的趋势相一致,年平均气温都呈现显著上升的趋势。在该区域内有申扎、班戈两个气象站,达桑对1961—2008年中国气象局发布的关于这两个气象站的地面气候资料进行分析,结果发现该区域近50年来的年平均气温以0.4℃/10a的速率显著升高。①并且近年来气候变暖的趋势愈加明显,申扎县1991—2000年10年间的平均气温为0.2℃,2001—2010年10年间的平均气温为0.8℃,气温升高了0.6℃之多。②

在气温升高的影响下,冰川融化速率呈现逐渐加剧的趋势。杜鹃等人对色林错流域的冰川变化特征进行了研究,结果表明1990—2011年间,色林错流域冰川总面积由277.01平方千米减少至242.25平方千米,21年间减少了34.76平方千米,退缩比例达12.55%,年均退缩面积1.66平方千米(图1)。③由于色林错的的三条主要径流——扎加藏布、扎根藏布与波曲藏布的主要补给源为冰川融水,所以随着色林错流域内冰川的持续加速融化,当前径流量处于水量增多的阶段。

---

① 达桑:《近50年西藏色林错流域气温和降水的变化趋势》,《西藏科技》2011年第1期。

② 数据来源:申扎县气象局。

③ 杜鹃等:《1990—2011年色林错流域湖泊-冰川变化对气候的响应》,《干旱区资源与环境》2014年第12期。

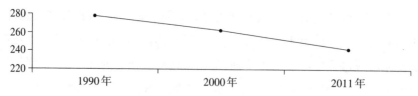

图1　1990—2011年色林错流域冰川面积变化趋势(单位:平方千米)

数据来源:根据杜鹃等《1990—2011年色林错流域湖泊–冰川变化对气候的响应》整理绘制而成。

入湖径流量的大幅增加导致色林错在较短的时间内水量大幅增加,出现湖平面上升的现象。从已有的研究成果来看,由于研究时段、测量手段、数据来源等方面的不同,加之受自然条件的影响,不同研究者对色林错湖平面上升程度的结论存在一定的出入,但是色林错湖面呈现显著上升趋势的基本结论是一致的。色林错湖面上升大致可以分为三个阶段:一是20世纪70年代后至20世纪末的平稳增长期,色林错湖面面积大约增加100—200平方千米,扩张速率约为每年不到10平方千米;二是2000年左右至2006年左右的快速增长期,色林错湖面面积大约增加400—500平方千米,扩张速率约为每年50—60平方千米;三是2007年之后再次进入平稳增长期,色林错湖面面积大约增加100—200平方千米,扩张速率约为每年10—20平方千米。[1]随着色林错湖面不断上升的发展趋势,色林错面积不断增大,从20世纪70年代的1600多平方千米增长为现今的2400平方千米左右,面积总共增加了700—800平方千米左右,与之前相比扩大了约50%,已经超越纳木错,从西藏过去的第二大湖变为现在的第一大湖。

色林错湖面上升的科学结论也被周边村民的日常感知所印证。从1997年左右开始,泽村村民发觉色林错扩张迅速,湖岸线年年向前推进,

① 杨日红等:《西藏色林错湖面增长遥感信息动态分析》,《国土资源遥感》2003年第2期;邵兆刚等:《青藏高原近25年来主要湖泊变迁的特征》,《地质通报》2007年第12期;边多等:《1975—2008年西藏色林错湖面变化对气候变化的响应》,《地理学报》2010年第3期;孟恺等:《青藏高原中部色林错湖近10年来湖面急剧上涨与冰川消融》,《科学通报》2012年第7期。

最多的地方每年可前进400—500米。村民估计,在近20年间坡度平坦的地方湖岸线大约已向前推进了5.6千米,坡度较陡的地方湖岸线也推进了1.2千米之多。

三、湖面扩张、草场淹没与"气候贫困"

色林错湖平面上升的直接后果是淹没了周边大范围的草场。草场是牧业生产的基本生产资料,草场被淹没导致可供养牲畜的数量大幅减少,对于以放牧为生计基础的当地牧民而言无疑是重大的打击,不断下降的牧业收入使很多牧民陷入贫困化的境地。

泽村是全县草场淹没情况最为严重的村庄之一,村主任一边指着离湖岸约2—3千米的地方,一边告诉笔者说:

> 这些和那些地方以前都是村里的草场,我们以前一直都用来放牧,还建有牛羊圈舍,现在统统都已经淹没在水面下了。(泽村村干部访谈录,2018年6月7日)

并且由于色林错湖面依然处于上升阶段,被淹没的草场仍在继续扩大。

由于草场被淹没的问题非常严重,泽村村委会特地对本村草场情况进行了摸底。据统计,2001年泽村开始实行草场承包责任制时,全村共有草场面积为634392亩,但到2015年,这60多万亩草场已被色林错淹没328901亩,淹没了草场总面积的51.8%。

全村草场由村里27户家庭承包经营。色林错淹没草场波及全村家庭19户,占总承包户数的70.4%。其中,编号为1、3、4、5及16的5户牧民所承包的草场全部被淹没,草场面积淹没过半的有编号2、7、8、9、11、14、15、17、18、19的10户牧户,占总户数的37%,草场面积淹没最少的牧户也有1/3左右(表1)。

表1 2001—2015年申扎县马跃乡泽村草场淹没情况

草场淹没牧户编号	承包草场(亩)	淹没草场(亩)	淹没比例(%)
1	23328	23328	100
2	38880	29878	76.8
3	11016	11016	100
4	17496	17496	100
5	23472	23472	100
6	19764	6455	32.7
7	26892	17980	66.9
8	24300	14300	58.8
9	29190	15728	53.9
10	23652	10456	44.2
11	26568	16648	62.7
12	28332	10985	38.8
13	26568	8969	33.8
14	15002	8843	58.9
15	34344	20320	59.2
16	26568	26568	100
17	39024	20946	53.7
18	54432	30548	56.1
19	26892	14965	55.6
总计		328901	

数据来源:泽村村委会提供。

　　湖面上升所淹没的草场不仅数量大,而且也把村里最好的草场淹没了。藏北高原海拔较高,以高原草场为主,草场质量总体并不太好。而沿湖周边的地区,是泽村海拔最低的草场。海拔低的地区,土层厚,有机质含量高,积温高,加之近湖相对湿润,所以是牧草产量和质量最好的地区。正因如此,泽村牧民都将畜牧生产的关键环节——接羔育幼在沿色林错湖的草场上进行,以充分保证牲畜的营养需求。

　　色林错周边是纯牧业区,草场是畜牧业生产中最基本的资源条件,因此湖面上升导致的草场淹没对牧民具有毁灭性的影响,严重影响了牧民的收入水平,甚至出现贫困化的现象。在色林错扩张影响还不显著的

2001年,泽村人均拥有牲畜61.98个绵羊单位。2001—2015年间,色林错扩张淹没了泽村32万多亩的草场,致使可供养的牲畜数量逐年减少,2008年人均牲畜量下降至47.24个绵羊单位,2015年更是下降至37.17个绵羊单位(见表2)。与未被淹时相比,人均拥有牲畜下降了将近一半的数量,牧民的收入大幅度下降,全村32户中已有23户被政府认定为"贫困户",其中11户甚至被认定为"低保户"。

表2　2001—2015年申扎县马跃乡泽村牲畜数量变化情况①

年份	人数	牲畜数量(绵羊单位)	人均牲畜量(绵羊单位)
2001	195	12085.8	61.98
2008	213	10062.4	47.24
2015	216	8029.0	37.17

数据来源:2001年、2008年数据由泽村村委会提供,2015年数据由马跃乡政府提供。

　　由气候变化所导致的贫困或贫困加剧现象被称为"气候贫困"(Climate Poverty)②,二者之间的关系分为直接影响与间接影响两种:直接影响指的是极端气候灾害造成人民财产、生计方式及相关基础设施等方面损失;间接影响指的是气候变化通过引起环境的相应变化,进而对部分社会群体的生计方式产生影响。极端气候灾害虽然破坏性较大,但是发生频率较低,在现实的大多数情况中,气候更多是通过一系列中介变量的作用间接地对社会生计产生渐进性影响。在湖平面上升的情境下,遵循的就是从气候变化到生计变化的间接演变路径。而全球变暖导致的冰川融化加速仍在持续,色林错湖面仍在上升,被淹没的草地范围越来越大,牧民的生产与生活将更为艰难,这种由于气候变化而引发的"气候贫困"现象还会不断加剧。

　　就色林错地区而言,气候变化导致冰川融化速度加快、融水增加,从

───────────

　　① 此处绵羊单位换算方法参考当地标准:(1)成畜。1匹马或骡=6个绵羊单位,1头牛=5个绵羊单位,1头驴=3个绵羊单位,1只山羊=0.8个绵羊单位。(1只绵羊=1个绵羊单位)(2)当年新生仔畜=成畜折合绵羊单位×0.5。

　　② 乐施会:《气候、贫穷与公义》,2008年12月1日,http://www.oxfam.org.hk/content/98/content_3528sc.pdf。

而使湖面上升,是"气候—环境—生计影响"的第一阶段。随着冰川融化量的增大,冰川存量进一步减少,融水量达到某个临界值以后,融水量将逐渐下降。如果气温维持在某个较高的温度或继续升高,冰川将继续融化,但融水减少,直至冰川全部融化。冰川就像是一个固体水库,每年的来水是相对稳定的。如果每年从水库中排放的水量大大超过补给量,那么水库就会面临干涸的危险。就牧民的生计而言,如果冰川融化的水量小于草场维持正常所需要的水量,则草场进入下一阶段的"气候贫困"风险,即"气候—环境—生计影响"的第二阶段。事实上,在2007年之后,色林错再次进入平稳增长期,扩张速率明显放缓,已经出现冰川融水趋于干涸的势头,因此产生干旱灾害进而导致第二阶段"气候贫困"的风险大幅增加。

四、应对"气候贫困"的社区合作制重建

在已有的研究与实践中,应对海平面上升的措施主要有5个方面:第一是调整产业结构,向温室气体排放较少的产业进行转型。第二是采取相应的工程、技术手段,如完善防洪、防潮和堤坝等基础设施。第三是建立预报和预警系统,强化对海平面上升及其灾害的监测能力。第四是完善政策法规与管理机制,形成科学、高效、协调的管理框架。第五是人口迁移,以减轻海平面上升的威胁程度,且有利于生态环境的恢复。[①]

然而这些应对措施都必须投入巨大的成本,需要在国家、政府的主导下才有可能进行,诸如色林错等湖平面上升的现象目前尚未引起足够的重视,仅靠当地社区是难以操作的。比如草场淹没理论上可以用工程措施加以控制,但考虑到生态及经济成本,这一措施难以推进。此外,产业转移即从目前的牧业转向农业或第二、三产业,是一种潜在的可能性,但

---

① 武强等:《21世纪中国沿海地区相对海平面上升及其防治策略》,《中国科学》(D辑:地球科学)2002年第9期;刘曙光:《海平面上升对策问题国际研究进展》,《中国海洋大学学报(社会科学版)》2017年第6期;施雅风等:《长江三角洲及毗连地区海平面上升影响预测与防治对策》,《中国科学》(D辑:地球科学)2000年第3期。

需要外部条件及时机。就色林错周边的影响区而言,大部分还不具备这一条件。尽管难以借鉴已有的经验,但泽村牧民根据自身条件,探索了社区合作,一定程度上有效缓解了湖平面上升引发的生计问题。

藏区牧民传统的放牧方式是游牧,由于草原地形、土壤分布各异且气候复杂多变,水草资源在时间与空间分布上出现较大差异,为了合理利用水草资源,牧民会在一个较大的空间范围内按季节或年份等时间尺度进行游牧,形成一种“逐水草而居”的状态。尽管牧业生产始终处于流动状态,但并不是一种无序的流动,而是有着明确的组织与制度。由若干家庭组成一个家族或部落,首领统筹安排牧业生产与分配等过程,草场属于集体共有,成员屯营在一起共同放牧,相互协作。[1]西藏和平解放之后,诸如部落等组织形式逐渐消亡,取而代之的是人民公社时期的社队体制及改革开放后的村落社区,但是不论组织形式如何变化,牧业的集体经营方式一直延续了下来。

而从1995年起,西藏自治区开始循序渐进地推行草场承包责任制。“草场公有,承包到户”与“牲畜归户,私有私养”一起共同构成了西藏牧业生产的基本制度。与之前各时期不同,草场承包责任制从根本上改变了草场的使用方式,各牧户只能在自家分到的草场上进行放牧活动,从过去集体根据牧草时空分布进行生产安排的放牧方式转变为个体在固定草场进行的划区轮牧方式。牧业的集体经营方式不复存在,牧户成为牧业生产的基本单位,牧区出现原子化的趋势。

申扎县从2001年起开始实行草场承包责任制,从以前的集体放牧制度向各户划区轮牧制度进行转变。泽村的草场分为春季草场与其他草场两大部分,每年1月份至5月份各户在自家分得的春季草场放牧,6月份至12月份则在各户的其他草场放牧。

草场承包责任制决定了牧民如何使用草场的方式,但是湖平面上升

---

① 王婧:《牧区的抉择:内蒙古一个旗的案例研究》,中国社会科学出版社,2016年,第27—53页。

使以承包责任制为基础的草场使用方式受到巨大冲击,主要表现在两个方面:一是草场面积剧减,淹没比例高的牧户生计难以为继。从泽村草场被淹没情况(表1)可以看出,湖平面上升造成大多数牧户的承包草场面积减少,有些牧户的草场已被大部分甚至全部淹没,生产难以为继。二是轮换方式受到严重影响。色林错周边的草场由于水草丰茂,往往被当作春季草场进行利用。泽村的春季草场几乎都分布在色林错周边,成为色林错湖平面上升首当其冲的区域,泽村30万亩左右的春季草场被淹没20多万亩。这就导致以家庭为单位,根据季节时间进行的不同草场之间的轮牧制度难以延续,牧民被迫提前转场或根本无场可转,牧业生产与草地环境都受到严重影响。

　　草场承包责任制度的实施原本着眼于两个方面:一是提高牧业生产效率,二是改善环境状况。产权明晰被认为是解决"公地悲剧"式环境问题的有效方法,如果产权明晰,生态后果都由个人承担,那么每个人都会保护自己的草场,整个草原环境就会随之得到改善。但是在草场承包责任制下,牧户逐渐原子化,独立面对各种风险。在气候变化湖面上升的冲击下,资源有限的个体牧户独自应对天灾的能力明显不足,出现了大面积的"气候贫困"问题,社会脆弱性增大。这不仅无益于贫困与环境问题的解决,并且随着草场被淹没的越来越多,草场承包责任制也几近瓦解。面对这一困难,牧民尝试多种可能的路径,最终发现草场合作是可行的办法。

　　草场合作最初是由受色林错湖平面上升淹没草地较为严重的一部分牧户提议的。泽村村主任回忆道:

　　　　草场承包到户后就一直存在着被湖水淹没的情况,经常有牧户来向我反映自家草场越来越少的问题。后来严重到很多人无法继续放养牲畜的程度,这些人就来找我,提出希望能像以前一样共同使用草场放牧。(泽村村干部访谈录,2018年6月7日)

考虑到牧户草场被淹没的不均衡性，按照产权理论及理性经济人的假设，没有受到淹没影响或淹没草场少的牧户肯定会反对草场共享的。但泽村的情况不是这样。由于风险的不确定性，即使是没有淹没的牧户将来也会面临风险。首先，色林错湖平面一直维持上升的趋势，周边被淹没的草场面积还在持续增加。其次，等融水达到高峰之后，湖面可能会回落，而远离湖岸的高海拔草场将率先面临缺水的风险。因此，面对气候变化所可能带来的威胁，牧户无法确保自己的草场不会受到影响。正如泽村牧民自己所说的：

> 色林错湖每年都在涨，很多人的草场、房屋都被淹了，说不定哪天村庄都会被淹，这可能只是时间的问题，没有人敢说自己是绝对安全的。（泽村村民访谈录，2018年6月7日）

因此对于草场被淹没的牧户而言，合作制为他们提供了现实帮助；对于暂时没有淹没影响或淹没情况轻微的牧户而言，合作制则为他们抗拒未来的风险。正如贝克所言，合作化制度是风险不确定性影响下的普遍焦虑所促成的社会团结。[1]

在收到一部分人提出的草场合作建议后，先在村委范围内进行了讨论，村委干部们达成一致后，召开了村民全体会议，村民全体同意再次恢复草场集体使用的制度。具体做法是草场使用权名义上仍归属于各牧户所有，但他们都将自家分到的草场重新集中起来，打破以家户为单位的放牧范围限制，扩大至以村社区为单位的放牧范围，草场使用权实质上属于集体。并且为了防止草场的过度使用，村委会依据现有草场面积规定每人拥有的牲畜量不得超过40个绵羊单位。

其实，从上文藏区放牧方式的变迁历程可以看出，草场集体使用的制度是有其历史传承的。在推广实施草场承包责任制度之前，西藏的草场

---

① 乌尔里希·贝克：《风险社会》，何博闻译，译林出版社，2004年，第56—57页。

使用主体一直是集体的。这是因为水、草资源在空间、时间上的分布很不均衡，单个牧户是很难在一个大空间范围内"逐水草而居"进行游牧的，所以共同集体使用牧场作为一种与藏区环境相适宜的草场利用方式一直延续下来。①西藏在1995年才开始逐步推行草场承包责任制，至今不过二十余年，而申扎县则是在2001年才开始实施，更是只有短短十几年时间。草场承包责任制度在较短的时间内还不够深入人心，传统集体合作方式的惯性记忆依然存在，成为牧民重新组织起来、实现合作化的基础条件。

恢复草场集体使用的合作化制度产生了两方面的成效：

第一，缓解了由湖平面上升带来的生计影响，使当地社区的牧业生产得以维持，避免了草场极端少的牧户陷入赤贫化的困境。将草场集中统一使用可以扩展个体牧户的放牧范围，实质是将湖平面上升的冲击与风险从各独立牧户分摊到整个社区，提高了牧民应对气候变化的能力。经济损失由社区成员共同承担，极大地减轻了个体牧户的负担，牧户因湖平面上升导致生计崩溃的概率大大降低。从实地调查情况来看，色林错将很多牧户的草场完全淹没，但是草场合作使用使他们可以在他人所承包的草场上放牧，尽管生计水平大幅降低，但还不至于无法生存。②

第二，缓解了由湖平面上升带来的环境压力，避免草场极端少的牧户对草场的过度利用，极大减缓了草原退化的速度。泽村受湖平面上升影响从而草场被淹没的牧户数量多达19户，占全村总户数的70.4%，这部分牧户原有承包草场面积为515720亩，被淹没草场面积为328901亩，剩余草场面积仅为186819亩。若继续坚持草场承包责任制，那么这部分牧户

---

① 陈阿江、王婧：《游牧的"小农化"及其环境后果》，《学海》2013年第1期。

② 需要指出的是，国家与地方政府的一些政策也为缓解贫困化问题做出了贡献。一是社会保障制度的不断完善，如低保户的设立，对生活困难者进行无偿的物质帮助，维持了其基本生活水平；二是草原补奖政策的推行，该政策对可利用草原根据载畜能力核定合理的载畜量，按照符合草畜平衡管理标准的草原面积对牧户进行一定的资金补助。湖平面上升虽然已经淹没了泽村大量草场，但是草原补奖政策依然按照淹没之前泽村实施草场承包时所统计的草原面积推行，而可放养牲畜数量的持续下降使泽村很容易达到草原补奖的标准，所以泽村获得了大量草原补奖的资金。这些政策尽管主观上并不是为了解决湖平面上升引发的生计困难而制定，但是客观上起到了缓解贫困问题的效果。

为了生计,会在自家剩余的草场上尽可能多地放养牲畜,草场退化的环境压力骤然增大。因此草场的集体使用使这部分牧户不必禁锢在自家草场上放牧,将这 186819 亩剩余草场退化的环境压力分摊到全村剩余的 305491 亩草场上,在很大程度上延缓了草场退化的速度。

五、结论

全球变暖是当前世界的普遍趋势,各个国家与地区都必须面对气候变化所带来的一系列环境问题的挑战。其中,以冰川融水为主要补给源的湖泊受气候变化的影响最为显著,本文以色林错为例,基于对当地气象数据与已有自然科学研究的分析,可以发现气候变暖导致冰川融化加速,进而引发湖平面上升的现象。色林错湖平面上升淹没了周边地区大量的草场,以牧业为主要经济来源的牧民生计受到严重影响,出现了贫困化的趋势。

面对气候变化下湖平面上升的冲击,以产权明晰为目标的草场承包责任制度弱化了牧民应对风险的能力,难以发挥作用。而社区合作恢复了草场集体使用的传统,扩大的放牧范围可以使牧民根据环境条件灵活安排生产,将风险从独立个体分摊到整个社区,极大地提高了牧户应对气候变化的能力,缓解了湖平面上升带来的生计影响。因此在气候变化的背景下,应当重新审视传统游牧方式的生态价值,尊重与挖掘地方性知识,充分发挥地方自主性,根据自身特征选择适合的牧业生产管理与组织方式。同时也应当认识到,社区合作只是缓解问题的一种手段,不能彻底解决问题。社区合作只是在气候变化压力下,牧民自发形成的被动调整与适应,将牧民受到的生计影响最小化。但随着湖平面的持续上升,作为合作基础的草场生产资料被淹没得越来越多,社区合作最终也会面临瓦解的境况。因此仅仅在社区层面依靠牧民自发来应对气候变化的努力是远远不够的,需要更多主体的参与、更多方式的探索。如在政府层面,制定应对气候变化的相关政策进行引导,完善相关基础设施建设,建立气象预警机制,加强宣传教育等;在社区层面,在社区内部合作化的基础上推进社区间的合作化,实现更大范围内的联合放牧等。只有政府、社区、牧民及相关主体都积极参与进来,发挥自身智慧与作用,相互协调与促进,形成合力,真正实现"顺天应人",①才能减轻气候变化带来的各种社会影响。

---

① 刘魁、吕卫丽:《气候治理:从现代性反思走向"顺天应人"》,《南京工业大学学报(社会科学版)》2017年第3期。

显现的张力：
环境质量、收入水平对城镇居民生活满意度的影响*

赵文龙　代红娟**

摘　要： 本文从环境质量和收入水平这两个维度探讨城镇居民生活满意度的影响机制，透过社会阶层，二者的影响存在明显的张力。基于 CSS2015 等数据的实证分析发现：居住地环境质量评价和家庭收入水平对居民生活满意度具有显著的正向影响。社会阶层对环境质量、收入水平与生活满意度的关系具有调节作用：区域环境污染对居民生活满意度的负向影响在社会中层比下层大；家庭收入对居民生活满意度的正向影响在社会上层比下层小，在社会上层出现了收入对生活满意度的负效应，这一发现在一定程度上明晰了"伊斯特林悖论"的解释边界。

关键词： 生活满意度　环境质量　收入水平　张力　社会阶层

一、问题的提出

美好生活是人类社会追求的根本目标。中国改革开放40年来，经济快速发展，社会发生巨大变迁，人民生活水平稳步提高，开始走向一个更

---

* 原文发表于《探索与争鸣》2019年第8期。

** 赵文龙，西安交通大学人文社会科学学院社会学系教授；代红娟，西安交通大学人文社会科学学院社会学系博士研究生。

加重视生活质量的阶段(李培林,2016)。从生活水平到生活质量的美好生活取向转型显露了以经济增长为导向的发展观弊端,尤其是环境污染对人们主观福祉的削弱引发社会公众的深刻反思,化解环境质量与收入水平之间的矛盾成为当前实现美好生活的题中应有之义。

　　环境、收入与生活质量之间的关系论述由来已久,见诸国内外哲学、政治学、经济学等经典论著。17—18世纪《政治算术》与《国富论》中都将收入等同于生活质量,强调财富的增加势必提高人们的生活质量。然而工业社会的迅速发展改变了人与自然的关系,这些变化影响着人们生活质量的走向。"伊斯特林悖论"①的提出,展开了对收入与生活质量关系的更深入探究,"环境库兹涅茨曲线"②将环境与收入的互动带入经验研究领域。其实,以收入为同一逻辑起点的"伊斯特林悖论"和"环境库兹涅茨曲线"折射出经济增长的多重社会后果,彰显了社会发展的内在张力③,即在人们追求生活质量过程中环境质量与收入水平、个体与社会结构之间的紧张关系。具体说来,在经济迅速增长时期,一方面,人们对自然资源的需求和开发力度加大,往往以牺牲环境为代价换取高收入,环境需求与收入需求剑拔弩张;另一方面,宏观社会结构层面公共环境质量与群体收入水平变化所累积的紧张和压力触发了阶层利益的分化。长期来看,环境质量与收入水平的关系具有复杂性,二者并非简单的同趋势变动,或者完全对立,其张力关系不断变化,阶层间利益的分化与整合亦是社会结构的动态平衡过程。因此,居民生活质量的提升正是环境质量与收入水平张力关系变化、个体利益与社会结构不断博弈的过程。

---

　　① 伊斯特林悖论,又叫幸福悖论,是由美国南加州大学经济学教授理查德·伊斯特林(R. Easterlin)在1974年著的《经济增长可以在多大程度上提高人们的快乐》中提出,即国民幸福感与经济增长之间呈倒U型的关系。

　　② 库兹涅茨曲线在1991年首次提出,使用二氧化硫和烟尘排放量作为环境污染排放指标,得出了环境污染与人均GDP之间关系呈倒"U"型的结论。

　　③ "张力"原本是一个物理学术语,指的是物体受到拉力作用时,存在于内部而垂直于相邻两部分接触面上的相互牵引力。在社会科学研究中,人们借用"张力"概念意指某些领域出现的矛盾、不相容、紧张状态。

已有研究虽然从宏观和微观层面分别探讨了环境、收入因素对居民生活质量的影响(邢占军,2011;刘军强等,2012;崔岩,2016;巫强、周波,2017),却忽视了二者之间的张力,鲜有研究将其置于同一分析框架,本文试图在环境质量—收入水平的张力分析框架下探讨中国居民生活质量的影响机制。需要说明的是:第一,一般说来,生活质量的研究包括客观和主观生活质量两个方面。客观生活质量主要考察人们物质生活状况,而生活满意度、幸福感等主观生活质量的研究,则为我们理解居民生活质量提供了更为丰富的知识。本文对生活质量的量化分析中,使用"生活满意度"来测度主观生活质量。第二,从已有研究来看,环境质量的重要性已成共识,但是对环境质量的具体测量没有形成统一的标准,本文根据研究需要,用环境污染指数这一逆指标来综合度量客观环境质量。第三,由于城乡居民对生活满意度的感知及其影响因素存在较大差异,为了避免这种结构性差异对研究结果的干扰,本文仅关注居住于城镇的居民生活满意度。

二、文献回顾与研究假设

(一)环境质量与收入水平

在农耕文明时代,人们对环境与生活间关系的认识非常朴素。例如中国战国时期的《商君书》中有这样的论述:"故为国任地者:山林居什一,薮泽居什一,谷流水居什一,都邑蹊道居什四,此先王之正律也。"这充分体现了环境保护在国家政治生活中的重要地位,良好的环境质量是百姓安居乐业的保障。随着生产力的发展,工业化在全球范围内纷至沓来,GDP成为衡量社会发展的标准,这一进程虽实现了人们收入水平的快速提升,但使用数量的线性增长衡量经济与社会的发展是不合适的(赵文龙,1997)。如果按照早期工业社会"先污染后治理"的发展模式,则收入增加的同时会导致环境污染的加剧。问题在于,人们对生活质量的需求,既包括较高的收入水平,又包括优良的环境质量,环境质量与收入水平的张力成为制约生活质量提升的瓶颈。这一现象受到学者的关注,其中"环境库兹涅茨曲线"(Grossman and Krueger,1991)为人熟知,即环境污染与人均GDP呈现倒U型的曲线关系。一些研究者采用不同的方法从数据上验证了环境污染和收入水平之间的倒U型关系(Selden and Song,1994;Jones and Manuelli,2001;吴玉萍等,2002;Hartman and Kwon,2005;宋涛等,2006;Brock and Taylor,2010;黄菁,2010)。从生产环节分析,形成这一曲线关系的原因在于经济体中用于减少污染的资本分配由不足到充足(Dinda,2005);从消费环节来看,环境质量与消费品的边际效用在不同经济发展阶段的反向变动导致了环境污染和收入的倒U型分布。科技进步对于推动城市跨越"环境库兹涅茨曲线"的转折点有突出贡献(Cleveland,2002)。但也有一些研究者发现环境污染与收入水平之间并不一定呈现倒U型关系,二者之间也有可能呈U型关系(张晓,1999;王敏、黄滢,2015)或倒N型关系(Friedl and Getzner,2003;赵立祥、赵蓉,2019)。

究其原因,一方面环境污染的表现是多维度的,"环境库兹涅茨曲线"规律在很大程度上取决于污染指标与估计方法的选取(彭水军、包群,2006),这启示我们在对环境质量进行操作化时,应尽可能选取一些综合性的指标。另一方面全球化背景下经济资本与政治资本的联姻使得环境问题在不同国家和地区的表现不尽一致。尽管环境污染与收入水平的关系不可一概而论,但可以肯定的是,环境质量和收入水平是考察人们生活质量的两个重要维度,现代社会环境质量与收入水平的联系性客观存在,这种联系性直接影响人们的生活满意度。

(二)环境质量与居民生活满意度

环境质量是美好生活的重要维度之一,随着人们对环境质量的重视,环境质量对人们生活满意度影响的研究日益丰富。概括地讲,环境质量因素大体上可以分为客观环境质量和主观环境认知两个维度。首先,客观环境质量中的环境污染对生活满意度的负向影响是研究中取得的共识,环境污染对居民生活满意度的影响主要通过身体健康、寿命、情绪等途径传导,良好的环境质量可以提高人们的生活满意度(陈阿江,2007;王光荣,2008;董光前,2011;曹大宇,2011;洪大用,2012;孙付华、沈菊琴,2017)。其次,公众的主观环境认知对生活满意度具有间接影响,较高的主观环境认知强化了人们对于环境污染的认识以及对良好环境质量的偏好。公众的主观环境认知越强,对环境污染感受到的负面影响越多,其生活满意度就越低。而对良好环境的评价越积极,其生活满意度越高(Ferrer-I-Carbonell and Gowdy,2007;MacKerron and Mourato,2009)。最后,客观环境质量与主观环境认知对生活满意度的影响存在群体(如性别、年龄、城乡、地域、阶层等)差异(黄永明、何凌云,2013;郑君君等,2015)。

总之,环境质量对居民生活满意度的影响既体现在客观环境质量和主观环境认知两个维度,也体现在宏观区域和微观个体两个层面。环境质量越高,人们的生活满意度越高,而环境污染越严重,人们的生活满意度越低。受损失厌恶的心理作用支配,环境污染对人们生活满意度的折损效应表现得更加明显。个体对居住地环境质量的主观评价越积极,生活满意度越高。据此提出环境质量与居民生活满意度关系的研究假设1:

假设1a:区域环境污染与城镇居民生活满意度负相关;

假设1b:城镇居民对居住地环境的正向评价与生活满意度正相关。

(三)收入水平与居民生活满意度

收入是经济发展的核心指标之一。地区收入水平左右了当地公共资源的供给质量,个体收入水平则直接决定了自身及其家庭的生活水平。已有关于收入水平与人们生活满意度的研究也从地区和个体两个层面上展开。在地区层面上,横截面的数据分析显示,越是富裕的国家或地区,人们的生活满意度越高(Diener and Biswas-Diener,2002)。纵贯数据的研究对收入水平与生活满意度的关系认知尚存在争议,一种观点认为国家或地区经济的发展会促进居民生活满意度的提高(Veenhoven,1991;Diener and Fujita,1995;Cummins,1998;Deaton,2010)。另一种观点则认为地区经济水平的变化与生活满意度并非总是显著相关(Easterlin,1974,1995;Easterlin et al.,2010,2012;Brockman et al.,2009;吴菲,2016)。从个体层面来看,横截面的数据分析同样表明高收入者的生活满意度高于低收入者(Campbell et al.,1976;Diener et al.,1993;李路路、石磊,2017)。但个体数据的追踪研究却发现,在一段时期内收入的增加并不能带来生活满意度的显著提升(吴菲,2019)。

如何解释收入水平与生活满意度在不同分析单位与时间上的复杂结论? 从宏观社会结构上来看,经济的增长往往伴随社会不平等的加剧,从而削弱部分群体的生活满意度;从微观心理结构上来看,广泛存在的社会比较心理使个体生活满意度受到他者的影响(卢淑华、韦鲁英,1992;Clark and Oswald,1996;Ferrer-I-Carbonell,2005),除此之外,定点理论和幸福饱和理论均指出个体生活满意度的稳定性(Brickman and Campell,1971;Knight,2012)。无论是基于宏观社会环境还是个体微观心理层次,收入之外其他因素的变化对生活满意度也存在实在影响。但是,如果不考虑生活满意度的历时性变化和社会比较效应,收入作为市场经济社会中生活资料的重要来源,具有基本的经济功能,个体绝对收入与生活满意度的关系是相对确定的,地区经济的发达也可在一定程度上为居民生活提供更好的公共服务。据此,我们提出绝对收入水平[1]与居民生活满意度关系的研究假设2:

假设2a:区域经济水平与城镇居民生活满意度正相关;
假设2b:城镇居民绝对收入水平与生活满意度正相关。

---

[1] 至于相对收入对人们生活满意度的影响机制,是另外一个研究问题。

（四）环境质量、收入水平对不同社会阶层生活满意度的影响

前文提到，环境质量对居民生活满意度的影响存在群体差异，收入水平的增加并非总能显著提升生活满意度，这也意味着我们很有可能忽略了某些关键变量。回顾社会学关于社会阶层、阶级的研究，包括布迪厄（Pierre Bourdieu）等学者关于阶级（阶层）的分析，对此有重要的理论启示。布迪厄认为，相同阶级的成员在社会空间中处在相似的位置上，有相同的生活处境，并受到相似的约束，导致他们具有共同的实践和品味（Bourdieu，1987）。这些实践和品味形成了稳定的"习性"，决定了不同阶级对同一事物认知和实践的差异。哈罗德认为，"社会分层是理解人类与人类社会最关键的主题，社会分层体系决定了人们的生活方式和提高生活质量的机会"（哈罗德·R.克博，2012），这与布迪厄对阶级的论述异曲同工。因此，社会阶层对于个体生活满意度具有显著影响，若忽略社会阶层变量，会导致研究结果的偏误。环境和收入是所有个体社会生活的基本保障，随着经济不平等向环境领域的延伸，环境和收入因素对生活满意度影响的阶层分化正在成为一个不争的事实，环境质量的优劣、收入的多寡，对于不同社会地位的阶层不可等量齐观。纳入社会分层视角，可以更清晰准确地刻画环境质量、收入水平与生活满意度间的关系。

社会阶层对生活满意度的影响在许多实证研究中已经得到印证。例如，环境质量方面，在富裕地区和社会中上阶层地位群体中，人们的环境意识更为强烈（卢春天、洪大用，2011；喻少如，2002）。在收入水平方面，社会阶层越高，收入对于生活满意度的影响越小（刘同山、孔祥智，2015）。反之，收入与生活满意度之间的正向关系在贫穷国家以及经济欠发达地区表现得更加强烈（Hayo，2004）。这说明，相对而言，高阶层地位群体比低阶层地位群体的环境认知更强，更容易感受到环境污染对生活满意度的负向影响；而收入对于较高阶层地位群体生活满意度的正向作用较小，对较低阶层地位群体的正向作用较大。据此，研究假设3提出社会阶层

地位对环境质量、收入水平与生活满意度的调节作用：

假设3a：社会阶层地位越高，环境污染对城镇居民生活满意度的负向作用越大；

假设3b：社会阶层地位越高，收入水平对城镇居民生活满意度的正向作用越小。

三、研究设计

（一）分析框架

生活满意度是生活质量研究中的重要组成部分，直接反映人们的主观福祉。稳定的收入和良好的环境质量是人们美好生活的重要保障，但围绕"伊斯特林悖论"和"环境库兹涅茨曲线"展开的学术争论表明，环境污染与收入水平之间的张力关系在现实中客观存在，对于居民生活满意度的分析中不可单独考量其一。

具体而言，首先，"生活质量涵盖了让生命值得延续的所有因素，也包括那些不在市场上交易、无法通过货币性衡量标准反映出来的因素"（经济表现和社会进步衡量委员会，2011：136）。环境是社会成员共享的必要资源，非货币化的环境质量也可直接影响人们的生活满意度。其次，由收入增长产生的环境质量问题对人们的生活产生了深远影响，环境污染通过情绪、健康、寿命等间接影响人们的生活满意度，由此削弱了高收入对生活满意度的正向影响。最后，环境与收入因素对人们生活满意度的影响是一个动态演变的过程，人们容易忽视长期相对稳定的环境维度，注重短期波动明显的收入维度，而一旦环境质量恶化，其对生活满意度的重要性迅速上升。

简言之，环境和收入是人们赖以生存的基础条件，二者不可缺一又相互掣肘，其张力关系奠定了生活满意度研究的框架基础。另外，结构化理

438

论对生活满意度分析框架的完善提供了理论整合工具。一方面个体的行动因嵌入社会结构当中而受到结构的约束,另一方面个体本身对社会结构的能动性亦可实现社会结构的再生产。人们的生活满意度变化受到个体和所处区域条件的共同约束,群体生活满意度的变化体现了阶层地位的流动与再生产。因此文中环境质量包括宏观层次的区域环境污染状况和微观层次的个体居住地环境状况,收入水平包括宏观层次的地区人均GDP和微观层次的收入水平,同时考虑阶层对生活满意度的调节作用,最终构建了居民生活满意度的分析框架,如图1所示。

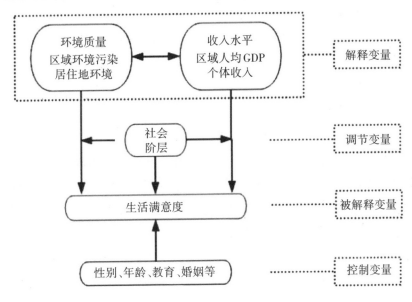

图1　居民生活满意度的分析框架

(二)数据介绍

本文所使用的数据包括区域统计数据和微观调查数据:第一,个体生活满意度的数据来源于中国社会科学院社会学研究所主持的"2015年中国社会状况综合调查(CSS2015)",该调查使用多阶段随机抽样的方法,调查范围覆盖全国30个省/直辖市/自治区,调查对象为18周岁及以上的中国公民,有效调查样本10243个;第二,区域环境质量和收入水平数据分别来自于西安交通大学中国环境评价研究中心的《中国环境质量综合评价报告2017》(该报告是基于2015年的数据)和当年地方统计年鉴。

我们将区域统计数据与个体调查数据进行了匹配。经过对符合研究对象的样本筛选及对变量缺失值的剔除，最终得到5159个有效样本。

(三)变量选取

1.被解释变量

本研究的被解释变量为居民生活满意度。采用自评生活满意度测度主观生活质量的有效性和稳定性已经被研究者们所证实(Wilson,1967;伊斯特林,2016)。在问卷中的具体题目为："总体来说,您对生活的满意度?"选项用1到10分代表从"非常不满意"到"非常满意",在数据分析中将其作为连续变量处理。

2.解释变量

本研究的核心解释变量有两组:

第一组,环境质量。对环境质量的测量包括宏观和微观两个层次。使用《中国环境质量综合评价报告2017》中的"环境质量总量指数"[①]测量地级市(包括自治州)区域环境质量的污染状况,该指数越大,表示环境污染越严重,环境质量越差,将其在本文中称为"环境污染指数"。中国幅员辽阔,环境状况的地域差异较大,为直观反映区域环境污染对居民生活满意度影响的差异,将环境污染指数缩小10倍后进入模型。用居住地环境评价测量微观环境质量,在问卷中对应的题目为"您的居住地的环境状况",选项用1到10分代表从"非常不满意"到"非常满意"。

第二组,收入水平。对收入水平的测量同样包括宏观和微观层次。考虑到地区经济发展的不均衡性,本文使用地级市(包括自治州)人均

---

① 环境质量总量指数(EQI)综合考虑了环境的污染状况和环境的自净能力,是综合反映环境质量的一个逆指标。环境质量总量指数的计算公式为:$EQI_i(tk)=A_i(tk)*(1-B_i(tk))$,其中,$A_i(tk)$表示第i个评价对象tk年的绝对环境污染排放指数,$B_i(tk)$表示第i个评价对象tk年的绝对环境吸收因子指数。

GDP反映个体所处的地区收入水平,将其缩小1000倍后进入模型。家庭不仅是社会的最小单位,而且"家本位"的中国传统文化影响力持续存在,个体的社会活动深深嵌入家庭结构当中。因此,对收入的微观测量,以家庭而非个体收入更能反映其经济能力。问卷中有题目询问了被调查者的家庭收入状况:"您家的总收入(去年)?"由于家庭收入的调查数据明显右偏,对其进行对数转化后进入模型。

3.调节变量

前文提到,环境质量、收入水平对生活满意度的影响可能存在社会阶层差异,有必要将社会阶层作为模型中的调节变量。尽管中国社会阶层的划分在社会转型时期极其复杂,但这方面的研究也取得了一些共识。比如,中国正在发生的制度转型是重塑社会阶层的重要力量(林宗弘、吴晓刚,2010),中国改革开放以来,社会分层结构的一个重大变化就是从政治分层为主体的社会转变为经济分层为主体的社会(李强,2008)。从社会阶层的划分结果上来看,阶层关系具有经济利益关系的属性(刘欣,2018)。因此,本文使用社会经济地位反映其社会阶层状况,虽然这种社会阶层测量方式忽略了职业、教育等其他维度,却能捕捉当前中国社会分层的最重要维度。问卷中询问了被访者的社会经济地位在本地的层次,选项设置为"上""中上""中""中下"和"下"。有研究发现,社会公众对社会阶层的认同呈现向下偏移的倾向(刘欣,2001;李培林,2005;范晓光、陈云松,2015),同时考虑到中国传统文化中"财不外露"的保守财富观,对阶层变量的处理中,将"上"和"中上"合并为上层,将"中"和"中下"合并为中层,将"下"视为下层。需要说明的是,在考察社会阶层对收入水平和生活满意度的调节作用时,所选择的收入水平变量为家庭年收入对数,其与社会阶层在测量上虽有一定重合(家庭年收入对数与社会经济地位的相关系数为0.29),但二者并不可替换。换言之,社会经济地位的实质意涵较家庭收入更为宽泛,故社会经济地位可以作为收入水平与生活满意度的调节变量。

4.控制变量

以往的研究发现,个体的生活满意度还会受到性别、年龄、婚姻状态、教育水平等变量的影响,其中年龄与生活满意度之间存在U型关系(Diener,2000;边燕杰、肖阳,2014),因此将个体的性别、年龄、年龄平方、婚姻状态和教育水平作为控制变量处理。

文中涉及的被解释变量、解释变量、调节变量和控制变量的样本统计特征值如表1所示。

表1 变量描述

变量名称		变量取值	均值	标准差
个体层次变量 (样本量=5159)	生活满意度	1—10(1=非常不满意;…;10=非常满意)	6.50	1.92
	家庭年收入对数	2.30—15.20	10.89	0.94
	居住地环境评价	1—10(1=非常不满意;…;10=非常满意)	5.83	2.29
	社会阶层	1=下层;2=中层;3=上层	1.79	0.51
	性别	0=女;1=男	0.45	0.50
	年龄	18—70	45.19	13.61
	年龄平方	324—4900	2227.19	1226.63
	教育年限	0—19年	10.05	4.17
	婚姻状态	0=非在婚;1=在婚	0.84	0.37
地级市/自治州 层次变量(城市 个数=113)	人均GDP	1.10—13.97万元	5.96	3.24
	环境污染指数	0.68—22.92	8.56	5.78

(四)模型选择

本文的被解释变量为居民生活满意度,解释变量包括宏观层面的地域因素和微观层面的个体因素,且微观个体变量嵌套于宏观地域变量,在模型的选择上使用多层次线性模型较为合理。将地级市/自治州作为高层变量,设定环境污染指数和城市人均GDP对个体生活满意度存在随机截距效应,据此来估计环境质量、收入水平对城镇居民生活满意度的影响。经检验,城市间居民生活满意度在0.1%的统计水平上存在显著差异。

四、实证结果分析

(一)环境质量与城镇居民生活满意度

模型2考察了环境质量对城镇居民生活满意度的影响,在模型1的基础上加入了环境污染指数与居住地的环境评价。在控制其他变量的前提下:区域环境污染指数对居民生活满意度的负向影响没有通过显著性检验;居民对居住地的环境评价增加1分,则其生活满意度增加0.43分,这一统计结果在0.1%的水平上显著(见表2)。居民对微观居住地环境评价越高,生活满意度越高,但居民生活满意度对区域环境污染变化并不敏感,可能原因有三:第一,受地理条件的约束,环境污染具有明显的区域联动特征,经常在同一区域生活的居民容易失去环境质量在扩展空间的对比;第二,环境质量的变化通常是一个相对缓慢的过程,环境污染的形成具有累积性,人们对环境质量在短期微小的变化不易感知;第三,环境污染是一个典型的"公地悲剧"问题,环境污染的关注在起初阶段往往仅聚集于某一特定群体,在全体社会成员中不易表现出环境污染与生活满意度的显著负相关性。

由此,本文中提出的假设1b得到了验证,但假设1a没有得到数据支持。在不考虑其他因素的情况下,居住地环境正向评价对城镇居民生活满意度有显著的正向影响,区域环境污染对生活满意度则没有直接的显著性影响。

表2 环境质量、收入水平对城镇居民生活满意度的影响

项目	模型1	模型2	模型3	模型4	模型5
性别(女)	−.032 (.050)	−.060 (.042)	−.072+ (.042)	−.072+ (.042)	−.072+ (.042)
年龄	−.138*** (.013)	−.110*** (.011)	−.111*** (.011)	−.111*** (.011)	−.110*** (.011)
年龄平方	.002*** (.000)	.001*** (.000)	.001*** (.000)	.001*** (.000)	.001*** (.000)

项目	模型1	模型2	模型3	模型4	模型5
婚姻状态 （非在婚）	.415*** (.077)	.384*** (.065)	.318*** (.065)	.317*** (.065)	.315*** (.065)
教育年限	.051*** (.007)	.039*** (.006)	.024*** (.006)	.024*** (.006)	.025*** (.006)
社会阶层*下层					
社会阶层*中层	1.175*** (.058)	.767*** (.050)	.679*** (.050)	.680*** (.050)	.654*** (.052)
社会阶层*上层	2.122*** (.128)	1.415*** (.110)	1.210*** (.111)	1.215*** (.112)	1.390*** (.131)
环境污染指数		−.006 (.006)	−.002 (.006)	.008 (.008)	.009 (.008)
居住地环境评价		.430*** (.009)	.425*** (.009)	.425*** (.009)	.425*** (.009)
人均GDP			−.001 (.001)	−.001 (.001)	−.001 (.001)
家庭年收入对数			.249*** (.026)	.249*** (.026)	.313*** (.045)
环境污染指数*下层					
环境污染指数*中层				−.015+ (.008)	−.016+ (.008)
环境污染指数*上层				−.006 (.021)	−.010 (.021)
家庭年收入对数*下层					
家庭年收入对数*中层					−.069 (.052)
家庭年收入对数*上层					−.369** (.114)
常数项	7.513*** (.286)	5.024*** (.251)	2.570*** (.358)	2.572*** (.353)	5.287*** (.252)

注：(1)括号内为标准误。

(2)+P<0.1，*P<0.05，**P<0.01，***P<0.001。

(3)模型中涉及交互项的连续变量进行了对中化处理。

(二)收入水平与城镇居民生活满意度

如表2所示,模型3在模型2基础上加入了个体所在城市人均GDP与家庭年收入的对数,呈现了收入水平对城镇居民生活满意度的影响。在其他条件不变的情况下,区域人均GDP与居民生活满意度没有显著相关关系;家庭年收入越高,居民生活满意度越高,这一统计结果在0.1%的水平上显著。居民生活满意度受到微观家庭收入水平而非宏观经济水平的显著影响,这意味着虽然区域经济的发达可以为当地居民提供更好的公共服务,但其影响甚微,区域经济的快速增长也加剧了收入不平等现象,由此产生的相对剥夺感抵消了整体收入增长对生活满意度的正向作用。

由此,本文提出的假设2b得到了验证,但假设2a没有得到数据支持。在不考虑其他因素的情况下,城镇居民家庭收入与生活满意度正向相关,但区域人均GDP与生活满意度没有显著相关关系。另外,随着收入变量的加入,控制变量中的性别变量对生活满意度的影响变得显著起来,男性的生活满意度水平低于女性,说明生活满意度上的性别差异受到收入水平的影响。

(三)社会阶层的调节作用

如表2模型1所示,城镇居民生活满意度具有显著的阶层差异,社会阶层地位越高,其生活满意度越高。为检验社会阶层变量对环境质量、收入水平与生活满意度的关系是否存在调节作用,模型4在模型3的基础上加入了区域环境污染指数与社会阶层的交互项。环境污染指数对社会下层、社会中层和社会上层生活满意度的系数分别为0.008、-0.007和0.002。在控制其他变量的情况下,环境污染指数每增加1个单位,社会中层的生活满意度比社会下层群体低0.014分。与社会下层相较而言,环境污染对社会中层生活满意度的负向影响更大,而对社会上层的影响则不显著(具体见图2),文中提出的假设3a得到了部分验证。不可否认,人们的物质需求是最基本的,社会下层为了满足自己基本物质需要,更关注经济建设,加之环境资源的公共性,在社会下层群体中存在广泛的搭便车心理与机会主义行动策略。社会上层则拥有更多的社会资本规避环境污染,甚至出现了环境使用的社会隔离现象,这与近些年市场消费向环境领域的扩张有关。对于社会中层而言,其经济资本"比上不足而比下有余",对环境污染的不满明显强于下层,在行动层面却往往"心有余而力不足"。实际上,阶层与环境质量的交互作用凸显了环境质量在不同社会阶层间利益需求的张力,也证实了当前学术界的一个重要假设:当整个社会已经满足了基本物质需求之后,人们会更加关注环境宜居等因素,这一趋势在社会中产阶层中更加明显(朱迪,2016)。

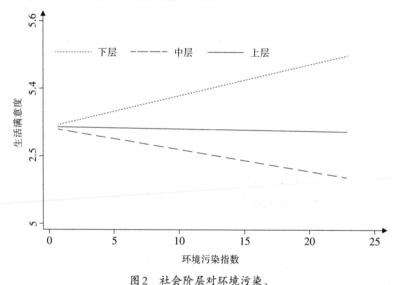

图2 社会阶层对环境污染、

家庭收入水平与城镇居民生活满意度关系的调节作用

如表2所示模型5在模型4的基础上加入了家庭收入水平与社会阶层的交互项,进一步验证了社会阶层变量对收入水平与居民生活满意度关系的调节作用。家庭收入水平对不同社会阶层居民生活满意度的影响作用有所区别,家庭收入水平对社会下层、社会中层和社会上层的生活满意度的系数分别为0.313、0.244和-0.056。在其他条件相同的前提下,对于社会下层而言,家庭年收入对数每增加1个单位,生活满意度提高

0.313 分,而社会上层的满意度则会下降 0.056 分。文中提出的假设 3b 得到了部分验证,社会上层群体收入水平对生活满意度的提升作用比社会下层小。值得注意的是,在上层群体当中,收入水平的提升对于生活满意度提升的效应为负(见图 2),这一研究的发现一定程度上有助于我们明晰"伊斯特林悖论"的解释边界,"伊斯特林悖论"包含了微观与宏观两个相互对立但又同时成立的命题(李路路、石磊,2017)。囿于本文的研究数据,我们无法判断"伊斯特林悖论"在宏观层面的历时性结论,但基于横截面数据的研究发现,从社会阶层的视角来看,越富裕并非总是越快乐,"伊斯特林悖论"在微观层面的命题仅在社会中层和下层群体中成立。我们认为,社会上层持有更高的、外在于经济条件的需求,这些需求并不完全随着收入水平的提高而得以满足。在快速转型社会中,阶层的分化以及不同阶层间利益的张力凸显了美好生活需求的群体异质性。

五、结论与讨论

随着人民对美好生活的需求上升,党中央将"绿水青山就是金山银山"的生态文明理念纳入顶层设计,着力化解民生领域环境质量与经济增长之间的张力。本文基于环境质量——收入水平的张力分析框架,使用 CSS2015 等数据,透过社会阶层变量,探讨了环境质量与收入水平因素对城镇居民生活满意度的影响。

首先,环境质量和收入水平对居民生活满意度的影响存在张力,这种张力在个体层面体现为环境质量和收入水平对生活满意度需求的紧张对立。我们对环境质量和收入水平影响居民生活满意度的系数进行集束化处理发现,包括城市环境污染指数和居住地环境评价的环境质量因素对生活满意度的影响系数为 1.05,包括城市人均 GDP 和家庭年收入的收入因素对生活满意度的影响系数为 0.34。环境质量对居民生活满意度的影响力是收入水平的 3 倍,这足以说明环境质量对居民生活满意度的影响更大,环境质量日益成为居民生活满意度的重要关注点。但在中国当前社会经济发展阶段,环境污染的持续存在威胁着居民的身心健康,人们在追求更高层次需求的同时,不得不直面最低层次的生理安全风险跨越"环境库兹涅茨曲线"拐点成为亟待解决的现实问题。这种宏观环境变化与个体压力的叠加,助推社会公众对收入增长的反思与环境关心的归位。随着工业化的不断深入,人们对现代性的反思与生产力的进一步提升为调和这种张力创造了可能。

其次,环境质量和收入水平对居民生活满意度的张力作用在宏观层面体现为不同社会阶层间的利益分化,这一后果本质上是社会不平等的累积。在中国社会的快速转型时期,不同社会阶层美好生活需求的异质性增加,这一表象下生长着社会不平等与贫困问题。随着市场经济制度红利的不断释放,经济增长的好处更多地被社会上层所分享,他们的收入增长最快,而经济增长带来的负面效应则由全社会所分担。值得一提的是,原本平等的环境质量因为市场力量的进入正在变得不平等——诸如环境移民、环境区隔便是市场消费向环境领域扩张的佐证。社会上层虽"钱多未必幸福",但"有钱"可以应对越来越多的社会公共问题;社会中层的生活最容易受到环境污染的负面影响,最能反映个体需求与社会结构的矛盾;对于社会下层群体来说,在收入不平等导致贫困现象加剧的同时,尚未意识到的环境不平等已将其陷入一个更加难以改变的境地。

文中还存在一定的局限性和值得进一步研究的地方。首先,社会阶层是解释生活满意度的关键变量之一,但对阶层的测量本身就是一项具有挑战性的工作,本文将阶层操作化为社会经济地位,在测量上不够全面。其次,由于当前中国社会的城乡二元结构特征仍然鲜明,本文只探讨了城镇居民的生活满意度,需要进一步考察城乡居民生活满意度的结构性差异,或可丰富中国城乡结构和生活质量的相关研究。最后,囿于数据,本研究仅对生活满意度做了横截面分析,而环境和经济的互动是一个长期的过程,在下一步的研究中需要依托纵贯数据,深入挖掘生活满意度影响因素的历时性变化规律。

参考文献:

1.边燕杰、肖阳:《中英居民主观幸福感比较研究》,《社会学研究》

2014年第2期。

2. 曹大宇:《环境质量与居民生活满意度的实证分析》,《统计与决策》2011年第21期。

3. 陈阿江:《从外源污染到内生污染:太湖流域水环境恶化的社会文化逻辑》,《学海》2007年第1期。

4. 崔岩:《环境意识和生活质量》,社会科学文献出版社,2016年。

5. 董光前:《生活质量视阈下的环境公平问题》,《西北师大学报(社会科学版)》2011年第6期。

6. 范晓光、陈云松:《中国城乡居民的阶层地位认同偏差》,《社会学研究》2015年第4期。

7. 哈罗德·R.克博:《社会分层与不平等:历史、比较、全球视角下的阶级冲突》,蒋超等译,上海人民出版社,2012年。

8. 洪大用:《经济增长、环境保护与生态现代化——以环境社会学为视角》,《中国社会科学》2012年第9期。

9. 黄菁:《环境污染与城市经济增长:基于联立方程的实证分析》,《财贸研究》2010年第5期。

10. 黄永明、何凌云:《城市化、环境污染与居民主观幸福感:来自中国的经验证据》,《中国软科学》2013年第12期。

11. 李路路、石磊:《经济增长与幸福感——解析伊斯特林悖论的形成机制》,《社会学研究》2017年第3期。

12. 李培林:《当代中国生活质量》,社会科学文献出版社,2016年。

13. 李培林:《社会冲突与阶级意识——当代中国社会矛盾研究》,《社会》2005年第1期。

14. 李强:《改革开放30年来中国社会分层结构的变迁》,《北京社会科学》2008年第5期。

15. 理查德·A.伊斯特林:《幸福感、经济增长和生命周期》,李燕译,东北财经大学出版社,2016年。

16. 林宗弘、吴晓刚:《中国的制度变迁、阶级结构转型和收入不平等:

1978—2005》,《社会》2010年第6期。

17. 刘军强、熊谋林、苏阳:《经济增长时期的国民幸福感——基于CGSS数据的追踪研究》,《中国社会科学》2012年第12期。

18. 刘同山、孔祥智:《经济状况、社会阶层与居民幸福感——基于CGSS2010的实证分析》,《中国农业大学学报(社会科学版)》2015年第5期。

19. 刘欣:《协调机制、支配结构与收入分配:中国转型社会的阶层结构》,《社会学研究》2018年第1期。

20. 刘欣:《转型期中国大陆城市居民的阶层意识》,《社会学研究》2001年第3期。

21. 卢春天、洪大用:《建构环境关心的测量模型——基于2003年中国综合社会调查数据》,《社会》2011年第1期。

22. 卢淑华、韦鲁英:《生活质量主客观指标作用机制研究》,《中国社会科学》1992年第1期。

23. 彭水军、包群:《经济增长与环境污染——环境库兹涅茨曲线假说中国的检验》,《财经问题研究》2006年第8期。

24. 宋涛、郑挺国、佟连军、赵妍:《基于面板数据模型的中国省区环境分析》,《中国软科学》2006年第10期。

25. 孙付华、沈菊琴:《突发水环境污染事件对居民生活质量影响的ABMS模型构建研究》,《南京社会科学》2017年第8期。

26. 王光荣:《提高城市居民生活质量的生态环境视角》,《兰州学刊》2008年第2期。

27. 王敏、黄滢:《中国的环境污染与经济增长》,《经济学(季刊)》2015年第2期。

28. 巫强、周波:《绝对收入、相对收入与伊斯特林悖论:基于CGSS的实证研究》,《南开经济研究》2017年第4期。

29. 吴菲:《更富裕是否意味着更幸福?基于横截面时间序列数据的分析(2003—2013)》,《社会》2016年第4期。

30.吴菲:《生命事件对中国城乡居民主观幸福感影响的时效性——一项基于个体层面追踪数据的分析》,《社会学评论》2019年第1期。

31.吴玉萍、董锁成、宋键峰:《北京市经济增长与环境污染水平计量模型研究》,《地理研究》2002年第2期。

32.邢占军:《我国居民收入与幸福感关系的研究》,《社会学研究》2011年第1期。

33.喻少如:《社会分层与环境意识》,《理论月刊》2002年第8期。

34.袁晓玲:《中国环境质量综合评价报告2017》,中国经济出版社,2018年。

35.约瑟夫·E.斯蒂格利茨:《对我们生活的误测:为什么GDP增长不等于社会进步》,新华出版社,2010年。

36.张晓:《中国环境政策的总体评价》,《中国社会科学》1999年第3期。

37.赵立祥、赵蓉:《经济增长、能源强度与大气污染的关系研究》,《软科学》2019年第6期。

38.赵文龙:《文化在经济发展中的地位和作用》,《人文杂志》1997年第6期。

39.郑君君、刘璨、李诚志:《环境污染对中国居民幸福感的影响:基于CGSS的实证分析》,《武汉大学学报(哲学社会科学版)》2015年第4期。

40.朱迪:《市场竞争、集体消费与环境质量——城镇居民生活满意度及其影响因素分析》,《社会学研究》2016年第3期。

41.Bourdieu, Pierre, "What Makes a Social Class? On the Theoretical and Practical Existence of Groups," *Berkley Journal of Sociology*, 1987(32): 1-17.

42.Brickman, P. and Campbell, D., "Hedonic Relativism and Planning the Good Society," M.H. Appley(ed.), *Adaptionlevel Theory*, New York: Academic Press, 1971.

43.Brock, William and Taylor M., "The Green Solow Model," *Journal of Economic Growth*, 2010, 15(2):127–153.

44. Brockman, H. Delhey, J. Welzel, C. and Yuan, H., "The China Puzzle: Falling Happiness in a Rising Economy,"*Journal of Happiness Studies*, 2009, 10(4): 387–405.

45. Campbell, Angus Converse, Philip and Rodgers, Willard, "The Quality of American Life: Perceptions, Evaluations, and Satisfactions,"*American Journal of Sociology*, 1976, 10(4):875–877.

46. Clark, Andrew and Oswald, Andrew, "Satisfaction and Comparison Income,"*Journal of Public Economics*, 1996, 61(3) 359–381.

47. Cleveland, C., "Technical Progress, Structural Change, and the Environmental Kuznets curve," *Ecological Economics*, 2002, 42(3):381–389.

48. Cummins, Robert, "The Second Approximation to an International Standard for Life Satisfaction,"*Social Indicators Research*, 1998, 43(3): 307–334.

49. Dinda, Soumyananda, "A Theoretical Basis for the Environmental Kuznets economics curve,"*Ecological Economics*, 2005, 53(3):403–413.

50. Deaton, Angus, "Income, Aging, Health and Well-being around the World: Evidence from the Gallup World Poll," *NBER Chapters*, 2010, 22(2):53–72.

51. Diener, Ed. Sandvik, E Seidlitz, L. and Diener, M., "The Relationship between Income and Subjective Well-being: Relative or Absolute?"*Social Indictors Research*, 1993, 28(3):195–223.

52. Diener, Ed and Fujita, F., "Resources , Personal Strivings and Subjective Well-being: A Nomothetic and Idiographic Approach, "*Journal of Personality and Social Psychology*, 1995, 68(5): 926–935.

53. Diener, Ed., "Subjective Well-being. The Science of Happiness and a Proposal for a National Index," *American Psychologist*, 2000, 55(1):34–43.

54. Diener, Ed and Biswas-Diener, R., "Will Money Increase Subjective well-being? "*Social Indicators Research*, 2002, 57(2): 119-169.

55. Easterlin, Richard, "Does Econmic Growth Improve the Human Lot? Some Empirical Evidence, " *Nations & Households in Economic Growth*, 1974: 89-125.

56. Easterlin, Richard, "Will Raising the Incomes of all Increase the Happiness of all? "*Journal of Economic Behavior& Organization*, 1995, 27(1): 35-47.

57. Easterlin, Richard Mcvey, Laura Switek, Malgorzata Sawangfa , Onnicha and Zweig, Jacqueline, "The Happiness-income Paradox Revisited, " *Proceedings of the Nation Academy of Sciences of the United States of America*, 2010, 107(52): 22463-22468.

58. Easterlin, Richard Morgan, Robson Switek, Malgorzata and Fei, Wang, "China's Life Satisfaction, 1990-2010, " *Proceedings of the Nation Academy of Sciences of the United States of America*, 2012, 109(25): 9775-9780.

59. Ferrer-I-Carbonell, Ada, "Income and Well-being: An Empirical Analysis of the Comparison Income Effect, "*Journal of Public Economics*, 2005, 89(5): 997-1019.

60. Ferrer-I-Carbonell, Ada and Gowdy , John, "Environmental Degradation and Happiness, "*Ecological Economics*, 2007, 60(3): 509-516.

61. Friedl, Birgit and Getzner, Michael, "Determinants of CO_2 Emission in a Small Open Economy, "*Ecological Economic*, 2003, 45(1): 133-148.

62. Grossman, Gene. and Krueger, Alan, "Environmental Impacts of a North American Free Trade Agreement, "*Social Science Electronic Publishing*, 1991, 8(2): 223-250.

63. MacKerron, George and Mourato, Susana, "Life Satisfaction and Air Quality in London, "*Ecological Economics*, 2009, 68(5): 1441-1453.

64. Hartman, Richard and Kwon, O-Sung, "Sustainable Growth and the Enviroment Kuznets Curve," *Journal of Economic Dynamics and Control*, 2005, 29(10): 1701-1736

65. Hayo, Bernd, "Happiness in Eastern Europe," *Marburg Working Papers on Economic*, 2004.

66. Jones, Larry and Manuelli, Rodolfo, "Endogenous Policy Choice: The Case of Pollution and Growth," *Review of Economic Dynamics*, 2001, 4(2): 369-405.

67. Knight, John, "Economic Growth and the Human Lot," *Proceedings of the Nation Academy of Sciences of the United States of America*, 2012, 109(25): 9670-9671.

68. Selden, Thomas and Song, D., "Enviromental Quality and Development: Is There a Kuznets Curve for Air Pollution Emissions?" *Journal of Enviromental Economiics and management*, 1994, 27(2): 147-162.

69. Veenhoven, Ruut, "Is Happiness Relative?" *Social Indicators Research*, 1991, 24(1) 24: 1-34.

70. Wilson, Warner, "Correlation of Avowed Happiness," *Psychological Bulletin*, 1967, 67(4): 294-306.

乡村振兴的生态之维:逻辑与路径

——基于浙江经验的观察与思考[*]

陈占江[**]

摘　要: 乡村振兴战略是政治、经济、社会、文化和生态"五位一体"全面发展的系统工程。作为乡村振兴的重要维度和关键环节,浙江生态文明建设取得举国瞩目的成功经验。浙江从构建城乡一体化关系和城乡互惠机制出发,以结构性和关系性的思维方式,创生出一个政府、市场和社会良性互动的治理格局,以及总体治理与分类治理、运动治理与常规治理、典型治理与项目治理等多种方式相互接榫、彼此奥援的耦合机制。多元一体的复合型治理是浙江在"两山"理论的指引下从实际出发所作出的经验探索,蕴含着重要的认识论、方法论和实践论。

关键词: 乡村振兴　生态文明建设　逻辑　路径

　　党的十九大报告提出的乡村振兴战略是当前和未来解决我国乡村问题的根本指针,是习近平新时代中国特色社会主义思想的重要组成部分。深刻理解乡村振兴战略所蕴含的认识论、方法论和实践论不仅关系到对习近平新时代中国特色社会主义思想的正确把握,也必然影响到乡村振兴战略的实施能否实现指导思想与具体实践的有机统一。在这个意义上,我们面临的首要任务即是如何深入学习和深刻领会习近平关于乡村

---

　*　原文发表于《中央民族大学学报(哲学社会科学版)》2018年第6期。
　**　陈占江,浙江师范大学法政学院副教授、社会学博士。

振兴的重要思想。众所周知,浙江是习近平新时代中国特色社会主义思想的重要萌发地,而浙江乡村发展尤其是生态文明建设所取得的历史性成就正是在习近平亲自指导下实现的。乡村生态文明建设的浙江经验已经成为中国经验的重要构成和突出亮点,对其发生逻辑、动力机制、实现路径等亟待深入研究。进而言之,全面梳理、深入挖掘和正确提炼浙江乡村生态文明建设的历史经验,对深刻理解习近平新时代中国特色社会主义思想和顺利推进乡村振兴战略的实施具有重要的理论价值和实践意义。

一、生态文明建设:乡村振兴的逻辑必然

乡村振兴战略是在我国社会主要矛盾从"人民日益增长的物质文化需要同落后的社会生产之间的矛盾"转化为"人民日益增长的美好生活需要和不平衡不充分的发展之间的矛盾"这一新的历史背景下提出的。这一战略着眼于乡村在我国经济社会发展中的重要地位以及城乡发展不平衡、乡村发展不协调所引发的系统性危机,针对性地提出乡村振兴须实现"五位一体"的发展目标,即"产业兴旺、生态宜居、乡风文明、治理有效、生活富裕"。在新的政策理念中,乡村振兴显然是一个系统性工程,而非农业、农村、农民抑或生产、生态、生活某一层面的发展。从理论逻辑来看,生态在农业生产、农村发展、农民生活中具有基础性作用。从历史逻辑来看,生态文明建设是乡村生态遭到严重破坏并引发系统性危机之后的必然要求。

(一)从经济危机到环境危机:乡村问题的历史转换

乡村问题是中国现代化进程中始终难以回避和化解的难题。乡村之所以成为问题,最早始于近代西方的冲击。在西方机器文明的冲击下,中国乡村经济的自足一体性遭到破坏。农工相辅的经济传统因农产品进出口出现大幅度逆差而无法维系,乡村经济顷刻陷入危机之中。乡村经济危机引发农民失地、失业、离村、饥饿、死亡、骚乱、暴动、民变等问题。在

这个意义上,乡村问题并非乡村自身的问题,而是中国社会总体性危机的表征之一。正因如此,乡村问题引起乡村外部精英群体的极大关注。"拯救乡村"的呼声响彻于20世纪30—40年代。解决乡村问题一时成为中国革命或改良的动力源、突破口或切入点。晏阳初于1934年发表的《农村运动的使命及其实现的方法与步骤》一文指出:"若竟把农村运动,全看作就是农村救济,这未免把农村运动的悠久性和根本性抹杀了。"在他看来,乡村问题的根本在于"人"的问题,唯有通过教育方能医治中国人"愚弱穷私"之病。与晏阳初意见不尽相同的梁漱溟同样认为乡村问题的根本不在于经济,其解决之途在于"建设一个新的社会组织构造——即建设新的礼俗"。对晏阳初、梁漱溟的乡村改造实验抱持一定疑虑甚至批评的费孝通,主张以乡土工业重建作为乡村问题解决之道,其根本着眼点在于中国文明的现代性转化。

应当说,乡村问题始于经济却非止于经济。中华人民共和国成立后,乡村问题在很大程度上被简化为贫困。在"挨打"和"挨饿"的双重压力下,快速发展经济成为解决乡村问题的政策出发点。因"大跃进""文化大革命"的冲击,乡村经济在历经短暂增长之后遂遭重创。1978年开启的改革"以经济建设为中心"取代"以阶级斗争为纲",力图以经济发展重构社会主义合法性。在这一背景下,浙江乡村经济快速增长并领一时之先。1978年浙江农民人均纯收入165元,2002年增长至4940元;而1978年全国农民人均纯收入为134元,2002年为2476元。相比而言,浙江乡村经济发展的速度远高于全国平均水平。浙江乡村经济之所以快速发展,乡镇企业的贡献最为突出。"村村点火,家家冒烟"是浙江乡镇企业发展初期的真实写照,其经营范围从最初的农副产品加工逐渐扩大到机械、纺织、印染、塑料、家电等产业。随着经营范围的不断扩大,乡镇企业在浙江省工业总产值中所占的比重亦不断提升。20世纪80年代初期,乡镇企业所占比重较低,1995年则高达75%。环境监管不力下的"小散乱"乡镇企业将未经严格技术处理的废水、废气、废渣随意排放,2002年浙江省乡镇企业"三废"排放量仅居江苏之后,列全国第二。在乡村点源污染不断加剧的同时,面源污染日趋严重。2002年浙江省化肥施用强度为44.3t/km²,农药使用量为1.8t/km²,均超过全国平均水平。同年,乡村生活污水年排放量8.56亿吨,而处理率仅为2.5%左右。浙江乡村污染被概括为"乡镇企业不达标,农药化肥不减量,秸秆粪便不利用;污水危害无人问,河道淤塞无人清,生活垃圾无人管"。改革开放不到30年,浙江乡村问题已从经济落后转化为环境危机。

(二)从环境危机到系统性危机:生态文明建设的实践倒逼

在经济快速发展的过程中,浙江乡村环境遭到严重破坏,尤其是点源污染和面源污染叠加扩大的趋势难以遏制。点源污染和面源污染直接对农民赖以生存的自然资源如土壤、水源、空气等造成破坏。据媒体报道,浙江大量土壤不同程度受到铅、镉、铜、锌等重金属污染。宁波部分蔬菜种植基地的土壤综合污染指数受污染比例达到70.7%,其中重度污染的占15.4%。台州市路桥区峰江地区基本农田质量调查结果显示:中等程度以上重金属污染土地共28块,占调查区土地面积的三分之一。而受地形坡度和区域水系影响,多氯联苯这一可引起皮肤损害和肝脏损害甚至癌症的物质在峰江局部地带富集。据统计,浙江省2002年的土地承受废水、废气、废渣负荷分别达到3.18t/km²、1534m³/km²、0.02t/km²,全省受污染的耕地面积为3333km²,占耕地总面积的20%以上。工业"三废"、生活"三废"的持续排放以及农药化肥的长期使用对水资源的污染一度达到临界值。2000年浙江省政府颁布的《浙江省生态环境建设规划》指出:"我省人均水资源拥有量低于全国平均水平,而污水排放量却以每年9%—10%的速度增加。运河水域100%、平原河网84%河段不能满足功能要求。"环境污染在对农民生存资源造成侵害的同时对农民的生命健康造成极大威胁。绍兴滨海工业园、萧山临江工业园区、萧山南阳经济技术开发区周边甚至出现所谓的"癌症村"。

环境污染对居民的影响是综合性、全方位的侵害。日本学者饭岛伸子把居民受到环境污染的侵害分为九种类型:生命受害、健康受害、生活水平受害、人际关系受害、生活设计受害、文化娱乐受害、自然资源受害、空间和时间上的受害以及精神受害。其中，生命健康受害是环境污染对居民所造成的最为严重、最易引起警觉和反抗的侵害。农民受到环境侵害之后向污染企业或地方政府发出呼吁、抗议、申诉、投诉抑或请愿、打砸、堵路、谩骂、围攻等各种形式的抗争行为日益增多。据统计，1998—2002年浙江省环境信访数量分别为14101封/3976批、25898封/4810批、27293封/4414批、44195封/5351批、33710封/4343批。同期相比，浙江环境信访量居全国前列并占其环境信访总量的10%左右。在环境抗争中，群体性事件是最为激烈的行为表达。自1996年以来，全国环境群体性事件一直保持年均29%的增速，浙江亦处于高发态势。仅2005年，浙江即发生东阳4.10、新昌7.15、长兴8.20等9起规模较大的环境群体性事件，部分事件甚至发生激烈的警民冲突，造成不同数量、不同程度的警民受伤。农民环境抗争是其生存资源、生命健康等遭到侵害之后的自我保护行为。然而政策文本与政策实践之间一定程度的背离决定了农民环境抗争所面临的政治机会结构具有二重性，农民在制度渠道内的抗争行为却往往沦为"无效的表达"。合法性与有效性之间的矛盾在一定程度上促发环境危机向社会危机和政治危机转化。

事实上，乡村环境问题的危害并不局限于乡村而是不断跨越乡村、跨越地域、跨越社群地向外扩散。无论是来自乡村外部的环境侵害还是农民生产生活所制造的污染，其最终受害者都将波及整个社会。以此言之，乡村环境问题是一个系统性危机，影响到政治、经济、社会、文化等子系统的良性发展和整个社会系统的协调运行。正因如此，自下而上的农民环境抗争不断发生的过程中，自上而下的政府环境保护力度日益加强。面对浙江实际情况，时任省委书记习近平于2003年适时提出"绿色浙江""生态省建设"的发展战略，对"只要金山银山，不管绿水青山"的发展模式做出深刻批评。自此，浙江乡村生态文明建设进入新的历史阶段。换言之，2003年是浙江经验的历史起点。从其发生的历史逻辑和实践逻辑来看，生态文明建设是乡村问题发生历史性转换之后解决乡村问题、实现乡村振兴的必然要求。

二、城乡共生：乡村生态文明建设的逻辑前提

从根本上，生态文明建设是"人类的、为了人类的、由于人类的"行为造成某种环境灾难之后寻求自我保护的社会运动。然而由于经济增长的压力，"先污染后治理"或"边污染边治理"甚至"污染不治理"几乎成为所有国家曾经或正在作出的选择。西方学者发现，经济增长与环境质量之间存在"倒 U 型"关系，经济增长到一定阶段后环境治理方能迎来拐点。这一著名的环境库兹涅茨曲线假说在勾勒环境演化历史脉络的同时，意在强调有效环境治理所必需的经济前提。实践表明，环境拐点不会仅仅因为经济增长达到某个临界点而自发到来。从浙江经验来看，经济增长与环境质量之间"倒 U 型"关系的出现是在经济发展到一定阶段后，政治、社会、文化等多种因素共同作用的结果，尤其是城乡共生关系的形成为乡村环境治理的改善提供了逻辑前提。

（一）城乡一体：乡村生态文明建设的结构前提

城市和乡村是人类栖居的自然空间和社会空间，二者之间的关系既是国家制度、市场机制、文化观念形塑之果，也在一定程度上影响到制度实践、市场运行与社会和谐。晚清以来相当长的时期，我国城乡之间处于单向度的拓殖与被拓殖的关系状态。工业化、市场化和城市化的力量不断拉大城乡之间的差距，而乡村一度成为现代性的他者和城市侵蚀的对象。中华人民共和国成立之后，以户籍制度为核心的城乡二元体制使得农民无法与城市居民平等共享资源分配、福利保障、人口迁徙、社会流动等权利，而市场化改革之后资本与权力的共谋机制则成为城乡结构失衡的另一重隐性力量。在发展主义和消费主义的裹挟下，城乡经济差距所造成的结构性压力和社会性焦虑成为诱发农民发展经济热情的渊薮。在"追赶式发展"过程中，城市以三种方式向乡村转移污染：一是污染物直接向乡村转移，二是污染密集型产业直接向乡村转移，三是以差异化的环境

准入制度间接向乡村转移污染企业。可以说,污染下乡之所以可能,在很大程度上源于城乡二元结构。然而国家在环境治理的组织手段、制度手段和舆论手段上却存在明显的城乡二元性,这也决定了乡村环境恶化的趋势难以得到及时有效的遏制。

应当说,城乡二元的社会结构和管理体制是乡村环境危机的根源,而二者之间的相互强化则加速了乡村环境的恶化。据统计,浙江省的1174家电镀企业中,有1013家在乡村;36家涉重金属矿采选和冶炼企业中,有31家在乡村;113家皮革鞣制企业中,有109家在乡村;62家铅蓄电池生产、组装及回收企业中,有52家在乡村。浙江几乎所有地区的绝大部分重金属污染企业均位于乡村。显然这是城市以直接或间接的方式向乡村转移的结果。在城市向乡村转移污染的过程中,农药化肥、农用塑料、畜禽粪便、生活垃圾等农民生产生活所造成的内源污染与外源污染相互叠加。城乡二元社会结构和环境体制所造成的结果,即城市环境的日益改善是以乡村环境日趋恶化为代价,乡村最终沦为"污染天堂"。正是因为城乡二元结构体制的长期存在,浙江乡村环境治理陷入政策文本与政策实践相背离的困境,城市向乡村转移污染的趋势有增无减。

基于这一现实,习近平把统筹城乡发展视为"五个统筹"之首并上升为全局高度,将推进城乡一体化作为浙江乡村环境治理的突破口。《浙江省生态省建设纲要》(2003年)、《中共浙江省委浙江省人民政府关于统筹城乡发展促进农民增收的若干意见》(2004年)、《浙江省统筹城乡发展推进城乡一体化纲要》(2004年)、《关于加快推进中心镇培育工程的实施意见》(2007年)、《关于扩大县(市)部分经济社会管理权限的通知》(2008年)等相继颁布实施。这些政策文件旨在通过强县扩权、强镇扩权、特色小镇建设、农业结构调整、新农村建设、农民素质培训等一系列举措逐渐打破固化的城乡二元结构体制,缩小严重失衡的城乡差距。十余年间,浙江城乡关系开始从二元向一体转变,居民收入差距不断缩小并成为全国城乡差距最小的省份。浙江城乡关系的历史性变化缓解了因失衡所产生的结构性压力和社会性焦虑,为乡村生态文明建设的顺利推进奠定了基础。

(二)城乡互惠:乡村生态文明建设的动力机制

城乡关系从二元向一体转变为乡村生态文明建设提供了结构前提。然而在城乡一体化过程中,农业、农村、农民抑或生产、生态、生活之间的协调发展始终是一道亟待解决的难题。以牺牲乡村环境发展经济抑或以牺牲农民利益保护环境,不仅无助于难题的破解反而会引发更大的矛盾。易言之,"只要金山银山,不管绿水青山"抑或"只要绿水青山,不要金山银山"的二元思维模式终将或已经在实践中引发灾难性后果。因此,实现绿水青山与金山银山的辩证统一既是乡村生态文明建设的目标追求亦是其顺利推进的必然要求。众所周知,经济增长与环境保护的二元悖论曾一度困扰着西方发达国家,而中国则长期陷入这一悖论之中。在深入考察浙江实际的基础上,习近平创造性地提出"绿水青山就是金山银山"的论断,指出生态经济是实现绿水青山与金山银山有机统一的现实路径。"生态环境优势转化为生态农业、生态工业、生态旅游等生态经济的优势,那么绿水青山也就变成了金山银山。"在习近平看来,生态经济是实现社会与自然、经济与环境、城市与乡村有机统一的桥梁和媒介。

理论之花结出实践硕果。生态经济在浙江乡村生态文明建设中扮演着重要角色。在生态经济中,休闲农业和乡村旅游作为连接城市需求和乡村资源、城市居民和乡村居民的桥梁,为绿水青山向金山银山转化提供了现实载体。2003年以来,生态经济渐成浙江乡村经济发展最为重要的引擎之一。据统计,2016年德清县乡村旅游接待游客558.4万人次,营业收入16.7亿元,其中民宿对于乡村旅游的贡献高达30%,150多家精品民宿接待34.8万人次,直接营业收入4.5亿元。同年,全省拥有农家乐特色村1103个、特色点(各类农庄、山庄、渔庄)2381个,经营农户1.9万户,直接从业人员16.6万人,接待游客2.8亿人次,全年营业收入291亿元。浙江乡村旅游已形成各具特色的模式诸如湖州模式、遂昌模式、磐安模式、嵊泗模式、桐庐模式等。以乡村生态为基础、城市游客为消费群体、经济利益为驱动的休闲农业、乡村旅游,以及承载这两大功能的特色小镇是实现城乡互惠的具体载体,其发展逐渐打破了城乡二元空间的界限。

在生态经济之外,乡贤的回归同样跨越了城乡二元空间的分割。在乡村生态文明建设中,乡贤的回归是城市反哺乡村、城乡互动互惠的重要形式。众所周知,东阳市在经济快速发展的过程中一度出现严重的乡村环境污染。为解决乡村环境治理资源匮乏的难题,东阳出台各种优惠政策,鼓励外出人才回归乡村、参与乡村生态文明建设。全市345个村,已有92%的村社落实乡贤人才回归政策。2017年共有187名"城归族"回归东阳基层,在"三改一拆""五水共治""小城镇环境综合整治"、乡村环境治理等工作中发挥积极作用。临海市已聘请1536名镇村乡贤,对接合作意向项目560个,其中回归项目232个,预计投资达38.8亿元。绍兴上虞区积极挖掘、发扬乡贤文化,吸引乡贤开发乡村旅游、捐助乡村环保设施等。乡贤利用自身的经济资本、文化资本、社会资本、象征资本等优势参与乡村生态文明建设,对农民环境意识的提升、环境行为的引导、生态项目的引进、环保设施的投建、环保政策实践的监管等起到政府难以起到的作用。

从浙江经验可以看出,乡村生态文明建设必须跳出乡村看乡村、跳出环境看环境,以结构性和关系性的思维破解长期棘手的难题。"只要金山银山,不管绿水青山"的发展模式已经引发乡村环境危机,而"只要绿水青山,不管金山银山"的激进环保主义必然因牺牲乡村利益而遭到农民抵制。"金山银山"与"绿水青山"的有机统一是乡村生态文明建设真正能够持续推进的前提。二者的有机统一唯有在解构城乡二元结构体制的基础上构建一个城乡相对稳定公平的互惠机制方能实现。

三、复合型治理:乡村环境治理的路径选择

经验表明,乡村环境问题是一个复合性和结构性问题。点源污染与面源污染交织、内源污染与外源污染同在、农业污染与工业污染叠加、"水土气生"污染并存,其污染主体几乎涵盖所有的生产者和消费者。寄寓其

间的受益圈与受害圈之间既具有一定的分离又有一定的重叠,而二者的关系形态随着环境问题的演化或分化而变动不居。这也决定了乡村环境治理本身所具有的复杂性和艰巨性。尤其值得注意的是,在相当长一段时间内,日趋严苛的环境政策不仅未能有效治理乡村环境问题反而出现不断恶化的态势。这一历史悖论折射出乡村环境治理体制的深层矛盾。这一矛盾或可概括为"系统性伤害与碎片化治理"。

(一)双轨互动:多元一体的治理格局

长期以来,我国环境治理的推进主要依赖于自上而下的压力传导和层层加码的任务分解。这种以政府为主导的单轨治理体制因不同层级政府之间的利益矛盾和条块之间的关系紧张而致环境政策的执行存在不同程度的偏差、扭曲甚至名实分离。事实上,环境问题的公共性、外部性、复合性和结构性决定了任何单一主体都无法有效地治理环境。历史一再证明,自上而下的单轨治理体制在付出高昂成本的同时不可避免地陷入"污染—治理—再污染—再治理"这一自我否定的恶性循环。单轨治理体制下的浙江自然无法例外。面对浙江的环境危机和治理困境,习近平于2003年提出"绿色浙江""生态省建设"的发展战略。在此战略推进的过程中,政府、市场和社会等多元主体积极参与乡村环境治理,并逐渐形成了自上而下与自下而上良性互动的双轨治理体制和多元一体的治理格局。

在双轨治理体制中,政府主导、市场主体、社会参与的角色定位和功能发挥有效地推进浙江的乡村环境治理。政府的主导作用不仅表现在环境政策的制定、环境治理的规划、环境信息的管理、治理经费的供给以及治理机制的创新,而且表现在对市场和社会参与环境治理意愿或行为的激活、吸纳、引导和规范。2005年5月,浙江将"主要污染物排放控制率""万元GDP土地消耗量""万元工业增加值消耗""环保投入""饮用水源水质达标率"等环境资源评价指标纳入干部政绩考核评价指标体系。2008年起,由长兴县在全国率先探索实施的河长制在湖州、衢州、嘉兴、温州等地陆续试点推行,并逐渐形成一个省、市、县、乡(镇)、村五级联动的"河长制"体系。针对乡村面源污染治理,浙江省政府制定畜禽规模养殖生态治理标准及其环境准入与退出机制、农业生产基地环境标准和农产品及其加工品的环保标准,建立健全乡村垃圾分类的考核制度。政府在创新乡村环境治理机制或制度的同时进一步严格规范企业生产的行为、激活企业参与环境治理的能动性。作为环境污染的重要主体,企业的生产经营不仅需要外部的法律政策约束也需要内部的市场竞争激励。浙江在全国率先实施生态补偿、排污权有偿使用、水权交易、绿色税收、绿色金融、第三方治理等制度。这些制度的实施对企业生产的行为予以政策性约束或市场化激励,诱发企业主动节能减排、技术改造或转型升级。

社会参与是乡村环境治理的最后一道防线,是弥合政府失灵和市场失灵所造成的结构性裂痕的重要机制。社会包括个体化的公民和组织化的公民,而后者主要是指民间组织和社区。在浙江乡村环境治理中,不断涌现的环保志愿者、大量回归的乡贤以及长期生活于乡村的普通民众积极参与其间,在环境监督、垃圾分类、村庄卫生、河塘治理等方面发挥重要功能。相比于个体化的公民,民间环保组织在普及环境知识、规范环境行为、推动环境监督、推广环保技术、倡导低碳生活、援助环境维权等方面,具有更加重要的地位和作用。从2002年前后仅有的绿色浙江、乐清市绿色志愿者协会、温州市绿眼睛环境文化中心等几家到2015年增长至121家,浙江民间环保组织的快速增长及其功能发挥有效地促进了乡村环境治理的改善。然而无论是环保志愿者还是民间环保组织大都来自乡村之外,乡村环境治理终究需要社区将农民组织和动员起来。浙江乡村社区在垃圾分类、河塘治污、村庄整洁等方面所作出的探索,自下而上地回应了环境政策的要求。

(二)系统治理:多元一体的耦合机制

正如前文强调的那样,乡村环境问题是一个系统性问题,其治理的复杂性不仅在于污染主体的多元性、污染类型的多样性,也在于沉疴新疾的相互叠加与转化。在这个意义上,乡村环境治理不仅需要多元主体的共同参与,并由此形成一个均衡合理的治理结构,也需要多重方式、手段、措施以应对不同类型、层次的环境问题,并由此形成贯穿于源头预防、过程控制和末端治理这一整个过程的治理机制。2003年以来,浙江在构建多元一体的乡村环境治理格局过程中不断探索新的方式、手段和措施,最终形成了总体治理与分类治理、运动治理与常规治理、典型治理与项目治理等多种方式相互接榫、彼此奥援的多元一体的耦合机制。多元一体的耦合机制在实现不同方式、手段和措施与治理目标的有机衔接、治理主体的合作互补、治理过程的协调一致的基础上追求治理效果的最大化。

一是总体治理与分类治理相结合。一般而言,环境污染根源于粗放式的增长方式和低级畸形的经济结构。浙江在快速发展的过程中长期依赖高投入、高能耗的增长模式和比重过高的劳动密集型产业,环境污染如影相随。2006年,习近平从浙江实际出发审时度势地提出"两鸟"理论,即"凤凰涅槃"和"腾笼换鸟"。"两鸟"理论的核心即是以增长方式的根本转变和产业结构的战略调整促进生态环境的改善。增长方式的转变和产业结构的调整是一个巨大的阵痛和艰难的挑战,却是经济永续发展和环境总体治理的内在要求。然而转方式调结构这一总体治理无法在短期内有效地治理所有乡村环境问题。相比于城市,乡村环境问题更加复杂多样。城市所移污染、乡镇企业污染、畜禽养殖污染、农田面源污染、乡村生活污染等有着不同的受益/受害主体和发生机制,其治理应具有针对性而非一概而论。浙江在坚持总体治理的同时积极探索分类治理之道,对不同的污染类型制定相应的治理方案。

二是运动治理与常规治理相结合。2002年左右,浙江乡村环境危机已近临界点并开始向社会危机转化。然而传统的碎片化常规治理无法及时有效地应对日趋紧迫的环境危机与社会危机。2003年以来,浙江所实施的"千村示范、万村整治"工程、"万里河道清淤"工程、"811"环境污染整治行动、"811"环境保护新三年行动、"991行动计划"、"五水共治"、"十百千万治水大行动"等工程或行动是一种政府主导、限期治理、全面动员的运动式治理。运动式治理以政治激励和资源动员的方式激发政府、市场和社会参与环境治理的积极性和能动性,试图在较短的时间内解决长期累积的环境问题。申言之,浙江所推行的运动式治理是在既有政治体制下所作出的策略性选择,以此通过缓解环境危机为构建科学有效的常规治理体制赢得时间。在浙江乡村环境治理中,运动治理与常规治理是一种"你中有我,我中有你"而非二元对立的关系,二者相互矛盾又互为依赖、相互制衡又彼此补弊。

三是典型治理与项目治理相结合。典型治理与项目治理是地方政府进行乡村环境治理的重要方式。十余年来,安吉县余村、东阳市花园村、永嘉县屿北村、嵊泗县田岙村、义乌市何斯路村、淳安县下姜村等一系列村庄成为浙江乡村环境治理的典型。政府将这些村庄树立为典型并推广其成功经验,这一过程本身即生产出强大的示范性效应和结构性压力。基层政府和村集体进行环境治理的积极性因此得以一定程度地激发。然而以政府为单一主体的典型治理有可能异化为政绩驱动下的形式主义。为了更加有效地吸纳市场、社会的力量,广泛动员基层政府和村集体进行环境治理的热情,项目治理应运而生。中央和地方政府以"专项化"和"项目化"的方式对环境治理经费进行划拨。通过项目设立、发包、实施、考核,政府层级之间实现了自上而下与自下而上的双向互动,同时实现了政府对市场和社会的有效吸纳。中央层面的乡村环境保护专项资金环境综合整治项目以及浙江所设立的各级各类项目,在"以奖促治"和"以奖代补"的激励政策下推动了浙江乡村环境治理的常态化和制度化。

无论是多元一体的治理格局还是耦合机制,政府在其中始终处于主导地位。复合型治理的形成是浙江在既有的中央政策框架下充分借用权力系统的灵活运作和资源优势进行环境治理体制的革新。这一革新试图缩减政府失灵、市场失灵或社会失灵所付出的代价及引发的风险,努力将政府、市场、社会等不同主体所发出的"多种声音"协调成"一首乐曲",从而实现多元主体之间的协作、多种目标之间的协调以及不同措施之间的耦合。在一定程度上,这一革新实现了碎片化治理向复合型治理的转型,取得了明显的实践效果。

四、结语

乡村振兴战略是关系中华民族伟大复兴的千年大计,是政治、经济、社会、文化和生态"五位一体"全面发展的系统工程。作为乡村振兴的重要维度和关键环节,生态文明建设在浙江取得举国瞩目的成功经验。究其实质,浙江经验是在既有体制政策的框架下所做出的富有策略性和创造性的地方性探索和渐进式改革。这一探索或改革秉持系统性和结构性的思维方式,从浙江实际出发,在正确处理中央与地方、城市与乡村、经济发展与环境保护、历史问题与现实矛盾之间关系的基础上逐渐创生出政府、市场和社会良性互动的多元一体治理格局,以及总体治理与分类治理、运动治理与常规治理、典型治理与项目治理等多种方式相互接榫、彼此奥援的多元一体耦合机制。事实证明,以城乡共生为前提、多元主体参与的复合型治理在很大程度上化解了乡村长期难以化解的环境危机。

近年来,浙江经验已经引起越来越多的关注。在乡村振兴战略和生态文明建设双重推进的过程中,如何超越激进环保主义和环保形式主义的两极思维、实现绿水青山与金山银山的有机统一,如何处理指导思想与具体实践之间的辩证关系、跳出教条主义和经验主义的思维窠臼,这些无疑是自然风貌、资源分布、气候类型、地质构造、发展程度、社会文化等不尽相同的各个省市地区所必然面对的实践难题。浙江经验无疑能够为其提供一定的典型示范和思想启迪。然而必须看到,浙江经验是一部流动的现实而非凝固的历史,一个立体多面的结构而非线性单维的平面,一种地方性经验而非普适性经验。浙江经验所富含的示范意义应从认识论、方法论和实践论的角度理解和把握,不能将其模式化、教条化乃至绝对化。在某种意义上,浙江经验本身即表明顶层设计与地方探索良性互动是中国发展与改革的应然之途。

参考文献:

1.包智明:《环境问题研究的社会学理论——日本学者的研究》,《学海》2010年第2期。

2.陈占江、包智明:《农民环境抗争的历史演变与策略转换——基于宏观结构与微观行动的关联性考察》,《中央民族大学学报(哲学社会科学版)》2014年第3期。

3.洪大用:《当代中国社会转型与环境问题——一个初步的分析框架》,《东南学术》2000年第5期。

4.郎富平:《浙江乡村旅游提升发展研究》,《小城镇建设》2017年第3期。

5.苏杨:《浙江经验:"三生统筹"理念下的农村环境综合整治》,《环境保护》2006年第4期。

6.王学渊、周翼翔:《经济增长背景下浙江省城乡工业污染转移特征及动因》,《技术经济》2012年第10期。

7.晏阳初:《农村运动的使命及其实现的方法与步骤》,《民间》1934年第11期。

8.张玉林:《中国农村环境恶化与冲突加剧的动力机制洪范评论(第9辑)》,中国法制出版社,2007年。

9.张玉林:《农村环境:系统性伤害与碎片化治理》,《武汉大学学报(人文科学版)》2016年第2期。

10.折晓叶、陈婴婴:《项目制的分级运作机制和治理逻辑——对"项目进村"案例的社会学分析理》,《中国社会科学》2011年第4期。

11.梁漱溟:《乡村建设理论》,上海人民出版社,2011年。

12.孙慧宗、兆宣:《浙江发展民宿经济 提升乡村旅游市场价值》,《海南日报》2017年7月6日。

13.习近平:《环境保护要靠自觉自为》,《浙江日报》2003年8月8日。

14.习近平:《绿水青山也是金山银山》,《浙江日报》2005年8月24日。

15.习近平:《从"两只鸟"看结构调整》,《浙江日报》2006年3月20日。

16.金许斌、蔡凤:《东阳187名乡贤回归助推基层环境治理》,2017年6月6日,http://society.zjol.com.cn/201706/t20170606_4178877.shtml。

17.奚金燕:《浙江临海"乡贤+"模式崭露头角 塑美丽乡村新图景》,2017年8月11日,http://www.iecity.com/taiizhou/news/detail607817.html。

嵌入性自主：
环境保护组织的社区合作逻辑及其限度
——S机构内蒙古坝镇项目点的考察*

王旭辉　高君陶**

摘　要：文章以S机构的内蒙古坝镇项目点为例，基于"复合嵌入性"视角，系统分析了环境组织推动地方生态治理的合作逻辑及其内在张力。S机构既要通过对地方政府与社区的双向嵌入，推动合作型生态治理；还要基于内生社区发展理念及项目模式，兼顾并凸显自身和社区主体的自主性。在近十年项目实践中，S机构先后采取主动嵌入、社区自组织培育以及机构自主性强化的行动策略，但整体依循"嵌入性自主"的合作逻辑。进而在双重嵌入维度上，S机构的生态治理困局以及合作逻辑中嵌入与自主之间张力，则与关系嵌入性背后的制度嵌入性不足内在关联，凸显了认知及规范整合等层面公共性构建在合作治理中的基础性。

关键词：环境组织　生态治理　合作逻辑　复合嵌入性　嵌入性自主

---

* 原文发表于《中央民族大学学报(哲学社会科学版)》2019年第4期。

** 王旭辉，中央民族大学民族学与社会学学院副教授；高君陶，北京师范大学经济与资源管理研究院研究助理。

一、引论

（一）问题的提出

在现有制度和资源约束下，我国非政府组织易依循外源嵌入而非内生根植发展路径，并受困于可持续发展或专业化危机。而这一问题的焦点则是非政府组织如何基于国家与社会的双重结构性约束，在特定治理域中处理其与政府部门等主体间关系，并在合作型治理中实现嵌入性与自主性的均衡。相应地，国内研究者对非政府组织自主性问题的探讨，也就多与嵌入关系分析相辅相成，并将嵌入式发展路径视为自主性缺失的主因。进而，研究者基于依赖关系、嵌入性、治理结构等概念工具，以资源依赖理论、社会嵌入理论、多中心治理理论等视角为指引，展开两类内在相关的经验研究：非政府组织与政府、社区组织等主体间互动关系和合作模式研究；非政府组织为实现合作、提升自主性所采取的发展路径、行动策略研究。

具体就我国环境类非政府组织而言，在其作为新兴力量涌现的同时，与世界范围内合作型环境治理趋势相一致，政府、企业、社区、环境非政府组织等主体间关系问题也日益凸显：一方面，环境非政府组织倾向于以合作者甚至辅助者角色嵌入行政主导的环境治理体系，并尝试将生态环境保护项目有机嵌入地方性知识、生计传统及资源开发利用系统，以谋求合法性认可、配套政策资源支持和社区主体参与。另一方面，环境非政府组织还须凸显自身在目标及工作模式等方面差异性，并在嵌入式发展中保持一定限度的自主性，以减少目标偏离、外部控制及专业性缺失等问题困扰。不过，由于地方经济及居民收入增长与非政府组织的生态环境保护之间存在内在张力，加之各方认知及行动逻辑差异明显，当前合作型环境治理难题突出，而环境非政府组织在嵌入式发展过程中的合作关系及自主性则是焦点性问题。

鉴于此,本文以S机构这一外源性环境保护非政府组织①为例,基于其在内蒙古"坝镇"项目点②的生态治理项目实践,以"合作逻辑"这一概念整合嵌入性与自主性分析,并对两者关系展开动态分析。相应地,聚焦S机构合作逻辑及其具体实践形式的本文分析,就不仅指向嵌入性与自主性之间关系的澄清,还试图探讨两者之间内在张力及原因,进而回应合作型环境治理如何可能及其深层困境问题。这一意义上,本研究还是对埃文斯等人"嵌入性自主(Embedded Autonomy)"理论以及国内相关经验研究的一种回应。

事实上,笔者在调研过程中也发现,S机构及其成员既重视自身对政府行政系统、地方社会文化系统的主动嵌入,又强调其在项目运作方面的独特性和自主性。然而在项目运作过程中,S机构却不仅遭遇"机构和项目是能够进得去,但各方利益和想法却总不能拧一块"的合作治理困局,还游移于强嵌入性与强自主性之间,甚至同时面临嵌入性与自主性的双重缺失。显然,这是促使笔者以S机构的合作逻辑及其限度为核心研究问题,展开下文案例分析的经验前提。

(二)分析框架:复合嵌入性

外源性环境非政府组织进入地方社区开展合作型生态治理项目,无疑需要嵌入当地政治及社会文化系统,这是本文引入嵌入性视角的基本前提。同时,为践行"内生社区发展"理念,S机构还要回应社区居民参与及自组织缺失等棘手问题。那么,如何处理自身与政府、社区、企业家会员等主体间关系,进而实现合作型生态治理,就是其组织发展中的核心问

---

① 对于"外源性非政府组织"这一概念,实际上已有学者在国外资源依赖型非政府组织意义上使用过,但本文界定和理解有所不同,更强调非政府组织的非土生化及其相对于地方社区、政府的外来性特征。

② 本文对所涉组织名称、地名及人名均进行了匿名化处理,"坝镇"不仅是乡镇一级行政辖区概念,还是沙漠绿洲意义上的一块滩区——井灌区。同时,"坝镇"也是S机构投入力度最大的项目点之一,从2004年机构成立到我们实地调查结束的2015年,S基金会在坝镇开展了持续十多年时间的生态治理项目。

题。而在外源性环境非政府组织被地方政府、社区等主体所处社会系统制约及塑造意义上,嵌入关系分析可视为多元主体间关系分析的具化,嵌入性视角则是合作治理分析的可行框架。

鉴于既有研究者对于"嵌入"的概念界定并不一致,构建出来的具体嵌入性理论框架也较为多样,本文从两个层面加以澄清:一方面,本文主要在"特定主体行动的系统或条件依存"意义上使用嵌入概念,更为接近波兰尼而非格兰诺维特的理解,而嵌入的对象是作为实质性整体的社会文化系统而非单纯的社会网络。另一方面,我们还将作为整体的社会文化系统划分为政府行政系统和民间社会系统,而嵌入关系分析也就有国家与社会两个向度。如此一来,本文"嵌入性"概念就主要指S机构需要协调自身与地方政府部门、社区等主体之间关系,并使生态治理项目融入政府治理体系以及地方社会文化系统。①

进而,参照佐金、迪马吉奥等人关于嵌入关系维度的类型划分,并结合案例情况,我们提出"复合嵌入性"视角作为本文分析框架,它具有双向及双层嵌入两个维度上的复合性:一方面,嵌入关系分析指向国家与社会两类嵌入向度,关注S机构在生态环境治理过程中与地方政府、社区的双重合作关系。另一方面,本文还将嵌入性划分为关系(结构)嵌入和制度(文化及认知)嵌入两个基本维度,并在经验分析上对应不同行动主体间合作关系建立、意义及规范系统共享两个层面。②简言之,本文既关注政府部门、社区对于S机构项目实践的约束和塑造,还强调不同行动主体之间关系结构背后认知及文化制度差异的深层影响。逻辑上而言,"复合嵌入性"框架中的上述两个嵌入性分析维度,也为下文展开S机构的"嵌入性自主"合作困境分析指出了方向。

---

① 与之相应,"自主性"概念则意指S机构有能力按自身理念和目标,设定角色、项目重点及工作模式,开展差异化并且有服务优势的项目活动。

② 按照分类逻辑合理性及案例分析需要,本文整合了佐金、迪马吉奥的四种嵌入类型,政治嵌入和结构嵌入归并为基于特定行动者网络的关系嵌入,而认知嵌入和文化嵌入则统一为制度嵌入。

(三)案例及方法

本文经验材料主要来自2014、2015年对S机构坝镇项目点的两次实地调查,每次实地调查为期1—2个月,重点涉及T嘎查、M嘎查两个农村社区。阿拉善盟位于内蒙古最西部,中温带大陆性气候,干旱少雨,巴丹吉林、乌兰布和、腾格里三大沙漠横贯全境,沙漠面积约占总面积的1/3,而荒漠化面积占比则更是高达90%。改革开放以来,阿拉善地区的沙漠化、草场退化等生态环境问题日益加剧,并逐步演变成为中国最大的沙尘暴发源地之一,防沙治沙任务重、难度大。而本文所重点关注的项目点"坝镇"则位于腾格里沙漠东北边缘,是夹在沙漠与城镇之间的一块绿洲,也是目前阿拉善盟少有的几个农耕种植区之一。

S机构成立于2004年,以搭建非政府组织、政府部门、企业家会员以及地方性社区等多元主体参与的合作治理平台,共同推动阿拉善地区的荒漠化治理为首要目标。同时,S机构主张生态环境保护与社区可持续发展相融合,并将社区居民参与、自组织视为基本工作路径及创新点,逐步形成社区为本、以发展促保护的"内生社区发展"理念及项目模式。以阿拉善地区为重点,S机构分别在农区和牧区实施了类型多样的生态治理项目;其中,农区以节水项目为主,牧区以梭梭林、草场植被保护项目为主。而具体在作为农区的坝镇项目点,S机构则先后实施了养殖技术培训、垃圾处理池修建、社区发展基金建设、暖棚圈舍、奶牛小区运营、灌溉技术设施推广等多类业务项目。

在实地调查过程中,我们综合采用深度访谈、参与观察以及文献法,系统搜集了S机构组织发展历程、生态治理项目以及关键主体之间关系等方面的一手调查资料和工作日记、规章制度等二手文献资料。其中,访谈对象的选取覆盖到了S机构项目官员、地方政府工作人员以及村干部、村民等。而在资料分析层面,笔者更多借助个案纵向比较分析策略,并借鉴和应用了扩展个案法。

二、案例概况：机构发展与合作型生态治理

(一)S机构的创立与发展

S机构的前身是S生态协会,2004年由一批国内外知名企业家倡议成立,企业家会员每年缴纳固定会费作为协会运营的基础资金。作为一家在阿拉善盟注册成立的环保组织,S机构的首要宗旨是"保护阿拉善生态环境,并重点防治沙尘暴和减缓荒漠化"。同时,S机构还将"搭建有公信力的企业家环保平台"作为重要目标,努力推动企业家及企业组织参与环境治理。2008年,S生态协会又在北京发起成立了S基金会,并将自身业务扩展至环境类非政府组织及项目培育等更多业务领域,业务覆盖的地域范围也进一步扩大。①

一方面,与国内大多数环境组织不同,得力于知名企业家会员和地方政府的大力支持,S机构较少面临身份合法性及资金匮乏等生存难题。但另一方面,从最初的道路硬化等社区惠民项目到后来的节水灌溉设施、小米替代种植等项目,S机构的生态治理实践却也同样面临如何嵌入政府主导的行政化治理体系及地方社会文化系统,以及如何在嵌入过程中保持自主性、进而实践"内生社区发展"理念的挑战,这是本文以"复合嵌入性"为分析框架的现实基础。

需要指出的是,S机构强调"直接作用于自然的相关人群参与"和"遵从自然法则的项目路径",通过居民的自主参与和自我管理,逐步转变高生态环境代价的生产、生活方式,以推动社区的内生、可持续发展,进而实现社区发展与生态保护之间均衡。相应地,S机构在坝镇的项目实践就主要依托社区惠民及发展项目,帮助当地农牧民自我组织起来、参与生态保护:

---

① 2008年由S生态协会主导成立的S基金会,既是S机构整合资金、便于资金管理的组织调整,也代表着S机构业务内容、活动领域向机构发展、项目培育等方面的拓展。

我们机构的独特之处不是告诉老百姓应该怎么做,而是你想做什么,我们帮着你做……但前提是,所有项目的结果必须是有利于自然的,所有项目过程必须是社区自己组织和主导的,农牧民主导社区建设可以为持续的生态保护提供社会基础。(访谈资料14DY)

　　概括而言,在近十年发展历程中,S机构的项目重点及行动策略也先后经历三次转变:2004—2007年为模式探索阶段,在认识到成规模实施荒漠化治理的难度之后,S机构提出以"社区为主体、以发展促保护"的内生社区发展模式,并结合地方政府的生态移民补偿及村庄建设需求,选择性实施社区惠民及发展方面的一批小规模项目。2008—2011年为项目整合阶段,S机构既基于差异化策略,聚焦与生态治理目标和自身优势一致性更强的项目领域——保护及节约地下水资源项目,同时还依托社区居民的自组织,推动内生社区发展模式的落地。2012—2016年则为战略目标及项目运作模式调整阶段,S机构一方面明确了"荒漠生态系统恢复"和"绿洲生态系统管理"两大战略目标,另一方面则向可复制、推广的"规模化"项目运作模式转变,并凸显自身在项目进程中的主导性。很大程度上,这也是下文分析的基本事实线索。

(二)生态治理中的合作关系

　　面对生态治理这一典型的复合型治域,问题的关键也许并非S机构相对于政府部门等主体的独立自主地位,更为关键的是如何通过分工合作,更好地实现其合作共治的公益目标。与之相应,作为一家强调内生社区发展理念的外源性非政府组织,S机构的项目实践整体依循"关系驱动"策略,而合作关系的建立和维护是其顺利开展项目工作、实现预期组织目标的重要基础。那么,S机构内外不同主体之间合作关系的建立及调整,则无疑是理解其不同阶段项目实践的一条核心线索,也是本文案例分析的焦点。

继而,S机构在坝镇项目点生态治理中的合作关系又主要涉及三个层面:其一,S机构内部不同群体之间,尤其是企业家会员群体与机构专职工作团队间合作共治关系。其二,在S机构推动当地居民自我组织及管理意义上,项目点社区内部不同组织、人群间的合作共治关系。其三,S机构与政府部门、社区组织(居民)等主体在项目实施中的合作共治关系。需要说明的是,下文对S机构合作逻辑及其限度的分析,主要围绕第三个层面的合作关系而展开。综观S机构在坝镇的生态治理实践,作为一家外源性非政府组织,其在项目设计、实施过程中与当地政府、社区及其居民之间关系,无疑是影响项目定位及策略选择的关键因素,也是造成生态治理困局的重要原因。

三、嵌入与自主:S机构三阶段生态治理的合作逻辑摆动

(一)双向嵌入:社区惠民项目与渐进治理策略

2004年成立之后,S机构首先考虑的是如何被地方政府及项目点社区认可和支持,以便顺利启动项目工作。然而经过一年左右的走访调查及试探性工作,S机构逐渐意识到,在浩大的荒漠化治理工程面前,其自身人力、财力及物力均相形见绌,能直接推动的规模化生态修复工程也十分有限。相比之下,基于广泛社会动员和参与的生态环境保护才是可行项目方向:

> 后来发现,我们的资源、能力是很有限,国家投入几百亿甚至过千亿资金来防治,都不一定能见效,岂是我们这样民间环保机构能比的。而且,大自然的很多变化也不是能够直接治理的,那我们只能从日常生态保护的角度多做些工作,从社区参与、发展角度推动保护工作。(访谈资料FL15)

同时,出于配合地方政府完成生态补偿及村庄建设的考虑,S机构在

坝镇选择了生态移民村 T 嘎查作为主要项目点。而为顺利进入社区、展开项目工作,S机构在2004—2007年这一发展阶段,主动采取了涉及两个层面的渐进治理策略,以实现其对地方政府和社区的双向嵌入:一方面,主动嵌入政府主导的既有生态治理体系,并通过跟随地方政府的政策及工作导向,获取进入社区的合法性认可及渠道;另一方面,主动将工作重点引向社区惠民及发展项目,以获取社区居民的信任和支持,并带动其观念的改变及治理参与。

1. 找政府:资源禀赋与进入路径

S机构既有充足而且来源稳定的项目资金,又与国家战略需求及社会舆论方向高度契合,在资金及机构合法性获取等方面对注册地政府均没有天然依附性。而且在进入项目点开展工作时,S机构往往还能借助于会员企业家网络以及上级政府部门,获得当地政府的更多合法性认可以及项目配套支持:

> 作为非政府组织,我们情况跟其他不太一样,在政府方面没有遇到太大阻碍,这可能跟我们成立的背景有关系。机构里很多知名、有实力的企业家,企业家身份还是很有用的,政府也希望企业家能带来不同理念、项目。还有上面政府、领导给下面指示,这对我们快速取得联系、得到支持是非常有利的,政府专门指派部门、人员和我们对接。(访谈资料PZP14)

另一方面,尽管S机构一开始便在阿拉善登记注册,但在相当长时间内,其资金、工作人员、技术甚至组织目标等要素都是外源性的,缺少当地行动主体及本土性资源的参与。即便S机构将"内生社区发展"作为推动可持续和利益均衡型生态治理的基本理念及项目模式,其在进入坝镇项目点时,仍面对无法直接接触项目对象——社区及其居民、并被其信任和支持的现实困境。如此一来,依托上级政府部门引荐和地方政府部门支持的行政化进入路径,就成为S机构的选择:

我们是非政府组织,这就决定了你没有权力,也没有条件强制当地村民配合和参与你的项目。再说,人生地不熟的,老百姓和干部也不知道我们啊,还需要当地人和政府的配合。就想从政府这边靠一靠,借着这条线做下去,就想着盟和旗政府关系做到位,再到苏木、乡镇,由政府引荐到各嘎查,走自上而下的进入路径。(访谈资料PZP15)

　　很大程度上,正是通过动员和依托地方政府部门,S机构才顺利进入坝镇、启动相关项目。而且在这一通过政府部门引荐和支持而进入项目点社区的过程中,S机构还主动嵌入政府主导下的生态治理体系,并以此为参照,完成基于"加减法"思路的机构角色及项目内容定位。

2.以发展促保护:社区惠民项目的推进及影响

　　在坝镇项目点的T嘎查,考虑到生态脆弱区搬迁而来牧民的安居乐业需求,S机构先后设立并实施了"温棚建设""舍饲养殖""巷道硬化"以及"修建垃圾池、沼气池"等一批社区惠民及发展项目。这既是参与式、可持续性生态治理的应有内容,也是其获取社区居民理解和支持、推动生态治理的策略性选择。那么在逐步推进项目实施的意义上,S机构采用了"以发展促保护"的行动策略:

　　先推了一些现在看来跟生态环境保护没太大关系的社区项目,像安装太阳能、搞路面硬化、办奶牛场……这些项目与协会成立的初衷是不一样,我们是想做沙漠化治理的。当时这也是必要的,为了与当地居民拉近距离,让大家参与进来。让搬迁过来的移民安居乐业,我们要能进得去,得先把公共设施搞好,把大家先吸引、组织起来。(访谈资料WCQ15)

　　然而上述策略所带来的影响却是双面的:一方面,这些项目给社区及居民带来了一些实实在在的利益,也增进了当地居民对机构的了解和信任,还初步搭建了机构、政府与社区三方共同投入、参与的项目运作机制。另一方面,尽管这些项目带来了村容村貌的一些变化,但大多数项目的实施效果及可持续性却并不理想,甚至陷入半途而废的境地。更关键的是,由于这些社区惠民及发展项目与生态治理目标之间内在关系并未理顺,以及S机构此阶段对当地政府的过度依赖,如何逐步将其转化出生态治理效果,在这种渐进治理策略中很大程度上被遮蔽。这不仅招致社区居民等相关合作方的误解,还使得S机构改变当地村民生态保护观念、调动大家自主参与的设想落空:

> 干这些社区惠民和发展项目,让道路、房子、环境焕然一新,但也导致居民理解有误,认为我们是扶贫的,跟生态环境没什么关系。一旦不能满足他们实际需求,还认为我们不行,不信任我们⋯⋯看着是很多项目,但是要干什么不知道,不同项目间又缺少配合,后面项目管理制度不健全、工作疏忽,导致项目走样,损害了百姓利益和情感,机构最初的生态治理目标和(项目)模式也没落实。(访谈资料WS15)

总之,基于主动的双向关系嵌入和渐进治理策略,S机构顺利与地方政府及项目点社区建立起合作关系。然而由于S机构主动将自身定位为行政化生态治理体系的配合者角色,并将非直接生态治理取向的社区惠民、发展项目作为工作重点,这种缺乏自主性支撑的过度嵌入却也使其遭遇目标偏离质疑——用社区发展替换生态治理目标。

(二)孤立的自主性:节水项目与自组织培育策略

2007年底,S机构完成新一轮负责人及理事会的换届选举。作为对"撒胡椒面"式项目布局批评的回应,新一任负责人提出机构既要基于差异化策略,聚焦与生态治理目标关联度高的项目领域——保护及节约地下水资源项目,①还应依托自组织策略,深耕现有社区惠民及发展项目,以推动内生社区发展模式的落实。

1.配合与动员政府:节水项目的差异化定位

1999年以来,伴随"京津风沙源治理工程"等生态环境治理工程的启动,退牧、禁牧和生态移民政策在阿拉善地区的实施力度不断加大,大量牧区人口被就近转移、安置进坝镇这样的农区或半农半牧区。随之,坝镇从事农业生产的人口及耕地数量大幅增加,诱发当地农业用水量的快速增长,并在这一意义上使得农业灌溉节水成为当地生态治理的关键。②

鉴于此,S机构从以下两个方面重新定位其项目领域:一方面,考虑到"退牧还草、退耕还林"等国家政策已经有针对性地指向解决当地"三多问题"中的放牧多、砍伐树木多问题,S机构便从2008年开始瞄准"地下水开采使用多问题",并以"节水项目"作为后续工作重点。另一方面,考虑到政府部门将生态治理重点定位在阿拉善牧区及畜牧业,对耗费更高比例地下水资源的农区及种植业的关注十分不足这一实际情况,S机构还将节水灌溉设施及技术推广作为此阶段的项目工作主线:

> 之前争议比较大,我们需要一个能迅速出成果的项目方向,也需要在机构内外部达成一致。地下水的节约问题,我们早就提出过,也小范围试过一些办法。这一阶段,我们从2008年开始做膜下滴灌,好几年都是机构工作重点。不论是设施引进,还是地下水勘测、技术推广,都是我们(机构)主导负责,政府部门主要给搞一些协调工作,像帮我们协调与老百姓的土地、申请配套国家项目资金。(访谈资料LYZ15)

---

① 如此一来,"节水项目"就既是S机构回归本位、强化直接生态治理方面组织绩效的产物,也与地方政府、社区及民众的实际需求相吻合。

② 一般而言,农区种植业的同等经济产出对于水资源的需求量,远远高于牧区的畜牧业,这些牧区为主的治理工程及政策无疑会给农区生态环境造成极大压力,进而还影响到草场恢复及牧区生态治理。而且由于坝镇是阿拉善地区的传统农业井灌区,当地村民普遍采取地下水漫灌的灌溉方式,上述问题就更加突出。

相应地,S机构在项目点社区设立节水项目,由政府向村民征集土地,而机构则负责对膜下滴灌设施铺设提供技术、资金等支持。不过通过实地调查发现,节水项目在坝镇项目点的推进并不顺利,甚至陷入不温不火的尴尬处境。当地居民认为,节水项目只考虑了节水技术设施本身,尽管可以减少每亩耕地的用水量,却未能顾及农民的投入成本以及实际收益,[①]是S机构脱离实际的"一厢情愿"式行为。那么,当S机构的投入和支持不能持续,而节水项目的获益性及公平性又备受质疑时,大家的顾虑和消极态度就异常强烈:

> 我们坝镇好多社员的意思呢,觉得搞的这个节水项目也不是那么太现实……关键是滴灌每年投入很大,还不如每亩地折现钱给我们,我们就不种那些田、不需要水了。(即便)我家搞了这个项目,但别人还是老样子开闸漫灌,谁还愿意啊,项目就无法落地、持续。而且,膜下滴灌也不实用可行,在沙田可以铺,浆田不行,浆土地结板。(访谈资料LYL15)

2.自组织培育:项目的非科层化运作及后果

基于内生社区发展模式,在项目筛选及实施过程中,S机构倡导并推行基于各项目团队自我组织管理的非科层化运作机制。通常在项目立项前,S机构会让村民根据自己的认识及需求,自行商议确定项目实施方向及内容;项目立项后,S机构还会协助项目团队选举产生项目管理委员会,并助力其管理具体项目运作。

然而由于社区居民的自我组织基础不牢、监管缺失等原因,这些项目大多未能如期增进民众利益、扩大生态治理效果,反而还招致当地政府及社区居民的质疑。很大程度上,在坝镇的节水项目实施过程中,由于缺乏

---

① 滴灌技术分为地上设施和地下设施,地下设施可以使用七八年,但地上设施需要每年更换,一亩地村民每年就需要投入200元。

有效的自我组织机制,集体行动往往难以达成。而且由于理念、人力、物力等因素的限制,S机构往往不愿、同时也无法做到全程监控,转而通过村干部、村委会来动员民众参与、组织项目实施:

　　实际上,项目实施前还是通过村委会来宣传,遇到(村民)不想参与项目时,村干部就带头做个示范,村干部就成了项目日常运作的主要负责人和监督人。这也直接导致项目运行的不透明,只是几个村委会的人在主要参与,社区居民的主体性和自我组织也虚了。(访谈资料WS15)

　　结合T嘎查的"奶牛场项目",我们可以管窥上述矛盾。T嘎查奶牛场是S机构投资较多、历时较长的一个明星项目,由S机构和村民共同出资成立,基金会投入50万,村民则以5000为一小股、10万为一大股参股经营。奶牛场建成后,S机构把管理权交给了T嘎查的村主任,而村民和机构自身并不直接介入运营管理。后续由于奶牛场的运营情况很不理想,村民们普遍怀疑其公共性和公益性,认为其沦为个别人谋私利的工具:

　　这一阶段最大的项目就是奶牛场,但是并没有让老百姓充分参与进来,资金使用和流程也不透明。项目管理委员会的成员很多都是嘎查村干部,也主要是这些人说了算。S机构逐渐退出来,由参股的大股东自己管理,项目就变成少数人私人的啦……有项目就让你掏钱,掏了钱呢又见不到效益、说了也不算,村民是不会再参加项目了。(访谈资料ZD015)

　　无疑,对于由企业家会员聚合而成的S机构而言,其既要依循内生社区发展模式、以发展促保护,还要尽早取得可以向社会以及企业家会员"量化"展示的工作成果,以昭示自身在生态治理方面的模式及效率优势。然而2012年之前,S机构的项目点和项目投入虽然持续增加,但却一直面临布局分散、成效不足等现实挑战。①这一点对于习惯于从效率逻辑角度考虑S机构工作成效的企业家会员而言,尤其不能接受,并转化为下一阶段机构及项目调整的重要压力。

(三)嵌入的自主性:替代种植项目与示范带动策略

2012年以来,结合节水小米替代种植项目,②基于典型示范带动策略,S机构重点调整了其项目实施路径——市场化和规模化,以贯彻"可看(项目规模化)、可说(项目生态效益明确)、可测量(项目结果及影响易见)"的三可原则。同时,S机构还通过规范项目管理、强化流程及结果控制,提升自身在项目运作方面的自主性,并增加效率导向的组织绩效产出。

1.机构控制和市场化运作:节水小米项目的运作策略

玉米是坝镇农户种植的主要粮食作物,当地村民习惯使用大水漫灌方式保持田地墒情,耗水量大,平均每亩用水量超出800立方米。而且由于过度开采地下水,还导致土地盐碱化、肥力减退。如果不及时调整农作物种植结构,坝镇农区还将面临荒漠化加剧的现实困境。早在2010年,S机构就曾与阿拉善左旗政府部门合作,试图推动节水小米在当地扩大种植,并开发了一套种植原则与技术标准。然而这一项目的最初进展并不顺利,当地村民普遍认为节水小米的种植成本比玉米高、看不到市场前景,所以他们的反应多是消极甚至抗拒。而且基于内生社区发展模式,S机构的以往项目多依循村民自主选择和管理的运作机制,很多时候还会主动迎合地方政府的政策性需求,既无法充分贯彻S机构的生态治理理念及目标,也存在项目管理和组织控制不足的现实问题。

---

① 这一点在S基金会成立之后更为明显,基金会成立之后日益扩展的项目覆盖区域及项目内容,很大程度上进一步稀释了S机构在阿拉善地区的生态治理工作绩效。

② 沙漠节水小米项目不仅通过替代种植节水作物,保护和节约地下水,实现地下水的采补平衡,还可以增加种植户的可支配收入,并与政府规模化项目实施方式及产出预期相一致。截至2015年,节水小米的种植面积已达15万亩左右,不但为当地种植户带来了可观的收入增长,对节约地下水资源也发挥了积极作用。

相应地,当2012年再次启动节水小米替代种植项目时,为减少上述问题困扰,S机构不仅制定了严格的项目操作流程及管理规范,还将之前下放给各项目管理委员会的大量职权上收,并大幅收缩项目种类及数量、扩展机构工作人员队伍,以加大对节水小米这一重点项目的过程监管和组织控制[①]:

> 2012年后,整个流程和管理完整了,我们自己把控:首先,我们给农民提供优质种子,并规定签约农户按照标准种植,专家也帮助农民解决技术问题;再有,种植地和整个种植过程都会实时记录,以便于进行产品追溯;还有呢,机构还提前和农民签订合同,以订单形式保证销路,我们组织的活动,包括技术培训,种植户也必须亲自参加;最后,我们帮政府监测地下水资源、推动水权改革,政府呢也参与进来,给节水小米种植户奖励、政策支持。这样,整个体系就打通了。(访谈资料LJU15)

同时,为确保节水小米项目在最终产出意义上符合"三可"原则,S机构还依托企业家会员的社会网络,开展直接链接市场需求的订单化生产,并以高出市场价1~3倍的价格收购和销售签约种植户的小米。和玉米相比,每亩节水小米在少用几百方水的同时,还能增加大约500元收益,有利于调动当地村民替代种植的积极性。2014年,S机构还在北京成立了专门帮助销售节水小米的一家社会企业——开源农业发展有限公司。某种意义上,上述市场化项目运作机制在兼顾生态治理和经济发展的意义上,成为盘活节水小米种植项目的关键。

2.规模化和示范带动:节水小米项目的推广策略

同时,在节水小米项目实施过程中,与以往分散化项目布局及实施机

---

① 例如,沙漠小米种植户的种植地块必须配备节水设施,并严格控制用水量,如果发现情况不符合规定的种植户,S机构有资格取消其合同订单、不予高价收购。

制不同,S机构还采用了规模化项目运作方式和"典型示范带动"的宣传、推广策略。概括而言,这一转变的原因及影响主要涉及以下三方面:第一,由于节水小米项目实行订单化生产,只有达到一定种植规模及产量,才能实现其市场化、品牌化运作。第二,只有达到一定种植规模,项目的生态保护效果才具有直接可观的外显性。第三,点面结合的典型示范带动策略,也与当地政府部门"有亮点、出成绩"的治理绩效需求和配套支持政策相契合。

而且为推动新项目顺利落地和规模化运作,S机构还采取了以M嘎查替换T嘎查具体项目点、更新项目合作关系的行动策略,并更多招募当地人作为项目工作人员。①而之所以选择M嘎查,除了因为该村书记的女儿在S机构工作,便于利用私人关系建立合作网络之外,更为重要的原因则是该村书记经营一家土地合作社,合作社成员的土地连片、成规模,满足节水小米项目的规模化土地需求:

> T嘎查曾是机构在坝镇的主要项目点,由于原先一些项目的失败,T嘎查越来越难开展项目工作……现在,机构的项目试验点、示范点转移到了M嘎查。M嘎查书记的子女在机构工作,有这层关系,到这里做项目就容易了。这里曾小范围种过小米,有基础;还有个土地合作社,也方便大规模种植,后面也便于示范、推广。(访谈资料DS15)

进而,S机构既强化了自身对项目过程和产出的控制,也重构了其与当地政府部门、社区及村民之间合作关系,使不同主体间达至相对较高程度的利益契合:村民可以获得实实在在的经济收益,政府部门实现农牧民增收和生态治理的双重目标,而S机构则在扩大外显性项目产出和影响

---

① 而且基于M嘎查这一新项目点,S机构还能够甩开之前T嘎查的项目包袱,通过规模化节水小米种植项目,探索和展示机构在经济发展及生态治理方面的双重产出,从而带动更多社区及村民的加入。

力的同时,更直接地回应了其生态治理目标。不过,远高出市场平均水平的小米收购价格是否能够持续,以及村民对统一大面积种植的接受及参与程度,则是这一替代种植项目持续效果的关键,也为进一步观察分析预留了空间。

四、嵌入性自主的限度:S机构合作型生态治理困局

(一)嵌入性与自主性的张力

"嵌入的自主性"概念最先由埃文斯提出,并用于对国家和市场之间关系分析,意在揭示嵌入性和控制权下放是国家组织自主性的前提。而韦斯等人则进一步提出"嵌入的自主性""孤立的自主性"等不同关系类型,并阐释了"嵌入的自主性"在主体关系模式意义上的合作治理优势。后续,研究者既将嵌入性与自主性的关系分析扩展至更多社会系统或行动主体之间,也试图探讨两者间不同类型关系组合背后的影响因素及关系机制,例如权力因素及权力机制。

据此,前文案例分析也从另一侧面印证了"嵌入的自主性"理论观点:外源性环境组织既要嵌入其所处的行动者关系网络和社会文化体系,又要与之保持一定的距离或自主性,过度的嵌入性或自主性都不是相对最优选择。一方面,透过"利益增选机制",过度嵌入导致S机构的组织目标偏离——生态治理目标被置换为社区惠民及发展目标;而另一方面,嵌入性不足则使得S机构的项目目标及实施过程悬浮于基层社会文化体系,陷入不被地方政府、社区及村民认可和支持的困境。换言之,过度嵌入或嵌入性不足都会影响到生态治理过程中多元主体的合作关系建立及维持,进而威胁到S机构的生态治理理念及目标实现。

继而有待进一步澄清的问题则是,S机构三阶段嵌入性与自主性关系组合背后的影响因素及作用机制是什么,与埃文斯等人的既有观点又有何不同? 关于这一问题,既有相关研究大致依循两类分析视角:一类关注权力因素以及权力机制在塑造两者关系方面的作用,另一类则聚焦合

法性、资金等关键资源以及资源控制机制。不过,两者对于本案例分析的适用性及解释力均不足,也无助于澄清嵌入关系分析中的实质性作用机制。鉴于此,结合"复合嵌入性"框架以及案例实情,下文尝试从利益相容和制度框架共享两个维度,将嵌入关系分析深化到制度性嵌入层面,并回应S机构合作型生态治理困局的深层原因。

(二)利益相容与制度框架共享的挑战

一方面,在多元主体参与的"竞合式治理"过程中,不同参与主体的利益相容性则是有效合作的必要条件。与之相应,S机构所遭遇的合作治理困局,则与关系嵌入背后的目标及利益不相容密切相关。尽管自组织成立以来,S机构就主动双向嵌入国家治理体系以及地方社会文化系统,以谋求政府部门、项目社区及居民等多元主体的共同参与,机构自身与政府部门、社区以及企业家会员的目标和利益相容性问题却一直未获得妥善解决,并客观上还诱致组织目标的偏离——社区发展替代生态治理成为主要目标。事实上,仅在第三个项目实践阶段,S机构才依托节水小米项目,初步达成机构自身与政府部门、社区之间的利益相容,但它们在生态治理实践中无疑仍然只是松散耦合的行动者网络。

另一方面,S机构所遭遇的合作治理困局,还与关系嵌入之后的多元主体认知及制度规范不一致甚至冲突有关。这使得S机构的合作型生态治理缺乏作为行动约束的共享型认知及行动规范,可视为制度性嵌入缺失的表现。而且就S机构这一外源性环境组织而言,在进入坝镇项目点开展生态治理项目时,基于其对"内生社区发展"理念及项目模式的坚持,它无疑尤为需要在调动作为内生力量的本土文化资源基础上,重建关于环境公益和生态治理的制度框架。然而基于S机构项目团队、企业家会员群体、政府部门、项目社区及其成员等不同行动主体所依循制度框架的多样性,S机构不得不面对内在矛盾的认知及行动规范。而且,作为一家由企业家会员支持建立的环境组织,加之其负责人及项目工作人员流动性大、更替率高,S机构的工作理念及项目模式并不连贯,不仅存在何谓

内生社区发展模式及其重要性程度的认知分歧,也面临以效率逻辑还是合法性逻辑等制度逻辑作为基本行动规范的内在张力:

> 我们机构一直跟企业家(会员)也好,跟政府、社区、各项目的管理委员会也好,在认知层面上有不同,基本规范层面也有差异。机构的内外部都未完全理解和接受机构的目标、理念及项目模式,大家各有各的理解和应对。好比,项目是机构主导做,还是社区自己组织做? 在如何治理生态、实施项目的规范层面,大家也不一样,机构是要依照企业家满意的效率标准,还是社区的社会经济发展标准,或者生态标准? 以结果、效率为导向的有些企业家不理解,项目执行团队在沙漠里做什么呢,慢腾腾地,我们出钱出时间,得多听我们的;村民说,既然你让我们自己组织管理,那怎么又不听我们的……(访谈资料WJX14)

五、结论与讨论

笔者认为,既有嵌入理论视角下的经验研究多关注不同行动主体及其对应社会系统之间嵌入、脱嵌等关系类型,而对于社会嵌入理论原初关注的系统间塑造及作用机制分析却相对较少。对于S机构而言,其在坝镇的项目历程从一开始就非常重视对于地方政府、社区的主动双向嵌入,而建立良好的合作关系以及多主体共同参与的生态治理格局本身也是其所倡导内生社区发展模式的应有内容。鉴于此,本文借用"复合嵌入性"框架,展开S机构与地方政府、社区等主体的合作型生态治理分析,进而重点回应外源性环境组织的嵌入性与自主性均衡问题。

一方面,作为一家外源性环境组织,S机构通过对地方政府、基层社会的双向嵌入,获得制度合法性和社会合法性,并调动政府部门、村庄及村民等主体参与,以实现内生、参与式生态治理。但另一方面,S机构基于自身目标、理念及项目模式,在双重嵌入关系中还同时强调保持一定限定的自主性,以确保自身对生态治理项目的目标引导,并践行其内生社区发展模式。如此一来,在S机构推动的合作型生态治理实践中,嵌入性与自主性之间就既有一致性的一面,也有内在张力甚至矛盾的另一面,而两者之间关系的讨论就有其现实价值,并与"嵌入性自主"的理论研究脉络相呼应。

纵观全文,S机构在坝镇的三阶段项目实践呈现出不同的嵌入性与自主性关系组合:第一阶段,S机构通过主动的双向嵌入和社区惠民项目先行的策略,顺利建立与地方政府、社区之间合作关系,却也使自身面临目标置换和自主性缺失危机。第二阶段,尽管节水灌溉项目和自组织策略契合其内生社区发展理念,却因为技术化治理与本土生态文化之间割裂,以及社区居民自组织基础薄弱等原因,而使得机构自身和社区这两类主体均陷入"孤立的自主性"处境。第三阶段,S机构依托节水小米项目的市场化、规模化运作,并借助于典型示范、带动的项目推广策略,以整合机构自身、当地政府、村民等几方差异化利益为基础,在一定意义上实现了嵌入性与自主性之间的相对均衡。

不过,S机构在当地生态治理实践中所遭遇的问题或挑战,却也从另一侧面说明,不同主体及其对应社会系统意义上的关系嵌入,并不天然意味着嵌入性与自主性之间的均衡。同时,生态治理中的合作关系既与嵌入关系背后不同主体的目标及利益契合程度密切相关,也受到关系嵌入背后认知及行动规范层面的制度嵌入性影响。正如前文所述,在地方政府主导的既有生态治理路径限定之下,加之共享性认知和行动规范的缺失,地方社会对于S机构的接纳以及关系互动,难以超越利益交换逻辑,而更符合公益逻辑的社区居民参与及自组织机制也难以有效形成并发挥作用。

进而,S机构在坝镇的生态治理实践,还呈现出以实用合法性(Pragmatic Legitimacy)而非道德规范合法性或认知合法性为基本指引的特征。据此,即便外显项目成效和各方利益整合问题在其项目实践过程中逐步解决,但共享型认知及制度规范的建立却迟迟未得到重视和推进。相应地,在S机构的合作型生态治理困局背后,作为嵌入性自主这一整体性合作逻辑作用限度的解释机制,除去不同主体间利益相容性因素的影响之外,则是四类不同制度框架——认知及行动规范之间内在张力甚至冲突:会员企业家及其行政代理人的认知和行动规范;机构项目团队、项目官员的认知和行动规范;地方政府部门及官员的认知和行动规范;项目点社区及居民的认知和行动规范。如果说多元共治的关键是实现公共性的实体及机制建设,那么本研究中合作型生态治理的深层社会文化基础,则无疑是建立在上述四类主体及其各自制度约束之上的共享型认知和规范系统,也就是前文所述制度性嵌入。需要承认的是,本文尚未就这一问题展开系统而深入的探讨,这也将是笔者进一步研究的努力方向。

参考文献:

1. 陈为雷:《从关系研究到行动策略研究——近年来我国非营利组织研究述评》,《社会学研究》2013年第1期。

2. 崔月琴、李远:《"双重脱嵌":外源型草根NGO本土关系构建风险——以东北L草根环保组织为个案的研究》,《学习与探索》2015年第9期。

3. 邓莉雅、王金红:《中国NGO生存与发展的制约因素:制度与资源分析》,《社会学研究》2004年第2期。

4. 蒂姆·佛西:《合作型环境治理:一种新模式》,谢蕾摘译,《国家行政学院学报》2004年第3期。

5. 卡尔·波兰尼:《大转型:我们时代的政治、经济起源》,冯钢等译,浙江人民出版社,2007年。

6. 李友梅、肖瑛、黄晓春:《当代中国社会建设的公共性困境及其超越》,《中国社会科学》2012年第4期。

7. 王诗宗、何子英:《地方治理中的自主与镶嵌——从温州商会与政府的关系看》,《马克思主义与现实》2008年第1期。

8. 王诗宗、宋程成:《独立抑或自主:中国社会组织特征问题重思》,《中国社会科学》2013年第5期。

9. 王旭辉、包智明:《脱嵌型资源开发与民族地区的跨越式发展困境——基于四个关系性难题的探讨》,《云南民族大学学报(哲社版)》2013

年第5期。

10.王杨:《社会工作参与社区治理的行动策略——以全国首个城市"慈善社区"试点创建项目为例》,《中州学刊》2016年第7期。

11.姚华:《NGO与政府合作中的自主性何以可能？——以上海YMCA为个案》,《社会学研究》2013年第1期。

12.袁方成、柳红霞:《论基层治理的组织互动与有效模式——以台湾地区村里组织和社区发展协会的"竞合式治理"为参照》,《河南大学学报(社科版)》2015年第1期。

13.张建军:《嵌入的自主性:中国著名民营企业的政治行为》,《经济管理》2012年第5期。

14.赵光勇:《参与式治理:通过"参与"实现地方"治理"》,《观察与思考》2013年第11期。

15.Burawoy Michael, "The Extended Case Method," *Social Theory*, 1998, 16(1).

16.Evans Peter, *Embedded Autonomy: States and Industrial Transformation*, Princeton: Princeton University Press, 1995.

17.Selznick P., *TVA and the Grass Roots: A Study in the Sociology of Formal Organization*, Berkeley, CA: University of California Press, 1949.

18.Suchman Mark C., "Managing Legitimacy: Strategic and Institutional Approaches," *The Academy of Management Review*, 1995, 3.

19.Weick K. E., "Educational Organizations as Loosely Coupled Systems," *Administrative Science Quarterly*, 1976, 1.

20.Weiss, Linda and John Hobson, *States and Economic Development*, Cambridge: Polity Press, 1995.

21.Yang Guobin, "Environmental 非政府组织s and Institutional Dynamics in China," *The China Quarterly*, 2005, 3.

22.Zukin Sharon and Paul DiMaggio, *Structures of Capital: The Social Organization of Economy*, Cambridge, MA: Cambridge University Press, 1990.

"流浪犬现象":
西藏高原牧区生态文化的另类叙事[*]

赵国栋[**]

摘　要：西藏高原牧区许多乡镇都有较多的流浪犬,也流传着让人捉摸不透的"流浪犬现象"。通过对扎西乡流浪犬现象的分析,发现这一现象只是一种表象,甚至存在着夸张和扭曲的成分。结构压力是流浪犬治理的主要动力,也主导了目前采取的主要手段。从经济社会发展与生态文明建设的关系而言,这种压力可以转化为动力,而尊重并保护西藏积极的生态文化是这种转化的重要前提和基础。

关键词：流浪犬　高原牧区　环境社会学　生态文化　生态旅游

藏传佛教主张不得故意杀生,以不杀生、不害生为重要修行规范。这深刻影响着藏族群众的生活文化,为人与动物的关系奠定了导向基础,并形成了一种基于人与动物关系的生态文化。但是在西藏高原牧区,人们与流浪犬的关系却看似复杂得多,形成了一种与宗教规范错位甚至冲突的文化表象。

一、"流浪犬现象"与问题的提出

本文的田野场是西藏阿里地区的扎西乡(化名),紧临219国道,平均

---

*　原文发表于《探索与争鸣》2019年第8期。

**　赵国栋,中国人民大学博士研究生,西藏民族大学讲师。

海拔4600米。该乡共2个纯牧业村,扎西一村(化名)和扎西二村(化名),共有牧民群众2000多人。乡政府所在地位于当地"圣湖"之畔,两个村的村委会和政府保障房均位于此集中居住区(下文均简称"乡里")内,边防派出所、乡小学、乡卫生院、邮政局、农业银行也位于那里,有13家饭店(多提供住宿)、8家杂货店和13家藏式茶馆(餐馆)。①

流浪犬指的是在扎西乡没有人认养的犬只,不被圈养或拴养是它们的基本特征,家养犬只多被圈养或拴养,但也有例外,这些例外的家养犬只不在本文的讨论范围之列。

一些游客和在扎西乡进行短期调查的人发现了"流浪犬现象",该现象主要包括以下要素:①绝大多数流浪犬生活在乡里,主要依靠当地居民、商贩等施舍食物生活;②流浪犬喜欢袭击当地牧民;③牧民多害怕流浪犬,甚至用石头进行驱赶和袭击;④流浪犬并不袭击游客;⑤存在乡政府工作人员袭击流浪犬现象;⑥每隔一段时间,"有关部门"和乡政府要合力"清除"流浪犬,每次100多只。

这些现象是假象还是事实? 是部分事实还是普遍存在? 是否存在对现象的建构? 在此种现象背后体现着怎样的社会结构压力? 如何将这种压力进行积极转化? 这是本文要着力回答的问题。

二、研究的理论基础与假设

环境社会学对解读"流浪犬现象"具有重要意义。环境社会学中的"环境"指的是"物理的、化学的、自然的环境",也有学者主张包括人造环境。环境社会学就是研究这些物理环境与社会之间的互动关系的。在研究定位上,饭岛伸子认为环境社会学是跨学科的研究,通过学科合作与自己独特的实证研究,"不断追求人类群体和生存环境的理想的存在形态,

---

① 乡里是重要的旅游点和中转站。饭店多提供住宿服务,价格从每晚20元每人至380元每人不等。杂货店中商品齐全,吃、穿、住、行、用,甚至各类机器零部件应有尽有,一些也直接提供汽车、摩托车等的修理服务,比如"个性飞扬商店"。藏式茶馆以提供酥油茶、甜茶和藏面、卡赛(藏式油炸食品)为主。

由此树立自己的学科形象"。在研究范式上,"社会转型范式"在中国产生了广泛影响,并发展出相应的"中程理论"。环境社会学兴起之初,卡顿(Catton,W.R.Jr.)和邓拉普(Dunlap,R.E.)批判了传统社会学的"人类中心主义倾向",把人与动物相对从而忽视后者。虽然对此仍有争论,但生态环境议题的引入把动物权利、动物发展与人类社会更紧密地联系到了一起。洪大用在评论文化环保论时强调:"有利于环境保护的价值观念是在人与自然、人与人、人与社会的交往和互动中逐步产生的,它不只是靠若干先知先觉者的极力倡导,靠制定一些'应然'的观念原则就能直接产生的。"面对西藏一些独特的生态文化,需要在交往与互动研究中探索其中的价值以及如何更好地发挥这些价值的途径。

在生态文化的导向下,本研究主要涉及动物行为和人与动物关系两大方面,并以西藏文化中人与犬的关系为主。动物学家康拉德·洛伦茨(Konrad Lorenz,1903—1989)因研究动物行为和心理而蜚声世界,并于1973年获得诺贝尔生理学奖。他的动物习性学(ethology)、印记(imprinting)、关键期(critical period)以及先天释放机制(innate releasing mechanism)等研究成果产生了重要影响。他认为,动物在出生后某段时间内会发生印记,即初生婴幼动物对环境刺激所表现出的一种原始而快速的学习方式,是动物的一种后天学习行为。可能产生印记的有效期间为关键期。印记形成之后也可能随后期环境的改变而改变。先天释放机制指的是动物具有先天性的潜在反应能力,当遇到适当刺激时会自动释放出来。虽然流浪犬的心理和行为并非本研究的重点,但洛伦茨的研究为本文从文化和社会结构的视角来看待流浪犬现象提供了有力的动物心理学和行为学上的支撑,即"流浪犬现象"是与流浪犬的生理本能、当地人的行为、当地自然环境和社会环境相联系的。印记使流浪犬与当地人、自然环境和社会环境建立起了关系并不断演变,先天释放机制使流浪犬保持着看家护院的本能。基于此,本文将流浪犬的行为看作是合理的符合其自身逻辑的一种选择,这种选择是建立在流浪犬生理本能和与外部世界(自然、社会)发生的关系之上的。

一项关于犬的行为影响的研究表明，环境对其行为产生影响，但行为的基本属性是由其基因决定的，因此学习和训练只能够影响一代。也就是说，在一代犬只中，基因和其在关键期内受到的环境影响（形成的印记）共同决定了其行为的发生。该研究支持了本文的基本假设。

　　在藏族文化中，人与动物有着密切的关系。《菩提道次第广论》中说，诸罪当中，杀生最严重，杀生可使人堕入地狱。宰杀牛羊要避开宗教节日和藏历的十五日和三十日。人与犬的关系作为藏族文化中人与动物关系的有机部分，理应遵循不杀生的原则。本文将西藏文化中人与犬的关系归纳为四个主要方面。其一，同属六道众生。佛教称六族类为众生，但"众生"之藏语本义为行走，指有情生命或动物界。在藏传佛教中，生命的范畴使人与动物具备了某些共同特征，"生命是同类有情众生由前世业力处于同生一趣的某种与身心相似的有机物，即为暖和心灵意识所依之处"。其二，助人轮回转世。在最初的天葬文化中，狗被认为是引导灵魂升天的动物，所以石板上会出现天狗的形象，后来由于路途遥远才改为天鹰引导。在天葬中，以犬食其肉的做法也有助亡者升天的含义。其三，家庭的成员和帮手。"在牧人眼中，狗虽为兽类，却是人的朋友、伙伴，而且是不可缺少的伙伴。"他们认为狗叫和马嘶是兴旺与平安的象征，有时计算家庭成员数量时，也把狗算入其中。其四，使牧业和谐。牧区文化把动物的同生同长作为兴旺和谐的重要观念，因此每户牧民家中都要养上几种动物，一般不能缺少犬。这种和谐观念与佛教动物故事密切相关，"和睦四瑞"讲述了鹧鸪、山兔、猴子、大象和睦相处的故事。

　　可见，藏族文化中的犬具备正向的、积极的形象，甚至成为被推崇和崇拜的动物。一则故事说道：王子为了寻得青稞种子，被魔王变成了狗，但这只狗在美丽姑娘的帮助下克服各种困难和艰险最终得到了种子，并恢复了人身。有学者认为这是狗图腾崇拜的产物。在现实生活中，牧民们说，一条好狗是不会死在家中的，不会给主人带来麻烦。禁食狗肉是藏族最重要的禁忌之一。

　　藏族文化中人与犬的关系是本研究的重要基础，只有看到并重视这一文化体系,进一步有效结合这一文化体系才能够找到解决问题的真正出路。

三、"流浪犬现象"解构:还原事实

(一)生存的压力:流浪犬类型分析

在扎西乡,按流浪犬的主要活动区域可将其划分为三类:乡里流浪犬(Ⅰ类)、牧业点流浪犬(Ⅱ类)和荒野流浪犬(Ⅲ类)。每一类都有一定的地理区域范围,它们一般不会越过界线,否则将遭受对方的猛烈攻击,其后果多会是两败俱伤。由于区域不同,不同类之间的活动形式和食物构成也存在较大的差别。同一类内部也存在着"小势力范围",即在内部某一区域内会聚集一定数量的流浪犬,它们共享该区域内的食物,并共同捍卫领地。本文将其称为"亚类"。

Ⅰ类的生存压力最小。亚类区域中都有一定的食物来源,亚类中的中心区域一般也是最主要的食物供给地,据此可将Ⅰ类主要划分为六大亚类:乡政府亚类、边防派出所亚类、扎西一村驻村工作队亚类、北区街道亚类、南区街道亚类、边缘居住区亚类。[①]它们的食物主要是剩菜剩饭和牛羊骨。此类犬多强壮有力,体型较大。小黑、宝来属于此类,具体归于扎西一村驻村工作队亚类。Ⅱ类的生存压力较小,每个牧业点至少有1户牧民家庭,牧民多把流浪犬与家养犬一同喂食,但如果聚集的流浪犬数量超过了该牧业点可供给食物的能力,将会出现生存压力,此时,一些边缘流浪犬(老、弱、小)则要更多地在牧业点周围捕猎以维持生存。一般

---

① 由于扎西二村驻村工作队驻点在乡政府大院内,因此并未单独列出。扎西一村驻村工作队亚类涵盖3家藏餐馆和唯一一家开展牛羊屠宰生意的新疆杂货店,同时还有一处垃圾倾倒池。由于当地有不食牛羊头和内脏的习俗,因此屠宰时这些多会成为流浪犬的美食。垃圾倾倒池中也常会有各种各样的"食物"。因此该亚类中流浪犬的数量最多,约20只。驻扎西一村工作队每日按时喂食,这些流浪犬多聚在其驻点门口或院子中。北区和南区街道亚类的主要食物是路边饭店倾倒给它们的剩饭菜,流浪犬平时伏卧在饭店不远处的路边。边缘居住区亚类是在乡里的边缘地带,范畴一般较大,食物主要来自牧民群众给的牛羊骨和其他施舍。

地,Ⅲ类的生存压力最大,虽然它们占据的地理空间非常大,但多无法获得较为稳定的食物供给,只能通过捕食地鼠、兔子、狐狸和鱼为生,但捕食的成功率很低。笔者在扎西乡周边观察过2个Ⅲ类群体,其中一个群体半个月内因饥饿死掉了2只成年犬和1只幼犬。但若占据了垃圾填埋场,生存压力会大大缓解。扎西乡存在一处填埋场,但距离乡里很远。此类流浪犬在觅食中更多保持着单独的活动方式,这也增加了生存风险。它们一般体型较小,比另两类瘦弱一些。

三类间有相对固定的界线,[①]但不同类之间并非完全固化,即个体流浪犬可以在不同类型之间流动,但流动的机会是不同的。Ⅰ类和Ⅱ类流浪犬向Ⅲ类转变的可能性更高。Ⅰ类的亚类之间竞争趋于激烈时,处于边缘状态的流浪犬因生存压力而被迫出走。因Ⅱ类食物供给的相对固定和有限性,以及流浪犬群体的相对封闭性,它极难被此类接纳,因此流浪到荒野的可能性极大,若被接受,则转化为Ⅲ类中的一员。随着Ⅱ类中成员的不断增加,处于边缘状态的流浪犬无法维持生存,也多选择离开,同样道理,它们被Ⅰ类接纳的可能性极小,流浪荒野的可能性最大。从Ⅲ类转为另两类的可能性极小。在这两类较易发生的流动中,对那些流动者而言,只不过是一步步走向了死亡。

竞争是类别之间、亚类之间以及亚类内部的常态,在流浪犬数量不断增加的情况下,生存竞争是最主要的竞争类型。即使经常有"清除"活动,但由于食物有限,生存竞争仍然十分激烈。因此越过领地界线被视为最大的挑战,即使快速通过某一领地,穿越者也经常会被咬得遍体鳞伤。小黑从乡政府亚类到扎西一村驻村工作队亚类[②],中间途经其他亚类领地,结果被咬掉了半只耳朵,头上也伤痕累累。

整体上,前两类流浪犬对当地人有一种较强的依赖关系,这主要体现

---

① 据笔者观察,大类之间和亚类之间的界线虽然并不十分精确,但也相对确定,当有入侵者时,它们会在一定范围内反击。

② 小黑主要活动在扎西一村驻村工作队亚类,但也被乡政府亚类接受了,所以有时它也会在乡政府亚类中度过几日。

在食物的供给上。Ⅲ类中除垃圾填埋场亚类对人有一定的依赖关系外，其他亚类依赖关系非常弱。由此，它们对人表现出较强的拒斥，笔者曾多次主动向它们提供食物，但它们只是转身离开。有研究说，这些流浪犬的野性一定程度得到恢复。但显然，如果野性得到了恢复，那也是针对的自然环境和生存技能，而不是针对的人。

Ⅰ类流浪犬总是会得到牧民、商人、驻村工作队、游客和乡政府工作人员的"关照"，投给它们各种各样的食物。Ⅱ类流浪犬接触游客和商贩的机会很少，相对封闭的状态使它们具有强烈的领地守护意识，除了熟识的牧民外，任何人靠近牧业点的居住区，它们都会视其为侵犯。在走访牧民的过程中，笔者对此深有体会：每到一处相对集中的牧业点，都会有几条到十几条流浪犬围着我们狂吠，甚至要随着我们的车追出去很远的距离。但它们对牧业点的居民们非常友善和忠诚，视其为主人。这一过程，我们并未觉得这些流浪犬对我们是恶意的，或者它们是"恶狗"，因为它们的行为是符合其自身逻辑的。观察发现，牧民对Ⅲ类流浪犬多保持着一定的距离，但也会尝试提供牛羊骨。

（二）常规的生活：袭击数量与发生机制

以下将从犬袭击人、牧民袭击犬、乡政府工作人员袭击犬的情况（"袭击"一般包括两种状态：一是产生了袭击的行动，但并未产生相应的身体伤害；二是既产生了袭击的行动，也产生了相应的身体伤害。但针对犬袭击人的情况，未产生相应身体伤害的袭击无法有效统计，因此本文将犬对人的袭击操作化为"对人产生了一定的身体伤害"。同时，对犬的袭击主要通过观察和访谈获取相关数据，这种数据多不是全面的，那么就可以在通常意义上使用袭击概念。）对"袭击"的发生机制进行分析。

为保证数据的有效性，实现有效比较，本文将流浪犬袭击人的情况操作化为产生了实际身体伤害的数据。从扎西乡流浪犬伤人情况统计情况看（表1），2011—2018年各年度伤人事件均在4人次以下，而且以很轻微的伤害为主，注射狂犬病疫苗的只有2人次，而且均为游客。伤人的犬以

Ⅰ类为主，对应的被伤害者以牧民为主。Ⅱ类和Ⅲ类各只发生过一次伤人事件。

表1　扎西乡流浪犬伤人情况统计简表

伤人情况	2011年	2012年	2013年	2014年	2015年	2016年	2017年	2018年
乡里流浪犬（Ⅰ类）	2*,1***	1**	1**	2**	0	4*	1*,1***	1*
牧业点流浪犬（Ⅱ类）	0	0	0	0	1**	0	0	0
荒野流浪犬（Ⅲ类）	0	0	0	1**	0	0	0	0
其中伤牧民	2*	1**	1**	2**	1**	3*	1*	0
其中伤游客	1***	0	0	1**	0	1*	1***	0
其中伤商贩	0	0	0	0	0	0	0	1*
其中伤乡政府人员	0	0	0	0	0	0	0	0
合计	3	1	1	3	1	4	2	1

数据来源与相关说明：*表示数据来自观察和访谈，产生了轻微伤害，未进行治疗。**表示数据来自扎西乡卫生院，产生了一定伤害，在卫生院进行了治疗。***表示数据来自观察和访谈，产生了较严重的伤害，到阿里地区注射了狂犬病疫苗。

在观察和访谈中，牧民袭击犬的典型情况只有一例。2016年5月，在扎西一村驻村工作队亚类中，一位只露出双眼，负责清理垃圾的牧民，用石头猛地袭击了在不远处休息的小黑，小黑的前腿受伤了，凄惨地叫着，一瘸一拐地逃开了。该牧民说小黑曾经袭击过他。另一起事件是一位妇女投石，驱赶在她路经之地伏卧的流浪犬，她说这只犬曾经袭击过她。这两起事件对应的为Ⅰ类流浪犬。

乡政府工作人员袭击犬的情况仅有一例。2016年6月，一位年轻的乡政府工作人员开着皮卡车追着碾压小黑，我们及时阻止了他。他的理由是小黑会袭击到乡政府办事的牧民。此事件对应的为Ⅰ类流浪犬。

至此发现，在扎西乡的"流浪犬现象"中，并没有异于生活常识的现象，如果把事件的开端定义为流浪犬对人的袭击，那么必须注意：袭击与否是流浪犬生理本能和与外部世界（自然、社会）之间关系的博弈后果，某些特定情境激发了犬的先天释放机制导致袭击的发生，整体上符合其自身逻辑。

具体而言,可以从以下方面理解其自身逻辑:其一,虽然普遍存在着生存压力,甚至面对严重的死亡威胁,但流浪犬们并没有为了生存更多地袭击或主动袭击人畜。其二,袭击多发生于牧民群体,这仅仅是一种表象,结合观察到的袭击事件发生的情境和对当地老人的访谈,流浪犬袭击人的主要原因可归于三大类:①流浪犬在吃食物时,人与犬的物理距离非常重要。超过一定的距离,就极易发生袭击事件。笔者也从大量的藏獒养殖场和其他犬只养殖场得到同样的答案。有的称其为"护食原理"。②由于多数牧民一年四季主要在牧场居住,所以Ⅰ类流浪犬与他们之间形成的陌生度高,容易激发其先天释放机制。③挑逗或嬉戏亦容易激发流浪犬的先天释放机制。三类原因中,发生在牧民身上的可能性最高,造成了袭击数量最多的表象。其三,Ⅱ类和Ⅲ类极少发生袭击事件,虽然有人认为流浪犬在牧业点和荒野中"野性有所增加",但笔者的观察和访谈表明,Ⅱ类更主要表现为先天释放机制,Ⅲ类更主要表现为与自然的关系上——如何谋生。

四、袭击的背后:被夸大的威胁

　　就袭击事件本身而言,袭击事件的发生与人口密度、人口流动与流浪犬觅食活动频度相关性很大。这是一种常规的现象。若从袭击的比率来看,又是怎样的结论呢? 不同类别的袭击比率并不相同,笔者观察认为,另外两类的袭击比率以极大概率小于Ⅰ类,表明此类具有更好的代表性和研究价值。

　　虽然每年会有定期不定期的流浪犬治理行动,但袭击人的事件发生时,0.5—3岁的Ⅰ类流浪犬数量每年约150只。[①]2016年初该乡有512户牧民家庭,共约2000人。2016年袭击事件发生4次,是8年中最多的一年。以该年计算,发生袭击事件的流浪犬占Ⅰ类总流浪犬数量的2.7%,

---

　　① 数据来源于作者长期观察,结合对当地商贩、乡卫生院工作人员、乡政府工作人员、驻村工作队以及牧民的的访谈信息估算得出,并不精确。

而被袭击的牧民占总人数的0.15%。按年均计算,前者比率约为1.17%,后者为0.069%。当地是阿里地区旅游的重要枢纽,而且有著名的"圣湖",旅客人数较多,因此被袭击的游客数量占总游客数量的比率极低。

观察和访谈得知,被袭击的牧民有一些共同特征,譬如:①常在牧业点,很少到乡里;②高原牧区装束,为抵御严寒和风沙而穿长袍、戴帽子、戴口罩和眼镜;③行动谦恭有礼,待人接物常有屈膝弯腰动作。据犬类养殖场专家分析,这三方面均容易激发流浪犬的先天释放机制而促使其发生袭击行为。

定居在乡里的牧民很少会受到袭击。很多外地汉族人在那里做生意,仅从事餐饮生意的就有30人左右,发生在他们身上的袭击事件也很少,只有2018年一起。通过观察和访谈得知,由于生活在同一区域内,I类流浪犬和他们经常接触,有了一定的熟悉感。最主要的是,乡里的牧民和商贩们经常给它们喂食。但由于"护食原理"以及挑逗或嬉戏,也会激发袭击的发生。

案例一

小黑于2012年1月出生在扎西一村驻村工作队驻地院子中,共有4个兄弟姐妹。起初它们一家主要跟随一位叫旺财的小学老师,他当时与工作队住在同一院子里。2个月之后,它们与主人回到小学居住,但小黑越来越频繁地回到工作队的院子。至第六批第二轮驻村工作队,共9批工作队员,45人,小黑一直把工作队的院子作为自己的家,工作队员们也都很喜欢它。

2013年3月,小黑在一次对流浪犬的"清理"中头部受伤,大约一周后,它满头是血地返回了工作队院子,工作队队员给它上了些药,但伤口一直并未痊愈。2014年6月,小黑被其他流浪犬咬断了右后腿。多半个月后返回工作队院子,此时只能依靠三条腿走路,在工作队的照料下,几个月后断腿愈合了,也可以一瘸一拐地走路了。2016年4月28日,小黑的左耳朵被咬掉半只,头上更是伤痕累累,工作队给它上了药。2017年3月,在一次对流浪犬的"清理"行动中,小黑离开了这个世界。

据乡政府的一位工作人员讲述,小黑曾经袭击过到乡政府办事的牧民,但并无大碍。后来有牧民袭击过小黑,小黑又袭击了到工作队办事的牧民。但小黑从没有袭击过游客,也没有袭击过驻村工作队、乡政府工作人员、商人、小学的学生和其他人。

案例二

2017年暑期,在219国道旁,一位游客禁不住向伏卧的流浪犬喂食,并到近前去观看和爱抚。流浪犬袭击了她。随后,她被送到阿里地区医院注射了狂犬病疫苗。与她同行者很多。他们说,并没有发现流浪犬会主动袭击游客,也感觉不到这些犬对当地旅游产生了不良影响。

两个案例给出了一定的启发。一是流浪犬对人的威胁程度受到了人为构建,在这两个案例中,流浪犬更像是被动者和受害者。二是流浪犬的行为仍然遵循其自身逻辑,每一个关于人与流浪犬的事件都应具体分析,其中生理的、环境的和社会的因素都可能产生不同程度的影响,只有在这些因素相结合并产生了激发作用时,流浪犬的威胁才得以呈现。

五、来自结构的压力:防治模式的生成

在西藏的犬文化中,四种人与犬的关系均为正向。调查发现,即使流浪犬伤了牲畜甚至人,牧民也不会打杀流浪犬。2012年,一位受访者谈到,流浪犬伤了羊,牧民就把这只流浪犬的尾巴切掉了一截以示惩罚。北区街道亚类、南区街道亚类以饭店和商店为主要依托,每家饭店、商店门前或附近都会有几只流浪犬守候。除挡住了进门的路之外,商人们很少去驱赶这些流浪犬。游客们并未对流浪犬产生过多的反感,有的游客甚至喜欢和流浪犬拍照,并投给它们食物。驻村工作队多主张收容这些流浪犬。乡政府工作人员亦多主张收容这些流浪犬。整体而言,从态度取

向和生活空间内难以找到打杀流浪犬的动机和动力。

西藏农牧区有一种人畜共患的流行病包虫病,也称为"棘球蚴病"。"高原地区人群包虫病平均患病率为1.20%,局部高达12%以上。其中,泡型包虫病如果未经治疗,10年病死率达90%以上,被称为'虫癌'。"被成虫寄生的狗是该病的主要传染源(见《现代医学辞典》"包虫病"条),流浪犬传染风险更高。《西藏自治区包虫病综合防治工作方案(2017—2020年)》明确要求:首先要管理好犬类,流浪狗和宠物狗都要加强管理,其目标为2020年全区不少于40个县人群包虫病患病率下降至1%以下,家犬感染率下降至5%以下,其他县人群患病率、家犬感染率逐年下降,达到基本控制包虫病流行的目标。这样,包虫病防治成为"流浪犬现象另类叙事"中的重要事件,与此同时,结构压力的生成、传导使流浪犬现象被关注,并被扭曲和放大。可从多维度看待具有内部关联性的结构压力问题。

其一,包虫病防治压力。流浪犬繁殖能力强,传染风险高,加之高原牧区医疗条件尚不完备,完成防治目标挑战较大。其二,生态环境保护压力。西藏生态环境既宝贵又脆弱,"美丽西藏"建设极力断绝一切污染的产生。农牧区流浪犬的粪便被视为一大挑战。其三,人身安全压力。扎西乡有重要的旅游资源,是阿里地区重要的旅游枢纽,旅游人次增长迅速,有效保障游客和牧民的人身安全成为当地政府最重要的任务之一。其四,营造旅游形象的压力。西藏全力推进生态旅游产业,阿里全力打造"藏西秘境,天上阿里"旅游品牌,任何可能危害旅游形象的现象和行为都被视为挑战。其五,政治考核和升迁压力。民生无小事,当地党委和政府把与民生相关事项纳入重要工作议程,其完成程度决定着政治前程。

以生态环境督查为例。流浪犬过多和粪便污染问题被列为整改内容之后,地方政府高度重视。"江孜县各乡镇迅速对街道、公路沿线及村庄的动物粪便、垃圾进行了全面清理,并及时整治狗患。"江孜镇居民扎西次仁说:"政府部门整改真迅速,一举报,立马清理粪便、抓捕流浪狗,再也不用担心流浪狗会伤害人畜了。"

流浪犬又处于解决压力的核心位置,处理好流浪犬问题,包虫病问题迎刃而解,五类压力就会随之大大削减。流浪犬问题解决程度的最重要表象指标是流浪犬消失。就目前状况看,快速达到这一指标的方法主要有两种:收容、打杀。收容需要较大的场地和设施建设经费,还需要投入较大的后续饲养、管理经费。1999—2001 年,中国台湾为在各地建立流浪犬收容场所投入的经费达 2.6 亿新台币。如果收容规模不断扩大,饲养、管理以及对流浪犬福利的保障均是重要挑战。目前该县设有一处流浪犬收容所,但基础设施和饲养、保障还相对薄弱,每年投入成本也较大。比较而言,打杀成为最容易实现、见效最快,而且不会发生后续成本的选择。这样,在生态、健康、经济、安全和政治话语中,打杀流浪犬的动力得以生成,并时时蠢蠢欲动。

六、化结构压力为动力:走向生态生产力

之所以说"观察"得到的"流浪犬现象"是一种另类叙事,是因为这种观察得到的现象只是表象,而表象的深层是民族生态文化、生活空间与社会结构共同作用的后果,且并非是唯一后果。从环境社会学的视角分析这一现象有助于抓住其本质,也有助于问题的解决。

墨菲(Raymond Murphy)强调,在当今社会中存在"理性的强化"和"理性的放大"两种机制,越是希望精确安排并解决问题时,就越容易产生"生态的非理性",比如为了让城市更"生态",则导致了下水道中的严重污染。打杀流浪犬就存在"生态的非理性"风险:在解决粪便污染的同时,死伤的流浪犬又是一种新的污染,更是对动物生态福利的一种灭绝。

在西藏高原牧区,如果一味强调按现代社会逻辑去处理一些生态范畴的现象,就容易出现盲目的"理性的强化"和"理性的放大"。此时,有必要更加关注西藏民族生态文化的形式与内容。就流浪犬而言,人与犬关系的四个方面构成了处理流浪犬问题的一个基本文化前提。在打杀流浪犬时,有些牧民找到了乡长进行投诉。①虽然这些文化内容与宗教、神话

---

① 采访时任乡长时,乡长讲述了牧民们对打杀流浪犬的抱怨,主要是不能杀生。

密切相关,但并不能因此否定其对协调人与生态环境关系的积极作用。有研究指出:"初民文化的确趋向于与他们的生存环境和谐共存。"关于藏传佛教禁止杀生的思想,有研究认为是有助于促进生态问题的解决的:"藏传佛教禁止杀生这一思想完全与'食物链'的生态保护思想相吻合。"

整体上,运用环境社会学思维,重视西藏高原牧区的生态文化和动物伦理,尤其犬文化和伦理,把其与现实生活和结构压力的化解有机结合,可以为有效破解流浪犬现象困境,化结构压力为动力提供一些有益的启示。

其一,政府治理思路的转变:从治到用。目前流浪犬的治理模式包括两个主要方面,一是被归入地方政府的职责范畴,二是治理思路集中于收容和打杀。这两方面忽视了从生态环境视角的整体统筹性,容易发生治理过程的短期性和行政强制性。根本上还停留在结构压力下的"治",而不是谋发展和福利的"用"。譬如环境部门多关注犬的粪便污染,而忽视了如何真正促进人与犬的和谐、促进当地生态环境的和谐。用好藏族犬文化和伦理是从治到用的前提和基础,在保证人与动物关系和谐的同时,探索与西藏犬类相关的文化产业的形成与发展,在文化与产业中实现"用"。此时,西藏生态环境厅应发挥更大的统筹、规划与协调的作用。

其二,正规犬业组织与牧民参与共建。只靠政府解决流浪犬问题并不明智,效果也难以维持。以扎西乡为例,除牧民、商人、驻村工作队、乡政府工作人员、边防派出所等与流浪犬直接发生关系的群体外,还应引入正规犬业组织积极参与。通过参与共建,推进流浪犬的收容、疾病防治、传染病防控,做好文明养犬宣传,推进犬功能开发,同时扩大对牧区犬文化以及犬文化产业的宣传。譬如通过犬业协会、爱犬组织、政府部门等向牧民宣传圈养犬的益好、放养犬的隐患,切断新的流浪犬形成源。同时,通过各方积极参与,努力实现西藏犬只的电子标识管理体系全覆盖,以准确快速地确定迷失或遗弃犬只的归属信息。

其三,常规管理与控制,收容并实施必要的绝育。从目前状况和问题解决的过程角度看,实施必要的流浪犬收容是有积极效果的。拉萨市目前已经建成3个流浪犬收容中心,总占地面积61亩,已收养流浪犬7500多只,有效推进了流浪犬的人性化管理。基于此,可以进一步考虑在西藏大多数乡镇设置"流浪犬收容站",根据收容量,设置流浪犬收容、饲养与管理生态岗位,经费由西藏生态环境厅统一筹划。并通过必要的立法或行政法规,对收容的流浪犬进行必要的绝育,以避免收容站内犬只的任意生育。

其四,保护生活环境,做好包虫病防治。西藏农牧区多发包虫病,如果犬只被感染了包虫病,其粪便中就会存在虫卵,虫卵随粪便排出体外后就会对水源、牧场、畜舍、土壤、食物和其他生活环境造成污染(《中华医学百科大辞海》"包虫病"条),并威胁当地居民和外地游客的身体健康。扎西乡2018年共有24人患有包虫病,其中4人进行了手术,其他人每月到乡政府领取药物,进行服药治疗。① 在当地,对家养犬、收容犬和流浪犬进行全面的驱虫工作具有重要意义。可考虑通过多种形式做到"犬犬投药、月月驱虫",并对犬只粪便进行必要的消毒处理。

其五,探索市场价值,加大犬只的功能开发。扎西乡的流浪犬很多具有藏獒的血统,2016年6月,一只名叫"宝来"的流浪犬被一位当地牧民拴养起来,他的理由就是"宝来"有较好的藏獒血统,外形很威猛。藏獒是国家二级保护动物,可以说具有巨大的开发价值,比如藏獒绒或藏獒毛就具有较好的经济价值,可以抵御青藏高原的严寒气候。基于此,可以考虑尝试开发流浪犬绒(毛)产品。在扎西乡,结合当地牛羊牧业,探索研发犬绒(毛)与羊绒(毛)混合编织产品具有一定的可行性。

其六,生态生产力,融入生态旅游。生态环境学说是马克思主义的重要组成部分。20世纪70年代,H.L.帕森斯在其《马克思与恩格斯论生态学》(1977)一书中讨论了自然资源问题在马克思主义政治经济学发展中起到的作用。有研究者认为,生态生产与传统生产相比具备优势,并强调推进生态生产需要政府、企业和个人的共同努力。在西藏高原牧区,把生

---

① 数据来源扎西乡卫生院。

态资源转化为生产力是一项复杂的系统工程,其中生态旅游是重要的突破口。对流浪犬的治理也应参与其中,找到解决"用"的有效途径。譬如建设有特色的流浪犬收容站,并融入西藏的犬文化,使收容站不但能收容,更能体现文化和文化中的人文关怀,使之成为西藏旅游的重要组成部分。目前该县多吉村(化名)内设有流浪犬收容所,当地又处于省道附近,具有良好的生态旅游资源,可以形成犬文化体验+高原田园旅游+外贸市场购物游一体的生态旅游模式。

七、结语

在西藏高原牧区,流浪犬现象本质上是一种社会现象,也是一种环境问题。受藏传佛教和藏医学等多种文化形态的影响,藏族群众现在仍大量沿袭着独有的生态文化理念。譬如"佛法认为众生的生存环境是众生共同的业力和愿力创造的,这对众生的生存、苦乐有极大的影响。人们应该像保护生命一样保护环境、优化环境,要爱护一草一木"。藏医典籍《四部医典》中记载着破坏自然产生的恶果:"气候失常,大众福尽,遭受贫穷磨难。"本文认为,尊重和保护这些有益的传统生态文化是处理西藏经济社会发展与生态文明建设关系的重要组成部分。

目前对西藏牧区的生态文化研究还比较少,更缺少长期深入的实地调查,一些现象未被外界认知,甚至受到质疑,有的也被蒙上了一层神秘色彩。笔者开始接触当地的"流浪犬现象"时,也得出了和当地商人、游客几乎一致的结论,比如流浪犬只袭击当地牧民,而不袭击游客。而一些人给出的原因是,牧民整日与牛羊打交道,又少洗衣洗澡,满身都是牛羊的味道,而流浪犬从小就是吃着牛羊骨头长大的,它们靠嗅觉分辨食物与敌友,这样就造成了流浪犬误把牧民当作食物的现象。本文的研究表明,这样的结论只是主观臆想。

本文通过深入的调查分析了西藏高原牧区人与流浪犬共同构成的生态系统,从而提炼出一些具有启发性的观点,在高原牧区的社会结构与生态文化、生态产业之间建立起某种有机关系。这一理路是笔者在生态研究的中层理论范式下的一种尝试。

洪大用教授曾提出,环境社会学的未来发展取决于其中程(层)理论的建设情况,因为中程理论距离经验世界较近,而又能实现适度的抽象,具有概念的清晰和操作性。中层理论的主要价值体现于与实践的互动关系,整体上更有助于实践的推进。笔者认为,以扎实、丰富的田野资料作支撑,形成西藏生态研究的中层理论,对西藏生态文明建设、经济社会建设的实践具有重要意义,即通过其适度抽象的理论形态、清晰的概念和有效的操作性有效推动经验层面的实践,从而对当地社会整体产生良性效果。

参考文献:

1.常川:《西藏将在2020年终结包虫病流行》,新华网,2019年1月2日,http://tibet.news.cn/hotnews/20170308/3674587_c.html。

2.多识·洛桑图丹琼排:《佛理精华缘起赞》,四川民族出版社,2000年。

3.饭岛伸子:《环境社会学》,包智明译,社会科学文献出版社,1999年。

4.顾庆云、封家旺、金红岩:《西藏牧区流浪犬的调查及对策建议》,《中国畜牧兽医文摘》2015年第3期。

5.何峰:《藏族生态文化》,中国藏学出版社,2006年。

6.洪大用:《社会变迁与环境问题:当代中国环境问题的社会学阐释》,首都师范大学出版社,2001年。

7.康拉德·洛伦茨:《动物与人类行为研究(第1卷)》,李必成译,上海科技教育出版社,2017年。

8.康拉德·洛伦茨:《动物与人类行为研究(第2卷)》,邢志华译,上海科技教育出版社,2017年。

9.李夕璨、莎日娜:《我国生态生产研究述评——基于生态哲学视角》,《资源开发与市场》2018年第8期。

10.李友梅、刘春燕:《环境社会学》,上海大学出版社,2004年。

11.南文渊:《藏族生态伦理》,民族出版社,2007年。

12.钱箭星:《生态环境治理之道》,中国环境科学出版社,2008年。

13. 桑杰端智:《佛学基础原理(藏文)》,甘肃民族出版社,1997年。

14. 苏文彦:《青藏高原旅游注意这几件事可以预防包虫病》,中国西藏网,2019年1月8日,http://www.tibet.cn/special/c/fz/bwdj/1510644576549.shtml。

15. 童晓辉:《台湾流浪犬收容管理情况简介》,《中国兽医杂志》2003年第5期。

16. 卫巴·罗赛:《宗轮藏(藏文)》,德格印经院木刻版。

17.《西藏研究》编辑部编辑:《西藏志·丧葬》,《西藏志·卫藏通志》,西藏人民出版社,1982年。

18. 杨骥:《基因和环境对狗行为影响的研究》,《辽宁师专学报(自然科学版)》2012年第2期。

19. 宇妥·云丹贡布:《四部医典(藏文)》,西藏人民出版社,1982年。

20. 约翰·汉尼根:《环境社会学(第2版)》,洪大用等译,肖晨阳主校,中国人民大学出版社,2009年。

21. 中国西藏新闻网:《西藏自治区各地持续加压加码解决环境问题》,中国共产党阿里地区委员会,2019年1月2日,http://ali.zgxzqw.gov.cn/xwzx/qnyw/201709/t20170914_68917.htm。

22. Catton, W. R. Jr., Dunlap, R. E., "Environmental sociology: A new paradigm," *The American Sociologist*, 1978(13).

附　录
2018—2019年环境社会学方向部分博士、硕士学位论文
（以学校名称和作者姓氏首字拼音排序）

表1　2018-2019年环境社会学方向部分博士学位论文(共10篇)

作　者	论文题目	指导教师	学　校	答辩年份
林　蓉	改造、攫取与荒歇——黄土高原村民环境行为研究	陈阿江	河海大学	2019
王泗通	垃圾分类政策修正中的竞争与妥协——以N市激励方案为例	陈阿江	河海大学	2019
相　鹏	不安全感:空气污染的心理体验	耿柳娜	南京大学	2019
范叶超	"危险的炊烟":乡村日常生活与环境变化	洪大用	中国人民大学	2018
刘　凌	大趋势下的小生境:定州农村小微企业绿色转型实践研究	洪大用	中国人民大学	2018
吴柳芬	农村环境治理困境的社会学考察——以桂北杨柳村的垃圾治理为例	洪大用	中国人民大学	2018
李　阳	环境治理与生计转型——社会学视角下的D市塑料行业散乱污治理	洪大用	中国人民大学	2019
王娜娜	农户施用农药行为及其影响机制研究	孙若梅	中国社会科学院研究生院	2019
张　琪	信息、知识与权力:北京雾霾舆情研究	包智明	中央民族大学	2018
何燕兰	牧民生计变迁与脆弱性研究——基于内蒙古正蓝旗伊嘎查的实地调查	任国英	中央民族大学	2019

表2　2018—2019年环境社会学方向部分硕士学位论文(共44篇)

作　者	论文题目	指导教师	学　校	答辩年份
黄　波	采煤沉陷区移民再社会化状况研究	田　飞	安徽大学	2018
罗林峰	"两淮"沉陷区失地农民权益保障机制研究	范和生	安徽大学	2019
汪　健	社会燃烧理论视角下的邻避冲突及其化解机制研究	张金俊	安徽师范大学	2018
付若泉	城镇居民从环境抗争到集体沉默的心理机制及影响因素研究——以安徽省D县A道路变为垃圾场为例	张金俊	安徽师范大学	2019
吴厚莉	规则与情感:社区治理的双重逻辑及其耦合——以上海市城郊梅花社区垃圾分类活动为例	王　芳	华东理工大学	2018
唐　冰	小流域生态修复项目对农户生计的影响研究——以千岛湖及新安江流域为例	施国庆	河海大学	2018
张美蕊	污染企业迁移的社会逻辑	陈阿江	河海大学	2018
陈嘉星	以生蚝养殖为例的人海关系变迁研究	胡　亮	河海大学	2019
刘会聪	垃圾焚烧发电项目全生命周期社会稳定风险研究——以"JN"垃圾焚烧发电项目为例	施国庆	河海大学	2019
赖慧苏	被释压的乡镇政府及其自主性执行——以G县河长制实施为例	陈　涛	河海大学	2019
王思雨	稻田面源污染治理中农户参与困境研究——基于皖南W村实地调研	朱秀杰	河海大学	2019
汪　璇	从"抗争"到"退出"——X村村民环境行为的演变	陈阿江	河海大学	2019
吴秀梅	城市社区生活垃圾"源头分类"的居民参与研究——以N市Y小区为例	朱秀杰	河海大学	2019
叶胜岚	政策影响下的村庄经济与环境——上溪村畜禽产业案例研究	陈　涛	河海大学	2019
朱　杰	胜败转换中的农民环境诉讼维权研究——以N市一起污染纠纷案为例	顾金土	河海大学	2019
井思宇	环境正义视阈下环境风险受众感知及行动研究——以T市为例	林　兵	吉林大学	2019
刘馥榕	中美公众公域环保行为影响因素的比较研究——基于第六次(2010—2014)世界价值观调查数据	卢春天	西安交通大学	2019
黄雪飞	动员机制、媒介参与和环境抗争结果——基于32个案例的定性比较分析	周志家	厦门大学	2018
梁　迪	PX项目中公众抗争方式及地区差异之比较分析——以厦门和漳州的PX项目为例	龚文娟	厦门大学	2018
杜兆雨	环境事件、风险感知与风险接纳——基于古雷PX项目2014年和2018年的比较研究	龚文娟	厦门大学	2019

作 者	论文题目	指导教师	学 校	答辩年份
刘晓燕	核电周边居民的风险态度与应对行为 ——以宁德核电站为例	周志家	厦门大学	2019
龚梦玲	社会资本对居民环境关心的影响分析 ——基于2013的数据应用	赵宗金	中国海洋大学	2018
王涵琳	"动员模式"与"刚性约束"： 环保督查制度运行研究	王书明	中国海洋大学	2018
张 鹏	伏季休渔制度调整的背景、实践及特征研究	王书明	中国海洋大学	2018
董兆鑫	环保督察的社会学解释	王书明	中国海洋大学	2019
李 雪	居民环境保护行为影响因素研究	赵宗金	中国海洋大学	2019
赵 岩	英国伯明翰地区居民生活垃圾分类行为的助推机制研究	赵宗金	中国海洋大学	2019
刘 润	公众参与环境治理的评估框架	张 磊	中国人民大学	2018
史媛媛	农业文化遗产地城乡互助发展模式分析 ——以云南省红河县为例	张 磊	中国人民大学	2018
赵晓兴	北京市生活垃圾分类现状及推进措施研究	蔡 林	中国人民大学	2018
江 沛	规范激活与亲环境行为的再发生机制 ——有机农业参与者的行为研究	洪大用	中国人民大学	2019
李金菊	我国替代性食品供给模式发展中的政府角色	张 磊	中国人民大学	2019
李潇然	农业农村发展与生态环境治理的协同： 田园综合体中主体和机制的创新	张 磊	中国人民大学	2019
白舒惠	"嵌·套"关系与地方生态治理网络 ——以E区沙漠治理模式为例	张 倩	中国社会科学院研究生院	2019
黄依宁	工业水污染治理中多元主体互动过程探析 ——以浙南X镇制革基地为例	陈占江	浙江师范大学	2019
娄雪雯	农业污染治理的地方实践及其多重困境 ——以T区F镇为例	陈占江	浙江师范大学	2019
毛佳宾	城市居民绿色消费及其影响因素研究 ——基于2010CGSS数据的调查分析	彭远春	中南大学	2018
曹文倩	公众环境风险感知及其影响因素研究 ——基于CGSS2013的调查分析	彭远春	中南大学	2019
丁一帆	体验式小组在青少年环境教育中的应用 ——以M环境教育项目为例	柴 玲	中央民族大学	2018
菊 花	蒙古族社区动员的框架分析： 阿拉善银根苏木"神驼祭祀节"的个案研究	柴 玲	中央民族大学	2018

作　者	论文题目	指导教师	学　校	答辩年份
杜　宇	生命历程视角下的地震灾民复原力研究 ——基于四川M县的实地研究	柴　玲	中央民族大学	2019
滕鸿飞	知识、制度与信仰:羌族社会的生态智慧研究	柴　玲	中央民族大学	2019
王文奕	作为空间的雾霾 ——基于波兰克拉科夫的实地研究	包智明	中央民族大学	2019
张淑雅	保护与污染:牧民的环境行为研究 ——基于内蒙古正蓝旗伊嘎查的实地研究	任国英	中央民族大学	2019

"云南民族大学社会学学术文库"

书目

已出版：

《牛与玉米：国家建构下的蒙古族乡村社会变迁》

《云南民间经籍的文化传播研究》

《边疆与现代性：老挝西北部阿卡人社会变迁的民族志》

《中国环境社会学(2018—2019)》

即将出版：

《中国女性的法律地位研究》